Python

Program

杨　惠　程常谦／主　编

周小燕　张　燕／副主编

梁青青　高　翔／参　编

Python
编程
从小白到大牛

机械工业出版社

CHINA MACHINE PRESS

本书包括 3 篇，共 16 章。基础篇（第 1～7 章）包括 Python 概述，数据类型和变量，流程控制，数据结构，函数，模块、包和文件，以及错误、异常和调试；进阶篇（第 8～11 章）包括面向对象编程，进程和线程，网络编程，以及 Python 数据处理和数据库编程；应用篇（第 12～16 章）包括 Web 开发应用，图形界面 GUI 和绘图应用，科学计算与数据分析应用，深度学习应用，以及云计算和自动化运维应用。本书还包括大量实战案例，通过理论和实战结合的方式帮助读者快速学习撑握 Python 应用。

本书可作为人工智能、机器学习、人脸识别等应用领域工程技术人员的参考手册，也可作为大中专院校人工智能、大数据科学与技术、自动化、机器人工程、智能仪器仪表、机电一体化等专业及社会培训班有关 Python 课程的教材。

图书在版编目（CIP）数据

Python 编程从小白到大牛／杨惠，程常谦主编 . —北京：机械工业出版社，2020.10（2021.10 重印）

ISBN 978-7-111-66750-6

Ⅰ. ①P… Ⅱ. ①杨…②程… Ⅲ. ①软件工具-程序设计 Ⅳ. ①TP311. 561

中国版本图书馆 CIP 数据核字（2020）第 190149 号

机械工业出版社（北京市百万庄大街 22 号 邮政编码 100037）

策划编辑：丁 伦 责任编辑：丁 伦

责任校对：徐红语

责任印制：邰 敏

北京富资园科技发展有限公司印刷

2021 年 10 月第 1 版第 2 次印刷

185mm×260mm·26. 25 印张·651 千字

标准书号：ISBN 978-7-111-66750-6

定价：139.00 元

电话服务　　　　　　　　网络服务

客服电话：010-88361066　机 工 官 网：www. cmpbook. com

　　　　　010-88379833　机 工 官 博：weibo. com/cmp1952

　　　　　010-68326294　金 书 网：www. golden-book. com

封底无防伪标均为盗版　机工教育服务网：www. cmpedu. com

前　言

对于程序员来说，似乎无时无刻不在忙各种项目，没有太多时间对自己多年的项目经验进行总结。而突然有一天，我在某一时刻很想放慢自己的工作节奏，一来想挤出更多时间陪伴家人，二来想总结自己多年的项目经验，因此，就诞生了写书的想法。

为什么要写书？

我阅读过很多 IT 书籍，大致分为两类：第一类是教科书类型，此类书籍的理论扎实、结构严谨，但是缺乏项目实践经验，无法帮助读者提高构建项目的能力；第二类是培训类型，偏重实践，往往在某一领域挖掘得很深，但是知识面的广度不够，与其他领域的联系也不够多。

对于资深工程师来说，在互联网上查阅资料远远比阅读书籍更有效率，这也是 GitHub（一个面向开源及私有软件项目的托管平台）发展迅速的底层逻辑。但是对于诸多刚入行的"小白"来说，一本实用的工具书，不仅仅展示了技术知识，还能引导他们从更高、更广的角度来俯视整个 IT 产业界。这也是编者编写此书的最大目标，希望本书能够帮读者形成属于自己的 IT 世界观，从而引导大家各自走向适合自己的职业道路。

为什么要写关于 Python 的书？

现在是什么时代？是大数据时代，也是云计算时代，更是人工智能时代。假如将人工智能看作是一枚火箭，那么大数据就是燃料，云计算就是引擎。不过无论怎样，这些领域都离不开 Python，所以很难确定是 Python 成就了这个时代，还是这个时代成就了 Python。此外，还存在一个有趣的现象，很多非 IT 从业者也开始学习 Python 了，这种现象就算是 Java 最"火"时似乎也没有发生过。

如何阅读本书？

前面曾提到过，希望本书能够帮助初学者塑造自己的 IT 世界观，而不仅仅只是一本技术工具书，因此书中有很多内容是介绍产业界的环境、主流技术的方向以及个人项目经验。

因此，全书分为三篇：基础篇、进阶篇和应用篇。

- "基础篇"为第 1~7 章，分别对数据类型和变量、流程控制、数据结构、函数、模块、包、文件、错误、异常和调试等知识进行了介绍，此部分内容比较零散，也比较重视细节，兼顾理论和实战。在写作的过程中，为了把理论知识、实战内容和项目经验通过标题来区分，就有了下面的几个模块：【小白也要懂】模块用来介绍基础知识或者展示程序员应该要了解的常识；【实战】模块通过代码来展示典型案例；【大牛讲坛】模块是和甲骨文、IBM 等公司的朋友在项目方面的经验总结。

- "进阶篇"为第 8~11 章，分别对面向对象编程、进程和线程、网络编程、数据处理和数据库编程等知识进行了介绍，这部分内容已经不再是简单的概念、定义和基础知识了。比如面向对象编程是一种沿用至今的方法论；进程和线程是属于高性能的优化方法论；网络编程和数据库编程都是 Python 在网络领域和数据库领域的编程方法论。

- "应用篇"为第 12~16 章，分别对 Web 开发、图形界面、绘图、科学计算、数据分析、深度学习、云计算和自动化运维等知识进行了介绍。这部分内容不涉及理论，偏重于解决方案，很多代码甚至可以直接应用于工作中。因为这部分内容更加贴近一线工作，所以相比前两部分内容更加独立。

如果您是一名经验丰富的工程师，可以直接进入"应用篇"进行学习；如果您是一名初学者，则强烈建议从"基础篇"开始学习。

读者对象

- Python 程序员。
- 系统架构师。
- 运维工程师。
- 大数据工程师。
- 云计算工程师。
- 人工智能工程师。
- 计算机相关专业学生。

由于编者水平有限，书中疏漏和不足之处在所难免，望广大专家和读者提出宝贵的意见，以便编者在修订时更正，期待得到大家真挚的反馈。

编　者

目　　录

基 础 篇

最近十年来 IT 行业飞速发展，以难以想象的速度渗透了我们生活的方方面面。与此同时，程序员的薪资水平也水涨船高，因此每年都会有大量毕业生投入到这个蓬勃发展的行业里来。但是作为一个还未入门或者刚入门的新手，看到种类繁多的编程语言和技术方向，难免会产生困惑。所以，编者希望此篇能给诸位刚入门的"小白"同学一些启发，从而起到抛砖引玉的作用。

第1章
Python 起步

如果有人要问哪种编程语言最好，答案可能并不唯一，因为一千个观众眼中有一千个哈姆雷特，编程语言也是如此。但是如果换个问法，最近几年哪种编程语言最火、最流行？可以这么说，在商业公司、开源社区以及学术界三股力量的推动下，诸多看似冷门的编程语言逐渐走向舞台中央，比如 swift、go 等明星语言，但这其中，Python 毫无疑问是最耀眼的那颗星。

扫码获取本章代码

在本章中，主要搞明白 Python 是什么，能用 Python 干些什么。此外，还会学习如何开发和运行自己的第一个 Python 程序—Hello World，学习如何安装 Python 语言和配置属于自己的编程环境。当然，为了编写 Python 代码，我们还需要一个学习文本编辑器，最好这个编辑器可以有高亮、换行等功能，便于初学者学习和理解代码结构。

1.1 Python 是什么

在 IT 界流传这么一句话 "Life is short, you need Python"（翻译过来意思是 "人生苦短，我用 Python"）。对于这句话所表达的意思，大部分初学者可能并没有什么感觉，但是对于使用过 Python 或者从别的语言（比如 Java、C ++）转过来的开发者，肯定会对这句话有更深的理解。

为什么这么说呢？这当然是基于 Python 出色的易用性。

第一，代码量下降明显。以深度学习为例，采用 Java 和 Python 完成同一个算法实现时，Python 的实现代码量明显少于 Java，有的下降幅度甚至超过一半以上。代码量的下降意味着开发周期的缩短，这在一定程度上减轻了程序员的开发负担。程序员可以把节省的时间做更多有意义的事情，比如做算法设计或者用来学习等。

第二，开发方便。Python 语言完成代码实现的过程非常方便，一个重要的原因是 Python 有丰富的第三方库可以使用，如在深度学习领域比较常见的库有 NumPy、SciPy、Matplotlib、Pandas 等，这些库提供了大量的基础功能，在编码过程中，可以方便地使用这些库，从而避免了大量代码的编写过程。

第三，语言生态健全。Python 语言目前在 Web 开发、大数据开发、人工智能开发、后端服务开发和嵌入式开发等领域都有广泛的应用，成熟案例非常多，所以采用 Python 完成代码实现的时候往往具有较小的风险。

根据上面介绍的特点，大家可以初步了解"人生苦短，我用 Python"这句话的依据了。当然，Python 的优点还有很多，这里就不一一列举了，大家可以通过后面的学习自己慢慢体会。

1.2　Python 版本选择

当前，工业领域有两个不同的 Python 版本：Python 2. x 和较新的 Python 3. x（Python 3. x 中的数字代表大版本号，x 代表小版本号）。编程语言都会随着新概念和新技术的推出而不断发展自身，所以 Python 的开发者和社区也一直致力于丰富和强大其功能。大多数修改都是逐行进行的，使用者几乎意识不到，但是也有一些 Python 2. x 编写的代码已经无法在 Python 3. x 的环境上运行，这是个兼容性历史遗留问题，大部分的编程语言或多或少都会有类似的情况。

版本兼容性的割裂会导致我们在开发过程中要面对的一些选择性问题："我应该选择 Python 2. x，还是选择 Python 3. x?"然而，答案并没有我们想象中那么明确。

Python 版本的现状如下。

1）如今大部分生产系统使用 Python 2. x。

2）Python 3. x 已经准备好用于新的生产系统的部署。

3）Python 2. x 到 2020 年后会终止更新，除了部分必要的安全更新外。

总而言之，Python 3. x 才是未来，使用 Python 3. x 是高度优先于 Python 2. x 的。如果在生产环境中仍使用 Python 2. x，请考虑升级应用程序和基础设施，建议如下。

1）将 Python 3. x 用于新的应用。

2）小孩子才做选择题，成年人当然是全都要。两者都学，它们都是 Python 的一部分。如果时间和精力有限，优先学 Python 3. x，等到项目用 Python 2. x 的时候再边学边用 Python 2. x。

3）如果我们是第一次学习 Python，熟悉 Python 2. x 能让你了解 Python 的过去，但是学习 Python 3. x 是走向未来。

1.3　搭建编程环境

Python 是一种跨平台的编程语言，这意味着它能够在很多操作系统中运行，包括 Windows/UNIX/Linux。当然，在不同的操作系统中，安装 Python 的方法还是有差别的。

1.3.1　配置 Windows 环境

Windows 是主流的个人计算机操作系统，但是 Python 并不是 Windows 自带的程序，我们需要下载并安装它。

首先，我们要检查操作系统是否已经安装了 Python。方法很简单，按住〈Shift〉键的同时单击鼠标右键，在弹出的快捷菜单中选择"在此处打开 Powershell 窗口"命令。在终端窗口中输入 Python 命令并按回车键，如果出现了提示符（＞＞＞），就说明我们的系统已经安装过 Python 了。如果出现无法识别等错误信息，那就意味着这个操作系统上没有 Python，我们需要下载安装新的 Python 安装包。Windows 版本的 Python 安装包可以在官网找到，地址是 https：//www. Python. org/downloads/windows/。Python 的 Windows 版本有很多，对于小白来说很容易被诸多版本号搞混淆，如图 1-1 所示。这里给大家一些小提示，help file 版本表示帮助文件，也就是 Python 的官方文档；web – based installer 版本表示需要通过联网完成安装；executable installer 版本是可执行文件（＊.exe）方式安装；embeddable zip file 是嵌入式版本，可以集成到其他应用中。

- Python 3.8.0 - Oct. 14, 2019

Note that Python 3.8.0 *cannot* be used on Windows XP or earlier.

- Download Windows help file
- Download Windows x86-64 embeddable zip file
- Download Windows x86-64 executable installer
- Download Windows x86-64 web-based installer
- Download Windows x86 embeddable zip file
- Download Windows x86 executable installer
- Download Windows x86 web-based installer

图 1-1　Windows 版本的多种 Python 程序

在安装 Python 时，我们可以根据项目需要选择适合的版本。这里需要强调一点，并不是最新的版本一定是最好的。产业界有这么一个不成文的惯例，最新的版本往往会包含很多新特性，但是随之而来的 Bug 也很多，所以很不稳定。

接下来双击下载好的安装程序，然后系统会出现图 1-2 所示的安装引导程序界面，这里使用默认的安装路径和配置，勾选 Add Python 3.8 to PATH 复选框，这样会自动配置好系统的环境变量，然后单击 Install Now 链接选项，系统会跳到安装界面。

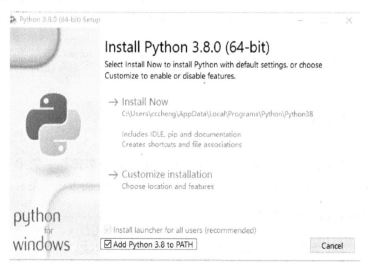

图 1-2　Python 的安装引导程序界面

安装过程中不要重启计算机，当进度条读取完毕后，会出现安装成功的 Setup was successful 提示信息，如图 1-3 所示。

图 1-3 安装成功

想要验证 Python 是否成功安装，可以进入 Windows 的 PowerShell 或者 command line，输入 Python 命令，得到如下的输出信息。

例 1-1 验证 Python 是否安装成功

```
C:\Users\cccheng>Python
Python 3.8.0 (tags/v3.8.0:fa919fd, Oct 14 2019, 19:37:50) [MSC v.1916 64 bit
(AMD64)] on win32
Type "help", "copyright", "credits" or "license" for more information.
>>>
```

输出信息中包含了 Python 的版本、登录的时间以及计算机的基本配置信息等。

1.3.2 配置 Linux 环境

目前各大互联网企业的服务器几乎都是用 UNIX 或 Linux 系统。从工程角度来看 Linux 是为编程而设计的，所以很多版本都预装 Python。比如 CentOS 预装了 Python 2.7，通过输入 Python-V 来确认 Python 版本。

例 1-2 确认 Python 版本

```
[root@10 ~]# Python -V
Python 2.7.5
[root@10 ~]#
```

或者输入命令进入交互式命令界面，也能够看到版本信息。

例 1-3　查看版本信息

```
[root@10 ~]# Python
Python 2. 7. 5 (default, Aug  7 2019, 00:51:29)
[GCC 4. 8. 5 20150623 (Red Hat 4. 8. 5 -39)] on linux2
Type "help", "copyright", "credits" or "license" for more information.
```

从上面的显示内容可以看到，Python 2. 7. 5（default，Aug 7 2019，00：51：29）就是版本信息，[GCC 4. 8. 5 20150623（Red Hat 4. 8. 5 -39）] on linux2 是 Linux 所依赖的 GCC 库文件。目前大部分的应用都是基于 Python 2. x 的，但是如果我们需要升级到 Python 3. x，又或者新安装的 Linux 没有 Python，该怎么办呢？在这里我们介绍两种常见的安装方式。

方法 1：从源码安装。首先安装依赖包，否则有可能在安装 Python 过程中出错，Python3. 7 以下的版本可不装 libffi – devel。

```
#yum - yinstallzlib - develbzip2 - devel openssl - devel ncurses - devel sqlite - devel readline - devel tk - devel gdbm - devel db4 - devel libpcap - devel xz - devel libffi - devel
```

首先从官网下载 Python 安装包。

```
# curl -Ohttps://www. Python. org/ftp/Python/3. 8. 0/Python - 3. 8. 0. tar. xz
```

得到安装包后，解压缩 Python – 3. 8. 0. tar. xz 文件。

```
# tar - xvf Python - 3. 8. 0. tar. xz
```

进行安装，prefix 参数是安装路径，我们可以根据自身需求更改安装路径。

```
# cd Python - 3. 8. 0
#. /configure prefix = /usr/local/Python3
```

最后一步是安装和编译。这一步可能需要一点时间，取决于服务器硬件性能。安装完成没有提示错误便意味着安装成功了。

```
# make && make install
```

例 1-4　验证版本为 Python 3. 8. 0

```
[root@10 ~]# /usr/local/Python3/bin/Python3
[GCC 4. 8. 5 20150623 (Red Hat 4. 8. 5 -39)] on linux
Type "help", "copyright", "credits" or "license" for more information.
> > >
```

这样我们系统中就有 Python 2 和 Python 3 两个版本。如果想把 Python 3 设置为默认版本，可以用软链接进行设置。

```
# ln - sf /usr/local/Python3/bin/Python3 /usr/bin/Python
```

方法 2：从软件仓库安装。这种方法操作更简单，适合初学者来安装。
首先更新 EPEL 包。

```
# yum installepel - release
```

然后用 yum 安装最新的 Python 3.8。

```
#yum install Python38
```

这样系统会自动下载安装 Python，是不是省时省力？不过对于一个打算学习 Python 语言的初学者来说，建议用第一种方法，也就是通过编译源代码的方式来安装，这样有助于从文件架构的角度认识 Python。

1.4 【小白也要懂】Python 源代码的体系架构

在学习 Python 编程之前，我们首先需要了解一下 Python 的整体架构。或许有人会说，Python 是一个编程语言，编程语言也会有整体架构吗？当然，Python 也有整体架构。在剖析 Python 源码的整体架构中，利用掌握的知识不断修改 Python 的源代码，可以来印证自己的猜想和假设，甚至可以更有效地理解作者的设计思路。

这里我们仅仅对 Python 3.8 版本的源码顶层目录做简单介绍。首先，把前面下载的 Python - 3.8.0. tar. xz 解压缩，就能得到图 1-4 所示的目录结构。

.azure-pipelines	Bump Sphinx to 2.2.0. (GH-16532)
.github	Updated CODEOWNERS to indicate ownership of some modules. (GH-16578)
Doc	bpo-38558: Mention `:=` in conditions tutorial (GH-16919)
Grammar	bpo-35814: Allow unpacking in r.h.s of annotated assignment expressio...
Include	bpo-38465: Convert the type of exports counters to Py_ssize_t. (GH-16746)
Lib	bpo-33348: parse expressions after * and ** in lib2to3 (GH-6586)
Mac	Update URL in macOS installer copy of license (GH-16905)
Misc	bpo-33348: parse expressions after * and ** in lib2to3 (GH-6586)
Modules	Replace _pysqlite_long_from_int64() with PyLong_FromLongLong() (GH-16882)
Objects	bpo-38555: Fix an undefined behavior. (GH-16883)
PC	bpo-27961: Replace PY_LONG_LONG with long long. (GH-15386)
PCbuild	bpo-38492: Remove pythonw.exe dependency on the Microsoft C++ runtime (...
Parser	bpo-11410: Standardize and use symbol visibility attributes across PO...
Programs	bpo-38304: PyConfig_InitPythonConfig() cannot fail anymore (GH-16509)
Python	Fix typo in formatter_unicode (GH-16831)
Tools	bpo-38539: Finish rename of ss1.py to spreadsheet.py (GH-16896)

图 1-4　Python 源代码文件目录结构

对于大部分的程序员来说，并不会特意研究 Python 源码，因为源码包含很多晦涩难懂的设计和标准，在大部分编程工作中，程序员只需要知道怎么使用源码，而不必知道这些源码的设计原理。在这里先简单概括一下 Python 源码的文件类别。

- Doc：官方文档，全英文，最权威的资料，英文好的朋友可以仔细研读。
- Grammar：放置 Python 的 EBNF 文件。
- Include：放置编译所需的全部头文件。
- Lib：标准库中的 Python 代码。
- Mac：Mac 平台特定代码。
- Misc：无法归类的文件，通常是不同类型的特定开发者文档。

- Modules：标准库中需要 C 语言实现的部分。
- Objects：所有内置类型的源码。
- PC：Windows 平台特定代码。
- PCbuild：提供的 Windows 新版 MSVC 安装程序所需的构建文件。
- Parser：解析器相关代码，AST 节点的定义也在这里。
- Programs：可执行 C 程序的源码，包括 CPython 解释器的主函数。
- Python：用来构建核心 CPython 运行时的代码，包括编译器、eval 循环和各种内置的函数。
- Tools：用来维护 Python 的各种工具。

介绍完源码的架构，我们来看一下 Python 的整体运行架构，如图 1-5 所示。Python 的整体运行架构分为 File Group、Python Core 、Runtime Environment 三个部分。File Group 指文件架构，也就是前面介绍过的源码；Python Core 就是 Python 的解释器及相关组件；Runtime Environment 是指 Python 的运行时环境，与内存相关。

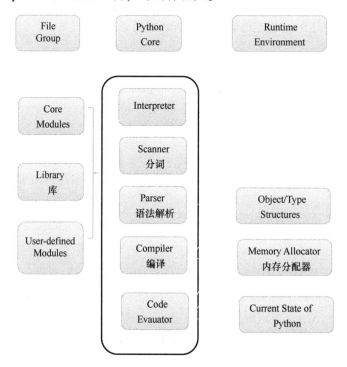

图 1-5　Python 总体架构

1. File Group

- Core Modules：核心功能，编程的时候经常用到，如 import os。
- Library 库：Python 的库文件，几乎所有的编程语言都有类似的东西。
- User-defined Modules：用户自定义的功能，如定义一个 getinfo.py，在编辑器中进行 import getinfo 的导入。这就是开源语言的优势，功能不够，自定义来凑。

2. Python Core

- Interpreter：解释器进行代码解析，详情请参阅 1.6 节的"大牛讲坛——Python 解释器详解"。

- Scanner 分词：进行词法分析，将输入的 Python 源代码或从命令行输入的一行行 Python 代码切分为一个 Token，Token 类似于临时令牌。
- Parser 语法解析：进行语法分析，建立抽象语法树 AST。
- Compiler 编译：根据建立的 AST 生成指令集合，就像 Java 编译器和 C#编译器所做的那样，编译器生成计算机可以理解的字节码。
- Code Evauator：最后由 Code Evealuator 来执行这些字节码，我们又称它为虚拟机。

3. Runtime Environment

- Object/Type Structures：包括了各种类型的对象，如整数、列表、字典以及用户自定义的类型和对象。可以说这部分是 Python 的基石。
- Memory Allocator 内存分配器：创建对象时，对内存的申请工作与 C 中的 Malloc 的类似接口。
- Current State of Python：维护了解释器在执行字节码时不同的状态，维护了正常状态和异常状态之间切换动作的正确。

完整地学习 Python 的整体架构，更容易搞清楚 Python 的工作原理，但是上面很多概念对于初学者来说有些晦涩难懂，这些不要求强记，可以在初步掌握 Python 的用法后，再回过头来复习，相信会有更深的理解。

1.5　【实战】完成第一个 Python 程序

扫码观看教学视频

　　Python 的运行环境已经搭建起来了，现在就可以编写程序了？别急，就像做菜一样，安装好环境相当于把锅灶准备好了，但是这菜还没有切好呢。打个比方，若程序代码是蔬菜，那 IDE 编辑器就是切菜的刀。做过饭的人都知道，一把顺手的菜刀可以节省大量时间，同理，好用的 IDE 编辑器可是提高工作效率的利器。

1.5.1　IDEs 编辑器

可能会有人问，到底什么是 IDE？先说定义，IDE 又名集成开发环境（Integrated Development Environment），是用于提供程序开发环境的应用程序，一般包括代码编辑器、编译器、调试器和图形用户界面等工具。学习 Python 迈出的第一步就是学习 IDE 编辑器的使用。在 IDE 里，可以通过实践简单的代码来测试对 Python 语法的认知是否正确，甚至可以通过已经掌握的编程知识大胆地写出一些猜测性的 Python 语句，看看它是否能够成功执行，如果不行，可以查看它的报错信息 Traceback，找出问题出在哪里，从而逐步加深对 Python 的语法认知。Python 命令行友好的交互能力（就是我们输入一个语句执行，它会马上给我们执行这个语句的结果），可以让我们在初学 Python 的时候增添很多乐趣，并且比较容易建立信心。

目前主流的 IDE 如下。

- PyCharm/IntelliJ IDEA：由 JetBrains 公司开发，此公司还以 IntelliJ IDEA 闻名。它们

都共享着相同的基础代码，PyCharm 中大多数特性能通过免费的 Python 插件带入到 IntelliJ 中。PyCharm 有两个版本，专业版和拥有相对少特性的社区版。

- Visual Studio Code：是一款用于 Visual Studio Code IDE 的扩展。它是一个免费的、轻量的、开源的 IDE，支持 Mac、Windows 和 Linux。它以诸如 Node. js 和 Python 等开源技术构建，具有自动补全、本地和远程调试、代码检查等引人注目的特性。
- Enthought Canopy：是一款专门面向科学家和工程师的 Python IDE，预装了为数据分析而用的库。
- Eclipse：大名鼎鼎的 Eclipse 中也可以进行 Python 开发，最流行的插件是 Aptana 的 PyDev。顺便说一下，很多人用 Eclipse 来开发 Java 项目，这个 IDE 在产业界可谓是明星一般的存在。
- Spyder：是一款专门面向 Python 科学库 SciPy 的 IDE，它集成了 pyflakes、pylint 和 rope。Spyder 是开源的，它提供了代码补全、语法高亮、类和函数浏览器，以及对象检查的功能。
- WingIDE：是一个功能强大的 IDE。WingIDE 提供了代码补全、语法高亮、源代码浏览器、图形化调试器的功能，还支持版本控制系统。
- NINJA-IDE（Ninja-IDE Is Not Just Another IDE）：是一款跨平台的 IDE，特别设计成构建 Python 应用，并能运行于 Linux/X11、Mac OS X 和 Windows 桌面操作系统上。

除了上面介绍的这些工具以外，任何能够编辑普通文本的编辑器都能够用来编写 Python 代码，只是没有高亮、语法补全、代码纠错等高级功能。对于初学者而言，一个更加强大的编辑器可以使编码变得更容易。总之，IDE 工具各有特色，没有哪个工具能包括所有优点、摒弃所有缺点。只有最适合的 IDE，没有最好的 IDE。

1.5.2 print( )输出函数

按照编程惯例，初学者第一行 Python 代码都是从输出 Hello World 开始的，很简单，使用 print( )并在括号中加上字符串，就可以向屏幕上输出指定的字符，也就是使用 print（"＊"）来实现。

1. 输出字符串

例 1-5 输入 Hello World 字符串

```
>>> print("Hello World")
Hello World
```

print( )函数也接受多个字符串，只要用逗号"，"隔开就可以输出一个完整的句子，比如输出本书的书名

例 1-6 输入完整的句子

```
>>>print('Python', '从小白', '到大牛')
Python 从小白 到大牛
```

2. 格式化输出整数

print( )函数也可以输出整数，甚至可以计算结果。

例 1-7　输入整数并计算结果

```
> > > print(400)
400
> > > print('400 + 600 = ', 400 + 600)
400 + 600 = 1000
```

对于单引号外面的 400 + 600 而言，Python 解释器自动计算出结果 1000，但是单引号内部的 400 + 600 被判定为字符串而非数学公式。这一点很重要，我们可以根据这点来慢慢摸索解释器的运行原理。这里引入了一个新的概念：解释器。到底什么是解释器以及解释器的工作原理是什么，我们会在本章的"大牛讲坛"中详细介绍。

最后概括一下，print 是一个常用的关键字（keyword），其功能就是显示输出。

小白逆袭：Python 中的关键字

Python 中有一些具有特殊功能的标识符，就是所谓的关键字。关键字是 Python 已经使用的，为了避免混淆，解释器不允许开发者自己定义和关键字相同的名字的标识符。我们可以在 Python 解释器中通过以下命令查看当前系统中 Python 的关键字：

```
> > > import keyword
> > > keyword. kwlist
```

1.5.3　创建 hello_world. py 文件

在上一节的学习过程中，我们所编写的代码比较简单，都可以在 IDE 编辑器中运行。但是在真正的工业应用领域，从终端直接运行程序很常见也很有用。由于 Python 良好的可移植特性，在任何安装了 Python 的系统上都可以这样做，前提是找到 Python 程序文件所在的目录。

举个例子，请先编辑且保存文件 hello_world. py。在 Linux 系统上，可以用 vim（Linux 自带的文本编辑器）创建文件 hello_world. py，然后粘贴复制 print（"Hello world!"）命令。

例 1-8　创建 hello_world. py 文件

```
[root@10 ~]# vim hello_world. py
print("Hello world!")
```

编辑保存后，使用 Python 命令来调用 hello_ world. py 文件，屏幕上会得到 Hello world 字符串反馈输出。

```
[root@10 ~]# Python hello_world. py
Hello world!
```

大功告成，是不是很简单？

1.6　【大牛讲坛】Python 解释器详解

从上一节介绍的创建 hello_ world. py 文件的例子，我们学会如何运行扩展名为 . py 的程

序文件。这么简简单单的一句命令，背后却隐藏着很复杂的解析机制。如果你接触过
C/C++之类的编译型语言编写的程序，就会知道要在计算机上运行任何程序都需要把程序
语言转换成计算机可以理解的机器语言，也就是一串二进制可执行编码，运行该程序时，把
二进制编码从硬盘载入到内存中并运行就可以了，这就是编译型语言的工作机制。Python 的
工作机制和那些编译型语言的机制又不太一样，Python 代码不需要编译成二进制编码这一过
程，它可以跳过编译这个步骤，直接从代码运行程序。当我们运行 Python 程序的时候，Py-
thon 解释器将代码转换成字节码，在 Python 中一般为 .pyc 文件，然后再由解释器来执行这
些字节码，这样 Python 就不用担心程序的编译问题了。

这种设计机制跳过了程序的编译和库的链接，会极大减轻开发的负担，而且 Python 代
码与计算机底层机器编码更远了，会使程序可移植性变强，基本上不需要太大的改动就能跨
平台运行。当然，就像一枚硬币的两面，有优点也会有缺点，其增强便利性的代价就是性能
的下降。

由于整个 Python 从语言规范到解释器都是开源的，所以理论上，只要水平够高，任何
人都可以编写 Python 解释器来执行 Python 代码，当然这需要很高的软件工程水平。

由于 Python 解释器是开源的，所以目前产业界存在多种 Python 解释器。

1）CPython 是标准解释器，也是其他 Python 解释器的参考实现。通常提到"Python"
一词，都是指 CPython。CPython 由 C 编写，将 Python 源码编译成 CPython 字节码，由虚拟机
解释执行，这里的虚拟机可以理解为 Python 解释器。

2）Jython（曾用名 Jpython）是在 JVM 上实现的 Python，由 Java 编写。Jython 将 Python
源码编译成 JVM（Java 虚拟机）字节码，由 JVM 执行对应的字节码。因此它能与 JVM 集
成，如利用 JVM 的垃圾回收和 JIT，直接导入并调用 JVM 上其他语言编写的库和函数。笔者
在工作中经常使用 Jython 编写程序去调用系统的中间件，这也是一种 Jython 的实现形式。

3）IPython 是基于 CPython 之上的一个交互式解释器，也就是说，IPython 只是在交互方
式上有所增强，但是执行 Python 代码的功能和 CPython 是完全一样的。

4）PyPy 是指使用 RPython 实现、利用 Tracing JIT 技术实现的 Python，而不是 RPython
工具链。PyPy 可以选择多种垃圾回收方式，如标记清除、标记压缩等。相对于 CPython，
PyPy 的性能提升非常明显，但对第三方库的支持不够，如无法很好地支持使用 CPython 的
API 编写的扩展。

5）IronPython 与 Jython 类似，所不同的是 IronPython 在 CLR 上实现了 Python，即面向
.NET 平台，由 C#编写。IronPython 将源码编译成 TODO CLR，同样它也能很好地与 .NET 平
台集成。与 Jython 相同，可以利用 .NET 框架的 JIT、垃圾回收等功能，能导入并调用 .NET
上其他语言编写的库和函数。IronPython 默认使用 Unicode 字符串。

总而言之，Python 的解释器种类很多，但是使用最为广泛的还是 CPython。

本章我们初步了解 Python 的文件架构和运行框架，而且还练习搭建了 Python 的开发环
境，对 Python 解释器有了一个初步的了解。如果把学习 Python 比喻成享受一顿美味的大餐，
那我们也仅仅只是品尝了开胃甜点而已，后面内容才是真正的主食，请继续享用。

第 2 章
数据类型和变量

在程序设计中，数据就像血液一样在软件系统中流淌，而变量就像血管，是存储数据的载体。计算机中的变量是实际存在的数据或者说是存储器中存储数据的一块内存空间，变量的值可以被读取和修改，这是所有计算和控制的基石。计算机能处理的数据有很多种类型，除了数值之外还可以处理文本、图形、音频、视频等各种各样的数据，不同的数据需要定义不同的存储类型。

扫码获取本章代码

2.1 数据类型

起初，计算机被设计成计算数据和处理数据的机器。因此，编程从它诞生开始就理所当然具有处理各种数据的基因。远古编程语言 Pascal 之父 Niklaus E. Writh 曾写过这么一个公式。

```
Algorithms + Data Structures = Programs。
```

这句话的意思是，算法加数据结构就等于程序。反过来讲，程序设计语言提供的数据类型、运算符、程序代码封装方式等技术也会影响算法与数据结构的实现方式。因此，数据类型是编程语言的基础，抛开数据类型来谈论编程架构就好比是空中楼阁，根本无法深入其内部机制。既然数据类型这么重要，那么本章就先来聊聊 Python 的数据类型和变量等元素。

2.1.1 整数类型

Python 可以处理任意大小的整数，支持二进制、八进制、十进制和十六进制的表示方法。可能有些朋友会问，什么是二进制、八进制、十进制、十六进制？正常生活中使用阿拉伯数字就是十进制计数方法，计算方法是逢十进一，这个不用多做解释。顾名思义，二进制就是逢二进一，八进制就是逢八进一，十六进制逢十六进一。用阿拉伯数字 16 来举例，二进制就是 10000，八进制就是 0020，十六进制就是 0010。

Python 用 int 来表示整数类型。

例 2-1 不同进制的写法

```
>>> 10                  #十进制 10
10
>>> 0b1010              #若要编写二进制,则在数字前置 0b 或者 0B;
10
>>> 0o12                #若要写八进制整数,则在前面加上 0o 或者 0O
10
>>> 0xA                 #编写十六进制整数,则以 0x 或者 0X 开头
10
```

以上写法都是表示阿拉伯数字 10。

在 Python 2. x 中分别是 int 和 long 两种类型。从 Python 3. x 之后,整数类型为 int,不再区分整数 int 与长整数 long,整数的长度不受限制。

小白逆袭：注释#

　　Python 编程语言的单行注释常以#开头,单行注释可以作为单独的一行放在被注释代码行之上,也可以放在语句或者表达式之后,#后的字符和命令不会被系统执行。

2. 1. 2 浮点数类型

浮点数也就是小数,在计算机领域中我们之所以把小数称为浮点数,是因为浮点数的小数点位置是浮动可变的。浮点数除了数学写法,如 123.456,还支持科学计数法,如 1.23456e2。

浮点数也称为 float 型。

例 2-2 浮点数数据类型

```
>>> 3.1415926
3.1415926
>>> -2.1314
-2.1314
>>> 3.14e-10
3.14e-10
```

2. 1. 3 布尔类型

布尔值只有 True、False 两种值,要么是 True,要么是 False,对应计算机底层机器编码中的 0 和 1。在 Python 中,可以直接用 True、False 表示布尔值,也可以通过布尔运算计算出来,例如,3 < 5 会产生布尔值 True,而 2 = = 1 会产生布尔值 False。

例 2-3 布尔类型

```
>>> 3 < 5
True
>>> 2 = = 1
False
```

2.1.4　复数类型

Python 支持复数的直接表达形式，例如 3 + 5j，跟数学上的复数表示一样，唯一不同的是虚部的 i 换成了 j。实际上，这个类型并不能算作常用类型，大家了解下就可以了。

例 2-4　复数数据类型

```
>>> 1 + 2j
(1 + 2j)
>>> 3 + 4j
(3 + 4j)
>>> a = 1 + 2j
>>> b = 3 + 4j
>>> a + b
(4 + 6j)
```

2.1.5　字符串类型

字符串是以单引号或双引号括起来的任意文本，比如 'hello' 和 "hello"，字符串还有原始字符串表示法、字节字符串表示法和 Unicode 字符串表示法，而且可以书写成多行的形式，也就是用三个单引号或三个双引号开头，三个单引号或三个双引号结尾。

例 2-5　字符串数据类型

```
>>> 'hello world'
>>> 'Python 从小白到大牛'
'Python 从小白到大牛'
>>> '''庆祝 1024 程序员节快乐'''
'庆祝 1024 程序员节快乐'
```

2.2　变量

学习任何编程语言的过程中，变量是绕不过的基本元素，C、Java、PHP、Ruby 等都有变量这个概念，其意义和作用大同小异。可能这么说比较容易理解，在 Python 中变量的概念基本上和初中代数的方程变量是一致的。例如，对于计算圆面积的方程式 $S = \pi r^2$，其中 π 是常量，半径 r 就是变量，与数学上变量不同的地方是，计算机程序中的变量不仅仅可以是数字，还可以是任意数据类型。

2.2.1　命名规则

在 Python 中，变量是需要一个变量名来表示的，变量名必须是大小写英文、数字和下划线 "_" 的组合，而且不能用数字开头。例如：x = 1 变量 x 是一个整数，x_001 = 'x_001' 变量 x_001 是一个字符串。等于号 " = " 是赋值符号，可以把任意数据类型赋值给变量，同一个变量是可以反复赋值的，而且可以是不同类型的变量。

总结一下命名规则。

1）变量名由字母（广义的 Unicode 字符，不包括特殊字符）、数字和下画线构成，不能以数字开头。

2）大小写敏感，大写的 A 和小写的 a 是两个不同的变量。

3）不要跟关键字冲突。

2.2.2 使用方法

前面提到，等于号"="是主要的赋值操作符，使用方法并不复杂，下面通过几个例子来说明。

例 2-6　赋值

```
> > > a_int = 99
> > > b = 'cart'
> > > c = 3.1415
> > > d = 'hello,world'
> > > e = True
```

在等号的左边是变量名称，等号的右边是我们想赋予变量的内容。

注意，赋值并不是直接将一个数值赋给一个变量，尽管可能从字面上来看是这样的。在 Python 语言中，赋值是通过引用传递的，引用在这里可以理解为存储数值的内存地址。在赋值的时候，无论这个变量是新创建的，还是已经存在的，都是在描述该对象的引用赋值给变量。引用的概念比较抽象，不够直观，没关系，我们在后面会详细讨论这个话题，现在我们只需要知道有这么一个概念就可以，并不影响使用 Python。

这里有个小技巧，当我们在调试程序时得到一个未知变量，但是不知道这个变量是什么数据类型，可以使用 type 方法对变量的类型进行检查。这里提到的 type 是一种函数，程序设计中的函数和数学上的函数的概念基本一致。在例 2-6 中，我们给变量赋予了不同类型的数值，下面使用 type( ) 检查变量的类型，然后再用 print 函数将它输出到屏幕上。

例 2-7　type 函数

```
> > > print(type(a)) # < class 'int' >
< class 'complex' >
> > > print(type(b)) # < class 'float' >
< class 'str' >
> > > print(type(c)) # < class 'complex' >
< class 'float' >
> > > print(type(d)) # < class 'str' >
< class 'str' >
> > > print(type(e)) # < class 'bool' >
< class 'bool' >
```

在掌握了变量的赋值用法之后，我们可以开阔一下思路。如果我们有三个变量 x、y、z，并且想把这三个变量都设置为 1，那怎么才能把一个数值赋给多个变量呢？可不可以像写数学公式一样在同一行内多次使用等号呢？实践出真知，我们用命令测试一下。

例 2-8　多重赋值

```
>>> x = y = z = 1
>>> print(x,y,z)
(1,1,1)
```

结论：同时赋值给多个变量是完全可以的。这还没完，让我们再进一步思考，是否可以将多个不同类型的数值赋予多个变量呢？来测试一下。

例 2-9　多元赋值

```
>>> x,y,z = 1,2,'hello,world'
>>> x
1
>>> y
2
>>> z
'hello,world'
```

结论：两个整数类型的数值 1 和 2 以及一个字符串"hello，world"，被分别赋给了 x、y 和 z。这些灵活的赋值技巧，有效减少了编程中的代码量，提高了工作效率。

2.3　字符串和编码

2.3.1　字符串

字符串也是一种数据类型，甚至有可能是 Python 里最为常见的数据类型。我们可以通过在引号间包含字符的方式来创建字符串变量。

例 2-10　字符串类型赋值

```
>>> str1 = "world"          #双引号
>>> str2 = 'hello'          #单引号
>>> print(str2,str1)
hello world
```

Python 里面没有字符这个类型，用长度为 1 的字符串来表示这个概念，这一点和 C 语言不同。另外，前面提到单引号和双引号是用来定义字符串的特殊符号，那么问题来了，如果我们想要输出单引号''或者双引号"" 到屏幕上该怎么办？答案很简单，使用反斜线符号"\"，也叫作转义符。

例 2-11　转义字符

```
>>> name1 = "Python 从小白到大牛"
>>> name1
'Python 从小白到大牛'
>>> name2 = "\"Python 从小白到大牛\""  #在双引号" "前增加了反斜线符号\
>>> name2
'"Python 从小白到大牛"'
```

不光是双引号"" 和单引号''可以这样操作，其他的符号也可以通过前置"\"进行转义，所以反斜线又被称为转义符号，表 2-1 罗列了常用的转义形式。转义符的格式通常是"\"加上某个字母，比如"\ b"是退格、"\ r"表示的是回车，"\ n"表示换行的意思等。

表 2-1　常用的字符串转义方式

转 义 字 符	描　　述
\	续行符
\ \	反斜杠符号
\ '	单引号，当使用"" 来表示字符串时，又要表示单引号时使用，例如 "I\ 'am OK"
\ "	双引号，当使用"" 来表示字符串时，又要表示双引号时使用，例如 "\"Python 从小白到大牛 \ "是一本书"
\ b	退格（Backspace）
\ n	换行
\ v	纵向制表符
\ t	横向制表符
\ r	回车
\ f	换页

使用双引号"" 或者单引号''定义字符串时不可以换行。如果字符串内容必须跨行，可以使用三重引号，在三重引号之间输入任何内容，在最后字符串会照单全收，包括换行、缩进等。

例 2-12　三重引号用法

```
> > > '''《Python 从小白到大牛》是一本很有用的工具书！
... 我要认真阅读
... 早日成为大牛'''
'《Python 从小白到大牛》是一本很有用的工具书！\n 我要认真阅读 \n 早日成为大牛'
```

2.3.2　编码

说到字符串，就不得不提一下编码问题。为什么呢？因为无论以什么形式存储在内存中的编码，写入在硬盘上都是二进制，所以编码不对，程序就会出错。常见编码有 ASCII 编码（美国）、GBK 编码（中国）、shift_JIS 编码（日本）和 Unicode（统一编码）等。

Python 2. x 默认的字符编码是 ASCII，默认的文件编码也是 ASCII。

Python 3. x 默认的字符编码是 Unicode，默认的文件编码是 UTF-8。

ASCII 使用一个字节表示一个字符，而 Unicode 需要 2 个字节，这样对于英文的文本而言，存储空间就多出了一倍，于是就有了 UTF-8（可变长存储，Unicode Transformation Format）。UTF-8 简称万国码，可以显示各种语言，如中文、英文、日文、韩文等。UTF-8 编码中英文字符只使用 1 字节表示，中文字符用 3 字节，其他生僻字使用需要更多的字节存储。如果想要中国的软件可以正常在美国的计算机上运行，就需要下面两种方法：一是让美国的计算机都装上 GBK 编码；二是让我们的软件编码以 UTF-8 编码。

第一种方法显然不现实。相对而言，第二种方法要简单一些，但是也只能针对新开发的软件，如果之前开发的软件就是以 GBK 编码写的，上百万行代码已经写好了，那又该如何处理呢？这些都难不倒聪明的程序员们，他们针对已经用 GBK 开发的软件项目，利用 Unicode 的一个包含了全球所有国家语言编码的映射关系的功能，实现了编码转换。所以，目前无论以什么编码存储的数据，只要我们的软件把数据从硬盘上读到内存，转成 Unicode 就可以正确地显示出来。由于所有的系统、编程语言都默认支持 Unicode，所以我们的 GBK 编码软件放在美国计算机上，加载到内存里面，变成了 Unicode，中文就可正常展示了。

总结上面的转码过程：decode（"UTF-8"）解码--> unicode　--> encode（"gbk"）编码。

小白逆袭：字符集

字符集规定了某个文字对应的二进制数字存放方式（编码）和某串二进制数值代表了哪个文字（解码）的转换关系。

2.3.3　字符串操作

我们已经掌握了很多关于字符串的赋值方法，这是 Python 数据结构最基本的属性，但仍然有很多复杂的操作特性值得挖掘，下面我们就来详细讨论一下。

1. 切片操作

切片操作，顾名思义，就像是给蔬菜切片一样的方式来处理字符串。

例 2-13　字符串切片

```
> > > str1 = 'Python 从小白到大牛'
> > > str1[0:6]
'Python'
> > > str1[6:12]
'从小白到大牛'
> > > str1[:6]
'Python'
```

首先将"Python 从小白到大牛"作为内容赋予字符串变量 str1，这个变量包括 6 个英文字母和 6 个汉字，一共 12 个字符。然后对变量 str1 进行切片操作，截取第 0 个地址至第 6 个字节之间的内容，就是 Python，接着进行下一步切片操作，获取第 7 至第 12 个字符，也就是"从小白到大牛"。str1 [：1] 表示切片的起始位置为空，仅设置了终止位置为 6，则和 str1 [0：6] 的结果一样。

注意一点，切片的起始位置是从 0 开始的，而不是 1，可以思考一下原因，后面我们会在列表、字典等章节中介绍。

2. 字符串拼接

拼接，就像是小朋友玩的拼字游戏一样，字符串可以用 + 号连接起来，还可以用 * 重复输出。

例 2-14　字符串拼接和复制

```
>>> str1 = 'Python'
>>> str2 = '从小白到大牛'
>>> print(str1 + str2)
Python 从小白到大牛
>>> print(str1* 5)
PythonPythonPythonPythonPython
```

3. 字符串运算符

除了拼接字符串时用 + 号或者 * 号以外，还有适用于其他功能的运算符，比如用于获取字符串片段的索引运算符 [ ] 和切片运算符，以及用于判断元素是否存在的成员运算符 in 和 not in。字符串运算符见表 2-2。

表 2-2　字符串运算符

符　　号	描　　述
+	字符串连接
*	重复输出字符串
[ ]	通过索引获取字符中的字符
[:]	字符串切片
in	成员运算符
not in	非成员运算符

先创建两个变量 a = "人生苦短," 和 b = "我用 python。"，然后逐一测试表 2-2 中的运算符。

例 2-15　字符串运算符

```
>>> a = "人生苦短,"
>>> b = "我用 python。"
>>> s1 = a + b          # 字符串连接
>>> s2 = a * 2          # 字符串重复输出
>>> s3 = a[0]           # 下标索引
>>> s4 = a[0:3]         # 截取字符串的一部分
>>> print(s1)
人生苦短,我用 python。
>>> print(s2)
人生苦短,人生苦短,
>>> print(s3)
人
>>> print(s4)
人生苦
>>> print('人' in a)          # 成员运算符,如果字符串中包含给定字符,返回 True
True
```

```
> > > print('何须' not in a)　#成员运算符,如果字符串中不包含给定字符,返回 True
True
```

注意，其中运算符 in 和 not in 返回的是布尔值 True 和 False，这两个运算符经常和循环语句配合使用。

4. 字符串格式化

Python 也支持格式化字符串输出，基本用法是将一个值插入到一个有字符串格式符 % s 的内容中，听起来有点绕口，请看下面示例。

例 2-16　字符串格式化

```
> > > str1 = 'Python'
> > > print('% s 从小白到大牛' % str1)
Python 从小白到大牛
```

这种格式看起来很简单，但是可以演化出非常复杂的显示结构，是一个非常实用的技巧。

5. 字符串内建函数

Python 自带很多内置函数用于操作字符串，由于篇幅有限，这里只介绍一些非常实用的内置函数。

- find( )函数：可以在一个较长的字符串中查找某一个或几个字符，返回字串所在位置的最左端索引，如果什么都没有找到，则返回 −1。

例 2-17　查找特定字符

```
> > > st = 'Python 从小白到大牛'
> > > st. find('小白')
7
> > > st. find('大牛')
10
> > > st. find('java')##没有找到
-1
```

- split( )函数：根据某个特定字符或者符号来分割字符串，如果不提供分割符，默认空格作为分割符。

例 2-18　分割字符串

```
> > > str1 = '1 +2 +3 +4'
> > > str1. split('+')
['1', '2', '3', '4']
> > > str2 = 'Python 从小白到大牛'
> > > str2. split()
['Python', '从小白到大牛']
```

分割字符串函数除了 split( )函数以外，还有一个 join 函数，它与 split( )的函数用法相反，join( )用来连接字符串。

- lower( )：返回字符串的小写字母表。在不想区分大小写的地方十分有用。
- upper( )：将所有字母大写，与 lower( )相对应。

- title( )：将字符串转换为标题，也就是单词首字母大写，而其余的小写。

例 2-19　字符串首字母小写和大写

```
> > > Name = 'PYTHON'
> > > Name.lower()
'Python'
> > > name = 'Python'
> > > name.title()
'Python'
```

- replace( )：返回某字符串的所有匹配项均被替换之后得到的字符串。

例 2-20　字符串替换

```
> > > 'This is a test'.replace('is','IS')
'ThIS IS a test'
```

- index( )：从序列中查找某个元素的第一个匹配项的索引位置，没有查找到就报错。与 find( )类似，但是 find( )只对字符串有效，而 find( )对序列都有效。

例 2-21　字符串索引

```
> > > st = 'Python 从小白到大牛'
> > > st.index('小白')
7
```

- startswith( )：判定字符串是否是以指定的字符开头，返回布尔值，可以指定检测范围。

例 2-22　判断开头字符

```
> > > st
'hello,world'
> > > st.startswith('he')
True
> > > st.startswith('the')
False
> > > st.startswith('wo',6)    #从第 7 个字符开始查,也就是 w
True
```

与之相对应的是 endswith( )，用于判断字符串是否以指定的字符结尾，返回布尔值，可以指定检测范围。

最后介绍移除字符串的方法，移除指定字符串有三种方法。strip( )用于移除字符串首位指定的字符，默认删除空格；lstrip( )用于移除左侧的指定字符；rstrip( )用于移除右侧的指定字符。

例 2-23　移除指定字符串

```
> > >stt = '  Python  '
> > >stt
'  Python  '
> > >stt.strip()              #去掉左右两边的空格 1
```

```
'Python'
>>>stt2 = '  I like Python'
>>>stt2
'  I like Python'
>>>stt2.strip()
'I like Python'
>>>stt3 = 'Python'
>>>stt3.strip('thon')
'py'
>>>stt3.strip('onth')##过滤的字符不需要按照顺序来判定
'py'
>>>stt3.lstrip('th')
'Python'
>>>stt3.lstrip('py')
'thon'
```

内置函数有很多，我们没有必要全部记下来，什么时候有需要，可以去官网上查看其用法就够了。

小白逆袭：查阅内置函数的利器—help()

上面我们介绍很多内置函数，对于初学者，忘记命令用法是很常见的事情。别着急，我们还有不求人的绝招。打开 Python 解释器，输入 help（str）命令，我们会看到非常多的信息，都是 Python 的内置函数。

>>> help（str）

善用 help 函数会省去很多查找文档的精力。当然，这种方法不仅可以查看字符串函数，也适用于其他的内置函数。

2.4　数字和运算符

本节主要讲解的是 Python 中的数字类型及相关运算符，下面将会详细介绍主流的数字类型，以及适用的各种操作符，最后介绍用于处理数字的内建函数。

2.4.1　数和四则运算

在 Python 中，对数的规定比较简单，不涉及算法的话，基本在中学的数学水平即可理解。我们已经了解了给变量赋值，并不是把数值直接赋给变量，而是把存放数值的地址赋给了变量。这么说太抽象了，让我们用案例来验证一下，这里要使用一个新的函数 id，这个函数可以用来查看每个对象的内存地址。

例 2-24　变量的地址

```
>>> abc = 2          #复制操作,把数字 2 赋给变量 abc
>>> abc
```

```
2
> > > id(abc)
1551513872
> > > id(2)
1551513872
```

由此可见，id（abc）和 id（2）的结果都是 1551513872，由此验证了前面的推论，赋值操作只是传递了保存数字的内存地址而不是数字本身。可能有人会觉得这种传值方法太麻烦了，直接把数字传给变量多简单，何需内存地址这个中介来帮忙？其实，这种设计是非常巧妙的，它形成了一个非常重要的 Python 语言特性——**数据有类型，变量无类型**。

通俗点讲就是两点：第一，方便内存管理；第二，弱化了变量的类型声明。

注意，在有些资料或者书籍上会把传递内存地址这种方法称为引用或者指针，其实它们表达的都是同一种东西。

2.4.2　关于数字的内建函数

大家都知道在数学计算中，除了加减乘除四则运算之外，还存在其他的运算方法，比如乘方、开方、对数运算等。这些 Python 肯定也能够处理，但要实现这些运算方法，需要用到 Python 中的一个模块：math。math 模块是标准库中的内置模块，可以直接使用，不用安装。

例 2-25　圆周率

```
> > > import math
> > > math.pi
3.141592653589793
```

这里应该是我们第一次接触到"模块"这个概念。模块相当于一个工具箱，里面的函数相当于扳手、钳子之类的工具，import 就是打开工具箱的钥匙，每次使用模块之前都要用 import 来导入模块。对于使用者而言，工具箱里面到底放了些什么东西他是不知道的，但是可以用某些方法查看模块中所包含的工具，这个就是 dir 函数。

例 2-26　查看 math 的函数

```
> > > dir(math)
['_doc_', '_name_', '_package_', 'acos', 'acosh', 'asin', 'asinh', 'atan', 'atan2', 'atanh', 'ceil', 'copysign', 'cos', 'cosh', 'degrees', 'e', 'erf', 'erfc', 'exp', 'expm1', 'fabs', 'factorial', 'floor', 'fmod', 'frexp', 'fsum', 'gamma', 'hypot', 'isinf', 'isnan', 'ldexp', 'lgamma', 'log', 'log10', 'log1p', 'modf', 'pi', 'pow', 'radians', 'sin', 'sinh', 'sqrt', 'tan', 'tanh', 'trunc']
```

在 math 模块中，可以计算正弦 sin（a）、余弦 cos（a）、开方 sqrt（a）等。既然看到了工具箱子中的工具，我们随便找一个函数来用用看，因为实践是检验真理的唯一标准。下面选一个函数 pow，用 help 函数查看函数的用法，然后验证。

例 2-27　验证 **pow** 的用法

```
>>> help(math.pow)
Help on built-in function pow in module math:
pow(x, y, /)
    Return x**y (x to the power of y).
>>> 2**3
8
>>> math.pow(2,3)
8.0
```

例 2-28　求绝对值

```
>>> abs(1)
1
>>> abs(-1)
1
>>> abs(-1.1)
1.1
```

例 2-29　四舍五入

```
>>> round(1.234)
1.0
>>> round(1.234,2)        #保留 2 位小数
1.23
```

例 2-30　int、float、complex 转换函数

```
>>> int(1.1)
1
>>> float(1)
1.0
>>> complex(1)
(1+0j)
```

　　除了 math 模块，在 Python 标准库中还有不少专门用于处理数值类型的模块，它们增强并扩展了数值运算的功能，比如后面会介绍的著名的第三方模块 NumPy 和 SciPy。

2.5　列表

　　在编程时，不仅要处理复杂的逻辑运算，还要处理复杂逻辑运算带来的复杂数据结构。如果使用简单的数字类型来表达复杂的数据，就会存在大量的简单数据对象，存放和管理这些对象将成为麻烦的问题。为了解决这个问题，以列表（List）为代表的容器数据类型诞生了。本节将通过列表的用法来解决一些复杂的数学问题，甚至是算法问题。

2.5.1　List 定义

在介绍列表 List 之前，让我们先回顾一下前面关于变量赋值时内存知识——变量赋值时传递的并不是数值而是内存地址。一台计算机的系统内存可以被看作是购物商场的地下停车场。大家都知道停车场内的车位都是按一定顺序编号的，当一辆汽车开进停车场，就好比内存分配一个地址给变量。当我们想要创建一个列表时（注意，这里是分配一大块系统内存），就好比停车场进来了一队车，一下子去申请了 N 个连续的车位。

例 2-31　列表赋值

```
>>> park=['BMW','奔驰','大众','别克','路虎']
>>> park
['BMW','奔驰','大众','别克','路虎']
```

列表用于组织零散的数据元素，中括号之间用逗号来分割数据元素。列表的值不一定是同一类型的值，就像停车位既可以停放 BMW，也可以停放奔驰一样。

和字符串一样，列表也以地址 0 开始，可以被切片、连接。

例 2-32　列表元素访问

```
>>> park=['宝马','奔驰','大众','别克','路虎']
>>> park
['宝马','奔驰','大众','别克','路虎']
>>> park[0]
'宝马'
>>> park[4]
'路虎'
>>> park[-2]
'别克'
>>> park[1:-1]
['奔驰','大众','别克']
>>> park[:2]+['Ferrari','比亚迪']
['宝马','奔驰','Ferrari','比亚迪']
```

列表也可以改变每个独立元素的数值。

例 2-33　修改独立元素

```
>>> park[2]='帕萨特'
>>> park
['宝马','奔驰','帕萨特','别克','路虎']
```

例 2-34　添加独立元素

```
>>> park=['宝马','奔驰','大众','别克','路虎']
>>> park.insert(0,'Honda')
>>> park
['Honda','宝马','奔驰','大众','别克','路虎']
```

```
>>> del park[0]
>>> park
['宝马','奔驰','大众','别克','路虎']
```

2.5.2　索引和切片

列表也能进行切片操作，甚至可以改变列表的大小。

例 2-35　列表的索引和切片

```
>>> park[0:2]=['本田','丰田']              #替换列表前两个元素
>>> park
['本田','丰田','帕萨特','别克','路虎']
>>> park[0:2]=[]                          #移动列表项
>>> park
['帕萨特','别克','路虎']
>>> park[1:1]=['马自达','jeep']           #在第一个元素之后,第二个元素之前插入
>>> park
['帕萨特','马自达','jeep','别克','路虎']    #在起始地址处插入
>>> park[:0]=park
>>> park
['帕萨特','马自达','jeep','别克','路虎','帕萨特','马自达','jeep','别克','路虎']
>>>park[0:3]
['帕萨特','马自达','jeep']
```

park ［0：3］表示从索引 0 开始取，直到索引 3 为止，但不包括位于索引 3 的元素。即索引 0、1、2 正好是 3 个元素。如果第一个索引为 0，还可以省略掉 0，写成 park ［：3］。

2.5.3　反转

列表的反转是很常见的需求，为了方便理解，这里用数字元素来举例。反转这个功能需要引入新的函数 reversed。

例 2-36　列表反转操作

```
>>> list1=[1,2,3,4,5,6,7,8,9,10]
>>> list1
[1, 2, 3, 4, 5, 6, 7, 8, 9, 10]
>>> a=list(reversed(list1))
>>> a
[10, 9, 8, 7, 6, 5, 4, 3, 2, 1]
```

还有一种更简单的方法。

例 2-37　用分片的方法反转

```
>>> a
[10, 9, 8, 7, 6, 5, 4, 3, 2, 1]
```

```
>>> b = a[::-1]
>>> b
[1, 2, 3, 4, 5, 6, 7, 8, 9, 10]
```

在 a[::-1]中，[::-1]代表从后向前取值，每次步进值为1，a[3::-1]=[4,3,2,1]代表从第3个坐标往前反转顺序输出，每次取1个值。

2.6 【小白也要懂】运算符详解

数学中有很多运算符，与之类似的是程序设计中也有很多运算符。运算符就像是家具上的螺钉，它可以把各种独立的零件连接起来，从而得到一个完整的产品。

我们已经知道布尔类型只有两个值：True 和 False，数学上与之对应的是1和0，下面就用这个来举例子。

1. 比较运算符

顾名思义，比较运算符就是用来比较数值的大小。如果比较式成立，返回 True；不成立，则返回 False。在这里引入一个新名词：布尔表达式，即能够返回布尔值的表达式称为布尔表达式。

例 2-38 布尔表达式

```
>>> print(1 > 3)
False
>>> print('p' in 'Python')
True
>>> print(2 >= 2)
True
>>> print(3 != 3)
False
```

表2-3罗列了所有的比较运算符组合，当仅对值进行简单比较时建议使用 == 和 != 操作符。这些比较运算符和大多数的数学比较符号用法类似，比如" > "就是大于号的意思、" < "就是小于号的意思。

表 2-3 常用比较运算符

符　号	描　　述
==	检查两个操作数的值是否相等
!=	检查两个操作数的值是否不相等
<>	检查两个操作数的值是否不相等，类似于! =
>	检查左操作数是否大于右操作数
>=	检查左操作数是否大于或者等于右操作数
<	检查右操作数是否大于左操作数
<=	检查右操作数是否大于或者等于左操作数

涉及数值之间的比较，建议使用比较运算符，但是比较运算符＝＝和！＝有时候也适用于字符串类型。

2. 逻辑运算符

要实现一个复杂的功能程序，逻辑运算是必不可少的。可以这么理解，逻辑运算符就是数学中的且、或、否等操作符，分别对应的关键字是 and、not、or。在表 2-4 中，and、or 和 not 的优先级是 not > and > or。逻辑操作符 and 和 or 也称作短路操作符或者惰性求值。参数从左向右解析，一旦结果可以确定就停止。例如，如果 A 和 C 为真而 B 为假，则 A and B and C 不会解析 C。作用于一个普通的非逻辑值时，短路操作符的返回值通常是最后一个变量。

表 2-4　逻辑运算符

	逻辑表达式	功　能
and	x and y	如果 x 为 False，则 x and y 返回 False，否则它返回 y 的计算值
or	x or y	如果 x 是 True，它返回 True，否则它返回 y 的计算值。
not	Not x	对于布尔值，非运算会对其进行取反操作，如果 x 为 True，则返回 False；如果 x 为 False，则返回 True

逻辑运算符返回的结果不一定是布尔值，除非输入的操作数据是布尔值。其次，and、or 和 not 的优先级是 not > and > or。

例 2-39　逻辑运算的返回值

```
>>> a=0
>>> b=1
>>> a and b
0
>>> a or b
1
>>> not a
True
>>> a='a'
>>> a and b
1
```

虽然逻辑运算符返回的结果不一定是布尔值，但是若涉及布尔值 True 或 False 的判断，建议使用 not，不要用比较运算符直接与 True 或 False 比较。

3. 位运算符

位运算符就是对目标数据进行二进制操作。它在执行的时候，首先会把对应的操作数转换成相应的二进制数，然后再对二进制数进行位运算。大部分人并不熟悉二进制运算的规则，但是在某些领域，位运算使用得当，往往会有出其不意的效果。

例 2-40　位运算

```
>>> a=10;
>>> print(a<<2)
40
```

```
>>> print(a>>2)
2
>>>
```

意思是先把数值 10 赋予变量 a，换算成二进制就是 1010。然后经过位运算符"<<"处理，各个二进制数字全部左移两位，高位丢弃，低位补充 0，于是就变成了 101000，最后转化成十进制输出的 40。位运算写出来的代码比较难以转换为现实的逻辑，代码很难理解，一般需要配置注释说明。

4. 成员运算符

成员运算符就是用来判断元素是否为某个元素集合的一员的运算符。通常的做法是，判断某个数字或者某个字符串后是位于某个列表或者其他数据类型里面的一员。

成员运算符包括 in 和 not in。in 用于判断某元素是否包含在某个集合里面，not in 用于判断某元素是否不包含在某个集合里面。

例 2-41　成员运算符

```
>>> a = 'a'
>>> b = 'cba'
>>> a in b
True
>>> a not in b
False
```

掌握运算符后，我们应该结合之前学到的数据类型用法，多做一些代码练习，这样才能融会贯通。

小白逆袭：三目运算符

有个特殊的运算符叫三元运算符，写成表达式为 x if C else y。表达式首先评估条件 C（不是 x）；如果 C 为真，则计算 x 并返回其值；否则，评估 y 并返回其值。三元运算符具有所有 Python 操作的最低优先级。举个例子，如果 a>b 则返回 a，否则返回 b，即取 a 和 b 中最大值。三元运算符表达式为 h = a if a>b else b。

2.7 【实战】常用内置数据结构用法示例

Python 提供了很多的数据类型，包括已经学习到的数值、字符串、列表等，以及还没有接触到的集合、字典等。有了这些基础知识，我们就可以解决一些稍微复杂的数据问题。本节的目的很明确，就是讨论和实战这些比较常见的问题和算法。

扫码观看教学视频

1. 提取列表元素并赋值给多个变量

问题一：现在有一个包含 N 个元素的列表，怎么样才能把它里面的数值提取出来同时赋值给 N 变量？

解决方案：任何的列表都可以通过一个简单的赋值语句提取并赋值给多个变量。

例 2-42　提取列表元素并赋值

```
>>> p = [4, 5]
>>> x, y = p
>>> x
4
>>> y
5
>>> data = ['Python 从小白到大牛', 50, 99.9, (2019, 12, 21)]
>>> name, shares, price, date = data
>>> name
'Python'
>>> shares
50
>>> price
99.9
>>> date
(2019, 12, 21)
>>>
```

2. 查找最大或最小的 N 个元素

问题：如何从一个列表中获取最大或者最小的 N 个元素？

解决方案：这里我们要用两个新的函数 nlargest 和 nsmallest，这两个函数都属于模块 heapq 的。

例 2-43　查找最大或最小的 N 个元素

```
>>> import heapq
>>> nums = [1, 3, 5, 7, 9, -4, 18, 23, 42, 37, 2]
>>> print(heapq.nlargest(3, nums))
[42, 37, 23]
>>> print(heapq.nsmallest(3, nums))
[-4, 1, 2]
```

当查找的元素个数相对比较小的时候，使用函数 nlargest 和 nsmallest 非常合适。但是仅仅想查找唯一的最小元素或最大元素，使用 min() 和 max() 函数效率会更高些。注意，这两个函数使用了"堆"这种数据结构的知识，而堆的重要特征是 heapq [0] 永远是最小元素。

3. 统计列表中出现次数最多的元素

问题：怎样才能找出一个列表中出现次数最多的元素呢？

解决方案：collections 模块就是专门为这类问题而设计的，most_ comman() 函数可以直接给出答案。

例 2-44　使用 most_comman( ) 函数统计列表中出现次数最多的元素

```
>>> words = [
'look', 'into', 'my', 'eyes', 'look', 'into', 'my', 'eyes',
'the', 'eyes', 'the', 'eyes', 'the', 'eyes', 'not', 'around', 'the',
'eyes', "don't", 'look', 'around', 'the', 'eyes', 'look', 'into',
'my', 'eyes', "you're", 'under'
]
>>> from collections import Counter
>>> word_counts = Counter(words)
>>> top_three = word_counts.most_common(3)
>>> print(top_three)
[('eyes', 8), ('the', 5), ('look', 4)]
```

4. 过滤列表元素

问题：如果有一个数据列表，我们想根据某些条件从中提取出需要的值或者是缩短列表，该怎么办呢？

解决方案：最简单的过滤序列元素的方法就是使用列表推导。

例 2-45　使用列表推导过滤列表元素

```
>>> mylist = [1, 4, -5, 10, -7, 2, 3, -1]
>>> [n for n in mylist if n > 0] #这里 for 语句是把所有列表中的元素都循环测试一遍
[1, 4, 10, 2, 3]
>>> [n for n in mylist if n < 0]
[-5, -7, -1]
```

5. 合并多个列表

问题：现有多个列表，我们将把它们合并为一个单一的集合。

解决方案：一个很优雅的解决方法就是 ChainMap 函数。

例 2-46　使用 ChainMap 函数合并列表元素

```
>>> a = [1,2,3,4]
>>> b = [5,6,7,8]
>>> from collections import ChainMap
>>> c = ChainMap(a,b)
>>> c
ChainMap([1, 2, 3, 4], [5, 6, 7, 8])
```

所谓的"内置"的数据类型就是指 Python 源代码自带的、不需要安装第三方模块就能直接使用的数据类型或者函数。这些内置数据类型是所有高级特性的基石，必须要牢牢掌握。

2.8　【大牛讲坛】从底层理解内存管理

编程语言的内存管理是语言设计的一个重要方面，它也是决定语言性能的重要因素。无论是 C 的手动管理还是 Java 的垃圾回收，都向我们展示了编程语言的重要特征。

Python 的内存管理是由私有堆空间管理的，这里可以把私有堆空间理解为一块拥有连续编号的内存，所有的对象和数据结构都存储在私有堆空间中。程序员没有访问这块内存空间的权限，只有解释器才有权限访问。为 Python 的堆空间分配内存的是 Python 的内存管理模块，核心接口只会提供一些访问该模块的方法供程序员使用。Python 自由的垃圾回收机制能够回收并释放没有被使用的内存，以便于新程序使用。

1. 对象的内存使用

赋值语句是编程语言中最常见的功能了。但即使是最简单的赋值语句，其背后所包含的机制也可以很复杂。首先让我们先来回顾一下前面讲过的赋值语句，然后进行剖析。

```
a = 1
```

这里整数 1 是一个对象，存储在内存空间中。a 是一个变量，利用赋值语句，将指向变量 a 的地址指向 1。由于 Python 是动态类型的语言，对象与变量分离。比较形象的解释是：Python 像筷子一样，通过变量来接触和翻动真正的食物——对象。

例 2-47　用 id 函数显示内存地址

```
>>> a = 1
>>> id(a)                #内存的地址十进制表示方式
257046784
>>> hex(id(a))           #内存地址的十六进制表示
'0xf523900'
```

整数和比较短小的字符串，Python 都会缓存这些对象，以便重复使用，当我们创建多个赋值为 1 的变量时，实际是让所有的变量地址都指向同一个对象。

例 2-48　验证 1 的地址

```
>>> b = 1
>>> id(b)
257046784
```

对比可见，a 和 b 是指向同一个对象的不同变量。

每个对象都存有指向该对象的变量总数，即引用计数（reference count），sys 模块中的 getrefcount 可验证变量的使用次数。当系统会创建一个临时引用，getrefcount 得到结果会比预期的数值多 1。

例 2-49　验证引用计数

```
>>> a = [1, 2, 3]
>>> print(getrefcount(a))
2
>>> b = a
>>> print(getrefcount(b))
3
```

getrefcount( ) 返回的结果分别是 2 和 3。

2. 对象引用对象

列表可以包含多个元素或者对象，实际上列表包含的并不是对象本身，而是指向各个元素对象的内存地址引用。

例 2-50　列表的地址引用

```
> > > b = [1,2,3]
> > > a = from_obj(b)
> > > print(id(a.to_obj))
5763120
> > > print(id(b))
5763120
```

可以看出 a 引用了对象 b 的地址，所以引用对象是 Python 最基本的构成方式。对列表而言，这种引用可能会构成很复杂的拓扑结构。我们可以用 objgrph 模块来绘制其引用关系。

例 2-51　objgrph 模块的安装

```
PS C: \Users \cccheng \Desktop > pip install objgraph
> >
Collectingobjgraph
Downloadinghttps://files. Pythonhosted. org/packages/7d/21/
b8ea10bea21a3ecb603ab0a8a59e49282d83eadba16e47464193b0b70dce/objgraph-3. 4. 1-
py2. py3-none-any. whl
Collectinggraphviz (from objgraph)
Downloadinghttps://files. Pythonhosted. org/packages/94/cd/
7b37f2b658995033879719e1ea4c9f171bf7a14c16b79220bd19f9eda3fe/graphviz-          0. 13-
py2. py3-none-any. whl
Installing collected packages:graphviz, objgraph
Successfully installedgraphviz-0. 13 objgraph-3. 4. 1
```

用 pip 命令成功安装 objgrph 模块后，要使用 import 关键字来导入此模块。

例 2-52　制作拓扑图

```
> > > x = [1, 2, 3]
> > > y = [x, dict(key1 = x)]
> > > z = [y, (x, y)]
> > > import objgraph
> > >objgraph. show_refs([z], filename = 'ref_topo. png')
Graph written to C: \Users \cccheng \AppData \Local \Temp \objgraph-qrtlasge. dot (8
nodes) Image renderer (dot) not found, not doing anything else
```

如果两个对象相互引用，就有可能构成所谓的引用环，即使是一个对象，只要自己引用自己，也能构成引用环。但这会给垃圾回收机制带来很大的麻烦。

3. 引用减少

在一个列表里面删除一个元素的时候，引用对象的引用计数就有可能减少。

例 2-53　验证引用计数减少

```
> > > a = [1, 2, 3]
> > > b = a
> > > print(getrefcount(b))
3
> > > del a
> > > print(getrefcount(b))
2
```

还有一种可能，如果这个变量指向别的内容时，引用计数也会减少。

4. 垃圾回收

当 Python 中的对象越来越多，占据的内存也会越来越大，在适当的时候会触发垃圾回收机制，将没用的对象清除，在许多语言中都有垃圾回收机制，如 Java 和 Ruby。

理论上来说，当一个对象的引用计数降为 0 的时候，说明没有任何引用指向对象，这时候该对象就成为需要被清除的垃圾了。比如某个新建对象，分配给某个引用，引用数为 1，当引用被删除之后，引用数为 0，那么该对象就可以被垃圾回收。然而清理垃圾是个费力的过程，垃圾回收的时候，Python 不能进行其他任务，频繁的垃圾回收会大大降低 Python 的工作效率。如果内存中的对象不多，就没必要启动垃圾回收。所以 Python 只会在特定的条件下自动启动垃圾回收。当 Python 运行的时候，会记录其中分配对象和取消分配对象的次数，两者的差值高于某个阈值的时候，垃圾回收才会启动。

我们可以通过 gc 模块的 get_ threshold() 来查看该阈值。

例 2-54　垃圾回收机制

```
> > > import gc
> > > gc.get_threshold()
(700, 10, 10)
> > >
```

Python 作为一种动态类型的语言，其对象和引用分离的机制，与面向过程的编程语言有很大的区别。为了达到有效地释放内存的目的，Python 采用了一种相对简单的垃圾回收机制，即引用计数。但是这种机制又带来新的问题——孤立引用环，这部分涉及更复杂的垃圾回收算法，我们了解一下即可，不必深究。Python 与其他的编程语言既有共通性，又有自身特别的地方，对该内存管理机制的理解，是提高 Python 性能的重要一步。

第3章
流 程 控 制

正常人在生活中都会潜意识地用到逻辑判断，比如上班走哪条路更近、这杯水热不热、什么时候去吃饭等。在进行程序设计的时候，我们也会经常进行逻辑判断，根据不同的结果做不同的事，或者重复做某件事，我们对这样的流程称为流程控制。

扫码获取本章代码

3.1 条件语句

if-else 结构就是常见的逻辑控制手段，当我们写出这样的语句时，就意味着告诉了计算机什么时候该怎么做，或者什么是不用做的。

3.1.1 if-else

学习 if-else 判断语句之前，我们要回顾一下前面学过的布尔类型及布尔表达式。布尔类型的数据只有两种：True 和 False。人类以真伪善恶来判断事物，而在计算机世界中真伪对应的则是 1 和 0，凡是能够产生一个布尔值的表达式统称为布尔表达式。

例 3-1　布尔数据和布尔表达式

```
>>> 1 > 2
False
>>> 1 < 2 < 3
True
>>> 42 ! = '42'
True
>>> 'Name' = = 'name'
False
>>> 'M' in 'Magic'
True
>>> number = 12
>>> number is 12
True
```

其实任何数据对象都可以判断其布尔值，除了 0、None 和所有为空的序列集合的布尔值为 False 之外，其他的数据对象都为 True。这些对象可以用函数 bool( ) 进行判别。

回顾完布尔值，我们再来谈谈条件控制。条件控制其实就是 if…else 语句结构的使用，下面来看一下条件控制的基本用法。

例 3-2　if…else 语句的基本格式

```
> > > age = 17
> > > if age > = 18:             #判断条件
print("我们已经是成年人了")       #判断为 True 后的操作
else:
print("我们是未成年人")           #判断为 False 后的操作
我们是未成年人
```

在第 2 行中，关键字 if 后面可跟任何条件测试，而在下一行的缩进代码块中，可执行任何操作。如果判断条件的结果为 True，解释器就会执行紧跟在 if 语句后面的代码；如果判断结果为 False，就会执行 else 关键字后面的代码。上述代码之所以可以运行，是因为只存在两种情形：要么是成年人，要么不是，只有这两种情况，没有第三种选择。所以，if…else 结构非常适合用于要让 Python 执行两种操作之一的情形。

3.1.2　if…elif…else

现实世界的选择是复杂的，不可能任何事物都是非黑即白、非善即恶，我们也经常遇到超过两个选项的情景。为了模仿现实世界中的多选择情景模型，Python 提供了 if…elif…else 的语法结构。Python 只执行 if…elif…else 结构中的一个代码块，它依次检查每个条件，直到遇到符合要求的条件测试。然后 Python 将执行其后面的代码，并跳过剩下的选项。

例 3-3　elif 语句

```
> > > age = 3
> > > if age > = 18:             #判断年龄 age 是否大于或等于 18 岁
print('我们已经是成年人了')
elif age > = 6:
print('我们是未成年人')           #不满足条件,跳过此行代码
else:
print('我们是儿童')               #满足条件,执行此代码块
我们是儿童
```

elif 是 else if 的缩写，使用时可以有多个 elif，而且 Python 并不要求 if-elif 结构后面必须有 else 代码块。

小白逆袭：条件测试的格式设置

在条件测试的格式设置方面，PEP 8 提供的唯一建议是：在诸如 = =、> = 和 < = 等比较运算符两边各添加一个空格，例如，if age ＜ 4: 要比 if age ＜4: 好。这样的空格不会影响 Python 对代码的解读，而只是让代码阅读起来更容易。

3.1.3 if 嵌套

if…elif…else 语法结构功能强大，但仅适应于只有一个条件满足的情况，遇到符合条件的选项后，就执行与其对应的代码块而跳过余下的条件检测。但是在某些特定需求下，我们必须检查多个选择条件。比如在毕业找工作的时候，毕业生都想找到钱多事少离家近的工作，"钱多事少离家近"就属于多条件满足选项。为了同时满足多项条件选择需求，就要考虑在 if 语句中嵌套新的 if 语句，也就是所谓的 if 嵌套用法。

例 3-4   if 嵌套用法

```
> > > proof =10#proof 变量代表酒精含量
> > > if proof < 20:
    print("驾驶员不构成酒驾")
else:
    if proof < 80:
        print("驾驶员已构成酒驾")
    else:
        print("驾驶员已构成醉驾")

驾驶员不构成酒驾
```

开车的朋友可能遇到过警察同志查酒驾的情景，警察通过检测到的酒精含量来判断司机是否为酒驾、醉驾。酒精含量小于 20 时不构成酒驾，大于 20 且小于 80 的情况下为酒驾，最严重的是大于 80 的情况，属于醉驾。其中酒驾的满足条件有两个：大于 20 且小于 80，属于多条件满足。

3.2   循环语句

先提出问题：如果我们现在要计算 0 ~ 100 的所有数字的累计求和的结果。

```
问题:1 +2 +3 +4 +5 +6 +7 +8 +9 +10 +11……+99 +100 =?
```

这种问题很难用 if 语句来解决，或者说能解决但处理起来很麻烦，当然你可以把从 1 到 99 的数字逐一输入到命令行中去。这种做法既费时又费力，还特别容易出错。现实世界中有不少类似的问题需要具有规律性的重复操作，编程为了解决这些重复且规律的操作需求，演化出了循环语句结构。

3.2.1   while 循环

第一个介绍的循环语句是 while 语句。为什么要先介绍它呢？因为 while 是一个条件循环语句，与 if 语句类似，while 语句也需要一个布尔值判断条件。if 后的条件为真，就会执行一次与之对应的代码块，而 while 中的代码块会一直循环执行，直到循环条件不再为真。

例 3-5   while 循环判断

```
> > > i =0
> > > while i < 10:
```

```
    print(i)
    i = i + 1
0
1
2
3
4
5
6
7
8
9
```

while 后面紧跟着条件判断语句。如果条件判断返回值为真，即 i < 10，则 while 会不停地循环执行下面的代码，将 1~9 输出到屏幕上。每次循环，i 变量的数值都会在原来的基础上增加 1。当 i 变成 10 的时候，会导致不满足条件而终止循环。

现在我们尝试解决 0~100 的累计之和。

例 3-6   0~100 的求和

```
>>> sum = 0
>>> n = 100
>>> while n > 0:
        sum = sum + n
        n = n - 1
>>> print(sum)
5050
```

在循环的内部变量 n 不断自减，直到 n 变为 0 时，它不再满足 while 条件，循环退出，n 就是起到计数器的作用。需要特别注意的是，如果 while 后面条件始终为真，则会变成无限循环，一旦有了无限循环，程序就会不停地运行下去，直到程序被人为中断或关机。

3.2.2 for 循环

Python 提供的另一个循环机制就是 for 语句，这应该是最实用的循环结构。为什么这么说呢？因为 for 循环是对序列进行遍历的过程，什么是遍历？遍历就是从某个序列对象合集中逐个地读取元素，直到对象合集中没有更多元素为止。

我们再来看一下 0~100 累加之和的问题，这次用 for 循环来计算。

例 3-7   for 循环计算 0 到 100 之和

```
>>> result = 0
>>> for i in range(101):
    result += i
>>> print(result)
5050
```

这里使用了 range 函数，此函数是 Python 内置的函数，用于生成一系列连续的整数，经常用于 for 循环中。图 3-1 解释了 for 循环的运行机制，可以看到使用 for 循环遍历 range（101）数组的过程中，迭代变量 i 会先后被赋值为 range（101）数组中的每个数字，并代入循环体中使用。只不过例子中的循环体比较简单，只输出累积相加的结果 5050。

for 循环遍历列表时，列表中有几个元素，for 循环的循环体就执行几次，针对每个元素执行一次，迭代变量会依次被赋值为元素的值。

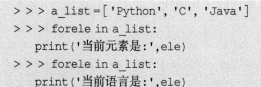

图 3-1　for 语句的执行流程

例 3-8　遍历列表中元素

```
>>> a_list = ['Python', 'C', 'Java']
>>> for ele in a_list:
    print('当前元素是：',ele)
>>> for ele in a_list:
    print('当前语言是：',ele)
当前语言是：Python
当前语言是：C
当前语言是：Java
```

for 循环是很实用、很常见的编程技巧，一定要熟练掌握。此外，大多数的编程语言都有 for 循环语句，用法大同小异。

3.2.3　嵌套循环

还有一种更为复杂的循环，被称之为嵌套循环。通俗点讲，就是循环中再定义循环。嵌套循环可能有多层，但是在一般的开发过程中，最多嵌套两层循环就可以搞定了。

上小学的时候，我们都学过乘法口诀表——"九九乘法表"，如图 3-2 所示。这个表格罗列了 9 以内的乘法运算，行元素和列元素交叉的地方就是行元素与列元素的乘积，如行元素 2 乘以列元素 5 等于两者的乘积 10。

下面用嵌套循环来实现图 3-2 中的"九九乘法表"。

乘法口诀表								
X	1	2	3	4	5	6	7	8	9
1	1	2	3	4	5	6	7	8	9
2	2	4	6	8	10	12	14	16	18
3	3	6	9	12	15	18	21	24	27
4	4	8	12	16	20	24	28	32	36
5	5	10	15	20	25	30	35	40	45
6	6	12	18	24	30	36	42	48	54
7	7	14	21	28	35	42	47	56	63
8	8	16	24	32	40	48	56	64	72
9	9	18	27	36	45	54	63	72	81

图 3-2　九九乘法表

例 3-9　九九乘法表

```
>>> for i in range(1,10):
    for j in range(1,10):
        print('{} X {} = {}'.format(i,j,i* j))
```

通过观察，不难发现这个嵌套循环的运行原理：最外层的循环依次将数值 1～9 存储到变量 i 中，变量 i 每取一次值，内层循环就要逐一将 1～9 存储变量 j 中，最后展示当前的 i、j 与 i*j 的结果。由于代码输出太长，所以这里仅展示主要代码。为了让输出的结果更为友好，可以进一步将代码改良。

例 3-10　改良后的九九乘法表

```
>>> for i in range(1, 10):
    for j in range(1, i+1):
        print('%d*%d=%d' % (i, j, i * j), end='\t')
    print()
1*1=1
2*1=22*2=4
3*1=33*2=63*3=9
4*1=44*2=84*3=124*4=16
5*1=55*2=105*3=155*4=205*5=25
6*1=66*2=126*3=186*4=246*5=306*6=36
7*1=77*2=147*3=217*4=287*5=357*6=427*7=49
8*1=88*2=168*3=248*4=328*5=408*6=488*7=568*8=64
9*1=99*2=189*3=279*4=369*5=459*6=549*7=639*8=729*9=81
```

这样一来输出结果是不是友好多了？

除了 for 循环中可以嵌套 for 循环，还有另外三种不同的嵌套方式。比如，while 中嵌套 while，while 中嵌套 for，for 中嵌套 while，用法大同小异，不必逐一赘述。

小白逆袭：按职责拆解循环体内复杂代码块

与其他编程语言不同，Python 中循环语句后面可以带有 else 子句，用于在循环正常结束后做一些额外操作。所谓的正常结束是指执行到循环条件不满足或遍历完可迭代对象中的每个元素。非正常结束主要是指循环执行过程中遇到 break 语句，提前结束循环，break 语句的相关内容将在后面 3.4 节的流程控制语句中进行介绍。

3.3　循环语句中的 List 解析

有这么一种学习方法：先提出问题，再思考如何解决这个问题，从而引出新的知识。这种学习方式可以让理论与实践紧密结合。这种学习思路很适合编程，为什么呢？因为与其说程序设计是一门知识学科，我更认同程序设计是一门用于解决现实问题的工程技术，如何解决问题是工程技术最关心的重点。

让我们提出新的问题，现在有 1～9 总共 9 个数字，如何得到从 1 到 9 整数的平方，并且将结果放在 List 中打印出来？

例 3-11　1 至 9 的整数的平方

```
>>> power2 = []
>>> for i in range(1,10):
```

```
power2.append(i*i)              #append 函数用于在列表末尾添加新的元素
>>> power2
[1, 4, 9, 16, 25, 36, 49, 64, 81]
```

for 循环语句提供了解决方案。那有没有更为优雅的办法呢？还真有，Python 有一个独特的功能，就是 List 解析。

例 3-12 用 List 解析的方法实现 1 到 9 的整数的平方

```
>>> a = [x**2 for x in range(1,10)]
>>> a
[1, 4, 9, 16, 25, 36, 49, 64, 81]
```

直接在中括号［ ］里面进行 for 循环和平方运算，然后赋给变量 List a，这种方式完美体现了 Python 优雅简洁的特点。

再举一个例子，如何才能找出 100 以内被 3 整除的正整数？常规的方法是用 for 循环遍历 1 到 100 以内的整数，然后再用 if 语句去判断这个整数是否能够被 3 整除。

例 3-13 100 以内被 3 整除的正整数

```
>>> a = []
>>> for n in range(1,100):
     if n%3 ==0:
         a.append(n)
     >>> print (a)
     [3, 6, 9, 12, 15, 18, 21, 24, 27, 30, 33, 36, 39, 42, 45, 48, 51, 54, 57, 60, 63, 66,
69, 72, 75, 78, 81, 84, 87, 90, 93, 96, 99]
```

如果用 List 解析的方法会有什么结果呢？

例 3-14 用 List 解析的方法计算被 3 整除的结果

```
>>> a = [n for n in range(1,100) if n%3 ==0]
>>> a
[3, 6, 9, 12, 15, 18, 21, 24, 27, 30, 33, 36, 39, 42, 45, 48, 51, 54, 57, 60, 63, 66, 69,
72, 75, 78, 81, 84, 87, 90, 93, 96, 99]
```

一行代码就可以解决这么复杂的问题，一行代码可以写得这么简洁优雅，这就是 Python 的魅力所在。

3.4 break 和 continue 语句

万物有始就会有终，任何程序都会有退出机制，永远运行下去的程序是不存在的。对于循环语句而言，当它不再满足某些条件时，退出机制就会生效。

退出机制的开关掌握在条件判断的手里，这种方式不够灵活。我们需要一种新的机制，它可以让程序立即退出 while 循环，不再运行循环中余下的代码，也不管条件判断的结果如何，于是 break 语句诞生了。break 语句用于控制程序流程，它来告诉解析器哪些代码行将执行，哪些代码永远都不会执行，从而让程序按我们的要求执行代码，赋予流程控制极大的灵活性。

例 3-15 break 用法

```
>>> i = 0
>>> while i < 6:
    i += 1
    if i == 4:
        break;
    print(i)
1
2
3
```

i 的初始值是 0，循环一次数值就在原来的基础数值上加 1，一直加到 i == 4，执行 break 跳出循环。所谓的跳出循环圈，就是指不执行循环代码下面的部分，也不继续执行循环条件判断，而是直接跳到循环语句的最后，执行循环结束后的代码。

除了 break 以外，还有一种跳出循环的方法：continue 语句。两者最大的区别在于 continue 语句虽然也不执行循环代码下面的部分，但是它只会跳到循环开头的部分，继续进行下一次的条件判断，若符合新的条件判断，则继续执行新的循环流程。

例 3-16 continue 用法

```
>>> i = 0
>>> while i < 6:
    i += 1
    if i == 4:
        continue;
    print(i)
1
2
3
5
6
```

结果为 1、2、3、5、6，唯独少了 4，因为在满足条件 i 为 4 的时候，执行了 continue 语句，跳出了循环。由此可以得出结论，break 和 continue 的区别在于是否继续执行循环，break 是结束所有循环，当前的所有循环都停止；continue 是结束本次循环，继续下一次循环，实际上循环还没有停止。

小白逆袭：专门来"凑数"的 pass

pass 语句好比是数学中的 0，本身并没有任何实际意义，但是又是个确实存在的字符。在 Python 中 pass 语句是空语句，是为了保持程序结构的完整性，pass 不做任何事情，一般用做占位语句，作用与 break 相同，但意义完全相反。

3.5 【小白也要懂】如何构造程序逻辑

到本节为止，我们已经掌握了许多 Python 的核心元素，包括变量、数据类型、运算符、表达式、条件分支结构和循环结构等。

但是对于程序设计的小白来说，很难充分利用这些已经掌握的知识去解决现实中的问题，换句话说，就是缺乏把人类自然语言描述的解决思路翻译成 Python 代码的能力。那怎么才能提高这种"翻译"能力呢？通过大量的练习是可以达到培养这种思维能力的目的，至少能提高复制能力。如果能进一步从大量的练习中归纳出属于自己的方法论，那效果会事半功倍。

这里介绍一种比较通用的方法论。

遇到问题，先要将问题细分，把大问题分解成为若干小问题，其中有些小问题如果有成熟的解决方案，就直接拿来用。关于剩下那些没有解决方案的小问题，我们需要审题，就像做数学题一样，把已知条件都写下来，根据条件去寻找线索和规律。必要时，甚至可以用穷举法罗列下所有的计算结果，然后从结果中倒推规律。没有人天生就会编程。计算机工程师和科学家们总结了很多解决问题的方法，也可以称之为算法。学习编程不是自己从头发明算法，而是站在巨人的肩膀上，使用科学家总结出来的方法，再进行组合或微调，找到解决问题的思路。

这里让我们用案例来展示具体的分析思路。

1）算法题目一：一个整数，它加上 100 和加上 268 后都是一个完全平方数，请问该数是多少？

分析思路：我们拿到题目，首先要分析所有的条件。

条件一，它是整数，属于 int 类型。

条件二，它加上 100 是个平方数，我们可以用 x 代表这个平方数。

条件三，它加上 268 也是一个平方数，这里用 y 来代表这个平方数。

条件二和条件三要同时成立，也可以理解为条件二和条件三的布尔返回值必须为 True。

有了这些条件，就可以写出逻辑程序，然后用不同的数值去尝试。

例 3-17　整数加上 100 和加上 268 后都是一个平方数

```
>>> for i in range(10000):
    x = int(math.sqrt(i+100))          #条件2
    y = int(math.sqrt(i+268))          #条件3
    if (x * x == i+100) and (y * y == i+268):       #同时满足条件2和条件3
        print(i)
21
261
1581
```

这种问题的算法相对简单，但是充分体现了前面提到的分析思路的优点。

2）算法题目二：寻找水仙花数。水仙花数也被称为超完全数字不变数、自恋数、自幂数、阿姆斯特朗数，它是一个 3 位数，该数字每个位上数字的立方之和正好等于它本身，例如：$1^3+5^3+3^3=153$。

思路分析：假设水仙花数为 i=153，那么个位数字为 print（i%10），十位数字为 print（int（i/10）%10），百位数字为 print（int（i/100））。

例 3-18 水仙花数

```
>>> for num in range(100, 1000):
    low = num % 10
    mid = num // 10 % 10
    high = num // 100
    if num == low ** 3 + mid ** 3 + high ** 3:
        print(num)


153
370
371
407
```

通过整除和求模运算分别找出了一个三位数的个位、十位和百位。

3）算法题目三：百钱百鸡问题。百钱百鸡是我国古代数学家张丘建在《算经》一书中提出的数学问题：鸡翁一值钱五，鸡母一值钱三，鸡雏三值钱一。百钱买百鸡，问鸡翁、鸡母、鸡雏各几何？翻译成现代文是：公鸡 5 元一只，母鸡 3 元一只，小鸡 1 元三只，用 100 块钱买一百只鸡，问公鸡、母鸡、小鸡各有多少只？

思路分析：很明显这是一个多元方程，公鸡数量为 x，母鸡数量为 y，小鸡的数量为 z。而且用 100 块钱买一百只鸡，可以写成数学方程 $x + y + z = 100$ 和 $5x + 3y + z/3 = 100$。答案有很多种，用数学方法计算起来很费力，但是用计算机就会轻松很多。列举解决方案中所有可能的候选项并检查每个候选项是否符合问题的描述，最终得到问题的解。这种方法看起来比较笨拙，但对于运算能力非常强大的计算机来说，通常这都是一个可行的甚至是不错的解决方案。

例 3-19 百鸡百钱

```
>>> for x in range(0, 20):
    for y in range(0, 33):
        z = 100-x-y
        if 5 * x + 3 * y + z / 3 == 100:
            print('公鸡:%d只,母鸡:%d只,小鸡:%d只' % (x, y, z))
公鸡:0只,母鸡:25只,小鸡:75只
公鸡:4只,母鸡:18只,小鸡:78只
公鸡:8只,母鸡:11只,小鸡:81只
公鸡:12只,母鸡:4只,小鸡:84只
```

这种方法就是穷举法，也称为暴力搜索法。编程虽不用像乐器一样需要肌肉记忆，但同样需要对常用"套路"的熟悉，才能在使用时信手拈来。另一方面，只有去积极面对实际的问题，才会倒逼我们思考解决问题的"大局观"，以及如何流程化、模块化地实现我们需要的功能。

3.6 【实战】初识算法

数据结构和算法是 Python 程序设计实践的基础。程序能否快速而高效地完成预定的任务，取决于是否选对了算法，而程序是否能清楚而正确地把问题解决，则取决于是否选对了数据，所以通常也可以认为"数据结构加上算法等于可执行程序"。

扫码看教学视频

前面我们也接触了一些简单的算法，但是并没有给出一个明确的算法定义。算法其实可定义为：在有限步骤内解决数学问题的程序。如果把范围局限在计算机领域，我们也可以把算法定义为：为了解决某项工作或者某个问题，所需要的有限数量的机械性或者重复性指令与计算步骤。

算法的种类非常多，但是它们都会有一些共性。如表 3-1 总结的那样，算法都会有输入的参数或者数据，也都会有一个或者多个结果。从输入参数到输出结果的过程是明确的，在有限的计算步骤后一定会有结果，不能无限循环。优秀的程序员会把算法写得清晰明白，甚至可以用纸和笔计算出答案。

表 3-1　算法的必要条件

算法的特性	内容与说明
输入	0 个或者多个输入数据源，这些输入必须有明确的定义或者描述
输出	至少会有一个输出结果，不可以没有输出结果
明确性	一定有一个指令或者步骤，可以是明确简洁的指令或步骤
有限性	在有限步骤后一定会有结果，不会无限循环
有效性	步骤清楚明白，最好能让用户用笔计算出答案

我们认清了算法的定义和必要条件后，接下来就要思考：该用什么样的方法来表达算法最为合适？其实算法的主要目的在于让人们了解所执行程序的工作流程与步骤，只要能清楚地体现算法的 5 个必要条件即可，并没有各种形式上的限制，比如下面几种方式都可以来描述算法。

1）一般文字描述。
2）伪代码。
3）表格或者图形。
4）流程图。
5）程序设计语言。

只谈理论过于空洞，下面通过一道题目来体会下算法的魅力。

问题：如果 $a + b + c = 1000$，且 $a^2 + b^2 = c^2$（a，b，c 为自然数），如何求出所有 a、b、c 可能的组合？

例 3-20　$a^2 + b^2 = c^2$ 组合

```
>>> import time
>>> start_time = time.time()
>>> for a in range(0, 1001):
```

```
        for b in range(0, 1001):
            for c in range(0, 1001):
                if a**2+b**2 == c**2 and a+b+c == 1000:
                    print("a, b, c: %d, %d, %d" % (a, b, c))
>>> end_time = time.time()
>>> print("elapsed: %f" % (end_time-start_time))
>>> print("complete!")
a, b, c: 0, 500, 500
a, b, c: 200, 375, 425
a, b, c: 375, 200, 425
a, b, c: 500, 0, 500
elapsed: 1285.898279
complete!
```

这个程序运行了 1285 秒，大概 21 分钟。我们改进一下算法，进行第二次尝试。

例 3-21 修改后的 $a^2 + b^2 = c^2$ 组合测试

```
>>> import time
>>> start_time = time.time()
>>> for a in range(0, 1001):
    for b in range(0, 1001-a):
        c = 1000-a-b
        if a**2+b**2 == c**2:
            print("a, b, c: %d, %d, %d" % (a, b, c))

a, b, c: 0, 500, 500
a, b, c: 200, 375, 425
a, b, c: 375, 200, 425
a, b, c: 500, 0, 500
>>> end_time = time.time()
>>> print("elapsed: %f" % (end_time-start_time))
elapsed: 16.417881
>>> print("complete!")
complete!
```

修改后的代码运行只需要 16 秒。从 21 分钟缩短到 16 秒，这种性能上的提升是惊人的。

上面对于同一问题，给出了两种解决算法。在两种算法的实现中，我们都对程序执行的时间进行了测算，发现两段程序执行的时间相差悬殊（1285.898279 秒相比于 16.417881 秒），由此可以得出结论：实现算法程序的执行时间能够直观地体现出算法的效率，即算法的优劣。

程序的运行离不开计算机环境，包括硬件和操作系统。这些客观原因会影响程序运行的速度并反应在程序的执行时间上。影响性能因素有很多，如何才能客观地评判一个算法的优劣呢？

对于算法的时间效率，我们可以用"大 O 记法"来表示。"大 O 记法"：对于单调的整数函数 f，如果存在一个整数函数 g 和实常数 c > 0，使得对于充分大的 n 总有 f(n) <= c*g(n)，

就说函数 g 是 f 的一个渐近函数（忽略常数），记为 f(n) = O(g(n))。也就是说，在趋向无穷的极限意义下，函数 f 的增长速度受到函数 g 的约束，亦即函数 f 与函数 g 的特征相似。

时间复杂度：假设存在函数 g，使得算法 A 处理规模为 n 的问题示例所用时间为 T(n) = O(g(n))，则称 O(g(n)) 为算法 A 的渐近时间复杂度，简称时间复杂度，记为 T(n)。

前面的数学描述过于专业，通俗点来讲，对算法进行特别具体的细致分析虽然很好，但在实践中的实际价值有限。对于算法的时间性质和空间性质，最重要的是其数量级和趋势，这些是分析算法效率的主要部分。而计量算法基本操作数量的规模函数中那些常量因子可以忽略不计。例如，可以认为 3n2 和 100n2 属于同一个量级，如果两个算法处理同样规模实例的代价分别为这两个函数，就认为它们的效率"差不多"，都为 n2 级。

分析算法时，存在几种可能的考虑。

1）算法完成工作最少需要多少基本操作，即最优时间复杂度。

2）算法完成工作最多需要多少基本操作，即最坏时间复杂度。

3）算法完成工作平均需要多少基本操作，即平均时间复杂度。

第一次尝试的算法核心部分时间复杂度为 T(n) = O(n * n * n) = O(n^3)。

第二次尝试的算法核心部分时间复杂度为 T(n) = O(n * n * (1 + 1)) = O(n * n) = O(n^2)。

由此可见，我们尝试的第二种算法要比第一种算法的时间复杂度好得多。于是我们可以总结一下计算时间复杂度的几条基本原则。

1）基本操作，即只有常数项，认为其时间复杂度为 O (1)。

2）顺序结构，时间复杂度按加法进行计算。

3）循环结构，时间复杂度按乘法进行计算。

4）分支结构，时间复杂度取最大值。

5）判断一个算法的效率时，往往只需要关注操作数量的最高次项，次要项和常数项可以忽略。

6）在没有特殊说明时，我们所分析的算法的时间复杂度都是指最坏时间复杂度。

数据结构和算法是编程大牛的基本功，绝世高手不是一朝一夕就能练成的，只有循序渐进这一条路，重视积累才有可能登堂入室，从小白变成大牛。

3.7 【大牛讲坛】养成良好的编码风格很重要

Python 这门语言已经发展了几十年。从开始的默默无名到如今的独领风骚，为什么 Python 比别的编程语言发展得更好？可能有人会说是 Python 的高可读性。确实，高可读性是 Python 语言的设计核心之一，基于这个原则，代码的阅读便利比编写便利更加重要，Python 的发展壮大离不开这个基本原则。

如何才能写出可读性高的代码？如何才能优雅地编写代码？带着这两个疑问，我们来详细讨论一下 PEP 8 风格指南。

PEP 是 Python Enhancement Proposal 的缩写，通常翻译为"Python 增强提案"。每个 PEP 都是一份为 Python 社区提供的指导 Python 往更好的方向发展的技术文档，其中的第 8 号增强提案（PEP 8）是针对 Python 语言编订的代码风格指南。尽管我们可以在保证语法没有问题的前提下随意编写 Python 代码，但是在实际开发中，采用一致的风格书写出可读性强的代码是每个专业程序员应该做到的事情，也是每个公司编程规范中会提出的要求，这些在多人协作开发一个项目的时候显得尤为重要。下面我们对该文档的关键部分做一个简单的总结。

1. 空格的使用

使用空格来表示缩进而不要用制表符（Tab）。这一点对习惯了其他编程语言的人来说简直觉得不可理喻，因为绝大多数的程序员都会用 Tab 来表示缩进，但是要知道 Python 并没有像 C/C ++ 或 Java 那样用花括号来构造一个代码块的语法，在 Python 中分支和循环结构都使用缩进来表示哪些代码属于同一个级别。鉴于此，Python 代码对缩进以及缩进宽度的依赖比其他很多语言都强得多。在不同的编辑器中，Tab 的宽度可能是 2、4 或 8 个字符，甚至是其他更离谱的值，用 Tab 来表示缩进对 Python 代码来说可能是一场灾难。

和语法相关的每一层缩进都用 4 个空格来表示。每行的字符数不要超过 79 个字符，如果表达式因太长而占据了多行，除了首行之外的其余各行都应该在正常的缩进宽度上再加 4 个空格。函数和类的定义，代码前后都要用两个空行进行分隔。在同一个类中，各个方法之间应该用一个空行进行分隔。二元运算符的左右两侧应该保留一个空格，而且只要一个空格就好。

2. 标识符命名

PEP 8 倡导用不同的命名风格来命名 Python 中不同的标识符，以便在阅读代码时能够通过标识符的名称来确定该标识符在 Python 中扮演了怎样的角色。

变量、函数和属性应该使用小写字母来拼写，如果有多个单词就使用下划线进行连接。类中受保护的实例属性，应该以一个下划线开头。类中私有的实例属性，应该以两个下划线开头。类和异常的命名，应该每个单词首字母大写。模块级别的常量，应该采用全大写字母，如果有多个单词就用下划线进行连接。类的实例方法，应该把第一个参数命名为 self 以表示对象自身。类的类方法，应该把第一个参数命名为 cls 以表示该类自身。

3. 表达式和语句

在 Python 之禅中有这么一句名言："There should be one--and preferably only one--obvious way to do it."，翻译成中文是："做一件事应该有而且最好只有一种确切的做法"，这句话传达的思想在 PEP 8 中也是无处不在的。

采用内联形式的否定词，而不要把否定词放在整个表达式的前面。例如，if a is not b 就比 if not a is b 更容易让人理解。不要用检查长度的方式来判断字符串、列表等是否为 None 或者没有元素，应该用 if not x 这样的写法来检查它。就算 if 分支、for 循环、except 异常捕获等中只有一行代码，也不要将代码和 if、for、except 等写在一起，分开写才会让代码更清晰。

import 语句总是放在文件开头的地方。

引入模块的时候，from math import sqrt 比 import math 更好。如果有多个 import 语句，应该将其分为三部分，从上到下分别是 Python 标准模块、第三方模块和自定义模块，每个部分内部应该按照模块名称的字母表顺序来排列。

制定风格指南的目的在于让代码有规可循，这样人们就可以专注于"我们在说什么"，而不是"我们该怎么说"。希望大家在日常的编码中都能遵守良好优雅的代码风格，拿 PEP 当作镜子，时常照照，对提升自身技能也大有裨益。

第4章
数据结构

这一章要聊聊数据结构了，对于一个有志于变成 Python 大牛的人来说，数据结构是一道绕不过去的门槛。在业界有些人甚至认为可以用数据结构和算法水平来区分一个程序员的水平高低。注意一点，数据结构和数据类型是两种不同的东西，千万不要混淆。

扫码获取本章代码

4.1 线性数据结构

正如在现实世界中一样，只有当我们拥有足够多的东西，才会迫切需要一个储存东西的容器。对于数据来说也是一样，只有数据足够多，我们才有必要考虑它的组织形式。这也是为什么把数据结构放到这一章节介绍的原因，我们掌握足够多的 Python 知识，才可以操作更多的数据，我们才会重视数据结构的作用。这些储存大量数据结构的组织形式，在 Python 里称之为容器，它包括列表、字典等。

线性结构是最常用的数据结构，其特点是数据元素之间存在一对一的线性关系。它们之间的组织顺序由添加或者删除的顺序决定。一旦一个数据元素被添加进容器，它相对于前后一直保持该位置不变。诸如此类的数据结构被称之为线性数据结构。

线性数据结构有两个端点，有时候称为左和右，有时候称为前和后，甚至也可以被称为顶部和底部。这些名称并不重要，重要的是线性数据结构中元素的添加和移除方式，特别是添加和移除的位置。这些变种的形式产生了计算机科学最常用的线性数据结构。他们出现在各种算法中，并可以用于解决很多重要的问题。

4.1.1 链表

链表是由许多相同数据类型的元素项按照特定顺序排列而成的线性表。链表的特性是其各个数据项在计算机内存中的位置是不连续且随机存放的。这样做的优点是数据的插入和删除相当方便，有新数据加入就向系统申请一块内存，而数据被删除后，就可以把这块内存空间还给系统，加入和删除都不需要移动大量的数据。其缺点是设计数据结构时比较麻烦，而且在查找数据时，也无法像静态数据那样可以随机读取，必须按照顺序查找到该数据为止。

日常生活中有很多和链表类似的逻辑结构，比如可以把单向链表想象成为"高铁"，有多少乘客就用多少车厢，节假日人们出游的时候，就需要较多的车厢，平时人少的时候就减少车厢数量。

单向链表也叫单链表，是链表中最简单的一种组织形式，如图 4-1 所示。单向链表中每个节点包含两个域，一个信息域（也叫元素域）和一个链接域。这个链接指向链表中的下一个节点，而最后一个节点的链接域则指向一个空值。

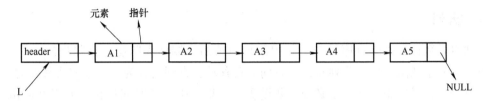

图 4-1　单向链表

元素域就是存储数据 A1 的区域，指针就是保存指向下一个链表的地址。最后一个节点的链接域指向空，为 NULL。

4.1.2　栈

栈是一个有序的集合，其中添加和移除新项总发生在同一端，这一端通常称为顶部。与顶部对应的是底部。栈的底部很重要，因为在栈中靠近底部的元素是存储时间最长的，而最新添加的元素反而是最先被移除的，这种排序原则就是后进先出原则（LIFO，Last In First Out）。如果根据在集合内的存储时间长度这个因素来做排序，较新的元素靠近顶部，较旧的元素靠近底部。

例 4-1　用列表来演示堆栈的后进先出原则

```
>>> stack=[]
>>> stack.append(1)
>>> stack
[1]
>>> stack.append(2)
>>> stack
[1,2]
>>> stack.pop()          #pop 函数是移除列表中的一个元素
2
>>> stack
[1]
>>> stack.pop()
1
>>> stack
[]
```

先创建一个空的列表，然后连续插入两个数据元素 1 和 2，这个时候列表 stack 中存储了两个元素。此时，用 pop 命令挤出来一个元素，先挤出来的是数字 2，stack 列表中只剩个下数字 1，再执行一次 pop 操作，把数字 1 也挤出来了。这个例子充分说明了数字 2 后进先出的过程。

这种特性非常实用，可以想到使用计算机时所碰到的例子。例如，每个 Web 浏览器都有一个"返回"按钮，当我们浏览网页时，这些网页的地址被放置在一个堆栈中。如果单击"返回"按钮，将按相反的顺序浏览刚才的页面。

4.1.3 队列

队列也是数据元素的有序结合，其中添加新项的一端称为队尾，移除项的一端称为队首。当一个元素从队尾进入队列时，一直向队首移动，直到它成为下一个需要移除的元素为止。也就是说，最新添加的元素必须在队尾等待。集合中存活时间最长的元素在队伍首部，这种排序称为先进先出（FIFO）。队列的规则很容易理解，比如排队等待看电影，在杂货店的收银台等待付款，在餐厅等待排队就餐等。队列是有限制的，因为它只有一条入口，也只有一条出口，不能插队，只有等待了一定的时间才能排到前面。

在现实生活中，队列这个词其实挺好理解的，因为到处都可以见到。比如等公交需要排队，超市买东西付钱也要排队。但有一点与现实中的队列不同，那就数据结构中的队列是不准许中途放弃离开。

4.2 非线性数据结构

简单地说，非线性结构就是表中各个结点之间具有多个对应关系。其中各个数据元素不再保持在一个线性序列中，数据元素之间是一对多，或者是多对一的关系。根据关系的不同，可分为树形结构和图结构。

现实世界中的一棵树是一种生物，它的根在地上，树枝上有叶子、果实。树的分支以一种有组织的方式展开。在计算机科学中，树被用来描述数据如何被组织，除了根在顶部，树枝、树叶跟随向底部蔓延，并且树的绘制与真实树相比被倒置。

树形结构是一种日常生活中应用非常广泛的形式，图 4-2 的企业内部组织结构图就是一

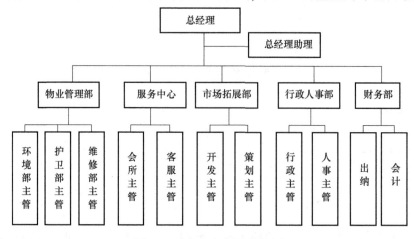

图 4-2 企业组织树形结构图

种典型的树形结构，总经理是职能权利最大，物业管理部是其下属机构，而环境部主管又是物业管理部的分支机构。在计算机领域中，树形结构也是应用很广泛的，比如操作系统与数据库都是树形结构。

树是由一个或者一个以上的节点组成，存在一个特殊的节点，称为树根，或者根节点，图4-3中的A节点就是树根。每个节点都是一些数据和指针组合而成的记录，除了树根外，其余节点都是可分为n个互斥的集合。其中每一个子集合本身也是一种树形结构，即此根节点的子树。为了引入更多的符号，根始终位于树的顶部，后面的其他节点称为分支，每个分支中的最终节点称为叶。可以将每个分支想象成一颗较小的树本身。根通常称为父节点，它下面引用的节点称为子节点。具有相同父节点的节点称为兄弟节点。

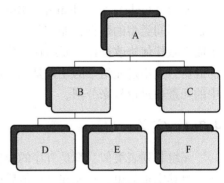

图4-3 树形结构图

在图4-3中，A为根节点，B、C、D、E、F均为A的子节点。B是A的子节点，B和D、E也构成了一个子集合，B为这个子集合的根节点，D、E是它的子节点。

小白逆袭：树的存储形式

在Python中一切皆对象，树这种数据结构也是一种对象，它在Python中可以通过列表和链表来储存。列表也可以将每个节点对象都储存起来，但是列表在逻辑上不够形象，所以很少用到。所以使用最多的方式是通过链表来构建树对象，其基本属性是根节点，根节点的左树属性和右树属性连接不同的节点，依次构建一棵庞大的树。

另外一种非线性数据组织形式就是图。图是一种与树有些相似的数据结构。如果从数学的角度归类，图结构其实是树结构的一种表现形式。我们都知道树可以用来模拟很多现实的数据结构，比如家谱、公司组织架构等。那么图长什么样子呢？或者说什么样的数据使用图来模拟更合适呢？很简单，像人与人的关系网、中国的高速公路网以及北京的地铁网络等都适合用图来模拟。

在图4-4中，图结构中的点称为顶点（vertex），如1、2、3、4、5、6等。顶点与顶点之前的连线称为边（edge），如1和3之间的直线。所有的顶点构成一个顶点集合，所有的边构成边的集合，一个完整的图结构就是由顶点集合和边集合组成。图结构中顶点集合不能为空，必须包含一个顶点，但构边集合可以为空，表示没有边。非线性数据结构的模型要比线性数据结构更加复杂。

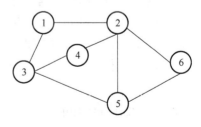

图4-4 图结构

由于篇幅有限，只能概括性地描述数据结构的内容。数据结构的内容非常多，也非常重要。从编程的发展趋势来看，算法是区别普通程序员和大牛程序员的重要指标，也是大数据领域和人工智能领域绕不开的门槛，希望大家多多重视，从一开始就打好基础。

4.3　元组

元组（tuple）是 Python 中常用的线性数据结构。元组由不同的元素组成，每个元素可以存储不同类型的数据，如字符串、数字甚至元组。元组是"写保护"的，即元组创建后不能再做任何修改操作，元组通常代表一行数据。它和列表类似，都是线性数据结构大家庭的成员，只不过元组中的元素是不可修改的，而列表中的元素是可以修改的。元组的圆括号中的元素通过逗号来分割。

4.3.1　定义

元组和列表类似，都是有序的线性结构，用括号来表示，可以指定索引来获取元素。创建元组其实很简单，只要在某个值后面加上一个逗号"，"。

例 4-2　元组的定义

```
>>> 1,
(1,)
>>> 1,2,3,
(1, 2, 3)
>>> Python = 1,'Python',True
>>> Python
(1, 'Python', True)
>>> type(Python)
<class 'tuple'>
```

创建元组时，最后一个逗号省略。根据 type 函数可以看到元组的类型是 tuple。虽然只要在数据后面加上逗号"，"即可，不过通常加上括号()让人一眼就看出这是个元组，例如(1，2，3)。这里再强调一下 PEP 8 规范，写代码要养成好习惯。

小白逆袭：单元素元组和空元组

注意，当元组只包含一个元素的时候，不能写成（elem）这样的形式，而是要写成"elem,"或者（elem,），如果元组为空，可以只写()。事实上，之前创建列表时，也都是省略了最后一个元素的逗号，如果在工作中见到元组或列表的最后有个逗号，也是很正常的。

4.3.2　元组的访问

前面说过列表和元组都属于线性结构大家庭，但是元组更像大哥，成熟稳重且一诺千金，这种优良品质非常适合用于存储在程序运行期间不会变化的数据集。有时希望某个函数不要修改传入的数据，就可以将数据放入元组中传入，因为元组无法修改。万一函数的使用者试图修改数据，那么执行就会抛错。

可以将元素拆解，单独访问元组的某个元素。

例 4-3　单独访问元组

```
>>> data =1,'Python',True
>>> id,name,verified = data
>>> id
1
>>> name
'Python'
>>> verified
True
>>> data[1]
'Python'
>>> data[ -1]
True
```

可以与 for 循环语句配合，遍历元组中的所有元素。

例 4-4　遍历元组

```
>>> dimensions = (200, 50)
>>> for dimension in dimensions:
    print(dimension)
200
50
```

元组要比列表更加轻量级一些，所以总体上来说，元组的性能速度要略优于列表。

4.3.3　修改 tuple 变量

虽然 tuple 元组无法修改，但是可以给存储元组的变量重新赋值。

例 4-5　元组的重复定义

```
>>> dimensions = (200, 50)
>>> for dimension in dimensions:
        print(dimension)
200
50
>>> dimensions = (400, 100)
>>> for dimension in dimensions:
        print(dimension)
400
100
```

首先定义了一个元组（200，50），并将其元素逐个打印出来，接下来将一个新的元组（400，100）存储到变量 dimension 中，然后再重新输出打印。注意一点，其实这里修改的不是元组本身，修改的是变量的引用。

此外，还有一种变相的 "修改" 方法，那就是当两个元组 "相加" 的时候。

例 4-6　元组的相加

```
>>> data =1,'Python',True
>>> dimensions = (200, 50)
>>> tuple3 = data + dimensions
>>> print(tuple3)
(1, 'Python', True, 200, 50)
```

元组的元素是不可以删除的，但是我们可以使用 del 语句来删除整个元组。

例 4-7　删除元组

```
>>> dimensions = (200, 50)
>>> print(dimensions)
(400, 100)
>>> del dimensions
>>> print(dimensions)
Traceback (most recent call last):
  File "<pyshell#28>", line 1, in <module>
    print(dimensions)
NameError: name 'dimensions' is not defined
```

元组被删除后，再次打印变量会有异常信息出现。不过在实际开发中，del 语句并不常用，因为 Python 自带的垃圾回收机制会自动销毁不用的元组。注意，并非所有的闲置元组都会被垃圾回收机制自动销毁，Python 会进行判断和区别对待。

垃圾回收机制是指 Python 会在后台，对静态数据做一些资源缓存（resource caching）。通常来说，因为垃圾回收机制的存在，如果一些变量不被使用了，Python 就会回收它们所占用的内存，返还给操作系统，以便其他变量或其他应用使用。但是对于一些静态变量，比如元组，如果它不被使用并且占用空间不大，Python 会暂时缓存这部分内存。这样，下次我们再创建同样大小的元组时，Python 就可以不用再向操作系统发出请求去寻找内存，而是直接分配之前缓存的内存空间，这样就能大大加快程序的运行速度，这种设计机制是合理的，值得我们在做项目的时候借鉴。

4.4　集合

集合（set）在 Python 中算是比较"年轻"的数据结构，同时使用率也偏低，人们对新事物总需要时间来适应。

4.4.1　定义

集合是一组无序排列的值，其内容无序且元素不重复。它支持用 in 和 not in 操作符检查成员，用 len 内建函数得到集合的元素个数，用 for 循环遍历集合的成员，这些函数方法是不是似曾相识？但因为集合本身是无序的，所以不可以为集合创建索引或执行切片操作。

创建集合，可以使用"｛｝"来包括元素，元素之间使用逗号","分隔。在创建集合实例时，若有重复的元素则会被自动剔除。

例 4-8 集合（set）定义

```
>>> s = set()
>>> s = {1,1,2,2,3,3}
>>> s
{1, 2, 3}
>>> print(s,type(s))
{1, 2, 3} <class 'set'>
```

4.4.2 集合的基本操作

如果想创建空集合，可千万别用 {}，因为这样创建的是空字典（dict）而非集合（set），下一节我们会详细介绍字典。若想创建空集合，则必须使用 set()。想添加元素，可以使用 add 方法。想删除元素，可以使用 remove 方法。想测试元素是否存在于集合中，可以使用 in。

例 4-9 集合 set 的基本操作

```
>>> s = set()
>>> s
set()
>>> s.add('Python')
>>> s.add('java')
>>> s
{'Python', 'java'}
>>> 'Python' in s
True
>>> s.remove('Python')
>>> 'Python' in s
False
>>> s.update('ruby')
>>> s
{'java', 'r', 'y', 'b', 'u'}
```

因为集合元素不能重复的特性，导致并非任何元素都可以放到集合中去，比如列表就不行。这里要注意一点，存在一种 frozenset 集合，它是 set 集合的不可变版本。因此 set 集合中所有能改变集合本身的方法，如 add、remove、discard、xxx_update 等，frozenset 统统都不支持；set 集合中不改变集合本身的方法，fronzenset 都支持。

4.5 字典

编程世界的很多设定灵感都来源于现实世界中，字典和集合这种数据结构就是一个很好的例子。它的组织形式也正如现实世界中的字典那样，使用"名称-内容"的方式进行数据的存储。

4.5.1 定义

简单来说，字典（dict）是一系列键（key）与值（value）的对应关系。什么是键呢？我们可以把键理解为数据的编号或者索引，每个键都与一个数值相关联，通过键就能访问与之相关联的数值。与键相关联的值可以是数字、字符串、列表乃至字典。事实上，可以将任何 Python 对象用作字典中的值。字典中的数据是准许修改的，它属于无序的可变序列。

例 4-10　字典

```
>>> Student = {'name': '小明'}
>>> Student_1 = {'name': '小志', 'age': 15, 'class': 3, 'score' : 90}
>>> Student
{'name': '小明'}
>>> Student_1
{'name': '小志', 'age': 15, 'class': 3, 'score': 90}
>>> print(Student1['name'])
小志
>>> print(Student1['class'])
3
```

键值对是两个相关联的值。有了特定数据的键时，Python 顺藤摸瓜就能找到与之相对应的数值。键和数值之间用冒号分隔，而每个键值对之间用"，"分割。在字典中，键值对的数量没有限制，我们想存储多少个键值对都可以。

字典的特征如下。

1）字典中的数据必须是以键值对的形式出现。

2）逻辑上讲，键是不能重复的，而值是可以重复的。

3）字典中的键是不可以变的，也就是无法修改，而数值是可以修改的。

4）字典中的键和值不能脱离对方而存在。

4.5.2 字典的基本操作

字典类型是 Python 中唯一的映射类型，其基本操作包括增、删、改、查等。

1. 添加键值对

字典是一种动态结构，可以随时在其中添加键值对，添加时需要依次指定字典名、输入键和相关联的数值。

例 4-11　添加字典元素

```
>>> Student = {'name': '小明'}
>>> Student
{'name': '小明'}
>>> Student['age'] = 15
>>> Student['class'] = 2
>>> Student['score'] = 80
```

```
>>> print(Student)
{'name': '小明', 'age': 15, 'class': 2, 'score': 80}
```

这段代码先定义了字典的内容 'name'：'小明'，它只包括一对键值映射。然后在这个字典中新增了三个键值对，键为 age，数值为 15；键为 class，数值为 2；键为 score，数值为 80，最后显示修改后的字典内容。

2. 创建空字典

定义空字典很方便，只需要一个括号 {} 就可以了。编写程序的时候，可先使用一堆空括号定义一个字典，再逐步添加各个键值对。

例 4-12　空字典

```
>>> member = {}
>>> member
{}
>>> member['name'] = '小张'
>>> member['age'] = '18'
>>> member
{'name': '小张', 'age':'18'}
```

这里首先定义了一个空字典 member，并逐步添加姓名和年龄等数据。

3. 修改字典中的值

修改字典中的数值其实是一种键和数值对应关系的重组。比如，想修改例 4-12 中小张的年纪。

例 4-13　修改字典的元素

```
>>> member
{'name': '小张', 'age':'18'}
>>> member['age'] = '19'
>>> member
{'name': '小张', 'age':'19'}
```

字典 member 只包括键值 name 和键值 age，我们将与键 age 相关联的数值改为 19。输出表明，小张的年纪 age 变成了 19。

4. 删除字典中的数值

对于字典中不再需要的信息，可使用 del 语句将相应的键值对彻底删除。使用 del 语句时，必须指定字典名和要删除的键。

例 4-14　删除字典键值

```
>>> member
{'name': '小张', 'age':'19'}
>>> del member['age']
>>> print(member)
{'name': '小张'}
```

这样键值对 age 永远地消失了。另外，还有一种 clear() 方法可以清除所有的元素。

例 4-15　清除字典所有元素

```
>>> member
{'name': '小张'}
>>> member.clear()
>>> member
{}
```

例 4-16　判断字典中元素是否存在

```
>>> Python = {'a':'b','c':'d','e':'f'}
>>> 'a' in Python
True
>>> 'f' in Python
False
>>>
```

例 4-17　获取字典中所有键值

```
>>> list(Python.items())
[('a', 'b'), ('c', 'd'), ('e', 'f')]
>>> list(Python.keys())
['a', 'c', 'e']
>>> list(Python.values())
['b', 'd', 'f']
```

　　总结，keys()函数可以获取字典中所有的键；values()函数可以获取所有的数值；item()函数，则可以获取所有的键和数值。

小白逆袭：字典元素的顺序

　　在 Python 3.5 版本之前，字典是不能保证顺序的。比如，键值对 A 先插入字典，键值对 B 后插入字典，但是当我们打印字典的 keys 列表时，我们会发现 B 可能在 A 的前面。但是从 Python 3.6 开始，字典是变成有顺序的了。我们先插入键值对 A，后插入键值对 B，那么当我们打印 keys 列表的时候，我们就会发现 B 在 A 的后面。

4.6　【小白也要懂】生成器

　　在讨论生成器之前，我们要先了解什么是迭代？迭代是访问集合元素的一种方式，是指通过重复执行的代码处理相似的数据集。它有个特点：本次迭代的处理数据要依赖上一次迭代的结果才能继续执行，上一次产生的结果为下一次产生结果的初始状态，如果中途有任何停顿，都不能算是迭代。

　　迭代不一定是循环，我们通过下面两个例子来解释。

例 4-18　非迭代

```
>>> loop = 0
>>> while loop < 3:
        print("Hello world!")
        loop + =1
Hello world!
Hello world!
Hello world!
```

这段程序只是连续三次输出 Hello world，输出的数据不依赖上一次的数据，因此这不是迭代。

例 4-19　迭代

```
>>> loop = 0
>>> while loop < 3:
        print(loop)
        loop + =1
0
1
2
```

每次输出的结果都依赖于上一次循环的结果，这就是迭代。

好，掌握了迭代的思想后，再来学习列表生成式。这又是个新事物，举个例子，现在有个需求，要创建列表 [0,1,2,3,4,5,6,7,8,9]，并对列表里面的每个数值都加 1，我们怎么实现这个需求呢？

例 4-20　列表生成式

```
>>>infor = [0,1,2,3,4,5,6,7,8,9]
>>> a = [i +1 for i in range(10)]          #列表生成式
>>> print(a)
[1, 2, 3, 4, 5, 6, 7, 8, 9, 10]
```

这样就通过列表生成式实现了所有元素都加 1 的目标，是不是很方便？

有人会问为什么要用列表生成式？它有什么优点呢？其实直接创建一个列表，由于受到内存的限制，列表容量肯定是有限的。夸张一点说，如果我们要创建一个包含 100 万个数值元素的列表，常规方法无疑会占用很大的内存，而且如果仅仅只需要访问列表中的几个元素，那么绝大多数的元素占用空间都白白浪费了。如果列表元素可以按照某种算法推算出来，那就可以在循环的过程中不断推算出后续的元素。这样就不必创建完整的列表 list，从而节省大量的空间。

类似这种一边循环一边计算的机制，称为生成器（generator）。注意，生成器和列表生成式运行机制相同，但是并非同一个东西。

例 4-21　生成器

```
>>> generator_ex = (x +1 for x in range(10))
>>> generator_ex
< generator object < genexpr > at 0x034F4C30 >
```

那么创建列表生成式和生成器的区别是什么呢？从表面看就是［］和( )的区别，其实不止这些。对比例4-20和例4-21两个例子，列表生成式的返回值是列表，而生成器产生的却是生成器 < generator object < genexpr > at 0x034F4C30 >。

掌握了定义生成器的方法后，让我们进一步讨论生成器 generator_ ex 遍历访问方法。很简单，想要一个个打印出来，可以通过 next( )函数获得 generator 的下一个返回值。

例4-22　打印生成器的所有元素

```
>>> generator_ex = (x +1 for x in range(10))
>>> print(next(generator_ex))
1
>>> print(next(generator_ex))
2
>>> print(next(generator_ex))
3
>>> print(next(generator_ex))
4
>>> print(next(generator_ex))
5
>>> print(next(generator_ex))
6
>>> print(next(generator_ex))
7
>>> print(next(generator_ex))
8
>>> print(next(generator_ex))
9
>>> print(next(generator_ex))
10
>>> print(next(generator_ex))
Traceback (most recent call last):
  File "<pyshell#25>", line 1, in <module>
    print(next(generator_ex))
StopIteration
```

由此可以推测出生成器 generator 保存的是算法，而非数据。这句话的意思是，如果有需要生成器就计算出下一个元素的值，调用一次计算一次，直到计算出最后一个元素。没有更多的元素时，抛出 StopIteration 的错误，上面这样不断调用 next 函数是一个很不好的习惯，正确的方法是使用 for 循环调用。

例4-23　用 for 循环打印出生成器元素

```
>>> generator_ex = (x +1 for x in range(10))
>>> for i in generator_ex:
    print(i)
```

```
1
2
3
4
5
6
7
8
9
10
```

用 for 循环遍历生成器的所有元素，除了不用重复输入 next 函数之外，还有一个好处就是不用担心 StopIteration 的错误。

此外，生成器和列表生成式也可以互相转化。

例 4-24 生成器表达式

```
>>> [ x ** 3 for x in range(5)]            #列表生成式
[0, 1, 8, 27, 64]
>>>
>>> (x ** 3 for x in range(5))             #生成器
< generator object < genexpr > at 0x000000000315F678 >
>>> list(x ** 3 for x in range(5))         #生成器转换成列表
[0, 1, 8, 27, 64]
```

注意，虽然生成器和列表生成式可以互相转化，但是两者有着本质的区别，不可混为一谈。

4.7 迭代器

前面介绍了直接作用于 for 循环的数据类型，一类是集合类型，比如列表、元组、字典、集合和字符串等。还有一类就是生成器（generator）。以上这些可以直接作用于 for 循环的对象统称为可迭代对象（Iterable）。

Python 有可以判断某个对象是否为可迭代类型的方法——isinstance()。当然 isinstance() 不仅仅可用于判断可迭代对象，也可以判断其他类型，大家可以举一反三。

例 4-25 判断可迭代对象

```
>>> from collections import Iterable
>>> isinstance([], Iterable)
True
>>> isinstance({}, Iterable)
True
>>> isinstance('abc', Iterable)
True
```

```
> > >isinstance((x for x in range(10)), Iterable)
True
> > >isinstance(100, Iterable)
False
```

这里介绍一个新的可迭代对象——迭代器（Iterator）。它的定义是：实现 next()方法并且是可迭代对象就是迭代器［next()函数就是上一章节反复调用生成器用到的 next()函数］，更简便的方法就是用 isinstance()来判断某个对象是否是生成器 Iterator。

例 4-26 判断是否为迭代器

```
> > >c = (x for x in range(10))
> > >isinstance(c, Iterator)
True
> > >isinstance([], Iterator)
False
> > >isinstance({}, Iterator)
False
> > >isinstance('abc', Iterator)
False
```

可以看到 x for x in range（10）既实现了迭代，又实现了 next 方法，所以它就是迭代器 Iterator。另外三个对象列表、字典和字符串 'abc' 虽然是可迭代对象，却不是迭代器。迭代器通常表示的是一个数据流，可以被 next 函数调用并不断返回下一个数据，直到没有数据时抛出 StopIteration 的错误。我们无法提前知道这个数据流的长度，只能通过不断地用 next 函数按需求计算下一个数据。

虽然数据类型 list、dict、str 等都是可迭代对象不是迭代器，不过却可以通过 iter 函数强制转换成迭代器。

例 4-27 字符串转化为迭代器

```
> > >isinstance(iter('abc'), Iterator)
True
```

使用迭代器不要求事先准备好整个迭代过程中的所有元素。迭代器仅仅在迭代到某个元素时才计算该元素，而在这之前或之后元素可以不存在或者被销毁。因此迭代器适合遍历一些数量巨大甚至无限的序列。

4.8 【实战】编写一些有趣的代码

经过前几章的学习，我们已经初步掌握了 Python 的基础数据结构和流程控制语句，有了这些"武器"我们就能够编写出很有趣的代码。

扫码看教学视频

4.8.1 走马灯文字

当你走在市中心的大街上，经常会看到马路两边的店铺上挂着各种广告牌，五颜六色非常好看。其中有一种广告牌就是走马灯文字，这种文字特效用 Python 也能实现。

例 4-28 走马灯文字特效

```
>>> content = 'Python 从小白到大牛......'
>>> while True:
        os.system('cls')  # os.system('clear')  清理屏幕上的输出
        print(content)
        time.sleep(0.3)        # 休眠 200 毫秒
        content = content[1:] + content[0]


0
Python 从小白到大牛......
0
ython 从小白到大牛......P
0
thon 从小白到大牛......Py
0
hon 从小白到大牛......Pyt
0
on 从小白到大牛......Pyth
0
n 从小白到大牛......Pytho
0
从小白到大牛......Python
0
小白到大牛......Python 从
```

走马灯文字特效的逻辑是把第一个字符也就是 content [0] 移动到整个字符串 content [I:] 的后面，然后再重新赋值给 content 列表，完成一个循环，如此周而复始，就形成了走马灯特效。

4.8.2 杨辉三角

在中国古代，数学家在数学的许多重要领域中处于世界领先的地位。中国古代数学史曾经有自己光辉灿烂的篇章，而杨辉三角的发现就是精彩的一页。

杨辉三角，又称为贾宪三角形、帕斯卡三角形，它在中国最早由贾宪在《释锁算术》中提出，后来南宋数学家杨辉在所著的《详解九章算法》中进行了详细说明。杨辉三角把二项式系数图形化，把组合数内在的一些代数性质直观地从图形中体现出来，是一种离散型的数与形的结合。

杨辉三角的定义如下：每个数等于它上方两数之和；每行数字左右对称，由 1 开始逐渐变大；第 n 行的数字有 n 项；前 n 行共[(1+n)n]/2 个数。

在图 4-5 中，观察杨辉三角的结构，三角形的两条边都是 1，其内部的数字都是上一层两个数字之和，比如 1+1=2，1+2=3，2+1=3 等。

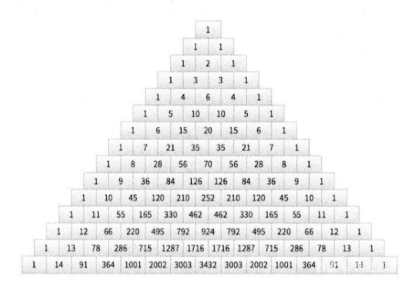

图 4-5　杨辉三角

由此推理每一行的元素都是由上一行的元素计算所得，所以把每一行看作一个 list，试写一个 generator，不断输出下一行的 list。

例 4-29　杨辉三角应用

```
> > >num = 6
> > >yh = [[]] * num
> > > for row in range(len(yh)):
            yh[row] = [None] * (row +1)
            for col in range(len(yh[row])):
                if col = = 0 or col = = row:
                    yh[row][col] =1
                else:
                    yh[row][col] = yh[row-1][col] + yh[row-1][col-1]
                print(yh[row][col], end = '\t')
            print()

1
1	1
1	2	1
1	3	3	1
1	4	6	4	1
1	5	10	10	5	1
```

num 表示三角的最大行数，赋值为 6，row 代表每一行中的元素，col 代表每一列中的元素。col == 0 or col == row 表示如果这是第一列或者是行数等于列数值为 1，也就是位于三角形斜边上的那些元素为 1。剩下位置的数值则需要计算，计算规则是 yh[row][col] = yh[row−1][col] + yh[row−1][col−1]，也就是每个数等于它上方两数之和。

解决这个问题的主要逻辑是，把杨辉三角看作是两个大小一样的三角形拼接成的正方形，然后分别按照行和列来打印出每一个数值。

4.8.3　初识排序

除了前面介绍的几种用途，迭代还有一种很广泛的用途，那就是排序。相信大家已经了解排序的含义，那么在 Python 中，我们如何排序呢？首先我们先学习冒泡排序（Bubble Sort），这也是一种简单直观的排序算法。它重复地走访过要排序的数列，一次比较两个元素，如果顺序错误就把他们交换过来。遍历数列的工作是重复进行的，直到没有再需要交换的成员，也就是说该数列已经排序完成。这个冒泡算法名字的由来是因为越小的元素会经由交换慢慢"浮"到数列的顶端，就像水中的气泡一样。

比如，现在有一组数字 [1,23,15,29,98,445,97,32]，对这组数字进行排序。

拿到这个问题，我们从数学的角度来分析这个问题。第一步，是将数字 1 和 23 进行比较，很显然 23 大于 1，所以保持数字顺序不变。第二步，将数字 23 和 15 进行比较，15 是小于 23 的，所以将 15 和 23 调换位置，于是数字顺序就变成了 [1,15,23,29,98,445,97,32]。第三步，将数字 23 和 29 进行比较，23 小于 29，数字顺序不变。第四步，比较 29 和 98，顺序不变。第五步，比较 98 和 445，顺序不变。第六步，445 大于 97，于是调换 97 和 445 的位置，顺序变成 [1,15,23,29,,445, 98,97,32]。第七步，比较 98 和 445，很明显 445 大于 98，于是调换数字位置 [1,15,23,29,98,445,97,32]。第八步，比较 97 和 445 后调换两者位置。第九步，比较 445 和 32 的大小，然后调换位置。最终顺序变成 [1,15,23, 29,98,97,32,445]。至此，第一次循环已经完成，这个数列中最大的数字是 445，被排到了最后。同理，第二次循环排在倒数第二位的是 98。第三次循环则会把数字 97 排在倒数第三位，等等。有 n 个数字就会循环 n-1 次。最后得到从小到大的数列为 [1, 15, 23, 29, 32, 97, 98, 445]。

例 4-30　冒泡排序算法

```
>>>nums =[1,23,15,29,98,445,97,32]
>>> for i in range(len(nums)-1):
        for j in range(len(nums)-i-1):
            if nums[j] > nums[j+1]:
                nums[j], nums[j+1] =nums[j+1], nums[j]
>>> print(nums)
[1, 15, 23, 29, 32, 97, 98, 445]
```

在 for j in range(len(nums)-i-1)代码中，这个 j 就是控制每一次具体的冒泡过程，我们第一次冒泡需要冒几次，也就是说需要比较几次，假如有 8 个数，那只需要 7 次就可以了，当下一次时，最后一个已经是有序的了，少冒泡一次，所以这里 j 每次都会减去 i 的值。

4.9 【大牛讲坛】算法进阶，字典和集合背后的秘密

数据结构和 Python 里面提到的基本数据类型是有本质区别的。前者是计算机数据存储的基本形式，也是所有编程语言都要涉及的，而后者是 Python 中的内置对象，且仅存在于 Python 中。

数据结构和算法是相辅相成的关系，抛开数据结构谈算法是空中楼阁、无源之水。所以下面就要进一步了解基础的数据结构。数据结构是指相互之间存在着一种或多种关系的数据元素的集合和该集合中数据元素之间的关系组成。在图 4-6 中，常用的数据结构有数组、栈、链表、队列、树、图、堆、散列表等。我们已经掌握了数组、栈、链表、队列、堆的用法，也介绍了树和图的概念。

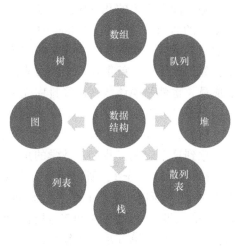

图 4-6　数据结构分类

任何可以被散列的类型都可以成为索引对象，索引对象通常会是一个字符串。如果有一些无关联的数据，它们都可以被唯一的索引对象来引用，那么集合和字典就是理想的数据结构。索引对象被称为"键"，而数据被称为"值"。字典和集合结构很像，只是集合实际上并不包含值，所以也有人会说集合只不过是一堆键的组合。

字典和集合的性能是很高效的，这和它们内部的数据结构密不可分。不同于其他数据结构，字典和集合的内部结构都是一张哈希表。对于字典而言，这张表存储了哈希值（hash）、键和值 3 个元素；而对集合来说，哈希表内只存储单一的元素。

使用字典和集合有其代价，它们会占用更多的内存，通俗点讲就是以空间换时间。虽然插入和查询的时间复杂度是 O(1)，但是实际的速度取决于其使用的散列函数。如果散列函数的运行速度较慢，那么在字典和集合上进行的任何操作也会变慢。

4.9.1　哈希表插入数据

当向字典中插入数据时，Python 会首先根据键 key 计算出对应的哈希值 hash key，而向集合中插入数据时，Python 会根据该元素本身计算对应的哈希值。

例 4-31　字典的哈希值

```
>>> dic = {"name":1}
>>> print(hash("name"))
-1594468191
>>> setDemo = {1}
>>> print(hash(1))
1
```

得到哈希值 hash 之后，再结合字典或集合要存储数据的个数 n，就可以得到该元素应该

插入到哈希表中的位置。比如，可以用 hash% n 类似的算法来计算位置数据。

如果哈希表中此位置是空的，那么此元素就可以直接插入其中；反之，如果此位置已被其他元素占用，那么 Python 会比较这两个元素的哈希值和键是否相等。如果相等，则表明该元素已经存在，再比较他们的值，不相等就进行更新；如果不相等，这种情况称为哈希冲突，即两个元素的键不同，但求得的哈希值相同。这种情况下，Python 会使用开放定址法、再哈希法等继续寻找哈希表中空余的位置，直到找到位置。这个算法并不重要，了解即可，不必深究。

4.9.2　哈希表查找数据

在哈希表中查找数据和插入操作类似，Python 会根据哈希值，找到该元素应该存储到哈希表中的位置，然后和该位置的元素比较其哈希值和键。如果相等，则证明找到；反之，则证明当初存储该元素时，遇到了哈希冲突，需要继续使用当初解决哈希冲突的方法进行查找，直到找到该元素或者找到空位为止。

4.9.3　哈希表删除数据

对于删除操作，Python 会暂时对这个位置的元素赋予一个特殊的值，等到重新调整哈希表的大小时，再将其删除。需要注意的是，哈希冲突的发生往往会降低字典和集合操作的速度。因此，为了保证其高效性，字典和集合内的哈希表，通常会保证其至少留有 1/3 的剩余空间。随着元素的不停插入，当剩余空间小于 1/3 时，Python 会重新获取更大的内存空间，扩充哈希表，与此同时，表内所有的元素位置都会被重新排放。

虽然哈希冲突和哈希表大小的调整，都会导致速度减缓，但是这种情况发生的次数极少。所以，平均情况下，仍能保证插入、查找和删除的时间复杂度为 O(1)。

学习编程语言虽然很重要，但是学习计算机算法和理论更重要。虽然计算机语言和开发平台日新月异，但万变不离其宗的是那些算法和理论，例如数据结构、算法、编译原理、计算机体系结构、关系型数据库原理等。这些基础课程是"内功"，新的语言、技术、标准是"外功"。整天赶时髦的人最后只懂得招式，没有功力，是不可能成为高手的。

第5章
函数

函数，对于人类来讲，能够发展到这个数学思维层次，是一个飞跃。毫不夸张地说，函数的提出直接加快了现代科技和社会的发展，不论是现代的任何科技门类，乃至于经济学、政治学、社会学等，都已经普遍使用函数。在程序设计中，将一些常用的功能模块编写成函数，放在函数库中供公共选用，可以减少重复编写程序段的工作量。

扫码获取本章代码

5.1 什么是函数

函数一词来源于数学，但是编程中的函数概念，与数学中的函数概念有很大区别。数学中函数的定义：在一个变化过程中，如果有两个变量 x、y，并且对于 x 的每一个确定值，y 都有唯一与之对应的值，那么我们把 x 称为自变量，y 为因变量，y 为 x 的函数，x 的取值范围就是函数的定义域。Python 中函数的定义有所不同：函数是逻辑结构化和过程化的编程方法。

5.1.1 定义函数

其实我们早就已经掌握了函数的用法。比如，print( ) 是一个放入对象就能将结果打印的函数，如 print ("Python 语言")；input( ) 是一个可以让用户输入信息的函数；len( ) 是一个可以测量对象长度的函数。

通过观察规律不难发现，函数的使用方法就是把需要处理的对象放到函数名字后面的括号里面就行了。就像一个自动化的工业产线，这头倒入生产资料，另一头就能产出成品。这样的函数有很多，统称为内建函数。为什么叫内建函数呢？因为安装完 Python 源码就能够直接使用，是系统"自带"的。

除了内建函数以外，我们还可以根据需要创建新的自定义函数。因为系统自带的函数数量是有限的，功能也是有限的。想要通过函数做更多的事情，就只能自己设计符合需求的函数。

例 5-1 函数基本结构

```
>>> def function():
        return 'Python 从小白到大牛'
```

```
> > > function();
'Python 从小白到大牛'
```

闭合括号后面的冒号必不可少，def 和 return 都是关键字，Python 就是靠识别这些特定的关键字来明白程序员的意图，实现更为复杂的编程内容。

在现实世界中我们用摄氏度和华氏度来计算温度，但是这两者存在转换问题。数学公式为 F = 32 + 1.8C，其中 F 是华氏度，C 是摄氏度。

例 5-2　温度度量转换函数

```
> > > def fahrenheit_converter(C):
        fahrenheit = C * 9/5 + 32
        return str(fahrenheit) + '°F'
> > > fahrenheit_converter(10)
'50.0°F'
```

把摄氏转化为华氏的这个流程定义为函数 fahrenheit_converter( )，同时将输入进去的摄氏度数值 C 设为输入参数，返回的数值是华氏度。计算的结果类型是 int，不能与字符串 '°F' 拼接起来，所以需要先用 str( ) 函数进行转换。最后一行的代码是 return，关键字 return 用于表达函数的返回值，即函数的输出数据。函数执行到 return 时就会结束，不管它后面是否还有未执行的语句。

如果你还没有完全理解，那我们再看一个例子。编写一个函数，用于计算两个数的平方和。

例 5-3　计算平方和的函数

```
> > >def square_sum(a,b):
      a = a * * 2
      b = b * * 2
      c = a + b
      return a,b,c
> > >square_sum(3,4)
(9, 16, 25)
```

第一行的 def 关键字是通知解析器"这里要定义函数了"，它后面跟着的是 square_sum，即函数的名字。在函数名后面还有一个括号，用来说明函数需要哪些参数，即 a 和 b。参数可以有多个，也可以一个都没有，就算函数后面没有参数，函数后面的括号也要保留。函数从上到下逐行执行代码，但只会执行到 return a，b，c 这里，return 后面可以跟随多个参数，以逗号分隔，从效果上看，相当于返回了一个有多个成员的元组。如果 return 后面没有返回值，则函数将返回 None。None 是 Python 中的空数据，用来表示什么都没有。

5.1.2　实参和形参

在例 5-3 def square_sum(a,b)中，我们用了 a 和 b 两个符号来表示函数的两个参数。等到真正使用这个函数时，我们才会详细描述 a 和 b 具体数值是什么。这样的参数在函数的内部起到了和变量类似的功能，用符号化的形式参与到函数内任何一行指令。由于函数定义中的参数是一个形式代表，并非真正数据，所以又称为形参。而调用函数 square_sum(3,4) 时，数值 3 和 4 是具体的数值，它传递给函数 square_sum() 且存在 a 和 b 中，所以 3 和 4 又称为实参。

例 5-4　实参与形参示例

```
>>>def test(x,y):
    res = x + y
        return res
>>>a = 1
>>>b = 2
>>>c = test(a,b)
>>>print(c)
3
```

x，y 为形参，a，b 为实参。形参变量只有在被调用时才被分配内存单元，在调用结束时，立即释放所分配的内存单元。因此，形参只在函数内部有效，函数调用结束返回主调函数后不能继续使用该形参。实参可以是常量、变量、表达式或函数等，在进行函数调用时，它们必须要有确定的值，以便把值传给形参。

5.1.3　返回值

什么是返回值？想象一下我们去便利店买东西这个场景，钱是我们付给收银员的，把它理解为调用函数时传递参数，买东西这个事情最终的目标是拿到购买的物品，这个购买到的物品就是返回值。所谓"返回值"，就是函数完成一系列流程运算，最后给调用者的结果。

要想把结果返回值传给上一层的调用者，需要在函数中使用 return 关键字，返回值的格式如下。

```
def add2num(a, b):
        c = a + b
        return c
#或者
    def add2num(a, b):
        return a + b
```

函数运行完毕后得到了一个返回值，这个返回值可能通过变量的形式保存下来，也就是说函数的返回值是可以传递给变量的。

例 5-5　函数返回值

```
>>> def add2num(a, b):
            return a + b
>>> result = add2num(100,98)
>>> print (result)
198
```

result 已经保存了 add2num 的返回值。

总结，函数可以返回执行结果值。函数的返回值有三类：返回单个值、返回 None、返回多个值。

小白逆袭：函数返回值

将函数的返回值通过写入到这些 Python 序列对象中，之后只需要返回一个序列对象，即返回一个列表、字典之类的序列，就能实现多值返回。也就是说返回多个值是需要通过变通的方式实现，即需要借助列表、元组、字典等序列对象。

5.2　实参与形参之间的传递方式

函数传递实参种类很多，比如位置实参，这要求实参的顺序与形参的顺序相同；也可以使用关键字实参，它要求每个实参都由变量名和值组成；甚至还可以使用列表和字典等。

5.2.1　位置实参

调用函数时，Python 必须将函数执行时用到的每个实参都映射到函数定义中的每个形参。为此，最简单的关联方式是基于顺序的传参，而这种关联方式被称为位置实参。为了让大家明白位置实参的工作原理，例 5-6 构架了一个显示宠物信息的函数。

例 5-6　位置实参

```
> > >def describe_pet(animal_type, pet_name):
        print("\nI have a " + animal_type + ". ")
        print("My " + animal_type + "'s name is " + pet_name.title() + ". ")
> > >describe_pet('cat', 'tom')
I have a cat.
My cat's name is Tom.
```

定义的函数 describe_pet 时包括宠物种类 animal_type 和宠物名字 pet_name 这两个形参。调用 describe_pet 函数时，需要按顺序提供宠物类型和宠物名字，于是实参 cat 存储在形参 animal_type 中，而实参 tom 存储在形参 pen_name 中。位置实参的传递顺序很重要，如果实参的传递顺序发生了调整，那么结果很可能是错误的。为了证明这点，让我们再次调用函数，但是这次将实参的位置调整一下。

例 5-7　调整实参的顺序

```
> > >describe_pet('tom','cat')
I have a tom.
My tom's name is Cat.
```

先传递宠物名字作为参数，再指定宠物类型的参数。由于实参 tom 在前，这个值将存储到形参 animal_type 中，而 cat 放到了 pet_name 中。结果是我们得到了 My tom's name is Cat 的结果。

5.2.2　关键字参数

关键字实参是非常直观地传递数值的方式，它把形参的值和实参的值通过"＝"关联了起来，这种传参方式的优点是避免了参数混淆，不会因为顺序的改变而出错，而且还清楚地指出函数调用中各个值的用途。

例5-8　关键字参数

```
> > >def describe_pet(animal_type, pet_name):
        print("\nI have a " + animal_type + ". ")
        print("My " + animal_type + "'s name is " + pet_name. title() + ". ")
> > > describe_pet(animal_type = 'mouse', pet_name = 'jerry')
I have a mouse.
My mouse's name is Jerry.
```

函数 describe_ pet 的内容没有改变，但调用这个函数时明确指出了各个实参对应的形参，解析器自动将实参 mouse 和 jerry 分别存储在形参 animal_ type 和 pet_ name 中。关键字参数就像超市里商品的条形码，直接把实参贴到形参上。贴好条形码后，无论你的商品怎么移动，条形码的信息是不会出错的。

5.2.3　默认参数

大家都知道函数被调用时需要指定具体的实参，实参通过函数的接口传递给形参，只有这样函数才能正常运行。这只是理想状态下的假设，函数外部的情况复杂多变，如果我们忘记了输入实参又或者我们根本没有实参来输入，函数岂不是会抛错？没错，这个时候函数会抛出异常，为了避免这种情况发生，Python 允许为参数设置默认值，即在定义函数时，直接给形式参数指定一个默认值，这样的话，即便调用函数时没有给拥有默认值的形参传递参数，该参数可以直接使用定义函数时设置的默认值。

例5-9　默认参数

```
> > > def book(name = "Python", message = "从小白到大牛"):
        print("语言:",name)
        print("书名是:",name + message)
> > > book()
语言: Python
书名是: Python 从小白到大牛
> > > book("java")
语言: java
书名是: java 从小白到大牛
> > > book("数据库", "不是编程语言")
语言: 数据库
书名是: 数据库不是编程语言
> > > book(message = "数据分析")
语言: Python
书名是: Python 数据分析
```

第一个 Book 函数使用了默认参数，第二个 book（"java"）函数表示只有 message 参数使用默认值，第三个 book（"数据库"，"不是编程语言"）函数表示两个参数都不使用默认值，第四个 book（message = "数据分析"）函数表示只有 name 参数使用默认值。由于 Python 要求在调用函数时关键字参数必须位于位置参数的后面，因此在定义函数时指定了默认值的参数（关键字参数）必须在没有默认值的参数之后。默认参数和关键字看起来很像，但两者有明显的区别，默认参数是在形参定义的时候指定的，而关键字参数是在实参定义时指定的。

5.2.4　可变参数

千万不要误会可变长参数是指传入的参数本身可以随时变化，它的本意是指传入的参数个数是可变的，可以是 1 个、2 个、3 个等，甚至还可以是 0 个，适用于一个函数不能确定其输入参数个数的场景。比如，将用户输入的所有数字相乘之后对 20 取余数。这样的需求内容很模糊，我们并不知道输入参数个数是多少个。那么办？办法就是在函数的圆括号内传入列表，列表中放入要进行计算的所有数。

例 5-10　列表传参

```
>>> def get_remainder(list):
        product = 1
        for item in range(len(list)):
            product = list[item] * product
        return product % 20
>>> my_list = [1, 2, 3, 4]
>>> print(get_remainder(my_list))
4
```

调用此函数时，必须把要参与计算的所有数据封装成一个列表才能进行计算，如果不进行封装呢？还有没有更简单的方法？有！可变长参数。

例 5-11　可变长参数

```
>>> def get_remainder(*args):
        roduct = 1
        or arg in args:
            roduct *= int(arg)
        return product % 20
>>> result = get_remainder(1, 2, 3, 4)
>>> print(result)
4
```

在定义函数时圆括号内的形参表示为 *args，注意！重点在于 * 号，*args 只是一般习惯性写法，当然我们也可以写成 *any、*x。参数前面加 * 号就表示这是一个可变长参数，调用 get_remainder 时，只需要将参与计算的数据传入函数中，并且用逗号隔开即可，既灵活又方便。

说完 *args 的情况，接下来说下两个星号的可变长参数——**kwargs。两者的区别在于两个星号表示接受键值对的动态参数，数量任意。目前我们掌握的知识中只有字典才包含键值对，你没猜错，**kwargs 允许将字典作为参数传递给函数内部。同样 **kwargs 只是一般习惯性写法，完全可以写成 **any 或 **xy。

例 5-12　**kwargs 示例

```
> > > def test_args_kwargs(arg1, arg2, arg3):
          print("arg1:", arg1)
          print("arg2:", arg2)
          print("arg3:", arg3)
> > > args = ("two", 3, 5)
> > > test_args_kwargs(* args)
arg1: two
arg2: 3
arg3: 5
> > > kwargs = {"arg3": 3, "arg2": "two", "arg1": 5}
> > > test_args_kwargs(* * kwargs)
arg1: 5
arg2: two
arg3: 3
```

总结一下，*args 类型本质上是一个 tuple，而 **kwargs 本质上则是一个字典 dict，并且 *args 只能位于 **kwargs 的前面。*args 和 **kwargs 组合起来就可以传入任意形式的参数，这在参数未知的情况下是很有效的，同时加强了函数的可拓展性。注意，加强拓展性的同时也就意味着降低了稳定性，所以使用之前一定要充分了解代码。

小白逆袭：参数的定义顺序

在 Python 中定义函数，可以用必选参数、默认参数、可变参数、关键字参数和命名关键字参数 5 种参数形式。这 5 种参数都可以组合起来使用，但要注意，参数定义的顺序必须是：必选参数、默认参数、可变参数、命名关键字参数和关键字参数。

5.3　局部变量和全局变量

函数参数的作用范围是有限的，这个范围称为作用域。参数作用域在函数内部，而函数与外部沟通的桥梁则为变量，外部变量和函数通过赋值来传递数据。

数据在函数内外以不同的形式流动，这个时候就引出了全局变量和局部变量的概念。全局变量与局部变量两者的本质区别就在于作用域，如果一个变量既能在一个函数内使用也能在其他函数内使用，这样的变量就是全局变量。全局变量就是在模块内部和函数的外部都存在，且所有的函数都可以访问。注意，函数内部可以访问但不能直接赋值。

例 5-13　全局变量

```
> > > a = 100
> > > def test1():
```

```
        print(a)
>>> def test2():
        print(a)
>>> test1()
100
>>> test2()
100
```

在例 5-13 中，变量 a 就属于全局变量，函数 test1 和函数 test2 都可以调用。

局部变量与全局变量不同，它是定义在函数内部，且只能在函数内部存在，函数的形参就是局部变量的一种类型。

例 5-14　局部变量与全局变量的对比

```
>>> a =100
>>> b =200
>>> def fx(c):
        d =300
        print(a,b,c,d)
>>> fx(300)
100 200 300 300
>>> print("a = ",a)
a = 100
```

a 和 b 都为全局变量，fx(c)中的 c 和 d 都为局部变量，fx(300)中的 300 传给了 def fx(c)中的 c。调用之前，函数 fx 内部的 c 和 d 值不能被外部访问，只有函数 fx 被调用的时候 c 和 d 才能被访问。所以，在函数内首次对变量赋值是创建局部变量，再次为变量赋值是修改局部变量的绑定关系，无论怎样修改，函数内部的赋值语句都不会对全局变量造成影响。

经验之谈，在开发实践中尽量用局部变量，避免用全局变量，以免引起意想不到的冲突。

5.4　递归函数

在数学上有一种计算过程，它的每一步都要用到前一步或前几步的结果，这个计算过程称为递归。用递归过程定义的函数，称为递归函数，例如连加、连乘及阶乘等。凡是递归的函数，都是可计算的。编程语言中，函数直接或间接调用函数本身，则该函数称为递归函数。

举个例子，计算阶乘 n! =1×2×3×...×n，用函数 fact(n)表示。可以推导出 fact(n) =n! =1×2×3×...×(n-1)×n=(n-1)! ×n=fact(n-1)×n，由此可推出 fact(n) =n×fact(n-1)，只有 n=1 时需要特殊处理。

例 5-15　递归函数实现阶乘 n! 公式

```
>>> def fact(n):
      if n ==1:
         return 1
```

```
        return n * fact(n-1)
>>> fact(1)
1
>>> fact(5)
120
>>> fact(10)
3628800
```

当我们计算 fact（5）时，可以根据函数定义看到计算过程，具体如下。

fact(5) = 5 * fact(4) = 5 * (4 * fact(3)) = 5 * (4 * (3 * fact(2))) = 5 * (4 * (3 * (2 * 1))) = 120

递归函数的优点是定义简单，逻辑清晰。理论上，所有的递归函数都可以写成循环的方式，但循环的逻辑不如递归清晰。使用递归函数需要注意防止栈溢出。前面在数据结构的章节介绍过栈的概念，函数调用是通过栈（stack）这种数据结构实现的，每当进入一个函数调用，栈就会加一层栈帧，每当函数返回，栈就会减一层栈帧。由于栈的大小不是无限的，所以，递归调用的次数过多，会导致内存溢出。

例 5-16　模拟递归函数内存溢出

```
>>> fact(999)          #fact()函数是使用时例 5-15 的 fact 函数内容
Traceback (most recent call last):
  File "<pyshell#47>", line 1, in <module>
    fact(999)
  File "<pyshell#43>", line 4, in fact
    return n * fact(n-1)
  File "<pyshell#43>", line 4, in fact
    return n * fact(n-1)
  File "<pyshell#43>", line 4, in fact
    return n * fact(n-1)
  [Previous line repeated 989 more times]
  File "<pyshell#43>", line 2, in fact
    if n ==1:
RecursionError: maximum recursion depth exceeded in comparison
```

既然普通的递归函数存在内存溢出的问题，那么我们该如何解决这个问题呢？解决递归调用内存溢出的方法是通过尾递归优化。尾递归是指在函数返回的时候调用自身本身而且 return 语句不能包含表达式。编译器或者解释器会把尾递归做优化，使递归本身无论调用多少次，都只占用一个栈帧，避免出现栈溢出的情况。事实上尾递归和循环的效果是一样的，所以，把循环看成是一种特殊的尾递归函数也是可以的。

例 5-15 中的 fact（n）函数由于 return n × fact（n－1）引入了乘法表达式，所以就不是尾递归了。

例 5-17　尾递归优化

```
> > > def fact(n):
        return fact_iter(n,1)
> > > def fact_iter(num,product):
        if num = =1:
            return product
        return fact_iter(num-1,num * product)
> > > fact_iter(5,1)
120
```

使用递归函数的优点是逻辑清晰，缺点是过深的调用会导致内存溢出。针对尾递归优化的语言可以通过尾递归防止栈溢出。尾递归事实上和循环是等价的，没有循环语句的编程语言只能通过尾递归实现循环。Python 的标准解释器没有针对尾递归做优化，任何递归函数都存在内存溢出的问题。

5.5　闭包

闭包，这个名字听起来怪怪的，不知道的人还以为是模块的一种，但它其实是一类特殊的函数。比如，B 函数定义在 A 函数的作用域中，且 B 函数中引用了 A 函数的局部变量，那么这个函数就是一个闭包。

例 5-18　闭包实例 1

```
> > > def f():
        n =1
        def inner():
            print (n)
        inner()
        n ='x'
        inner()
> > > f()
1
x
```

函数 inner 定义在函数 f 的作用域中，并且在 inner 中使用了 f 中的局部变量 n，这就构成了一个闭包。闭包绑定了外部的变量，所以调用函数 f 的结果是打印 1 和 'x'。这类似于普通模块函数和模块中定义的全局变量的关系，修改外部变量能影响内部作用域中的值，而在内部作用域中定义同名变量则将遮蔽（隐藏）外部变量。如果需要在函数中修改全局变量，可以使用关键字 global 修饰变量名。Python 2. x 中没有关键字为在闭包中修改外部变量提供支持，在 Python 3. x 中关键字 nonlocal 可以做到这一点。

例 5-19　闭包实例 2

```
> > > def f():
        n =1
```

```
        def inner():
            nonlocal n
            n = 'x'
        print(n)
        inner()
    print(n)
>>> f()
1
x
```

调用闭包函数的结果是打印 1 和 'x'，如果有 Python 3.x 的解释器，也可以测试一下闭包函数的参数作用域。

5.6 【小白也要懂】函数与函数式编程的区别

函数是程序的一种封装方式，把大段代码拆成函数后，通过一层一层地调用，就把复杂流程分解成简单的小任务，这种分解方式称之为面向过程的程序设计。函数就是面向过程程序设计的基本单元。函数式编程，请注意多了一个"式"字，虽然也可以归结到面向过程的程序设计，但其思想更接近数学计算。

函数式编程就是一种抽象程度很高的编程范式，纯粹的函数式编程语言编写的函数没有变量，因此，任意一个函数，只要输入是确定的，输出就是确定的，这种纯函数我们就认为没有副作用。而允许使用变量的程序设计语言，由于函数内部的变量状态不确定，同样的输入，可能得到不同的输出，因此这种函数是有副作用的。函数式编程使用一系列的函数解决问题。函数仅接受输入并产生输出，不包含任何能影响产生输出的内部状态。任何情况下，使用相同的参数调用函数始终能产生同样的结果。在一个函数式的程序中，输入的数据"流过"一系列的函数，每一个函数根据它的输入产生输出。函数式风格避免编写有边界效应的函数，完全没有边界效应的函数被称为纯函数式的。避免边界效应意味着不使用在程序运行时可变的数据结构，输出只依赖于输入。

我们可以认为函数式编程刚好站在了面向对象编程的对立面（后面会介绍什么是面向对象编程，现在只需要记住这个概念），面向对象编程通常包含内部状态，和许多能修改这些状态的函数，程序则由不断修改状态构成；函数式编程则极力避免状态改动，并通过在函数间传递数据流进行工作。但这并不是说无法同时使用函数式编程和面向对象编程，事实上，复杂的系统一般会采用面向对象技术建模，但混合使用函数式风格还能让我们额外享受函数式风格的优点。

函数式的风格通常被认为有如下优点。

1）逻辑可证，这是一个学术上的优点，没有边界效应使得更容易从逻辑上证明程序是正确的（而不是通过测试）。

2）模块化，函数式编程推崇简单原则，一个函数只做一件事情，将大的功能拆分成尽可能小的模块。小的函数更易于阅读和检查错误。

3）组件化，函数更容易加以组合形成新的功能。

4）易于调试，细化的、定义清晰的函数使得调试更加简单。当程序不正常运行时，每一个函数都是检查数据是否正确的接口，能更快速地排除没有问题的代码，定位到出现问题的地方。

5）易于测试，不依赖于系统状态的函数无须在测试前构造测试桩，使得编写单元测试更加容易。

6）更高的生产率，函数式编程产生的代码比其他技术更少（往往是其他技术的一半左右），并且更容易阅读和维护。

Python 不是且也不大可能会成为一种函数式编程语言，但是它支持许多有价值的函数式编程语言构建方式，也有些表现得像函数式编程机制，但是从传统意义上不能被认为是函数式编程语言的构建方式。其内容包括高阶函数、返回函数、匿名函数、装饰器和偏函数等。高阶函数从字面上理解，除了有普通函数功能还是高级内容，即可以把函数作为参数或者返回值的函数，从这个角度来说增强了函数处理能力。它定义为可以接收函数为参数或者返回一个函数作为参数的函数。返回函数是指高阶函数除了可以接受函数作为参数外，还可以把函数作为结果值返回。

匿名函数即 lambda 表达式函数，经常用作函数参数或者生成表达式的场景中，闭包里面的函数可以看成是匿名函数来理解。

Python 装饰器（fuctional decorators）就是用于拓展原来函数功能的一种函数，目的是在不改变原函数名的情况下，给函数增加新的功能。这个函数的特殊之处在于它的返回值也是一个函数，这个函数是内嵌“原”函数的函数。

偏函数是将所要承载的函数作为 partial( ) 函数的第一个参数，原函数的各个参数依次作为 partial( ) 函数后续的参数，除非使用关键字参数。

下面我们详细介绍一下 lambda 匿名函数和高阶函数。

Python 允许用 lambda 关键字创造匿名函数。匿名是因为不需要以标准的方式来声明，比如说，使用 def 关键字。然而，作为函数，它们也能有参数。一个完整的 lambda 语句代表了一个表达式，这个表达式的定义体必须和声明放在同一行。现在来演示下匿名函数的语法。

例 5-20　lambda 定义匿名函数

```
> > > lambda_add = lambda x, y: x + y
> > > def normal_add(x,y):
          return x + y
> > > assert lambda_add(2,3) = = normal_add(2,3)
> > > lambda_add
<function <lambda> at 0x036C3C00>
> > > lambda_add (2,3)
5
```

匿名函数的参数是可选的，如果使用参数，参数通常也是表达式的一部分。它与使用 def 定义的函数完全一样，可以使用 lambda_ add 作为函数名进行调用。lambda 的设计目的是为了编写偶尔为之的、简单的、可预见不会被修改的匿名函数。

Python 的高阶函数就是指一个函数作为参数传递给另外一个函数的用法。

例 5-21 高阶函数

```
> > > def add(x,y,f):
          return f(x) + f(y)
> > > add(1, -2,abs)
3
```

把函数作为参数传递，能够使编码传参上更具有灵活性，比如我们可以根据某些变量的不同，传入不同的函数进去，这样能使代码更简洁、更好理解，不需要再重新写一大堆代码。

小白逆袭：什么时候使用 lambda 或高阶函数

在进行短小的操作，如获取排序的结果时，使用 lambda 非常方便。但如果 lambda 的内容超过一行，那么使用普通的函数定义可能更好。通常传递函数可以避免重复，但在使用时要经常提醒自己，额外的结构是否会让代码清晰度下降。通常，将其分解成更小的辅助函数会更清晰。

5.7 【实战】用 Python 来做数学题

Python 的科学计算功能非常强大，有很多已经封装好的函数，基本上能满足各种数学计算的需求。但是本节不打算使用这些内置函数，我们将通过自定义一些函数来求解各种数学问题，包括公约数、阶乘、素数以及回文数等。

扫码看教学视频

我们先来研究一道数学题，请说出下面的方程有多少组正整数解。

$$x_1 + x_2 + x_3 + x_4 = 8$$

等同于将 8 个苹果分成四组，每组至少一个苹果，有多少种方案，数学上求解如下。

$$C_M^N = \frac{M!}{N! \ (M-N)!}, (M=7, N=3)$$

让我们尝试编写函数来求解这道排列组合题目。

例 5-22 将 8 个苹果分成四组每组至少一个苹果有多少种方案

```
> > > def factorial(num):
          result = 1
          for n in range(1, num + 1):
              result * = n
          return result
> > > m = 7
> > > n = 3
```

```
>>> print(factorial(m) // factorial(n) // factorial(m - n))
35
```

把阶乘公式封装成 factorial 函数，当需要计算阶乘的时候不用再写循环求阶乘，而是直接调用已经定义好的函数。

5.7.1　公约数和公倍数

公约数，亦称"公因数"，它是一个能被若干个整数同时均整除的整数。如果一个整数同时是几个整数的约数，我们称这个整数为它们的"公约数"。对任意的若干个正整数来说，1 总是它们的公因数。

公约数与公倍数相反，就是既是 A 的约数的同时也是 B 的约数的数，例如 12 和 15 的公约数有 1 和 3。再比如，30 和 40 的公约数有 1、2、5、10。

例 5-23　求最大公约数和最小公倍数的函数

```
>>> def gcd(x, y):
        (x, y) = (y, x) if x > y else (x, y)
        for factor in range(x, 0, -1):
            if x % factor == 0 and y % factor == 0:
                return factor
>>> def lcm(x, y):
        return x * y // gcd(x, y)
>>> gcd(88,12)
4
>>> lcm(88,12)
264
```

最大公约数又叫最大公因数，是指两个或多个整数共有约数中最大的一个。最小公倍数是指两个或多个整数的公倍数里最小的那一个。不难看出，最大公约数是已知数共有的因数，且是最大的那一个；最小公倍数是已知几个数的公倍数，且是最小的那一个。最小公倍数是在最大公约数的基础上求得的，假设 x 和 y 的最大公约数是 gcd，则最小公倍数为 $(x * y)/gcd$。

5.7.2　回文数

回文是指无论正读还是反读都能读通的句子，它是古今中外都有的一种修辞方式和文字游戏，如来自《三个火枪手》的那句名言"我为人人，人人为我"等。在数学上也有这样一类数字，称为回文数。

例 5-24　判断回文数

```
>>> def is_palindrome(num):
        temp = num
        total = 0
        while temp > 0:
```

```
            total = total * 10 + temp % 10
            temp // = 10
        return total == num
> > > is_palindrome(12321)
True
> > > is_palindrome(123)
False
```

其实用 reversed 函数也能实现回文数的判断功能，大家可以思考一下具体该怎么做。

5.7.3　素数

素数，又称质数，指在大于 1 的自然数中，除了 1 和该数自身外，无法被其他自然数整除的数。

例 5-25　判断素数的函数

```
> > > def is_prime(num):
        for factor in range(2, num):
            if num % factor == 0:
                return False
        return True if num ! = 1 else False
> > > is_prime(12397)
False
> > > is_prime(13)
True
```

接着要计算该数是不是质数，那么就要从 2 开始一直除到该数之前的那个自然数，很明显是一个数字范围 range(2, n)。在循环体 for factor in range(2, num) 里面，每次循环当然就是要判断当次除法是否是整除，这里可以使用求模运算 num % factor == 0，也就是取余，当余数为 0 时，该数就不是质数。那么，所有循环迭代都完成后还没有找出能整除的情况的话，就可以判断该数就是一个质数。

5.8　【大牛讲坛】函数编程指南

编写函数时，应给函数指定描述性名称，且只在其中使用小写字母和下划线。描述性名称可帮助我们和别人明白代码想要做什么，给模块命名时也应遵循上述约定。每个函数都应包含简要地阐述其功能的注释，该注释应紧跟在函数定义后面，并采用文档字符串格式。文档良好的函数让其他程序员只需阅读文档字符串中的描述就能够使用它，他们完全可以相信代码如描述的那样运行，我们只要知道函数的名称、需要的实参以及返回值的类型，就能在自己的程序中使用它。

另外空格的规范也需要注意。比如，给形参指定默认值时，等号两边不要有空格。

```
def function_name(parameter_0, parameter_1 = 'default value')
```

对于函数调用中的关键字实参，也应遵循这种约定，不要有空格。

```
function_name(value_0, parameter_1 = 'value')
```

建议代码行的长度不要超过 80 字符，这样只要编辑器窗口适中，就能看到整行代码。如果形参很多，导致函数定义的长度超过了 80 字符，可在函数定义中输入左括号后按回车键（即 Enter 键），并在下一行按两次 Tab 键，从而将形参列表和只缩进一层的函数体区分开来。大多数编辑器都会自动对齐后续参数列表行，使其缩进程度与我们给第一个参数列表行指定的缩进程度相同。

```
def function_name(
        parameter_0, parameter_1, parameter_2,
        parameter_3, parameter_4, parameter_5):
        function body...
```

如果程序或模块包含多个函数，可使用两个空行将相邻的函数分开，这样将更容易知道前一个函数在什么地方结束，下一个函数从什么地方开始。注意，代码编写的格式规范仅仅是基础，在存在各种"黑魔法"的 Python 中，明确和直接的编码方式才是最好的注释说明。

```
#糟糕
def make_complex(*args):
    x, y = args
    returndict(**locals())


#优雅
def make_complex(x, y):
    return {'x': x, 'y': y}
```

在上述的优雅代码中，x 和 y 以明确的字典形式返回给调用者。开发者在使用这个函数的时候通过阅读第一行和最后一行，能够准确地知道该做什么。而在糟糕的案例中则没有那么明确。

1. 函数名称

函数名称要有实际意义，切记假大空，更忌讳取一个毫无关系的名字。

比如，我想定义一个扫描字符串的每个字符并输出的函数，对比下面三种写法的优劣。

```
def scan_str(content):
    for s in content:
    print(s)


def scan(content):
    for s in content:
    print(s)


def a(content):
    for s in content:
    print(s)
```

第一个函数最优，从名字就看得出来是扫描字符串。第二个次之，从名字看得出来是扫描，但是扫描啥不知道，扫描文件、扫描病毒还是其他的？这就是范围过广，也就是假大空。第三个从函数名字根本看不出来是什么意思，这是最糟糕的书写方式。如果一个几万行代码含有几百个函数的程序，全部名字都是 abcd 这样的名字，后面浏览代码的人完全无法入手。

2. 文档说明

函数应该要加上文档说明，复杂的语句要加上注释说明。

这么做的原因是，一来方便日后自己查看代码，二来是方便别人阅读我们的代码。添加文档说明的方式如下。

```
def scan_str(content):
"""

    扫描字符串的每个字符并输出
    :param content: 待扫描的内容
    :return: 不返回任何结果
    """

    for s in content:
        print(s)
```

就是在函数声明下面、真正的代码实现逻辑上面，输入三次双引号就会自动生成一个待填充的文档说明结构，含有功能描述、参数描述以及返回值描述。

```
def scan_str(content):
    """
    :param content:
    :return:
    """

    for s in content:
        print(s)
```

3. 代码块不宜太长

函数的代码块不应太长，一般维持在 15 行以内为佳。

代码语句块过长说明我们的功能划分还不够细致，过短说明我们过于精简，一般维持在 15 行以内为佳。当然这不是硬性标准，它不会报任何异常，只是这个是默认的 Python 编码规范，很多大公司都会有代码规范考核，从一开始掌握这些对我们有好处。

第 6 章
模块、包和文件

現在的世界離不开信息化技术，信息化技术離不开程序设计。一线的互联网公司几千人，多则十几万人。可以想象一下，那么多人写出的代码会有多少？这么多代码怎么才能集成到系统里？集成到系统后怎么维护？新编写的代码怎么才能调用旧代码中的函数？为了解决这些现实问题，我们把很多代码中的函数分组，分别放到不同的文件里。这样，每个文件包含的代码就相对较少，很多编程语言都采用这种组织代码的方式。

扫码获取本章代码

在 Python 中，一个 .py 文件就称之为一个模块（Module）。这种设计大大提高了代码的可维护性。其次，编写代码不必从零开始，当一个模块编写完毕，就可以被其他地方引用。我们在编写程序的时候，也经常引用其他模块，本质上内置的模块和来自第三方的模块都是别人已经编辑好的代码。

6.1　模块

Python 中每个 .py 文件就代表了一个模块（module），在不同的模块中可以有同名的函数，在使用函数的时候我们通过 import 关键字导入指定的模块，就可以区分到底要使用的是哪个模块中的函数。

6.1.1　什么是模块

逻辑上来说，模块就是一组功能函数的集合；物理上来说，一个模块就是一个包含了 Python 定义和声明的文件，文件名就是模块名字加上 .py 的后缀。在一个模块内部，模块名可以通过全局变量 _name_ 的值获得。例如，使用文本编辑器在当前目录下创建一个名为 fibo.py 的文件，文件中含有以下内容。

例 6-1　fibo.py 文件内容

```
>>>def fib(n):
        a,b=0,1
        while a < n:
```

```
            print(a, end=' ')
            a, b = b, a + b
        print()

>>> def fib2(n):
        result = []
        a, b = 0, 1
        while a < n:
            result.append(a)
            a, b = b, a + b
        return result
```

进入 Python 解释器，并用以下命令导入该模块。

```
>>> import fibo
```

导入模块 fibo 后，就可以用模块名为前缀来访问这些 fib 函数和 fib2 函数。

```
>>> fibo.fib(1000)
0 1 1 2 3 5 8 13 21 34 55 89 144 233 377 610 987
>>> fibo.fib2(100)
[0, 1, 1, 2, 3, 5, 8, 13, 21, 34, 55, 89]
>>> fibo._name_
'fibo'
```

如果我们想经常使用某个函数，可以把它赋值给一个局部变量。

```
>>> fib = fibo.fib
>>> fib(500)
0 1 1 2 3 5 8 13 21 34 55 89 144 233 377
```

模块就好比是工具包，函数和类就是扳手、钳子之类的工具，要想使用这个工具包中的工具，就要先打开工具包，也就是导入模块。

6.1.2 模块的导入

我们已经知道用 import 来引入某个模块，比如要引用模块 math，就可以在文件最开始的地方用 import math 来引入。解释器遇到 import 语句时模块在当前的搜索路径就会被导入，当外部调用 math 模块中的某个函数时，就必须这样引用：模块名.函数名。为什么必须加上模块名来做前缀呢？因为存在这样一种情况：在多个模块中含有相同名称的函数，此时如果只是通过函数名来调用，解释器无法判定到底要调用哪个块的函数。

例6-2　导入 math 模块

```
>>> import math
>>> math.sqrt(2)
1.4142135623730951
```

```
> > > print (math. sqrt (2))
1. 4142135623730951
```

有时候我们只需要用到模块中的某个函数，则导入该函数即可，方式为：from 模块名 import 函数名 1，函数名 2……。这种方式不仅可以导入函数，还可以导入一些全局变量、类等。通过这种方式调用函数时只能给出函数名，不能给出模块名，但是当两个模块中含有相同名称函数的时候，后面一次导入会覆盖前一次导入。也就是说，假如模块 A 中有函数 function，在模块 B 中也有函数 function，如果引入 A 中的 function 在先、B 中的 function 在后，那么调用 function 函数的时候，是去执行模块 B 中的 function 函数。

想一次性引入 math 中所有的东西，可以通过 from math import * 来实现。

前面提到过模块的导入需要"路径搜索"的过程。假设导入的是 math 模块，即在文件系统预定义区域中查找 math. py 文件。这些预定义区域只不过是我们的 Python 搜索路径的集合。路径搜索和搜索路径是两个不同的概念，前者是指查找某个文件的操作，后者是去查找一组目录。

如果模块文件不存在于搜索路径里呢？测试下就知道了。

例 6-3　模块导入失败

```
> > > import pandas
Traceback (most recent call last):
  File " < pyshell#7 > ", line 1, in < module >
    import pandas
ModuleNotFoundError: No module named 'pandas'
```

发生这样的错误时，解释器会显示它无法访问请求的模块，可能的原因是模块不在搜索路径里，导致了路径搜索的失败。解释器首先寻找具有该名称的内置模块。如果没有找到，解释器会从系统自带的 sys. path 变量给出的目录列表里寻找名为 math. py 的文件。

6.2　包

简单来说，包就是多个模块的集合。当项目较大，模块较多时，我们就可以把模块放在包中，便于管理。表示方式 A. B 表示 A 包中名为 B 的子模块。

6.2.1　目录结构

包是一个有层次的文件目录结构，它定义了一个由模块组成的 Python 应用程序执行环境。

例 6-4　包的目录结构

```
sound/
     _init_.py
     formats/
          _init_.py
          wavread.py
          wavwrite.py
```

```
            aiffread.py
            aiffwrite.py
            ...
        effects/
            _init_.py
            echo.py
            surround.py
            reverse.py
            ...
        filters/
            _init_.py
            equalizer.py
            vocoder.py
            karaoke.py
            ...
```

在 Python 3.3 版本之前，初始化一个包必须包含 _ init_ . py 文件，在之后的版本中这就不是必备的文件了，但是一般都会包含到，不过需要配置，我们就在这个文件中写入一些指令，如果不需要的话，空文件也可以。在引用包中的模块时，使用"."操作符即可，同样也要注意是不是在搜索路径中。

6.2.2 包的导入

包通过 import 和 from... import 关键字导入模块，而且可以从包中导入单独的模块。

例 6-5 包的导入

```
import sound.effects.echo
```

加载子模块 sound.effects.echo，但引用时必须使用它的全名。

```
sound.effects.echo.echofilter(input, output, delay=0.7, atten=4)
```

导入子模块的另一种方法如下。

```
from sound.effects import echo
```

这也会加载子模块 echo，可以按如下方式使用。

```
echo.echofilter(input, output, delay=0.7, atten=4)
```

包也可以直接导入所需的函数或变量。

```
from sound.effects.echo import echofilter
```

当运行 from package import item 时，item 可以是包的子模块（有时会称为子包），也可以是包中定义的其他名称，如函数、类或变量。Import 关键字首先测试是否在包中定义了 item；如果没有，就假定它是一个模块并尝试加载它。如果找不到它，则引发 ImportError 异常。

当运行 from sound.effects import * 时会发生什么呢？理想情况下，人们希望这会以某种方式找到包中存在的子模块，并将它们全部导入。这可能需要很长时间，而且有可能会产生副作用。

6.3　文件

文件这个概念大家都不陌生，看视频需要视频文件，写东西有文本文件，做表格有 Excel 文件。程序设计也会用到文件，比如遇到对数据进行持久化操作的场景，而实现数据持久化最直接简单的方式就是将数据保存到文本文件中。

6.3.1　文件操作介绍

文件是系统存储区域的一个命名位置，能够在存储器中实现持续性存储，比如在硬盘上存储一些信息便于后续访问。当我们要读取或者写入文件时，就需要打开文件；操作完毕时，我们需要关闭文件，以便释放和文件操作相关的系统资源。

例 6-6　打开文件

```
>>> f = open('file', 'mode')
```

open 函数中的第一个参数 file 是包含文件名的字符串。第二个参数 mode 是指文件名的打开方式，见表 6-1。打开方式可以是 'r'，表示文件只能读取；'w'表示只能写入；'a'表示打开文件并在文件的尾部追加内容，也就是任何写入的数据会自动添加到文件的末尾；'r+' 表示打开文件进行读写，这个参数是可选的；省略时默认为 'r'。在 mode 中追加的'b'则以 binary mode 打开文件；现在数据是以字节对象的形式进行读写的。这个模式应该用于所有不包含文本的文件。通常文件是以文本模式打开的，这意味着从文件中读取或写入字符串时，都会以指定的编码方式进行编码。

表 6-1　打开模式的种类

打 开 模 式	说　　　　明
'r'	只读模式，默认值，如果文件不存在，返回 FileNotFoundError
'w'	覆盖写模式，文件不存在则创建，存在则完全覆盖
'x'	创建写模式，文件不存在则创建，存在则返回 FileExistsError
'a'	追加写模式，文件不存在则创建，存在则在文件最后追加内容
'b'	二进制文件模式
't'	文本文件模式，默认值
'+'	与 r/w/x/a 一同使用，在原功能基础上增加同时读写功能

有一点小建议，那就是在处理文件对象时，最好使用 with 关键字，优点是相关代码结束后文件会正确关闭，即使在某个时刻引发了异常。使用 with 比等效的 try-finally 代码块要简短得多。

例 6-7　用 with 打开文件

```
>>> with open('workfile') as f:
...     read_data = f.read()
```

```
> > > f.closed
True
```

如果没有使用 with 关键字，那么我们不得不调用 f.close( ) 来关闭文件并立即释放它使用的所有系统资源。如果我们没有显式地关闭文件，Python 的垃圾回收器最终将销毁该对象并为我们关闭相关文件，但这个关闭动作是有延迟的。

小白逆袭：打开 JPEG 和 EXE 文件

在文本模式下读取时，默认会把平台特定的行结束符（Linux 上的 \ n、Windows 上的 \ r \ n）转换为 \ n。在文本模式下写入时，默认会把出现的 \ n 转换回平台特定的结束符。这样在后台修改文件数据对文本文件来说没有问题，但是会破坏二进制数据，例如 JPEG 或 EXE 文件中的数据。请一定要注意在读写此类文件时使用二进制模式。

6.3.2 文件的相关函数

假定我们已创建名为 f 的文件。要读取该文件内容，可以使用 f.read（size），它会读取一些数据并将其作为字符串或字节串对象返回。size 是一个可选的参数，当它被省略或者为负数时，将读取并返回整个文件的内容；如果文件的大小是我们的机器内存的两倍，读取操作就会出现问题。当 size 为其他值时，以 10 为例，将读取并返回最多 10 个字符或 10 个字节。如果已到达文件末尾，f.read 将返回一个空字符串（''）。

例 6-8 读取整个文件

```
> > > f.read()
'This is the entire file. \n'
> > > f.read()
''
```

读取文件时，换行符（\ n）留在字符串的末尾，如果文件不以换行符结尾，则在文件的最后一行省略。如果 f.readline( ) 返回一个空的字符串，则表示已经到达了文件末尾。

例 6-9 逐行 1 读取

```
> > > f.readline()
'This is the first line of the file. \n'
> > > f.readline()
'Second line of the file \n'
> > > f.readline()
''
```

用循环的方法遍历文件，读取数据。

例 6-10 循环遍历文件对象

```
> > > for line in f:
...     print(line, end = '')
...
```

```
This is the first line of the file.
Second line of the file
```

与 f. readline( )函数相反，f. write（string）会把变量 string 的内容写入到文件中，并将写入的字符数返回。

例 6-11　文件写入

```
> > > f. write('This is a test \n')
15
```

在写入其他数据类型之前，需要先把它们转化为字符串或者二进制字节的形式。

例 6-12　数据类型转化成字符串或者二进制

```
> > > value = ('the answer',42)
> > > s = str(value)  #把元组转化为字典
> > > f. write(s)
18
```

知道了如何读写文本文件后，要读写二进制文件也就很简单了，下面的代码实现了复制图片文件的功能。

例 6-13　赋值图片功能

```
> > >def main():
        try:
            with open('guido. jpg', 'rb') as fs1:
                data = fs1. read()
                print(type(data))  # < class 'bytes'>
            with open('吉多. jpg', 'wb') as fs2:
                fs2. write(data)
        except FileNotFoundError as e:
            print('指定的文件无法打开.')
        except IOError as e:
            print('读写文件时出现错误.')
        print('程序执行结束.')

if _name_ = = '_main_':
main()
```

总体说来，读取文件的方式有两种，一次性全文本读取或者逐行读取。写入文件的方式也有两种，一次性全文本修改或者逐行修改。

6.4　【小白也要懂】用 json 模块存储数据

工业软件中的很多程序都要求用户指定某种参数，而这些参数或者数据一般都是很有价值的。在程序关闭之前，我们需要把这些有价值的数据保存下来，根据前面已经掌握的知识，可以很轻松写入文本文件。文本文件很擅长处理字符串类型的数据或者二进制数据，但是面对字典或者嵌套列表之类的复杂数据结构，就有些力不从心了。

为了解决这个问题，json 数据格式应运而生，这是一种轻量级的数据交换格式。易于人阅读和编写，同时也易于机器解析和生成。Python 中的 json 模块能够将简单的 json 数据结构转储到文件中，并在程序再次运行时加载该文件中的 json 数据。更重要的一点是 json 数据类型并非 Python 独用的，几乎所有的主流编程语言都支持 json 格式文件，这导致了基于不同编程语言的系统可以通过 json 数据来进行通信和集成。json 这种数据类型简直就是为了设计 API 而诞生的。

下面先通过创建一段代码用来存储一组数字，再编写一段代码将这组数字读取到内存中。第一个程序将使用 json. dump 函数来存储这组数字，而第二个程序将使用 json. load 函数来读取数据。函数 json. dump 需要两个实参，要存储的数据 numbers 以及可用于存储数据的文件 filename。

例 6-14　用 json. dump( ) 来存储数字列表

```
> > > import json
> > > numbers = [2, 3, 5, 7, 11, 13]
> > > filename = 'numbers.json'
> > > with open(filename, 'w') as f_obj:
          json. dump(numbers, f_obj)
```

先导入模块 json，创建一个数字列表 [2，3，5，7，11，13]，将数字列表存储到文件 numbers. json 中，扩展名 . json 表示此文件存储的数据为 json 格式。接下来，我们以写入模式打开这个文件，让 json 能够将数据写入文件。这个程序没有输出，但我们可以打开文件 numbers. json，看看其内容。数据的存储格式与 Python 中一样。

```
[2, 3, 5, 7, 11, 13]
```

使用 json. load 将这个列表读取到内存中，具体如下。

例 6-15　用 json. load 读取文件

```
> > > import json
> > > filename = 'numbers.json'
> > > with open(filename) as f_obj:
          numbers = json. load(f_obj)
          print(numbers)
```

```
[2, 3, 5, 7, 11, 13]
```

首先以读取方式打开这个文件，再使用函数 json. load 加载存储在文件 numbers. json 中的数据，并将其存储到变量 numbers 中。最后，我们打印恢复的数字列表，看看它是否与例 6-14 中创建的数字列表相同。例 6-14 和例 6-15 这两段程序通过文件 numbers. json 来进行通信，所以这就是一种在程序之间共享数据的简单方式。

对于用户生成的数据，使用 json 保存它们大有裨益，因为如果不以某种方式进行存储，等程序停止运行时用户的信息将丢失。来看一个这样的例子，用户首次运行程序时被提示输入自己的名字，这样再次运行程序时就记住他了。

例 6-16　存储用户的名字

```
>>> import json
>>> username = input("What is your name? ")
What is your name? Python
>>> filename = 'username.json'
>>> with open(filename, 'w') as f_obj:
    json.dump(username, f_obj)
    print("我们记住你了, " + username + "!")

我们记住你了,Python!
```

首先程序提示输入用户名，并将其存储在一个变量 username 中，接下来调用 json.dump 函数，并将用户名和一个文件对象作为参数传递给它，最后将用户名存储到文件 username.json 中。我们打印一条消息，指出我们存储了他输入的信息。

6.5　【实战】文件读写的具体应用

这一章节将涵盖处理不同类型的文件实战操作，包括文本和二进制文件，以及文件编码和其他相关内容的实战。

扫码看教学视频

6.5.1　读写文本数据

读写文本文件一般来讲是比较简单的。在程序中的 with 语句给被使用到的文件创建了一个上下文环境，with 控制块结束时，文件会自动关闭。我们也可以不使用 with 语句，不过这时候我们就必须记得手动关闭文件。

例 6-17　手动关闭文件

```
>>> f = open('somefile.txt', 'rt')
>>> data = f.read()
>>> f.close()
```

6.5.2　打印输出至文件中

将 print 函数的输出定向到一个文件中去。

例 6-18　在 print( ) 函数中指定 file 关键字参数

```
>>> with open('D:/Python/test.txt', 'wt') as f:
print('Hello World! ', file = f)
```

文件必须以文本模式打开，如果文件是二进制模式，打印输出就会出错。

6.5.3 读写二进制字节数据

下面将介绍如何读写二进制文件，比如图片或声音文件等。

例 6-19 使用打开模式为 rb 或 wb 的 open 函数读写二进制数据

```
>>> with open('somefile.bin', 'rb') as f:
    data = f.read()
>>> with open('somefile.bin', 'wb') as f:
    f.write(b'Hello World')
11
```

读取二进制数据时需要指明的是所有返回的数据都是二进制字节格式的，而不是文本字符串。类似的，在写入的时候，必须保证参数是以二进制字节形式。如果想从二进制模式的文件中读取或写入文本数据，必须确保要进行解码和编码操作。

例 6-20 解码和编码

```
>>> with open('somefile.bin', 'rb') as f:
        data = f.read(16)
        text = data.decode('utf-8')
>>> with open('somefile.bin', 'wb') as f:
        text = 'Hello World'
        f.write(text.encode('utf-8'))
11
```

6.5.4 字符串的 I/O 操作

很多时候，数据读写不一定是文件，也可以在内存中读写。StringIO 顾名思义就是在内存中读写字符串。

例 6-21 io.StringIO

```
>>> s = io.StringIO()
>>> s.write('Hello World \n')
12
>>> print('This is a test', file = s)
15
>>> s.getvalue()
'Hello World \nThis is a test \n'
>>>
>>> s = io.StringIO('Hello \nWorld \n')
>>> s.read(4)
'Hell'
>>> s.read()
'o \nWorld \n'
```

io. StringIO 操作的只能是字符串。如果我们要操作二进制数据，要使用 io. BytesIO 类来代替。当我们想模拟一个普通文件的时候，StringIO 和 BytesIO 类是很有用的。比如在调试程序过程中，可以使用 StringIO 来创建一个包含测试数据的类文件对象，然后可以在这个类文件对象上做任意修改。

6.5.5 读写压缩文件

要读写 gzip 或 bz2 格式的压缩文件，系统自带的 gzip 和 bz2 模块很容易处理这些文件。两个模块都提供 open( )函数来打开文件。

例 6-22 读写压缩文件

```
> > > import gzip
> > > import bz2
> > > with gzip. open('somefile. gz', 'rt') as f:
        text = f. read()
> > > with bz2. open('somefile. bz2', 'rt') as f:
        text = f. read()
> > > with gzip. open('somefile. gz', 'wt', compresslevel = 5) as f:
        f. write(text)
0
```

大部分情况下，读写压缩数据都是很简单的。gzip. open 和 bz2. open 接受和内置的 open( )函数一样的参数，包括 encoding、errors 和 newline 等。

6.5.6 内存映射的二进制文件

内存映射一个二进制文件到一个可变字节数组中，目的可能是为了随机访问它的内容或者是原地做些修改。

例 6-23 使用 mmap 模块来内存映射文件

```
> > > import os
> > > import mmap
> > > def memory_map(filename, access = mmap. ACCESS_WRITE):
        size = os. path. getsize(filename)
        fd = os. open(filename, os. O_RDWR)
        return mmap. mmap(fd, size, access = access)
> > > size = 1000000
> > > with open('data', 'wb') as f:
        f. seek(size-1)
        f. write(b' \x00')
999999
1
> > > m = memory_map('data')
> > > len(m)
```

```
1000000
>>> m[0:10]
b'\x00\x00\x00\x00\x00\x00\x00\x00\x00\x00'
>>> m[0]
0
>>> # Reassign a slice
>>> m[0:11]=b'Hello World'
>>> m.close()
>>> # Verify that changes were made
>>> with open('data', 'rb') as f:
... print(f.read(11))
...
b'Hello World'
```

默认情况下，memeory_map 函数打开的文件同时支持读和写操作。任何的修改内容都会复制回原来的文件中。为了随机访问文件的内容，使用 mmap 模块将文件映射到内存中是一个高效和优雅的方法。例如，我们不需要打开一个文件并执行大量的 seek、read、write 的函数调用，只需要简单地映射文件并使用切片操作访问数据即可。一般来讲，mmap 所暴露的内存看上去就是一个二进制数组对象。但是，我们可以使用一个内存视图来解析其中的数据。这种方式的优点就是性能出色，要知道，磁盘的读写速度远远小于内存的读写速度。

需要强调的一点是，内存映射一个文件并不会导致整个文件被读取到内存中。也就是说，文件并没有被复制到内存缓存或数组中。相反，操作系统仅仅为文件内容保留了一段虚拟内存。当我们访问文件的不同区域时，这些区域的内容才根据需要被读取并映射到内存区域中。而那些从没被访问到的部分还是留在磁盘上。

小白逆袭：文件压缩的原理

当压缩的文件数据中有多个重复出现的元素时，可以使用某个特殊字符来替代，这样就又可以对文件进行压缩，常见的压缩软件就使用了这种方式，比如存储一个下面这样的字节流：1111112222233331111122222211111。我们可以将 1111 替换成 x，22222 替换成 y，3333 替换成 z，那么我们就得到了这样一个字节流 x11yzx1yx。这种压缩方式大大缩减了空间，解压文件时，再通过替换规则转换回来就可以了。

6.6 【大牛讲坛】大数据时代，数据组织维度

最早提出大数据时代到来的是全球知名咨询公司麦肯锡，大数据在物理学、生物学、环境生态学等领域以及军事、金融、通讯等行业存在已有时日，却因为近年来互联网和信息行业的发展而引起人们关注。

大数据是继云计算、互联网之后 IT 行业又一大颠覆性的技术革命。云计算主要为数据资产提供了保管、访问的场所和渠道，而数据才是真正有价值的资产。企业内部的经营信

息、互联网世界中的商品物流信息，互联网世界中的人与人交互信息、位置信息等，其数量将远远超越现有企业的 IT 架构和基础设施的承载能力，实时性要求也将大大超越现有的计算能力。如何盘活这些数据资产，使其为国家治理、企业决策乃至个人生活服务，是大数据的核心议题，也是云计算内在的灵魂和必然的升级方向。

对于我们而言，一组数据在被计算机处理前需要进行一定的组织，表明数据之间的基本关系和逻辑，进而形成"数据的维度"。根据数据的关系不同，数据组织可以分为一维数据、二维数据和高维数据。

6.6.1　一维数据

一维数据由对等关系的有序或无序数据构成，采用线性方式组织，对应数学中数组的概念。例如，中国的直辖市列表即可表示为一维数据，一维数据具有线性特点。

北京、上海、天津、重庆

一维数据是最简单的数据组织类型，由于是线性结构，在 Python 语言中主要采用列表形式表示。例如：中国的直辖市数据可以采用一个列表变量表示。

```
>>>ls = ['北京', '上海', '天津', '重庆']
>>>print(ls)
['北京', '上海', '天津', '重庆']
```

一维数据的文件存储有多种方式，总体思路是采用特殊字符分隔各数据，常用的存储方法包括 4 种。

1）采用空格分隔元素，例如：北京 上海 天津 重庆。

2）采用逗号分隔元素，例如：北京, 上海, 天津, 重庆。

3）采用换行分隔元素，例如：

> 北京
>
> 上海
>
> 天津
>
> 重庆

4）采用其他特殊符号分隔，以分号分隔为例，例如：北京；上海；天津；重庆

这种用"，"作为分隔的存储格式称之为 CSV 格式（Comma-Separated Values，即逗号分隔值），它是一种通用的、相对简单的文件格式，在商业和科学上广泛应用，大部分编辑器都支持直接读入或保存文件为 CSV 格式。一维数据保存成 CSV 格式后，各元素采用逗号分隔，形成一行。从 Python 表示到数据存储，需要将列表对象输出为 CSV 格式以及将 CSV 格式读入成列表对象。

列表对象输出为 CSV 格式文件方法如下，采用字符串的 join 方法最为方便。

例 6-24　输出为 CSV 格式

```
>>> ls = ['北京', '上海', '天津', '重庆']
>>> f = open("city.csv", "w")
>>> f.write(",".join(ls) + "\n")
```

```
12
>>> f.close()
```

打开 CSV 文件，结果为北京 上海 天津 重庆。

对一维数据进行处理，首先需要从 CSV 格式文件读入一维数据，并将其表示为列表对象。

例 6-25   把一维数组转化为列表

```
>>> f = open("city.csv", "r")
>>> ls = f.read().strip('\n').split(",")
>>> f.close()
>>> print(ls)
['北京', '上海', '天津', '重庆']
```

6.6.2   二维数据

二维数据，也称表格数据，由关联关系数据构成，采用二维表格方式组织，对应数学中的矩阵，常见的表格都属于二维数据。国家统计局发布的居民消费价格指数是二维数据，见表 6-2。列元素为不同的年份，行元素为不同的消费品类目。每个数据为相比上年数据的标准值，即上年指标为 100。

表 6-2   国家统计局发布的居民消费价格指数

指标	2014 年	2015 年	2016 年
居民消费价格指数	102	101.4	102
食品	103.1	102.3	104.6
烟酒及用品	99.4	102.1	101.5
衣着	102.4	102.7	101.4
家庭设备用品	101.2	101	100.5
医疗保健和个人用品	101.3	102	101.1
交通和通信	99.9	98.3	98.7
娱乐教育文化	101.9	101.4	101.6
居住	102	100.7	101.6

二维数据由多条一维数据构成，也可以看成是一维数据的组合形式。因此，二维数据可以采用二维列表来表示，即列表的每个元素对应二维数据的一行，这个元素本身也是列表类型，其内部各元素对应这行中的各列值。由于二维数据由一维数据组成，可以用 CSV 格式文件存储。CSV 文件的每一行是一维数据，整个 CSV 文件是一个二维数据。二维列表对象输出为 CSV 格式文件方法，采用遍历循环和字符串的 join() 方法相结合，举例如下。

例 6-26   遍历循环写入二维数组

```
ls = [
    ['指标', '2014 年', '2015 年', '2016 年'],
    ['居民消费价格指数', '102', '101.4', '102'],
```

```
['食品', '103.1', '102.3', '104.6'],
['烟酒及用品', '994', '102.1', '101.5'],
['衣着', '102.4', '102.7', '101.4'],
['家庭设备用品', '101.2', '101', '100.5'],
['医疗保健和个人用品', '101.3', '102', '101.1'],
['交通和通信','99.9', '98.3', '98.7'],
['娱乐教育文化', '101.9', '101.4', '101.6'],
['居住', '102', '100.7', '101.6'],
]
>>> f = open("cpi.csv", "w")
>>> for row in ls:
        f.write(",".join(row) + "\n")
21
23
21
22
21
23
26
21
25
19
>>> f.close()
```

　　要对二维数据进行处理，首先需要从 CSV 格式文件读入二维数据，并将其表示为二维列表对象。借鉴一维数据读取方法，从 CSV 文件读入数据的方法如下。

例6-27　读取二维数组

```
>>> f = open("cpi.csv", "r")
>>> ls = []
>>> for line in f:
            ls.append(line.strip('\n').split(","))
>>> f.close()
>>> print(ls)
[['指标', '2014 年', '2015 年', '2016 年'], ['居民消费价格指数', '102', '101.4', '102'], ['食品', '103.1', '102.3', '104.6'], ['烟酒及用品', '994', '102.1', '101.5'], ['衣着', '102.4', '102.7', '101.4'], ['家庭设备用品', '101.2', '101', '100.5'], ['医疗保健和个人用品', '101.3', '102', '101.1'], ['交通和通信','99.9', '98.3', '98.7'], ['娱乐教育文化', '101.9', '101.4', '101.6'], ['居住', '102', '100.7', '101.6']]
```

　　二维数据处理等同于二维列表的操作，与一维列表不同，二维列表一般需要借助循环遍历实现对每个数据的处理。

例 6-28   对二维数据进行格式化输出

```
> > > for row in ls:
    line = ""
    for item in row:
        line + = "{:10}\t".format(item)
    print(line)
```

指标	2014 年	2015 年	2016 年
居民消费价格指数	102	101.4	102
食品	103.1	102.3	104.6
烟酒及用品	994	102.1	101.5
衣着	102.4	102.7	101.4
家庭设备用品	101.2	101	100.5
医疗保健和个人用品	101.3	102	101.1
交通和通信	99.9	98.3	98.7
娱乐教育文化	101.9	101.4	101.6
居住	102	100.7	101.6

总结，二维数组是数组中的数组，也是一个数组的数组。在这种类型的数组中，数据元素的位置由两个索引、而不是一个索引来引用。所以二维数组表示了一个包含行和列的数据的表，它比一维数据拥有更丰富的表达形式。

6.6.3   多维数据

在进行数据挖掘或者机器学习时，我们面对的数据往往是高维数据。相较于低维数据，高维数据为我们提供了更多的信息和细节，也更好地描述了样本，但同时，很多高效且准确的分析方法也将无法使用。处理高维数据和高维数据可视化是数据科学家们必不可少的技能。解决这个问题的方法便是降低数据的维度。在数据降维时，要使用尽量少的维度来表达较多原数据的特性和结构。

高维数据最常见的形式是矩阵，Python 通过第三方的库来处理高维数据，如 NumPy、PyTorch 等。这些模块往往用于大数据分析或机械学习等领域，以我们目前掌握的知识还无法深入，我们会在关于数据分析的相关章节（第 14 章）中详细介绍这部分内容。

第7章
错误、异常和调试

初学者在编写程序时会遇到各种各样的错误，有的是人为疏忽造成的语法错误，有的是程序内部隐含逻辑问题造成的数据错误，还有的是程序运行时与系统的规则冲突造成的系统错误。本章讨论的就是我们怎么才能迅速地找到错误，通过调试程序，最终解决错误。

扫码获取本章代码

7.1 语法错误

语法错误就是解析代码时出现的错误。当代码不符合 Python 的语法规则时，Python 解释器在解析时就会报出 SyntaxError 信息，与此同时还会明确指出最早探测到错误的语句。举个例子，print" Hello，World!"。我们知道，Python 3.x 已不再支持上面这种写法，所以在运行时会报如下错误。

```
SyntaxError: Missing parentheses in call to 'print'.
```

语法错误多是人的疏忽导致的，属于真正意义上的错误，是解释器无法运行的，因此，只有将程序中的所有语法错误全部纠正，程序才能执行。

7.2 运行时错误

运行时错误即程序在语法上都是正确的，但在运行时发生了错误。例如：a = 1/0。这句代码的意思是用 1 除以 0，并赋值给 a。因为 0 作除数是没有意义的，所以运行后会产生如下错误。

例 7-1 运行时错误示例

```
> > > a = 1/0
Traceback (most recent call last):
  File " < pyshell#2 >", line 1, in < module >
    a = 1/0
ZeroDivisionError: division by zero
```

103

输出结果中，前两段指明了错误的位置，最后一句表示错误的类型，Python 把这种运行时产生错误的情况看成异常 Exceptions。

当一个程序发生异常时，就表示该程序在执行时出现了非正常的情况，程序无法再执行下去。一般情况下程序是要终止的，如果要避免程序退出，可以使用捕获异常的方式获取这个异常的名称，再通过其他的逻辑代码让程序继续运行，这种根据异常做出的逻辑处理叫作异常处理。异常处理不仅仅能够管理正常的流程运行，还能够在程序出错时对程序进行必要的处理。这种灵活的机制让我们可以全面地控制自己的程序，大大提高了程序的健壮性和人机交互的友好性。

7.3 异常处理

异常处理机制是衡量一门编程语言是否成熟的标准之一，使用异常处理机制的 Python 程序具有更好的容错性和兼容性。

7.3.1 异常

即使语句或表达式在语法上是正确的，但在尝试执行时，代码仍有一定的概率引发错误。在执行时检测到的错误被称为异常，异常不一定会导致严重后果，但是大多数异常并不会被程序自动修复。

例 7-2 异常示例

```
>>> 10 * (1/0)
Traceback (most recent call last):
  File "<stdin>", line 1, in <module>
ZeroDivisionError: division by zero
>>> 4 + spam * 3
Traceback (most recent call last):
  File "<stdin>", line 1, in <module>
NameError: name 'spam' is not defined
>>> '2' + 2
Traceback (most recent call last):
  File "<stdin>", line 1, in <module>
TypeError: Can't convert 'int' object to str implicitly
```

错误信息的最后一行告诉我们程序遇到了什么类型的错误。异常有不同的类型，而其类型名称将会作为错误信息的一部分打印。例 7-2 中的异常类型依次是 ZeroDivisionError、NameError 和 TypeError。ZeroDivisionError 表示除法运算中除数为 0 引发此异常；NameError 表示变量 spam 没有被定义；TypeError 表示不同数据类型之间的无效操作，字符 '2' 和数字 2 不能相加。

7.3.2 捕捉异常

无论是多么优秀的程序员都无法保证自己写的程序永远不会出错，也无法保证用户总是按自己的意愿来输入参数，就算用户都是非常聪明而且守规矩的，也无法保证运行该程序的操作系统永远稳定，无法保证运行该程序的硬件不会突然坏掉，无法保证网络永远通畅，无法保证的情况太多太多。但作为一个程序员，必须尽可能预知所有可能发生的情况，尽可能保证程序在所有糟糕的情形下都能正常运行。

请看下面的代码案例，它会要求用户一直输入参数，直到输入的是一个有效的整数，但允许用户中断程序——使用 Control + C 或操作系统支持的中断操作。请注意用户引起的中断可以通过引发 KeyboardInterrupt 异常，为了能够捕捉中断引起的异常，这里用到了 Python 的异常捕捉机制，也就是 try…except 语句。

例 7-3　try…except 捕捉异常

```
> > > while True:
    try:
        x = int(input("请输入数字: "))
        break
    except ValueError:
        print("这是个无效数字. 请再次输入... ")


请输入数字: welcome2
这是个无效数字. 请再次输入...
请输入数字: 199
```

这段代码用到了 try…except 语句来捕捉异常，它的工作原理如下。

首先执行 try 子句。如果没有异常发生，则跳过 except 子句并完成 try 语句的执行。如果在执行 try 子句时发生了异常，则跳过该子句中剩下的部分。如果异常的类型和 except 关键字后面的异常匹配，则执行 except 子句，然后继续执行 try 语句之后的代码。如果发生的异常和 except 子句中指定的异常不匹配，则将其传递到外部的 try 语句中；如果没有找到处理程序，则它是一个未处理异常，执行将停止并显示如上所示的消息。

小白逆袭：多个 except 子句

try 语句可能有多个 except 子句，可以指定不同类型的异常处理程序，但最多只会执行一个处理程序。处理程序只处理相应的 try 子句中发生的异常，而跳过同一 try 语句内其他处理程序中的异常。

7.3.3　抛出异常

错误并不是凭空产生的，是 Python 有意创建并抛出的。Python 的内置函数会抛出很多类型的错误，用户自己编写的函数也可以抛出错误，比如 raise 语句允许程序员强制发生指定的异常捕捉。Raise 语句唯一的参数就是要抛出异常信息。如果我们需要确定是否引发了异常但不打算处理它，则可以使用 raise 语句形式重新定义触发异常。

例 7-4   raise 抛出异常

```
> > > try:
        raise NameError('Hi 你好')
    exceptNameError:
            print('异常捕捉！')
            raise
    异常捕捉！
Traceback (most recent call last):
  File "<stdin>", line 2, in <module>
NameError: Hi 你好
```

小白逆袭：用户自定义异常

开发者是可以定制灵活的、适合自己的异常捕捉功能。在学习完类与对象后，通过创建一个新的异常类，程序可以命名它们自己的异常。异常应该是典型的继承 Exception 类，通过直接或间接的方式。

7.4   测试

当一个程序编写完毕，我们怎么才能知道自己的程序能够正常工作？诚然，在大多数情况下使用 Python 都能很容易编写出完整的代码，但代码的错误和逻辑漏洞对于初学者来说就像是夏天的蚊子，你知道蚊子就在你的身边，却怎么也找不到它的线索。其实不光初学者会遇到此类问题，就是一个工作很多年的程序员也会无意中写出各种隐秘的 Bug。为了避免在复杂的工程项目中出现致命错误，工程师们建立了程序调试和程序测试的一系列标准。

7.4.1   测试基础

有人开玩笑说，测试是程序员躲不开的宿命，是编程的有机组成部分。这里说的测试可不仅仅是简单的运行程序就可以了。例如，如果我们编写了一个处理文件的程序，就必须有用来处理的文件；如果我们编写了一个包含数学函数的程序，就必须向这些函数提供参数，才能让其中的代码运行。另外，在编译型语言中，测试程序将不断重复编辑、编译、运行的循环，而在有些情况下，编译程序就会出现问题，程序员不得不在编译和编辑之间来回切换，大大增加工作量。幸好在 Python 中，不存在编译阶段，只有编辑和运行阶段。

要避免代码在开发途中被淘汰，必须能够应对变化并具备一定的灵活性，因此为程序的各个部分编写测试至关重要，这称为单元测试。它是应用程序设计工作的重要组成部分。对于小白来说"测试一点点，再编写一点点代码"的理念非常适合。这种理念与直觉不太相符，却很管用，胜过与直觉一致的"一次性编写完代码，然后一次性全部测试"做法。换而言之，测试在先，编码在后、这也称为测试驱动的编程。对于这种方法，我们一开始可能不太习惯，但它有很多优点，而且随着时间的推移，我们就会慢慢习惯。习惯了测试驱动的编程后，在没有测试的情况下编写代码真的让人觉得别扭，这是经验之谈。

开发软件时，必须先知道软件要解决什么问题——要实现什么样的目标。要阐明程序的目标，可编写需求说明，也就是描述程序必须满足何种需求的文档。这样以后就很容易核实需求是否确实得到了满足。不过很多程序员不喜欢撰写报告，更愿意让计算机替他们完成尽可能多的工作。注意，需求类型众多，它包括诸如客户满意度这样模糊的概念。现在的重点是功能需求，即程序必须提供哪些功能。这里的理念是先编写测试，再编写让测试通过的程序。测试程序就是需求说明，可帮助确保程序开发过程紧扣这些需求。

在深入介绍编写测试的细节之前，先来看看测试驱动开发过程的各个阶段。

- 第一个阶段，首先确定需要实现的新功能。可将其记录下来，再为它编写一个测试。
- 第二个阶段，编写实现功能的框架代码，让程序能够运行，不存在语法错误之类的问题，但测试依然有可能无法通过。测试失败是很重要的，因为这样我们才能确定它失败的根源。如果测试有错误，导致在任何情况下都能成功，那么它实际上什么都没有测试。不断重复这个过程，确定测试失败后，再试图让它成功。
- 第三个阶段，编写让测试刚好能够通过的代码。在这个阶段，不要求实现所需的全部功能，只要让测试能够通过即可。这样，在整个开发阶段，都能够让所有的测试通过。
- 第四个阶段，改进或重构代码以全面而准确地实现所需的功能，同时确保测试依然能够成功。

提交代码时，必须确保它们处于健康（即正确）状态，即没有任何测试是失败的。我们有时会在当前正在编写的代码处留下一个断点或者测试代码，作为提醒自己的待办事项或未完事项。然而，与人合作开发时，这种做法并不值得提倡。在任何情况下，都不应将存在失败的测试代码提交到公共代码库。

7.4.2 文档测试

人工编写大量测试单元可以确保程序的每个细节都没问题，但是工作流程却很烦琐，此时标准库可助我们一臂之力。有个杰出的模块可替我们自动完成测试过程——doctest 文档测试模块。

我们先编写一个计算平方的函数，并在其文档字符串中添加测试示例。

例 7-5 计算平方函数

```
def square(factor):
    """
    计算平方并返回结果
    >>> square(2)
    4
    >>> square(3)
    9
    """
    return factor * factor
```

注意，引号内的字符并不是注释，在这里是文档字符串。假设函数 square 是在模块 my _ math（即文件 my_ math. py）中定义的，就可在模块末尾添加如下代码。

```
if _name_ = = '_main_':
    import doctest
    my_math = _import_('my_math')
    doctest.testmod(my_math)
```

添加的代码并不多，只是导入模块 doctest 和模块 my_ math 本身，然后再运行模块 doctest 中的函数 testmod。为了获得更多的输出，建议在运行脚本时指定后缀-v。

例7-6 doctest 文档测试

```
PS C: \Users \cccheng \Desktop > Python my_math. py
PS C: \Users \cccheng \Desktop >
    PS C: \Users \cccheng \Desktop > Python my_math. py-v
Trying:
    square(2)
Expecting:
    4
ok
Trying:
    square(3)
Expecting:
    9
ok
1 items had no tests:
    my_math
1 items passed all tests:
    2 tests in my_math. square
2 tests in 2 items.
2 passed and 0 failed.
Test passed.
PS C: \Users \cccheng \Desktop >
```

如上所见，程序在后台"任劳任怨"地干了很多事情。函数 testmod 检查模块的文档字符串和函数的文档字符串，包含两个测试，它们都成功了。既然测试模块已经设置成功了，我们就可"任性"地修改代码了。为什么这么说呢？比如现在有个需求要把例7-5 中乘法运算符改成幂运算符，即将 factor * factor 替换为 factor * * 2。这个时候由于我们的"粗心大意"，不小心忘记把第 2 个 factor 改为 2，结果变成了 factor * * factor。

这种情况怎么办？先不用管那么多，运行程序看看结果。

例7-7 doctest 文档测试捕捉 Bug

```
PS C: \Users \cccheng \Desktop > Python my_math. py-v
Trying:
    square(2)
Expecting:
```

```
      4
ok
Trying:
    square(3)
Expecting:
    9
**********************************************************************
File "C:\Users\cccheng\Desktop\my_math.py", line 6, in my_math.square
Failed example:
    square(3)
Expected:
    9
Got:
    27
1 items had no tests:
    my_math
**********************************************************************
1 items had failures:
    1 of  2 in my_math.square
2 tests in 2 items.
1 passed and 1 failed.
***Test Failed ***1 failures.
PS C:\Users\cccheng\Desktop>
```

第一个测试案例 square（2）运行成功，2 ＊＊2 的结果还是 4。第二个测试案例系统自动捕捉到了异常，square（3）的结果本来应该是 9，实际运行结果却是 27，doctest 判定测试失败并清楚地指出错误出在什么地方。结论就是基于 doctest 测试模块的智能化，我们可以"任性"地修改代码，即使出错了，系统也会帮我们找出问题。

7.4.3 单元测试

unittest 是一个通用的测试框架，与 doctest 相比它的功能更灵活更强大，当然学习门槛也更高。这里建议掌握这个模块，因为它让我们能够以结构化方式编写庞大而详尽的测试集，这能够极大地简化软件测试的工作，为找到并解决软件问题提供了便利。

看一个简单的案例，假设我们要编写一个名为 my_math 的模块，其中包含一个计算乘积的函数 product。先使用模块 unittest 中的 TestCase 类编写一个测试，存储在文件 test_my_math.py 中。目前我们还没有学习到类与对象，这里可以先把 TestCase 类理解成一个更为强大的 TestCase 函数。

例 7-8 单元测试示例

```
import unittest
import my_math
```

```
classProductTestCase(unittest.TestCase):
    def test_integers(self):
        for x in range(-10, 10):
            for y in range(-10, 10):
                p = my_math.product(x, y)
                self.assertEqual(p, x * y, 'Integer multiplication failed')

    def test_floats(self):
        for x in range(-10, 10):
            for y in range(-10, 10):
                x = x/10
                y = y/10
                p = my_math.product(x, y)
                self.assertEqual(p, x * y, 'Float multiplication failed')

if _name_ = = '_main_':
    unittest.main()
```

函数 unittest.main 负责替我们运行测试：实例化所有的 TestCase 子类，并运行所有名称以 test 打头的方法。运行这个测试脚本将引发异常，指出模块 my_math 不存在。模块 unittest 区分错误和失败。错误指的是引发了异常，而失败是调用 failUnless 等方法的结果。接下来需要编写框架代码，消除错误，只留下失败。这意味着只需创建包含如下内容的模块 my_math，所以把下面的代码加入 my_math.py 文件中，就可以运行成功。

```
def product(factor1, factor2):
    return factor1 * factor2
```

例 7-9　单元测试运行结果

```
PS C:\Users\cccheng\Desktop> Python test_my_math.py
..
----------------------------------------------------------------
Ran 2 tests in 0.001s

OK
PS C:\Users\cccheng\Desktop>
```

对于复杂的项目来说，测试绝对是左右项目生死的能力，具备这种能力可在项目后期避免大量的工作和麻烦。

7.5　【小白也要懂】源代码检查和性能分析

测试是一种探索程序的方式，通过探索我们能发现程序中包含的秘密，本节让我们从宏观和微观两个角度来延伸一下探索程序的方式。

110

探索程序有很多种方式，比如源代码检查和性能分析。源代码检查是一种从微观上发现代码中常见错误或问题的方式，有点像静态类型语言中编译器的作用，但做的事情要多得多。性能分析指的是从宏观上搞清楚程序的运行速度到底有多快。之所以在这里讨论这个主题，是为了遵循"管用，更好、更快"这条规则，也就是说单元测试可让程序管用，源代码检查可让程序更好，而性能分析可让程序更快。

7.5.1 使用 PyChecker 和 PyLint 检查源代码

以前，PyChecker 是用于检查 Python 源代码的唯一强大工具，能够找出诸如给函数提供的参数不对等错误。当然，标准库中还有 tabnanny，但它没那么强大，只检查缩进是否正确。后来出现了 PyLint，它同样支持 PyChecker 提供的大部分功能，还有很多其他的功能，如变量名是否符合指定的命名约定、是否遵循了自己的编码标准等。

这些工具安装起来很简单，很多包管理系统都支持它们，可直接从相应的网站下载。安装好这些工具后，通过脚本方式运行它们，PyChecker 和 PyLint 对应的脚本分别为 pychecker 和 pylint，当然，也可将其作为 Python 模块在代码中引用。

小白逆袭：Windows 中的 PyChecker 工具

注意，在 Windows 中，从命令行运行这两个工具时，将分别使用批处理文件 pychecker.bat 和 pylint.bat。因此，我们可能需要将这两个文件加入环境变量 PATH 中，这样才能从命令行执行命令 pychecker 和 pylint。

要使用 PyChecker 检查文件，可运行这个脚本并将文件名作为参数。

```
pychecker file1.py file2.py...
```

使用 PyLint 检查文件时，需要将模块名作为参数。

```
pylint module
```

在上述命令后加上后缀-h 参数可以获取更加全面的信息。

PyChecker 和 PyLint 都可作为模块导入，然后分别调用的是 pychecker.checker 和 pylint.lint。不过它们并不是为了以编程方式使用而设计的。导入 pychecker.checker 时，它会检查后续代码，并将警告信息输出到屏幕。同样，模块 pylint.lint 的函数 Run 也能将警告打印出来。这里我们建议不要以调用模块的方式来调用 PyChecker 和 PyLint，最好将其作为命令行工具直接调用，又或者通过模块 subprocess 来使用命令行工具。

下面案例中的代码是在例 7-5 的基础上添加了两个代码检查测试。

例 7-10　PyChecker 检查测试 my_math 模块

```
import unittest
import my_math
from subprocess import Popen, PIPE


class ProductTestCase(unittest.TestCase):
    # 在这里插入以前的测试
```

```
    def test_with_PyChecker(self):
        cmd = 'pychecker', '-Q', my_math._file_.rstrip('c')
        pychecker = Popen(cmd, stdout = PIPE, stderr = PIPE)
        self.assertEqual(pychecker.stdout.read(), b'')


    def test_with_PyLint(self):
        cmd = 'pylint', '-rn', 'my_math'
        pylint = Popen(cmd, stdout = PIPE, stderr = PIPE)
        self.assertEqual(pylint.stdout.read(), b'')


if _name_ = = '_main_':
    unittest.main()
```

PyChecker 和 PyLint 等自动检查器在发现代码错误方面很出色，但也存在自身的局限性。比如虽然它们能够发现各种错误，但并不知道程序的终极目标是什么，因此我们仍然需要单元测试。

7.5.2 性能分析

如果程序的速度已经足够快，代码清晰、简单易懂的价值可能远远胜过细微的速度提升。毕竟硬件的发展速度也很快。但是如果程序的速度达不到我们的要求，就必须对其进行性能分析。要知道一个成熟的项目有成千上万行个文件，很难猜到瓶颈究竟在什么地方。如果根本不知道是什么让程序运行缓慢，优化又从何谈起呢？

Python 标准库里包含一个卓越的性能分析模块 profile，它还有一个速度更快的 C 语言版本，名为 cProfile。这个性能分析模块使用起来很简单，只需调用相关函数 run 并提供一个字符串参数。

例 7-11 性能分析示例

```
> > > import cProfile
> > > from my_math import product
> > > cProfile.run('product(1, 2)')
```

结果会显示各个函数和方法被调用多少次以及执行它们花费了多长时间。如果通过第二个参数向 run 函数提供了一个文件名（如 'my_math.profile'），分析结果将保存到这个文件中。然后，就可使用模块 pstats 来研究分析结果了。

```
> > > import pstats
> > > pstats.Stats('my_math.profile')
```

标准库还包含一个名为 timeit 的模块，提供了一种对代码的运行时间进行测试的分析方式，模块 timeit 的功能有限，提供的数据维度也有限。但是从运行时间这个维度来看的话，它是一个很不错的工具。

7.6 【实战】Python 日志调试实践

　　日志 log 是一种可以追踪某些软件运行时所发生事件的方法。这些被追踪的事件通常根据重要性分为 5 个等级，根据优先级由小到大排列为 DEBUG ＜ INFO＜ WARNING＜ ERROR＜ CRITICAL。

　　程序员一般对自己编写的代码很熟悉，但是对于软件的用户或者运维人员来说，这些代码就是个黑匣子。这个时候，用户或者软件运维人员只能通过 log 来了解系统、软件或应用的运行情况。

扫码看教学视频

　　通常应用的 log 也分了多个级别，根据 log 的级别分析得到该应用的健康状况，及时发现问题并快速定位、解决问题。简单来讲就是通过记录和分析日志，可以了解一个系统或软件程序运行情况是否正常，也可以在应用程序出现故障时快速定位问题。比如，做系统运维或者数据库运维的工程师，在接收到报警或各种问题反馈后，进行问题排查时通常都会先去看各种日志，大部分问题都可以在日志中找到答案。再比如，做开发的同学，可以通过 IDE 控制台上输出的各种日志进行程序调试。

　　总结一下，日志的作用可以简单总结为 3 个部分，分别是程序调试，了解软件程序运行情况是否正常，软件程序运行故障分析与问题定位。

　　如果应用的日志信息足够详细和丰富，还可以用来做用户行为分析，如分析用户的操作行为、类型喜好、地域分布等信息，由此可以实现改进业务、提高商业利益。

例 7-12 默认日志级别

```
>>> import logging
>>> logging.critical('It is a critical level info! ')
CRITICAL:root:It is a critical level info!
>>> logging.error('It is a error level info! ')
ERROR:root:It is a error level info!
>>> logging.warning('It is a warning level info! ')
WARNING:root:It is a warning level info!
>>> logging.info('It is a info level info! ')
>>> logging.debug('It is a debug level info! ')
```

　　由于默认日志级别为 WARNING，只打印了 WARNING、ERROR 和 CRITICAL 的日志。

例 7-13 修改日志级别

```
>>> import logging
>>> log_level = 'info'
>>> log_level = getattr(logging, log_level.upper())
>>> logging.basicConfig(level = log_level)
>>> logging.critical('It is a critical level info! ')
CRITICAL:root:It is a critical level info!
```

```
> > > logging.error('It is a error level info! ')
ERROR:root:It is a error level info!
> > > logging.warning('It is a warning level info! ')
WARNING:root:It is a warning level info!
> > > logging.info('It is a info level info! ')
> > > logging.debug('It is a debug level info! ')
```

日志级别可以通过设置数值控制，默认数值如下。

```
critical: 50
error: 40
warning: 30
info: 20
debug: 10
notset: 0
```

例 7-14　输出到文件

```
> > > import logging
> > > logging.basicConfig(filename = r'E:\Python_study\example.log',level = logging.DEBUG)
> > > logging.critical('It is a critical level info! ')
CRITICAL:root:It is a critical level info!
> > > logging.error('It is a error level info! ')
ERROR:root:It is a error level info!
> > > logging.warning('It is a warning level info! ')
WARNING:root:It is a warning level info!
> > > logging.info('It is a info level info! ')
> > > logging.debug('It is a debug level info! ')
```

所有级别日志都可以将输出保存到指定文件。logging.basicConfig 只需要配置一次，且需要在所有的日志对象调用 logging.debug 等之前。如果以上代码多次运行，就会在同一个文件中不断插入新的日志，如果需要覆盖之前的日志，可以采用参数 filemode = 'w'。

```
logging.basicConfig(filename = 'example.log', filemode = 'w', level = logging.DEBUG)
```

例 7-15　输出可变参数

```
> > > import logging
> > > logging.warning('% s before you % s', 'Look', 'leap! ')
WARNING:root:Look before you leap!
```

这里只是采用 '%' 格式进行输出，同时支持其他格式。

例 7-16　修改默认显示格式

```
> > > import logging
> > > logging.basicConfig(format = '% (levelname) s:% (message) s', level = logging.DEBUG)
```

```
>>> logging.debug('This message should appear on the console')
DEBUG:This message should appear on the console
>>> logging.info('So should this')
INFO:So should this
>>> logging.warning('And this, too')
WARNING:And this, too
```

format = '%（levelname）s:%（message）s'用来修改输出格式。可以看到，与上面的代码相比，少了"root:"。

例 7-17 显示时钟

```
>>> import logging
>>> logging.basicConfig(format='%(asctime)s:%(levelname)s:%(message)s',
level=logging.DEBUG)
>>> logging.debug('显示时钟')
2019-12-22 11:15:10,588:DEBUG:This message should appear on the console
>>> logging.basicConfig(format='%(asctime)s:%(levelname)s:%(message)s',
...                     datefmt='%m/%d/%Y %I:%M:%S %p',
...                     level=logging.DEBUG)
>>> logging.debug('显示时钟')
2019-12-22 11:16:30,378:DEBUG:显示时钟
```

例 7-18 采用 logger

```
>>> import logging
>>> logger = logging.getLogger('simple_example')
>>> logger.setLevel(logging.DEBUG)
>>> ch = logging.StreamHandler()
>>> ch.setLevel(logging.DEBUG)
>>> formatter = logging.Formatter('%(asctime)s-%(name)s-%(levelname)s-%(message)s')
>>> ch.setFormatter(formatter)
>>> logger.addHandler(ch)
>>> logger.debug('debug message')
2019-12-22 11:18:23,587-simple_example-DEBUG-debug message
2019-12-22 11:18:23,587:DEBUG:debug message
>>> logger.info('info message')
2019-12-22 11:18:28,666-simple_example-INFO-info message
2019-12-22 11:18:28,666:INFO:info message
>>> logger.warning('warning message')
2019-12-22 11:18:33,506-simple_example-WARNING-warning message
2019-12-22 11:18:33,506:WARNING:warning message
>>> logger.error('error message')
```

```
2019-12-22 11:18:38,331-simple_example-ERROR-error message
2019-12-22 11:18:38,331:ERROR:error message
> > > logger.critical('critical message')
2019-12-22 11:18:45,939-simple_example-CRITICAL-critical message
2019-12-22 11:18:45,939:CRITICAL:critical message
```

Handler 和 Logger 都可以设置日志级别，如果都设置了具体日志级别，以设置级别高的为准。Logger 如果没有设置具体级别，默认为 WARNING；Handler 如果没有设置级别，以 Logger 设置的级别为准。

7.7 【大牛讲坛】调试程序思路

调试程序对于开发人员是一项非常重要的技能，它使得我们能够查看程序的运行过程，帮助我们准确地定位程序中的错误。注意，调试和测试不是一回事。

然而，很多初学者不知道如何对 Python 代码进行单步调试，遇到问题的时候只能通过 print 函数打印变量中间值这种低效的方式。如果总是写非常短小的 Python 代码，可能确实不需要调试器。但是代码量如果很大且逻辑复杂，仍然用 print 函数打印变量中间值的方式进行调试的话，不但效率低下难以快速定位问题，而且特别打击初学者的自信心。所以希望各位读者一开始就走在正确的道路上。

如果稍微花点时间学会了 Python 的调试器，在以后的工作中就能够快速地定位各种疑难杂症。这里将介绍两个 Python 调试器，分别是 Python 标准库自带的 pdb 和开源的 ipdb。

7.7.1 标准库的 pdb

pdb 是 Python 自带的一个库，为 Python 程序提供了一种交互式的源代码调试功能。包含了现代调试器应有的功能，包括设置断点、单步调试、查看源代码、查看程序堆栈等。如果具有 C 或 C++程序语言背景，则一定听说过 gdb。gdb 是一个由 GNU 开源组织发布的、UNIX/Linux 操作系统下的、基于命令行的、功能强大的程序调试工具。如果之前使用过 gdb，那么，几乎不用学习就可以直接使用 pdb。有两种不同的方法启动 Python 调试器。

一种是直接在命令行参数指定使用 pdb 模块启动 Python 文件。

例 7-19 指定使用 pdb 模块启动

```
Python-m pdb test_pdb.py
```

另一种方法是在 Python 代码中，调用 pdb 模块的 set_ trace 方法来设置一个断点，当程序运行自此时，将会暂停执行并打开 pdb 调试器。

例 7-20 调用 pdb 模块

```
#/usr/bin/Python
from _future_ import print_function
import pdb

def sum_nums(n):
```

```
        s = 0
        for i in range(n):
            pdb. set_trace()
            s += i
            print(s)

if _name_ == '_main_':
    sum_nums(5)
```

　　两种方法并没有什么质的区别，选择使用哪一种方式主要取决于应用场景，如果程序文件较短，可以通过命令行参数的方式启动 Python 调试器；如果程序文件较大，则可以在需要调试的地方调用 set_trace 方法设置断点。但无论哪一种方式，都会启动 Python 调试器，前者将在程序的第一行启动 Python 调试器，后者会在执行到 pdb. set_trace 时启动调试器。

　　启动 Python 调试器以后，就可以使用前面的调试命令进行调试了。

例 7-21　pdb 使用示例

```
PS C:\Users\cccheng\Desktop > Python test_pdb. py
> c:\users\cccheng\desktop\test_pdb. py(9)sum_nums()
-> s += i
(Pdb) bt
  c:\users\cccheng\desktop\test_pdb. py(13)<module>()
-> sum_nums(5)
> c:\users\cccheng\desktop\test_pdb. py(9)sum_nums()
-> s += i
(Pdb) list
  4
  5    def sum_nums(n):
  6        s = 0
  7        for i in range(n):
  8            pdb. set_trace()
  9 ->         s += i
 10            print(s)
 11
 12    if _name_ == '_main_':
 13        sum_nums(5)
[EOF]
(Pdb) p s
0
(Pdb) p i
0
(Pdb) n
```

```
> c:\users\cccheng\desktop\test_pdb.py(10)sum_nums()
-> print(s)
(Pdb)
```

通过调试这段代码发现可使用 bt 命令来查看当前函数的调用堆栈，然后使用 list 命令查看 Python 代码，再使用 p 命令打印变量当前的取值，最后使用 n 执行下一行 Python 代码。

7.7.2　开源的 ipdb

ipdb 是一个开源的 Python 调试器，它和 pdb 有相同的接口。但是，相对于 pdb，它具有语法高亮、tab 键补全以及更友好的堆栈信息等高级功能。虽然都是实现相同的功能，但是，ipdb 在易用性方面做了很多改进。需要注意的是，pdb 是 Python 的标准库，不用安装就可以直接使用；而 ipdb 是一个第三方的库，需要先利用 pip 进行安装，然后才能使用。

例 7-22　ipdb 安装

```
PS C:\Users\cccheng\Desktop > pip install ipdb
```

例 7-23　ipdb 调式示例

```python
from _future_ import print_function
import ipdb


def sum_nums(n):
    s = 0
    for i in range(n):
        ipdb.set_trace()
        s += i
        print(s)


if _name_ = = '_main_':
    sum_nums(5)
```

除了使用 pdb 和 ipdb 外，如果使用 PyCharm 进行编程，则可以使用 PyCharm 的图形界面进行调试。PyCharm 的图形界面的使用和显示很友好，几乎是傻瓜式操作。

对于 Python 来说，最高效的调试技巧就是在我们需要的上下文中加入一个断点，然后直接在调试器中尝试任何想法。因为 Python 的调试器不只是一个输出变量的工具，更是一个可以在指定上下文中执行的交互解释器。如果我们想监控某些变量的值，不要把各种 print 的垃圾代码留在程序里。直接在调试器里写输出语句，可以用各种 Python 包把 debug 信息输出成任何我们想要的样子。如果我们在调试程序的过程中需要用到一个 API 不是很明白的函数，请在上下文完整的地方加一个断点，直接在调试器中尝试调用这个函数看结果。如果我们想替换一个地方的代码，但是不明确知道改成什么样子，请在这里加一个断点，直接对我们的所有方案进行尝试。

进　阶　篇

　　强烈建议熟练掌握了前面第 1～7 章的基础知识后，再阅读 Python 进阶篇的知识。在本篇中，将从系统层面来介绍 Python 编程的方法论，其中包括：现代软件开发的方法论——面向对象编程、高性能编程——进程和线程、系统底层服务的基础——网络编程和数据库编程。

第 8 章
面向对象编程

面向对象编程是一种模块化思想，是一种有效的软件开发方法论。基于这种方法论编写了映射现实中的事物的类，并基于这些类来创建对象。编写类时，假设对象都有的通用行为，也就是所谓的共性，基于类创建对象时，每个对象都自动具备这种共性，然后可根据需要赋予每个对象独特的个性。根据类来创建对象被称为实例化，如果类是一种产品的模板，而对象就是根据模板加工好的产品。

扫码获取本章代码

8.1 类和对象

"把一组数据结构和处理它们的方法组成对象（object），把相同行为的对象归纳为类（class），通过类的封装（encapsulation）隐藏内部细节，通过继承（inheritance）实现类的特化（specialization）和泛化（generalization），通过多态（polymorphism）实现基于对象类型的动态分派。"

这段复杂绕口的概念就是类和对象的定义，用词相当专业化，而且还夹杂很多英文，这些英文单词我特意保留了下来。不过对于大多数初学者来说，这个定义太专业、太复杂了，需要用更为通俗的说法来说一下类和对象是什么以及它们为什么会诞生。

编程就是程序员按照计算机的思维方式，来控制计算机完成各种复杂任务。但是，计算机的思维模式与正常人类的思维模式是不同的，编程就必须抛弃人类的方式去迎合计算机。对计算机而言程序是指令的集合，人们在程序中书写的代码在执行时会变成一条或多条指令去执行。后来为了简化程序的设计，引入了函数的概念，把相对独立且经常被重复使用的代码放置到函数中，在需要使用这些代码功能的时候只要调用函数即可。如果一个函数的功能过于复杂和臃肿，人们又可以进一步将函数继续切分为许多子函数来降低系统的复杂性。随着技术的发展，软件项目变得越来越复杂，函数和变量越写越多。发展到一定阶段时，代码的复杂程度会让开发和维护工作都变得举步维艰，项目几乎进展不下去。因此，20 世纪 60年代末，"软件危机"爆发，软件工程的理论体系面临崩溃。

真正让程序员看到希望的是 20 世纪 70 年代诞生的面向对象的编程思想，面向对象编程的雏形可以追溯到早期的 Simula 语言。按照这种编程理念，程序中的数据和操作数据的函数是一个逻辑上的整体，称为对象，而解决问题的方式就是创建出需要的对象并向对象发出各种各样的消息，多个对象的协同工作最终可以让人们构造出复杂的系统来解决现实中的问题。

类是对象的蓝图和模板，而对象是类的实现。例如，把人类比作一个抽象的类，"隔壁老王"则为人的实现（即对象）。每个对象都有一些相同的特征，但具体的数值却不一定相同。比如，每个人都有姓名、国籍、年龄等特征，还具有一些相同的行为，如吃饭、睡觉、工作等，类是抽象的定义，而对象是具体的东西。在面向对象编程的世界中，一切皆为对象，对象都有属性和行为，每个对象都是独一无二的，而且某个对象一定属于某个类，没有游离于类之外的对象。

8.1.1　类的定义

把一大堆拥有共同特征的对象的静态特征（属性）和动态特征（行为）都抽取出来后，就可以定义出称为"类"的东西。

例 8-1　类的定义

```python
class Student(object):
    # _init_是一个特殊方法用于在创建对象时进行初始化操作
    # 通过这个方法我们可以为学生对象绑定 name 和 age 两个属性
    def _init_(self, name, age):
        self.name = name
        self.age = age

    def study(self, course_name):
        print('%s 正在学习%s.' % (self.name, course_name))

    def watch_movie(self):
        if self.age < 18:
            print('%s 只能观看《熊出没》.' % self.name)
        else:
            print('%s 正在学习 Python 从小白到大牛.' % self.name)
```

def study 和 def watch_ movie 是类中的两个函数定义，其书写形式与前面章节学到的普通函数定义没有什么太大的区别。类的定义与函数的定义一样，只有被执行时才会起作用，因为这种特性，可以将类定义放在 if 语句的一个分支或是函数的内部。当解释器执行到类定义时，类定义就产生了一个命名空间，与函数类似。在类内部使用的属性，相当于函数中的变量名，还可以在类的外部继续使用。类的内部与函数的内部一样，相当于一个局部作用域，不同类的内部也可以使用相同的属性名。

8.1.2　对象实例化

Python 中的一切都是对象，不管是字符串、函数、模块还是类，都是对象，"万物皆对象"。对象有两个特征：属性和方法。以某个美女为对象说明，美女这个对象具有某些特征：眼睛大、腿长、皮肤白，当然，既然是美女，肯定还有别的显明特征。用术语来说明，就说这些特征都是她的属性。美女除了具有上面的特征之外，她还能做一些事情，比如她能唱歌跳舞、会吹拉弹唱等，这些都是她能够做的事情。用术语来说，就是她的"方法"，即方法就是对象能够做什么。任何一个对象都要包括这两部分：属性是什么和方法能做什么。

Python 中所有属性的引用语法为 obj. name，有效的属性名称是类对象被创建时存在于类命名空间中的所有名称，因此类定义是这样的。

例 8-2   属性应用

```
> > > class MyClass:
        """简单的类"""
        i = 12345

        def f(self):
            return 'hello world'
```

那么 MyClass. i 和 MyClass. f 就是有效合法的属性引用，将分别返回一个整数和一个函数对象。类属性和变量一样可以被赋值，甚至类本身实例化后也可以赋给某个变量。

例 8-3   创建类的新实例

```
> > > x = MyClass()
> > > x
< _main_.MyClass object at 0x030348F0 >
```

实例化操作会创建一个空的对象，许多人喜欢创建带有特定初始状态的自定义实例，为此类定义可能包含一个名为_ init_ ( )的特殊方法。

```
def _init_(self):
    self. data = [ ]
```

当一个类定义了_init_( )方法时，类的实例化操作会自动为新创建的实例调用_init_函数，因此可以通过以下语句获得一个已经初始化的新实例。

```
x = MyClass()
```

8.1.3   对象的方法

在 Python 中，方法这个术语并不是类实例所特有的，其他的对象也可以有方法，例如列表对象有 append、insert、remove、sort 等方法。不过在以下讨论中，使用方法一词专指类实例对象的方法。根据定义，一个类中所有是函数对象的属性都是定义了其实例的相应方法。因此以示例 8-2 为基础进行说明，x. f 是有效的方法引用，因为 Complex. f 是一个函数，而 x. i 不是方法，因为 Complex. i 不是一个函数而只是一个属性。

```
x. f()
```

在示例 8-2 中，结果将返回字符串"hello world"。

```
xf = x. f
while True:
    print(xf())
```

继续打印 hello world，直到结束。

当一个方法被调用时到底发生了什么？我们可能已经注意到调用 x. f( ) 时并没有带参数，虽然 f( ) 的函数定义指定了一个参数。这个参数发生了什么事？实际上，有人可能已经猜到了，方法的特殊之处就在于实例对象会作为函数的第一个参数被传入，调用 x. f( ) 其实就相当于调用了 MyClass. f (x)。总之，调用一个具有 n 个参数的方法就相当于调用再多一个参数的对应函数，这个参数值为方法所属实例对象，位置在其他参数之前。

总结，当附带参数列表调用方法对象时，将基于实例对象和参数列表构建一个新的参数列表，并使用这个新参数列表调用相应的函数对象。

8.1.4　类的变量

在类的定义中，变量分为实例变量和类变量。一般来说，实例变量用于每个实例的唯一数据，而类变量用于类的所有实例共享的属性和方法。

例8-4　类变量

```
> > >class Dog:
        kind = 'canine'              #类的共享数据
        def _init_(self, name):
            self. name = name        # 实例变量
> > > d = Dog('Fido')
> > > e = Dog('Buddy')
> > > d. kind                        #所有实例共享
'canine'
> > > e. kind                        #共享
'canine'
> > > d. name                        # d 实例独有
'Fido'
> > > e. name                        # e 实例独有
'Buddy'
```

共享数据 kind = 'canine' 会被所有的实例共享，而 self. name = name 则不会。例如以下代码中的 tricks 列表不应该被用作类变量，因为所有的 Dog 实例将只共享一个单独的列表。

例8-5　共享数据

```
class Dog:
    tricks =[]                     #类变量的错误用法
    def _init_(self, name):
        self. name = name
    def add_trick(self, trick):
        self. tricks. append(trick)
```

123

```
>>> d = Dog('Fido')
>>> e = Dog('Buddy')
>>> d.add_trick('roll over')
>>> e.add_trick('play dead')
>>> d.tricks
['roll over', 'play dead']
```

正确的设计应该使用实例变量。

```
class Dog:
    def _init_(self, name):
        self.name = name
        self.tricks = []      #创建空列表
    def add_trick(self, trick):
        self.tricks.append(trick)
>>> d = Dog('Fido')
>>> e = Dog('Buddy')
>>> d.add_trick('roll over')
>>> e.add_trick('play dead')
>>> d.tricks
['roll over']
>>> e.tricks
['play dead']
```

类和函数一样，变量是用于传参，也存在生命周期和作用域。类的属性其实也可以做到传参的作用，但是其意义和参数完全不同。

8.2 面向对象编程的三大特性

面向对象是按人们认识客观世界的思维方式，是采用基于对象的概念建立模型，来模拟客观世界并分析、设计、实现软件的办法。通过面向对象的理念使计算机软件系统能与现实世界中的系统一一映射。

支持面向对象过程理论有三大支柱：封装、继承和多态。封装，根据职责将属性和方法封装到一个抽象的类中；继承，实现代码的重用，相同的代码不需要重复地编写；多态，不同的对象调用相同的方法，产生不同的执行结果，增加代码的灵活度。

8.2.1 继承

先介绍类中一个非常抽象的东西——继承，第一次接触这个概念会感觉它属于很高级的知识，学会之后我们自然会有另一番感受。

在现实生活中，继承意味着一个人从另外一个人那里得到了一些什么，比如"继承革命先烈的光荣传统""某富二代继承他的万贯家产"等。总之，继承之后，自己就能轻松得到某些事物。当然，生活中的继承或许不那么严格，但是编程语言中的继承是有明确规定和稳定的预期结果的。

如果一个类 A 继承自另一个类 B，就把这个 A 称为 B 的子类，而把 B 称为 A 的父类别，也可以称 B 是 A 的超类。继承使得子类具有父类别的各种属性和方法而不必再次编写相同的代码，省略了重复劳动。在继承父类的同时，子类可以重新定义某些属性或重写某些方法，即覆盖父类别的原有属性和方法，使其获得与父类别不同的功能。另外，为子类别追加新的属性和方法也是常见的做法。

继承的设计意图有：第一，可以实现代码重用但不是仅仅实现代码重用；第二，实现属性和方法继承。

以上的总结并没有包括继承的全部优点，随着后续学习，我们对继承的优点认识会更深刻。从技术上来看，继承最主要的用途是实现多态，下一节会详细介绍多态。对于多态而言，重要的是接口继承性，属性和行为是否存在继承性不是一定的，事实上，大量工程实践表明，重度的方法继承会导致系统过度复杂和臃肿，反而会降低灵活性。因此现在比较提倡的是基于接口的轻度继承理念。这种模型里父类完全没有代码，因此根本谈不上什么代码复用了。从逻辑上说，继承的目的也不是为了复用代码，而是为了理顺关系。

当然，如果不支持继承，语言特性就不值得称为"类"。派生类定义的语法如下。

```
classDerivedClassName(BaseClassName):
    < statement-1 >
      .
      .  .
      .
    < statement-N >
```

DerivedClassName 是子类的名称，也就是派生类；BaseClassName 是父类的名称，也就是基类。BaseClassName 必须定义于包含派生类定义的作用域中。允许用其他的表达式代替基类名称所在的位置，这种设计很有用，比如当基类定义在另一个模块 modname 中的时候，可以写成 class DerivedClassName（modname. BaseClassName）。

派生类定义的执行过程与基类相同。当构造类对象时，基类会被记住，此信息将被用来解析属性引用。如果请求的属性在派生类中找不到，搜索将转往基类中进行查找。如果基类本身也派生自其他某个类，则此规则依然适用。派生类的实例化没有任何特别的地方，DerivedClassName 会创建该类的一个新实例。方法引用将按以下规则解析，搜索相应的类属性，如有必要将按基类继承链逐步向下查找，如果创建了函数对象则方法引用就生效。派生类可能会重载其基类的方法，因为方法在调用同一对象的其他方法时没有特殊权限，调用同一基类中定义的另一方法的基类方法，最终可能会调用覆盖它的派生类的方法。

例 8-6　类的继承

```
#! /usr/bin/env Python
# coding = utf-8

_metaclass_ = type
class Person:
```

```
    def speak(self):
        print "我爱你"

    defsetHeight(self):
        print "身高: 1.60m. "

    def breast(self,n):
        print "胸围: ",n

class Girl(Person):
    def setHeight(self):
        print "身高 :1.70m. "

if _name_ = = "_main_":
    cang = Girl()
    cang. setHeight()
    cang. speak()
    cang. breast(100)
```

上述程序是很典型的子类和父类的方法引用，请从中体会继承的概念和方法。

首先定义了一个类 Person，在这个类中定义了三个方法，注意，没有定义初始化函数，初始化函数在类中是可选的。然后又定义了一个类 Girl，在这个类的名字后面的括号中是上一个类的名字，这就意味着 Girl 继承了 Person，Girl 是 Person 的子类，Person 是 Girl 的父类。既然是继承了 Person 类，那么 Girl 就全部拥有了 Person 中的方法和属性。但是，如果 Girl 里面有一个和 Person 同样名称的方法，那么就把 Person 中的同一个方法遮盖住了，显示的是 Girl 中的方法，这就是方法的重写。实例化类 Girl 之后，执行实例方法 cang. setHeight，由于在类 Girl 中重写了 setHeight 方法，那么 Person 中的那个方法就不起作用了，在这个实例方法中执行的是类 Girl 中的方法。虽然在类 Girl 中没有看到 speak 方法，但是因为它继承了 Person，所以 cang. speak 就执行类 Person 中的方法。同理，cang. breast（100）就好像是在类 Girl 里面已经写了这两个方法一样，既然继承了，那就是我的了。

所谓多重继承，就是某一个类的父类，不止一个，而是多个。

例8-7　多重继承

```
#! /usr/bin/env Python
# coding = utf-8

_metaclass_ = type

class Person:
    def eye(self):
        print "一双眼睛"
```

```
    def breast(self, n):
        print "胸围: ",n

class Girl:
    age = 28
    def color(self):
        print "这女孩是白种人"

classHotGirl(Person, Girl):
    pass


if _name_ = = "_main_":
    kong = HotGirl()
    kong. eye()
    kong. breast(90)
    kong. color()
    print kong. age
```

　　在这个程序中，前面有两个类：Person 和 Girl，然后第三个类 HotGirl 继承了这两个类，注意观察继承方法，就是在类名字后面的括号中把所继承的两个类的名字写上。但是第三个类中什么方法也没有。然后实例化类 HotGirl，既然继承了上面的两个类，那么那两个类的方法就都能够拿过来使用，一点都不用客气。现在我们已经摸清了继承的特点，概括下来就是将父类的方法和属性全部承接到子类中；如果子类重写了父类的方法，就使用子类的该方法，父类的被遮盖。

　　最后多重继承的顺序很有必要解释一下，比如，如果一个子类继承了两个父类，并且两个父类有同样的方法或者属性，那么在子类实例化后，调用那个方法或属性，是属于哪个父类的呢？对于一般情况来说，我们可以认为搜索从父类所继承属性的操作是深度优先、从左至右的，当层次结构中存在重叠时不会在同一个类中搜索两次。因此，如果某一属性在 DerivedClassName 中未找到，就会递归地去基类中搜索。

8.2.2　多态

　　多态，英文是 Polymorphism，再简化的说法就是"有多种形式"，就算不知道变量或参数的数据类型，也一样能进行操作，来者不拒。必须说一下，多态这个概念的解释其实是有争议的。所谓争议，多来自于对同一个现象不同角度的观察，特别是有不少经验丰富的 Java 程序员，他们甚至认为 Python 没有对所继承的子类进行限制，所以 Python 中的多态是不存在的。在产业界，对 Python 的多态问题的确是仁者见仁、智者见智。作为一个初学者，没有必要参与这种讨论，应该把重点放在多态的应用上面。

　　下面来看一个例子。

例 8-8　count 函数

```
>>> "This is a book". count ("s")
2
>>> [1,2,4,3,5,3]. count (3)
2
```

函数 count 的作用是统计某个元素在对象中出现的次数。从例 8-9 中可以看出，这里并没有限制 count 的参数，既可以是字符型也可以是数字型，其实这就是一种多态的典型形式。当然，除了内置函数有多态的概念，自定义函数也有。

例 8-9　自定义函数的多态

```
>>> f = lambda x,y:x + y
>>> f(2,3)
5
>>> f("qiw","sir")
'qiwsir'
>>> f(["Python","java"],["c ++ ","lisp"])
['Python', 'java', 'c ++ ', 'lisp']
```

这里就体现了自定义函数的多态概念。不过，也有人就此提出了反对意见，他们认为在参数传入值之前并没有确定参数的类型，只是让数据进入函数之后再处理，能处理则处理，不能处理就报错。

例 8-10　类的多态

```
#! /usr/bin/env Python
# coding = utf-8
_metaclass_ = type
class Animal:
    def _init_(self, name = ""):
        self. name = name
    def talk(self):
        pass
class Cat(Animal):
    def talk(self):
        print "Meow!"
class Dog(Animal):
    def talk(self):
        print "Woof!"
a = Animal()
a. talk()
c = Cat("Missy")
c. talk()
d = Dog("Rocky")
d. talk()
```

保存后运行。

```
$ Python 21101.py
Meow!
Woof!
```

Cat 和 Dog 两个类都继承了类 Animal，它们都有 talk 方法，输入不同的动物名称就会返回不同的动物叫声。注意，类型检查是毁掉多态的利器，比如 type、isinstance 以及 isubclass 函数，所以，一定要慎用这些类型检查函数。

8. 2. 3　封装

封装（Encapsulation）是对类和对象的一种抽象，即将某些部分隐藏起来，在程序外部看不到，也无法调用。要了解封装，离不开"私有化"这个概念，私有化就是指将类或者函数中的某些属性限制在某个区域之内，外部无法调用。Python 中私有化的方法也比较简单，就是在准备私有化的属性、方法的名字前面加双下划线。

例 8-11　私有化

```
#! /usr/bin/env Python
# coding = utf-8

_metaclass_ = type

classProtectMe:
    def _init_(self):
        self. me = "qiwsir"
        self. _name = "kivi"

    def _Python(self):
        print "我爱 Python。"

    def code(self):
        print "你喜欢哪种语言?"
        self. _Python()

if _name_ = = "_main_":
    p = ProtectMe()
    print p. me
    print p. _name
```

运行一下，看看效果。

```
$ Python 21102.py
qiwsir
Traceback (most recent call last):
```

```
   File "21102. py", line 21, in <module>
     print p. _name
AttributeError: 'ProtectMe' object has no attribute '_name'
```

系统抛出错误，它告诉我们没有_ name 这个属性。果然，这个属性被隐藏了，类的外面也无法调用。我们再试试另一个函数。

下面替换部分代码。

```
if _name_ = = "_main_":
   p = ProtectMe()
   . p. code()
   p. _Python()
```

其中 p. code 的意图是要打印出两句话："你喜欢哪种语言？" 和 "我爱 Python。"，code 方法和_ Python 方法在同一个类中，可以随意调用。后面的那个 p. _ Python 试图调用那个私有函数，看看能否成功。

```
$ Python 21102. py
Which language do you like?
I love Python.
Traceback (most recent call last):
   File "21102. py", line 23, in <module>
     p. _Python()
AttributeError: 'ProtectMe' object has no attribute '_Python'
```

果然，该调用的都能调用，该隐藏的都能隐藏。上面的方法的确做到了封装的作用，但是如果要调用那些私有属性该怎么办呢？

例 8-12　使用 property 函数

```
#! /usr/bin/env Python
# coding = utf-8

_metaclass_ = type

classProtectMe:
   def _init_(self):
      self. me = "qiwsir"
      self. _name = "kivi"

   @ property
   def name(self):
      return self. _name

if _name_ = = "_main_":
```

```
p = ProtectMe()
print p.name
```

查看运行结果。

```
$ Python 21102.py
Kivi
```

从结果可以看出，用了 @ property 之后，在调用那个方法的时候，用的是 p.name 的形式，就好像在调用普通的属性一样。

8.3　特殊方法和属性

探究更多的复杂类属性，在初学者的书籍中很少看见，之所以要在这里将这部分内容写出来，就是希望阅读本书的人都能"从小白到大牛"。当然，不是学习了类的更多属性就能达到大牛水平，但是这是通往大牛的必经之路。虽然在应用中，关于特殊属性的内容用到的不很多，但是，这一步迈出去，我们就会有一个印象，以后需要用到了，知道有这一块内容，就能搞清楚怎么做才能满足需求。

8.3.1　_dict_

不知道同学们是否思考过一个问题：类或者实例属性，在 Python 中是怎么存储的？或者为什么修改、增加或删除属性，我们能不能控制这些属性？本节用一个案例来探索_dict_的秘密。

例 8-13　_dict_的探索

```
>>> class A(object):
...     pass
...


>>> a = A()
>>> dir(a)
['_class_', '_delattr_', '_dict_', '_doc_', '_format_', '_getattribute_', '_hash_', '_init_', '_module_', '_new_', '_reduce_', '_reduce_ex_', '_repr_', '_setattr_', '_sizeof_', '_str_', '_subclasshook_', '_weakref_']
>>> dir(A)
['_class_', '_delattr_', '_dict_', '_doc_', '_format_', '_getattribute_', '_hash_', '_init_', '_module_', '_new_', '_reduce_', '_reduce_ex_', '_repr_', '_setattr_', '_sizeof_', '_str_', '_subclasshook_', '_weakref_']
```

用 dir 函数来查看一下，发现不管是类还是实例都有很多属性，这是意料之中的事情。不过这里重点研究一个属性_ dict_ ，它身上有很多秘密，那就是对象的属性。

```
>>> class Spring(object):
...     season = "the spring of class"
```

```
...
>>> Spring._dict_
dict_proxy({'_dict_': <attribute '_dict_' of 'Spring' objects>,
'season': 'the spring of class',
'_module_': '_main_',
'_weakref_': <attribute '_weakref_' of 'Spring' objects>,
'_doc_': None})
```

为了便于观察，我们将上面的显示结果进行了换行，每个键值单独放一行。可以发现类 Spring 的 _dict_ 属性有一个键"season"，这就是类的属性，相关的值就是类属性的数据。

```
>>> Spring._dict_['season']
'the spring of class'
>>> Spring.season
'the spring of class'
```

用这两种方式都能得到类属性的值，或者说 Spring. _dict_ ['season'] 就是访问类属性。下面将这个类实例化，然后再看它的实例属性。

```
>>> s = Spring()
>>> s._dict_
{}
```

实例属性的 _dict_ 是空的，是不是有点奇怪？不要紧，接着研究。

```
>>> s.season
'the spring of class'
```

这里是指向了类属性中的 Spring. season，到目前为止我们还没有建立任何实例属性。下面建立一个实例属性进行测试。

```
>>> s.season = "the spring of instance"
>>> s._dict_
{'season': 'the spring of instance'}
```

实例属性里面的数值就不为空了，这时候建立的实例属性和上面的那个 s. season 只不过重名，并且把它"遮盖"了。

例 8-14　_ dict_ 属性探索

```
>>> s._dict_['season']
'the spring of instance'
>>> s.season
'the spring of instance'
```

此时，那个类属性如何？我们看看。

```
>>> Spring._dict_['season']
'the spring of class'
>>> Spring._dict_
```

```
dict_proxy({'_dict_': < attribute '_dict_' of 'Spring' objects >, 'season': 'the
spring of class', '_module_': '_main_', '_weakref_': < attribute '_weakref_' of '
Spring' objects >, '_doc_': None})
>>> Spring. season
'the spring of class'
```

结论，Spring 的类属性没有受到实例属性的影响。如果这时候将前面的实例属性删除，会不会回到实例属性 s._dict_ 为空呢？

```
>>> del s. season
>>> s._dict_
{}
>>> s. season
'the spring of class'
```

果然变回原来的样子。当然，我们还可以定义其他实例属性，也一样被存储到_dict_ 属性里面。

```
>>> s. lang = "Python"
>>> s._dict_
{'lang': 'Python'}
>>> s._dict_['lang']
'Python'
```

这样做仅仅是更改了实例的_dict_ 内容，对 Spring._dict_ 无任何影响，也就是说通过 Spring. lang 或者 Spring._dict_ ['lang'] 是得不到上述结果的。

```
>>> Spring. lang
Traceback (most recent call last):
  File "< stdin >", line 1, in < module >
AttributeError: type object 'Spring' has no attribute 'lang'

>>> Spring._dict_['lang']
Traceback (most recent call last):
  File "< stdin >", line 1, in < module >
KeyError: 'lang'
>>> Spring. flower = "peach"
>>> Spring._dict_
dict_proxy({'_module_': '_main_',
'flower': 'peach',
'season': 'the spring of class',
'_dict_': < attribute '_dict_' of 'Spring' objects >, '_weakref_': < attribute '_
weakref_' of 'Spring' objects >, '_doc_': None})
>>> Spring._dict_['flower']
'peach'
```

_dict_被更改了，类属性中增加了一个 flower 属性。但是，实例_dict_中的数值又是什么？

```
> > > s._dict_
{'lang': 'Python'}
```

没有被修改。然而，还能这样。

```
> > > s.flower
'peach'
```

现在又回到了前面第一个出现 s.season 上面了。通过前面的探讨，基本理解了实例和类的_dict_，并且也看到了属性的变化特点。特别是这些属性都是可以动态变化的，可以随时修改和增删。

属性如此，方法呢？下面就看看方法或者函数。

例 8-15 _dict_的方法探索

```
> > > class Spring(object):
...     def tree(self, x):
...         self.x = x
...         return self.x
...
> > > Spring._dict_
dict_proxy({'_dict_': <attribute '_dict_' of 'Spring' objects >,
'_weakref_': <attribute '_weakref_' of 'Spring' objects >,
'_module_': '_main_',
'tree': < function tree at 0xb748fdf4 >,
'_doc_': None})

> > > Spring._dict_['tree']
< function tree at 0xb748fdf4 >
```

结果跟前面讨论属性差不多，方法 tree 也在_dict_里面呢。

```
> > > t = Spring()
> > > t._dict_
{}
```

又跟前面一样。虽然建立了实例，但是在实例的_dict_中没有方法。接下来执行。

```
> > > t.tree("xiangzhangshu")
'xiangzhangshu'
```

换一个角度。

```
> > > class Spring(object):
...     def tree(self, x):
...         return x
...
```

这回方法中没有将 x 赋值给 self 的属性，而是直接 return，结果如下。

```
> > > s = Spring()
> > > s. tree("liushu")
'liushu'
> > > s._dict_
{}
```

现在是不是对类的理解更深入了？Python 中有一个观点："一切皆对象"。不管是类还是实例的属性和方法，都是符合 object. attribute 格式，并且属性类似。当我们看到这里的时候，基本明白了类和实例的_dict_的特点。如果还是糊涂也不要紧，再将上面的重复一遍，特别是自己要亲自输入有关代码进行测试。

8. 3. 2 _slots_

事先声明，_slots_能够限制属性的定义，但是这不是它被设计出来的唯一原因，它最大的应用领域是优化内存。

例 8-16 _slots_限制属性的定义

```
> > > class Spring(object):
...     _slots_ = ("tree", "flower")
...
> > > dir(Spring)
['_class_', '_delattr_', '_doc_', '_format_', '_getattribute_', '_hash_', '_init_', '_module_', '_new_', '_reduce_', '_reduce_ex_', '_repr_', '_setattr_', '_sizeof_', '_slots_', '_str_', '_subclasshook_', 'flower', 'tree']
```

仔细看看 dir 的结果，还有_dict_属性吗？的确没有了，也就是说_slots_把_dict_挤出去了，自己进入了类的属性。

```
> > > Spring._slots_
('tree', 'flower')
```

这可以看出类 Spring 有且仅有两个属性。

```
> > > t = Spring()
> > > t._slots_
('tree', 'flower')
```

实例化之后，实例的_slots_与类的完全一样，这跟前面的_dict_有区别。

```
> > > Spring. tree = "liushu"
```

通过类，先赋予一个属性值，然后检验一下实例能否修改这个属性。

```
> > > t. tree = "guangyulan"
Traceback (most recent call last):
  File "< stdin >", line 1, in <module>
AttributeError: 'Spring' object attribute 'tree' is read-only
```

看来做不到，报错信息中显示 tree 这个属性是只读的，不能修改了。

```
>>> t.tree
'liushu'
```

因为前面已经通过类给这个属性赋值了，所以不能用实例属性来修改。

```
>>> Spring.tree = "guangyulan"
>>> t.tree
'guangyulan'
```

用类属性修改。但是对于没有用类属性赋值的，可以通过实例属性。

```
>>> t.flower = "haitanghua"
>>> t.flower
'haitanghua'
>>> Spring.flower
<member 'flower' of 'Spring' objects>
```

实例属性的值并没有传回到类属性，我们也可以理解为新建立了一个同名的实例属性。如果再给类的属性赋值，会发生什么？

```
>>> Spring.flower = "ziteng"
>>> t.flower
'ziteng'
```

此时再给 t.flower 重新赋值，就会抛出前面一样的错误。

```
>>> t.water = "green"
Traceback (most recent call last):
  File "<stdin>", line 1, in <module>
AttributeError: 'Spring' object has no attribute 'water'
```

看来_ slots_ 已经把实例属性牢牢地管控了起来，但更本质的是优化了内存，不过这种优化只有存在大量实例的时候才会显出效果。

其实类中还有很多特殊方法和属性，由于篇幅有限这里不再赘述，有兴趣的朋友可以查阅官方资料，这里只是提供一种研究新特性的思路和方法，甚至有些高级特性也能通过类似的方法论来研究。

8.4 【小白也要懂】静态方法和类方法

理论上，我们在类中定义的方法都是对象方法，也就是说这些方法都是发送给对象的消息。实际上这些方法并不需要都是对象方法，比如我们定义一个"三角形"类，通过传入三条边长来构造三角形，并提供计算周长和面积的方法，但是传入的三条边长未必都能构造出三角形对象，因此可以先写一个方法来验证三条边长是否可以满足构成三角形的条件，这个方法显然就不是对象方法，因为在调用这个方法时三角形对象尚未创建出来，都不知道三条边长能不能满足条件，所以这个方法是属于三角形类而并不属于三角形对象。

那么遇到这类问题我们该怎么解决？这个时候就需要静态方法，它通过类直接调用而不需要创建对象。静态方法前面需要加上"@"。

例 8-17　静态方法

```
from math import sqrt
class Triangle(object):
    def _init_(self, a, b, c):
        self._a = a
        self._b = b
        self._c = c
    @ staticmethod
    def is_valid(a, b, c):
        return a + b > c and b + c > a and a + c > b
    def perimeter(self):
        return self._a + self._b + self._c
    def area(self):
        half = self.perimeter() / 2
        returnsqrt(half * (half-self._a) *
                   (half-self._b) * (half-self._c))
def main():
    a, b, c = 3, 4, 5
    # 静态方法和类方法都是通过发消息来调用的
    if Triangle.is_valid(a, b, c):
        t = Triangle(a, b, c)
        print(t.perimeter())
        # 也可以通过向类发消息来调用对象方法但是要传入接收消息的对象作为参数
        # print(Triangle.perimeter(t))
        print(t.area())
        # print(Triangle.area(t))
    else:
        print('无法构成三角形.')
if _name_ = = '_main_':
    main()
```

和静态方法类似，Python 还可以在类中定义类方法。类方法的第一个参数约定名为 cls，它代表的是当前类相关的信息对象，通过这个参数可以获取和类相关的信息并且创建出类的对象。

例 8-18　定义类方法

```
from time import time,localtime, sleep
class Clock(object):
    """数字时钟"""
```

```python
    def _init_(self, hour = 0, minute = 0, second = 0):
        self._hour = hour
        self._minute = minute
        self._second = second

    @classmethod
    def now(cls):
        ctime = localtime(time())
        return cls(ctime.tm_hour, ctime.tm_min, ctime.tm_sec)

    def run(self):
        """走字"""
        self._second += 1
        if self._second == 60:
            self._second = 0
            self._minute += 1
            if self._minute == 60:
                self._minute = 0
                self._hour += 1
                if self._hour == 24:
                    self._hour = 0

    def show(self):
        """显示时间"""
        return '%02d:%02d:%02d' % \
            (self._hour, self._minute, self._second)
def main():
    # 通过类方法创建对象并获取系统时间
    clock = Clock.now()
    while True:
        print(clock.show())
        sleep(1)
        clock.run()
if _name_ == '_main_':
    main()
```

对比普通实例方法、静态方法和类方法三者的区别：普通实例方法的第一个参数需要是 self，它表示一个具体的实例本身；如果用了静态方法就可以无视这个 self，而将这个方法当成一个普通的函数使用；对于类方法，它的第一个参数不是 self，而是 cls，它表示这个类本身。

8.5 【实战】面向对象编程实操

在某个信息技术公司有三种岗位的员工，分别是部门经理、程序员和销售员。现需要设计一个工资结算系统，这个系统可以根据提供的员工信息来计算月薪，部门经理的月薪是每月固定 15000 元；程序员的月薪按本月工作时间计算，每小时 150 元；销售员的薪资体系有点特殊，月薪是 1200 元的底薪加上销售额 5% 的提成。

扫码看教学视频

我们将要用到 ABCMeta 和 abstractmethod 模块，这两个模块就是抽象类和抽象方法。抽象类是包含抽象方法的类，而抽象方法不包含任何可实现的代码，只能在其子类中实现抽象函数的代码。Python 并没有从语言层面支持抽象类概念，可以通过 abc 模块来制造抽象类的效果。因此，在 Python 中要实现抽象类之前，需要导入 abc 模块中的元类（ABCMeta）和装饰器 abstractmethod。

例 8-19　工资系统

```python
from abc import ABCMeta, abstractmethod
class Employee(object, metaclass = ABCMeta):
    """员工"""

    def _init_(self, name):
        """
        初始化方法

        :param name: 姓名
        """
        self._name = name

    @property
    def name(self):
        return self._name

    @abstractmethod
    def get_salary(self):
        """
        获得月薪

        :return: 月薪
        """
        pass
```

```
class Manager(Employee):
    """部门经理"""

    def get_salary(self):
        return 15000.0

class Programmer(Employee):
    """程序员"""

    def _init_(self, name, working_hour=0):
        super()._init_(name)
        self._working_hour = working_hour

    @property
    def working_hour(self):
        return self._working_hour

    @working_hour.setter
    def working_hour(self, working_hour):
        self._working_hour = working_hour if working_hour > 0 else 0

    def get_salary(self):
        return 150.0 * self._working_hour

class Salesman(Employee):
    """销售员"""

    def _init_(self, name, sales=0):
        super()._init_(name)
        self._sales = sales

    @property
    def sales(self):
        return self._sales

    @sales.setter
    def sales(self, sales):
        self._sales = sales if sales > 0 else 0

    def get_salary(self):
        return 1200.0 + self._sales * 0.05
```

```
def main():
emps = [
        Manager('刘备'), Programmer('诸葛亮'),
        Manager('曹操'), Salesman('荀彧'),
        Salesman('吕布'), Programmer('张辽'),
        Programmer('赵云')
    ]
    foremp in emps:
        ifisinstance(emp, Programmer):
emp.working_hour = int(input('请输入% s本月工作时间: ' %  emp.name))
elif isinstance(emp, Salesman):
emp.sales = float(input('请输入% s本月销售额: ' %  emp.name))
        # 同样是接收 get_salary 这个消息但是不同的员工表现出了不同的行为(多态)
        print('% s本月工资为: ￥% s元' %
            (emp.name, emp.get_salary()))
if _name_ = = '_main_':
    main()
```

上述代码演示抽象类的实现和多态。在创建抽象类时使用 metaclass = ABCMeta，将该类创建为抽象类，metaclass = ABCMeta 意思是指定该类的元类是 ABCmeta，所谓元类就是创建类的类。抽象类不能创建对象，即不能实例化，抽象类存在的意义是专门拿给其他类继承的。在定义方法的时候使用 abstractmethod，将制定的方法定义为抽象方法。因为抽象方法不包含任何可实现的代码，因此其函数体通常使用 pass。

8.6 【大牛讲坛】对象的内存管理

无论是面向对象编程还是面向过程编程，性能都是绕不开的坎。当我们创建一个或两个对象的时候，并不会引起多大的系统性能开销。但是如果程序要临时创建大量的对象，导致占用很大的内存，我们又该如何处理呢？带着疑问我们来进入本节的议题。

下面我们换一种思路，把类当成简单的数据结构来看。大家都知道数据结构是占用内存的，我们可以通过向这种简单数据结构添加_slots_属性，有效地减少实例所占用的内存。

例 8-20　添加_slots_属性来减少内存开销

```
class Date:
    _slots_ = ['year', 'month', 'day']
    def _init_(self, year, month, day):
        self.year = year
        self.month = month
        self.day = day
```

当我们定义_slots_后，Python 就会为实例调用一种更加紧凑的内部表达方式。实例通过一个很小的固定大小的数组来构建，而不是为每个实例定义一个字典，这跟元组或列表很类似。_slots_中列出的属性名在内部被映射到这个数组的指定元素上。使用_slots_后节省的内存会跟存储属性的数量和类型有关系。根据个人经验来看，假设我们不使用_slots_，直接存储一个 Date 时间类型的实例，在 64 位的 Python 上面要占用 400 多字节，而如果使用了_slots_，内存占用下降到 150 多字节。所以程序中需要同时创建大量的日期实例，那么这种方式减小内存使用量就比较可观了。

尽管_slots_看上去是一个很有用的特性，很多时候我们还是得减少对它的使用次数。因为 Python 的很多特性都依赖于基于字典的表示方式，定义了 slots 后的类不再支持一些普通类特性，比如多继承等。大多数情况下，我们应该只在那些经常被使用到的用作数据结构的类上来使用_slots_。此外，关于_slots_的一个常见误区是它可以作为一个封装工具来防止用户给实例增加新的属性。尽管使用_slots_确实可以达到这样的目的，但这并不是它被设计出来的初衷。总体来说，_slots_更多是用来作为一个内存优化工具。

下面进一步讨论类和对象的内存管理问题，在大型项目中，我们经常会遇到程序创建了很多循环来引用数据结构，包括二叉树、图等。一个典型的循环引用数据结构的案例就是树形结构，双亲节点由指针指向孩子节点，孩子节点又返回来指向双亲节点。这个案例中会使用到 weakref 模块中的弱引用。

例 8-21　使用弱引用来减少内存开销

```python
import weakref

class Node:
    def _init_(self, value):
        self. value = value
        self. _parent = None
        self. children = []

    def _repr_(self):
        return 'Node({! r:})'. format(self. value)

    # property 来管理叶子的父节点引用
    @ property
    def parent(self):
        return None if self. _parent is None else self. _parent()

    @ parent. setter
    def parent(self, node):
        self. _parent = weakref. ref(node)

    def add_child(self, child):
        self. children. append(child)
        child. parent = self
```

循环引用的数据结构在 Python 中是一个很棘手的问题，因为正常的垃圾回收机制不能清理和回收相关的内存。

例 8-22　循环引用时垃圾回收机制

```
#定义一个删除时才会触发的类
class Data:
    def _del_(self):
        print('Data._del_')


#节点类
class Node:
    def _init_(self):
        self.data = Data()
        self.parent = None
        self.children = []

    def add_child(self, child):
        self.children.append(child)
        child.parent = self


>>> a = Data()
>>> del a #立刻删除
Data._del_
>>> a = Node()
>>> del a #立刻删除
Data._del_
>>> a = Node()
>>> a.add_child(Node())
>>> del a #没有反馈信息,未删除
```

上面的这个代码用来做一些垃圾回收试验，可以看到最后一个删除操作时 print 打印语句没有出现内容。原因是 Python 的垃圾回收机制是基于简单的引用计数。当一个对象的引用数变成 0 的时候才会立即删除掉，而对于循环引用这个计数为 0 的条件永远不会满足。在上面例子的最后部分，父节点和孩子节点互相包含对方的引用，导致每个对象的引用计数都不可能变成 0。其实，Python 有另外的垃圾回收器来专门针对循环引用，但是我们不知道它什么时候才会被触发。

例 8-23　垃圾回收器

```
>>> import gc
>>> gc.collect() #强制运行 collect 函数
Data._del_
Data._del_
```

如果循环引用的对象自己还定义了自己的 _del_()方法，那么会让情况变得更糟糕。

例 8-24　给 Node 定义自己的_del_()方法

```
#循环引用的节点类
class Node:
    def _init_(self):
```

```
        self.data = Data()
        self.parent = None
        self.children = []

    def add_child(self, child):
        self.children.append(child)
        child.parent = self

    #永远不要这样定义
    def _del_(self):
        del self.data
        del.parent
        del.children
```

这种情况下，垃圾回收机制永远都不会去回收这个对象的内存空间，最终会导致内存的泄露。如果我们试着去运行它，就会发现 Data._del_ 消息永远消失了，甚至在我们强制内存回收时，它也不会被发现。

例 8-25　测试垃圾回收对象

```
>>> a = Node()
>>> a.add_child(Node())
>>> del a  #没有反馈信息
>>> import gc
>>> gc.collect()  #没有反馈信息
```

本质来讲，弱引用就是一个对象指针，但是它不会增加其引用计数，所以弱引用消除了引用循环的这个问题。通常可以通过 weakref 来创建弱引用。

例 8-26　weakref 创建弱引用

```
>>> import weakref
>>> a = Node()
>>> a_ref = weakref.ref(a)
>>> a_ref
<weakref at 0x100581f70; to 'Node' at 0x1005c5410>
```

想要访问弱引用所引用的对象，可以像函数一样去调用它，如果对象仍然还存在就会返回它，否则就返回 None。由于原始对象的引用计数没有增加，就可以去删除它了。

例 8-27　删除引用计数

```
>>> print(a_ref())
<_main_.Node object at 0x1005c5410>
>>> del a
Data._del_
>>> print(a_ref())
None
```

通过这里演示的弱引用技术，我们会发现不会再有循环引用问题了，因为一旦某个节点不被使用了，垃圾回收器立即回收，提高了内存管理的效率和性能。

第9章
进程和线程

今天的计算机早已进入了多核时代，而操作系统也都进化到支持多任务操作，我们既可以同时运行多个程序，也可以将一个程序分解为若干个相对独立的子任务，让多个子任务并发地执行，从而缩短部分程序的执行时间，让用户获得更好的体验。在当下，不管是用什么编程语言进行开发，实现让程序同时执行多个任务也就是常说的并发编程，已经成为程序员必备技能之一。

扫码获取本章代码

9.1　线程和进程的概念

先讨论两个概念，一个叫进程，一个叫线程。

进程就是操作系统（OS）中执行的一个程序，操作系统以进程为单位分配存储空间，每个进程都有自己的地址空间、数据栈以及其他用于跟踪进程执行的辅助数据等。操作系统管理所有进程的运行，为它们合理地分配资源。进程可以通过分叉 fork 的方式来创建新的进程执行任务，不过新的进程也需要独立的内存空间，因此必须通过进程间通信机制（Inter-Process Communication，IPC）来实现数据通信和共享，具体的方式包括管道、信号、套接字、共享内存区等。

一个进程还可以拥有多个并发的执行子程序，也就是拥有多个可以获得 CPU 调度的执行单元，这些执行单元就是所谓的线程。由于诸多线程在同一个进程下，它们可以共享相同的上下文资源，因此相对于进程而言，线程间的信息共享和通信更容易些。当然在单核 CPU 系统中，真正意义上的并发是不存在的，因为在某个时间点上能够获得 CPU 资源的有且仅有一个线程，多个线程通过轮询的方式共享了 CPU 的执行时间。多线程实现并发编程为大型软件带来的巨大的好处，最主要体现在提升程序的性能和改善用户体验，时至今日我们使用的软件或者手机 APP 上或多或少都用到了多线程技术。

当然多线程也并非没有缺点，从其他进程的角度来看，多线程的程序对其他程序非常霸道，因为它占用了更多的 CPU 资源，挤占其他程序获得的 CPU 执行时间；另一方面，站在开发者的角度，编写和调试多线程的程序都对开发者有较高的要求，对于初学者来说则更加不友好。

总结，进程是操作系统分配资源的最小单元，线程是操作系统调度的最小单元。一个应用程序至少包括一个进程，而一个进程则对应一个或多个线程，线程的尺度更小。每个进程在执行过程中拥有独立的内存空间，而一个进程的多个线程在执行过程中是共享内存。对于 Python 而言，它既支持多进程又支持多线程，因此使用 Python 实现并发编程主要有 3 种方式：多进程、多线程、多进程 + 多线程。

9.1.1 什么是多进程

UNIX/Linux 操作系统上提供了 fork( ) 函数调用来创建进程，直接调用 fork 的是父进程，创建出的是子进程，子进程是父进程的一个拷贝，但是子进程拥有自己的进程号 PID。fork 函数非常特殊，它会返回两次结果，父进程中可以通过 fork 函数的返回值得到子进程的 PID，而子进程中的返回值永远都是 0。Python 的 os 模块提供了 fork 函数。由于 Windows 系统没有 fork 调用，因此要实现跨平台的多进程编程，可以使用 multiprocessing 模块的 Process 类来创建子进程，而且该模块还提供了更高级的封装，例如批量启动进程的进程池 Pool、用于进程间通信的队列 Queue 和管道 Pipe 等。

先用一个文件下载的例子，来说明使用多进程的代码和不使用多进程的代码到底有什么差别。

例 9-1　不使用多进程下载文件

```
from random import randint
from time import time, sleep

def download_task(filename):
    print('开始下载%s...' % filename)
    time_to_download = randint(5, 10)
    sleep(time_to_download)
    print('%s 下载完成!耗费了%d 秒' % (filename, time_to_download))

def main():
    start = time()
    download_task('Python 从入门到大牛.pdf')
    download_task('复仇者联盟.avi')
    end = time()
    print('总共耗费了%.2f 秒.' % (end-start))
if __name__ == '__main__':
    main()
```

下面是运行程序得到的运行结果。

```
开始下载 Python 从小白到大牛.pdf...
Python 从小白到大牛.pdf 下载完成!耗费了 6 秒
开始下载复仇者联盟.avi...
复仇者联盟.avi 下载完成!耗费了 7 秒
总共耗费了 13.01 秒.
```

从上面的例子可以看出，程序中的代码只能按流程顺序一点点地顺序执行，那么即使执行两个没有任何关联的下载任务，也需要先等待一个文件下载完成后才能开始另一个文件的下载任务，浪费了大量时间和资源，很显然这并不合理，也没有效率。

接下来我们再使用多进程的方式，将两个下载任务放到不同的进程中。

例 9-2 使用多进程执行下载任务

```python
from multiprocessing import Process
from os import getpid
from random import randint
from time import time,sleep


def download_task(filename):
    print('启动下载进程,进程号[%d].' % getpid())
    print('开始下载%s...' % filename)
    time_to_download = randint(5, 10)
    sleep(time_to_download)
    print('%s 下载完成！耗费了%d 秒' % (filename, time_to_download))


def main():
    start = time()
    p1 = Process(target = download_task, args = ('Python 从小白到大牛.pdf',))
    p1.start()
    p2 = Process(target = download_task, args = ('复仇者联盟.avi',))
    p2.start()
    p1.join()
    p2.join()
    end = time()
    print('总共耗费了%.2f 秒.' % (end-start))


if _name_ = = '_main_':
    main()
```

上面的代码中 Process 类创建了进程对象，通过 target 传入一个函数参数来表示进程启动后要执行的代码，后面的参数 args 本质上是一个元组，代表了传递给与 target 相关的函数的参数。Process 对象的 start 方法用来启动进程，而 join 方法表示等待进程执行结束。运行后可发现两个下载任务同时启动了，而且程序的执行时间将大幅度缩短，不再是两个任务的时间总和。

```
启动下载进程,进程号[1530].
开始下载 Python 从小白到大牛.pdf...
启动下载进程,进程号[1531].
开始下载复仇者联盟.avi...
复仇者联盟.avi 下载完成！耗费了 7 秒
```

Python 从小白到大牛.pdf 下载完成！耗费了 10 秒
总共耗费了 10.01 秒.

说个题外话，这里也可以使用 subprocess 模块中的类和函数来创建和启动子进程，然后通过管道来和子进程通信，这些内容我们不在此进行讲解，有兴趣的同学可以自己了解这些知识。

接下来将介绍重点放在如何实现两个进程间的通信。启动两个进程，一个输出 Ping，一个输出 Pong，两个进程输出的 Ping 和 Pong 加起来一共 10 个。听起来似乎很简单，但是第一次接触此类需求的初学者都会按照例 9-3 的方式编写，注意，这可是错误的方式，你能找出哪里出问题了吗？

例 9-3　Ping/Pong 错误示例

```python
from multiprocessing import Process
from time import sleep


counter = 0
def sub_task(string):
    global counter
    while counter < 10:
        print(string, end='', flush=True)
        counter += 1
        sleep(0.01)


def main():
    Process(target=sub_task, args=('Ping',)).start()
    Process(target=sub_task, args=('Pong',)).start()


if __name__ == '__main__':
    main()
```

看起来似乎没什么毛病，但是最后的结果是 Ping 和 Pong 各输出了 10 个，总共 20 个，为什么？原因是当我们在程序中创建进程的时候，子进程复制了父进程及其相关的所有数据结构，每个子进程有自己独立的内存空间，这也就意味着不同的子进程都各有一个 counter 变量，counter 作为计数器会增加到 10，所以结果也就可想而知了，Ping 和 Pong 各输出了 10 个。要解决这个问题，比较简单的办法是使用 multiprocessing 模块中的 Queue 类，它是可以被多个进程共享的队列，底层是通过管道和信号量 semaphore 机制来实现的，后面会详细介绍进程间的通信机制。

9.1.2　什么是多线程

Python 早期的版本就引入了 Thread 类来实现多线程编程，然而该模块基于底层技术，很多高级功能都没有实现，因此目前的多线程开发我们推荐使用 threading 模块，该模块为多线程编程提供了更优化的面向对象的封装。

下面，我们把 9.1.1 节中下载文件的例子用 threading 模块中的多线程方式来实现一遍。

例 9-4　多线程示例

```
from random import randint
from threading import Thread
from time import time, sleep


def download(filename):
    print('开始下载%s...' % filename)
    time_to_download = randint(5, 10)
    sleep(time_to_download)
    print('%s下载完成! 耗费了%d秒' % (filename, time_to_download))


def main():
    start = time()
    t1 = Thread(target = download, args = ('Python从小白到大牛.pdf',))
    t1.start()
    t2 = Thread(target = download, args = ('复仇者联盟.avi',))
    t2.start()
    t1.join()
    t2.join()
    end = time()
    print('总共耗费了%.3f秒' % (end-start))


if _name_ = = '_main_':
    main()
```

直接使用 threading 模块的 Thread 类来创建线程，我们之前在面向对象编程的章节（第 8 章）中讲过一个非常重要的概念——继承，可以从已有的类创建新类。同理，也可以通过继承 Thread 类的方式来创建自定义的线程类，然后再创建线程对象并启动线程。

例 9-5　使用 Thread 类来创建线程

```
from random import randint
from threading import Thread
from time import time, sleep


classDownloadTask(Thread):

    def _init_(self, filename):
        super()._init_()
        self._filename = filename


    def run(self):
```

```
        print('开始下载%s...' % self._filename)
        time_to_download = randint(5, 10)
        sleep(time_to_download)
        print('%s下载完成! 耗费了%d秒' % (self._filename, time_to_download))


def main():
    start = time()
    t1 = DownloadTask('Python从小白到大牛.pdf')
    t1.start()
    t2 = DownloadTask('复仇者联盟.avi')
    t2.start()
    t1.join()
    t2.join()
    end = time()
    print('总共耗费了%.2f秒.' % (end-start))


if _name_ == '_main_':
    main()
```

多个线程共享进程的内存空间，因此实现多个线程间的通信比实现多进程通信要相对简单，大家能想到的最直接的办法就是设置一个全局变量，多个线程共享这个全局变量实现传参即可。但这种方法是有隐患的，当许多个线程共享同一个变量的时候，这个变量就变成了热点，承受很大的读写压力，很有可能产生资源争用从而导致程序失效甚至崩溃。如果一个资源或者变量被多个线程竞争使用，那么我们通常称之为临界资源，对临界资源的访问需要加上保护，否则资源会处于混乱或挤兑的状态。

下面的例子演示了 100 个线程向同一个银行账户转账 1 元钱的场景，在这个案例中，银行账户就是一个临界资源，也就是所谓的热点。在没有任何保护限制的情况下，代码很有可能会返回错误的结果。

例9-6　资源临界测试

```
from time import sleep
from threading import Thread


class Account(object):
    def _init_(self):
        self._balance = 0

    def deposit(self, money):
        # 计算存款后的余额
        new_balance = self._balance + money
        # 模拟受理存款业务需要0.01秒的时间
        sleep(0.01)
```

```
        # 修改账户余额
        self._balance = new_balance


    @property
    def balance(self):
        return self._balance


classAddMoneyThread(Thread):


    def __init__(self, account, money):
        super().__init__()
        self._account = account
        self._money = money


    def run(self):
        self._account.deposit(self._money)


def main():
    account = Account()
    threads = []
    # 创建 100 个存款的线程向同一个账户中存钱
    for _ in range(100):
        t = AddMoneyThread(account, 1)
        threads.append(t)
        t.start()
    # 等所有存款的线程都执行完毕
    for t in threads:
        t.join()
    print('账户余额为: ￥%d元' % account.balance)


if __name__ == '__main__':
    main()
```

　　100 个账户向一个银行账户存钱，结果应该是这个账户上最后有 100 元。但是程序运行的结果却让人大跌眼镜，银行账户的存款增加结果居然远远小于 100 元，为什么会出现这种情况呢？其实最主要的原因就是没有对银行账户这个临界资源加以保护和限制，多个线程同时向账户中存钱时会一起执行 new_ balance = self._ balance + money 这行代码，多个线程得到的账户余额都是初始状态下的 0，所以它们都是在 0 上面做了 +1 的操作，因此得到了错误的结果。在这种情况下，"锁"就可以派上用场了。我们可以通过锁来保护临界资源，只有获得锁的线程才能访问这些临界资源，而其他没有得到锁的线程只能被阻塞起来，直到获得锁的线程释放了锁资源，其他线程才有机会获得锁，进而访问被保护的资源。

我们来演示一下如何使用锁来保护对银行账户的操作，从而获得正确的结果。

例 9-7　锁的使用

```python
from time import sleep
from threading import Thread, Lock


class Account(object):

    def _init_(self):
        self._balance = 0
        self._lock = Lock()

    def deposit(self, money):
        # 先获取锁才能执行后续的代码
        self._lock.acquire()
        try:
            new_balance = self._balance + money
            sleep(0.01)
            self._balance = new_balance
        finally:
            # 在 finally 中执行释放锁的操作保证正常异常锁都能释放
            self._lock.release()

    @property
    def balance(self):
        return self._balance


classAddMoneyThread(Thread):

    def _init_(self, account, money):
        super()._init_()
        self._account = account
        self._money = money

    def run(self):
        self._account.deposit(self._money)

def main():
    account = Account()
    threads = []
    for _ in range(100):
```

```
        t = AddMoneyThread(account, 1)
        threads.append(t)
        t.start()
    for t in threads:
        t.join()
    print('账户余额为：￥%d 元' % account.balance)

if _name_ == '_main_':
    main()
```

比较遗憾是 Python 的多线程并不能充分发挥 CPU 的多核特性，这一点只要同时启动几个执行死循环的线程就可以得到证实。这归功于 Python 的解释器有一个全局解释器锁（GIL），任何线程执行前必须先获得 GIL 锁，然后执行 100 条字节码，解释器就会自动释放 GIL 锁，让别的线程有机会获取 CPU 资源执行程序，后面会有单独版块（9.4.1 节）详细讨论 GIL 这个历史遗留问题。但是即便如此，Python 多线程在提升执行效率和改善用户体验方面仍然是有积极意义的。

9.2　【小白也要懂】多进程与多线程

不管是多进程还是多线程，只要达到一定数量，效率肯定会大幅度降低。打个比方，假设我们正在准备中考，每天晚上需要做语文、数学、英语、物理、化学这 5 门的作业，每项作业耗时 1 小时。如果我们先花 1 小时做语文作业，做完后，再花 1 小时做数学作业，就这样依次做完所有的科目作业，总共花费 5 小时，这种方式称为单任务模型。如果我们打算切换到多任务模型，可以先做 1 秒语文，再切换到数学作业，做 1 秒，再切换到英语，以此类推。只要切换速度足够快，这种方式就和单核 CPU 执行多任务的效率几乎是一样的，以旁观者的角度来看，就好像我们同时在写 5 科作业。不过切换作业是有代价的，从语文作业切换到数学作业，要先收拾桌子上的语文书本、钢笔等，这就是保存现场，然后，打开数学课本、找出圆规、直尺，这叫准备新环境，才能开始做数学作业。同理，操作系统在切换进程或者线程时也是一样的，它需要先保存当前的现场环境，如 CPU 寄存器状态、内存页等，然后把新任务的执行环境准备好，如恢复上次的寄存器状态，切换内存页等，才能开始执行新任务。这个切换过程虽然很迅速，但是也需要耗费时间和计算机资源。如果有成千上万个任务同时进行，操作系统可能就只忙着切换任务了，根本没有多少时间和资源去执行任务，这种情况我们在现实世界中也经常遇到，比如硬盘狂响、单击窗口无反应、系统处于假死状态等。所以，多任务是有限制的，一旦多到某个极限值，反而会使得系统性能急剧下降，最终导致所有任务都做不好。

我们考虑是否采用多进程或多线程的原因取决于任务的类型，任务的类型可以分为计算密集型和 I/O 密集型。计算密集型任务的特点是要进行大量的计算，消耗 CPU 资源，比如对视频进行编码解码或者格式转换和最近很火的比特币挖矿等，这些任务全靠 CPU 的运算能力，虽然也可以用多任务完成，但是任务越多，花在任务切换的时间和资源就越多，CPU 执行任务的效率就越低。计算密集型任务由于主要消耗 CPU 的资源，这类任务用 Python 这样的脚本语言去执行效率通常很低，最能胜任这类任务的是 C 语言，不过在有些项目中也会考虑使用 Python 中的嵌入 C 代码的机制。除了计算密集型任务，其他与此相关的网络、存储介质 I/O 的任务都可以视为 I/O 密集型任务，这类任务的特点是 CPU 消耗很少，因为 I/O 的速度远远低于 CPU 和内存的速度，所以此类任务的大部分时间都在等待 I/O 操作完成。对于 I/O 密集型任务，如果启动多任务，就可以减少 I/O 等待时间，从而充分挖掘 CPU 的潜力。很多任务都属于 I/O 密集型任务，这其中包括了后面章节会逐步学习的网络应用、Web 应用和数据库开发等。

现代操作系统对 I/O 操作的支持中最重要的就是异步 I/O，它充分利用操作系统提供的异步 I/O 支持就可以用单进程单线程模型来完成多任务，这种全新的模型称为事件驱动模型。大名鼎鼎的中间件 Nginx 就是支持异步 I/O 的 Web 服务器，它在单核 CPU 上采用单进程模型高效地支持多任务。在多核 CPU 上，可以运行多个进程，充分利用多核 CPU 的优势。用 Node. js 开发的服务器端程序也经常使用这种工作模式，这也是未来实现多任务编程的大趋势。

在 Python 语言中，单线程+异步 I/O 的编程模型称为协程，有了协程的支持，就可以基于事件驱动编写高效的多任务程序。协程最大的优势就是极高的执行效率，因为子程序切换不是线程切换，而是由程序自身控制，因此没有线程切换的开销。协程的第二个优势就是不需要多线程的锁机制，因为只有一个线程，也不存在共享变量的冲突，在协程中控制共享资源不用加锁，只需要判断状态就好了，所以执行效率比多线程要高很多。想要充分利用 CPU 的多核特性，最简单的方法是多进程+协程，既充分利用多核，又充分发挥协程的高效率，可获得极高的性能提升。

9.3 多进程实践

multiprocessing 模块是一个类似于 threading 模块的接口，它对进程的各种操作进行了良好的封装，并提供了进程之间通信所需要的接口，例如 Pipe、Queue 等，帮助我们实现进程间的通信和同步等操作。

9.3.1 multiprocessing 模块

multiprocessing 是一个用于创建或管理进程的模块。它同时对本地并发和远程并发提供支持，使用子进程代替线程，有效地避免了 GIL 锁带来的不良影响。multiprocessing 模块可运行于 UNIX、Linux 和 Windows 上，充分利用服务器上的多核来完成任务。

在 multiprocessing 中，我们是通过创建一个 Process 对象并调用它的 start( )方法来创建和启动进程的。

例 9-8　process 类示例

```
from multiprocessing import Process
def f(name):
    print('hello', name)
```

```
if _name_ = = '_main_':
    p = Process(target = f, args = ('bob',))
    p. start()
    p. join()
```

创建子进程时，只需要传入一个执行函数 target 和函数的参数 args，创建一个 Process 实例，用 start( )方法启动，这样创建进程的方式比通过 fork( )函数创建进程还要简单。

例 9-9　启动一个子进程并等待其结束

```
from multiprocessing import Process
import os

# 子进程要执行的代码
def run_proc(name):
    print('Run child process % s (% s)... ' % (name, os. getpid()))

if _name_ = ='_main_':
    print('Parent process % s. ' % os. getpid())
    p = Process(target = run_proc, args = ('test',))
    print('Child process will start. ')
    p. start()
    p. join()
    print('Child process end. ')
```

multiprocessing 模块接口类似 threading 模块中的线程类 Thread。当被操作对象数目不大的时候可以使用 Process 动态生成多个进程，但是如果需要的进程数达到某个阈值的时候，手动限制进程的数量以及处理不同进程返回值会变得异常麻烦，这就增加了编码的复杂度和工作量。

9.3.2　进程池

在上一节的结尾，我们提到了在 multiprocessing 模块中如果存在上百甚至上千个目标进程需求，手动去创建这些进程的工作量巨大，人工操作几乎不可能完成，这种情况下有没有解决方案呢？有的，答案就是进程池，也就是可以用到 multiprocessing 模块提供的 Pool 对象。初始化进程池 Pool 时，能够指定一个最大进程数，当有新的请求提交到进程池 Pool 中时，如果池子还没有满，就会创建一个新的进程来执行该请求，但如果池中的进程数已经达到指定的最大阈值，那么该请求就会悬停，直到池中有进程结束后释放相关的资源才会创建新的进程来执行任务请求。

例 9-10　进程池示例

```
from multiprocessing import Pool
import random,time
def work(num):
```

```
        print(random.random() * num)
        time.sleep(3)
if __name__ == '__main__':
    po = Pool(3)                #定义一个进程池,最大进程数为 3 默认大小为 CPU 核数
    for i in range(10):
        po.apply_async(work,(i,))    #apply_async 选择要调用的目标
                                #每次循环用空出来的子进程去调用目标
    po.close()                  #进程池关闭之后不再接受新的请求
    po.join()                   #等待 po 中所有子进程结束,语法规定:必须放在 close 后面
```

使用 Pool 时,如果不指定进程数量,则最大进程数会默认为 CPU 核心数量。CPU 的核心数量对应的是计算机的逻辑处理器数量而不是内核数量,这点很多人都搞错了。进程数量可以是成百上千,只要用 Pool(10)就可以同时开启 10 个进程进行抓取。不过要注意一点,无论多线程还是多进程,数量开启太多都会造成切换费时,降低效率,所以需要慎重考虑是否真的需要创建这么多线程或进程。

9.3.3 进程间通信

多进程中每一个进程都有一份变量的备份,进程之间的操作互不影响,彼此之间是独立的。先通过下面的例 9-11 来验证进程之间的独立性。

例 9-11 进程间的独立验证

```
import multiprocessing
import time

zero = 0

def change_zero():
    global zero
    for i in range(3):
        zero = zero + 1
        print(multiprocessing.current_process().name, zero)

if __name__ == '__main__':
    p1 = multiprocessing.Process(target = change_zero)
    p2 = multiprocessing.Process(target = change_zero)
    p1.start()
    p2.start()
    p1.join()
    p2.join()
    print(zero)
```

运行结果如下。

```
Process-1  1
Process-1  2
Process-1  3
Process-2  1
Process-2  2
Process-2  3
0
```

结果显示新创建的两个进程各自把值增加到了 3，而不是二者一起将其加到了 6。同时，主进程的值还是 0。结论就是每个进程都是将数据复制过去然后自己单独计算，并没有将结果与其他进程共享。

好，再看另外一种情况。

例 9-12　多进程写入文件

```
import multiprocessing
import time
def write_file():
    for i in range(30):
        with open(result.txt', 'a') as f:
            f.write(str(i) + ' ')
if _name_ = = '_main_':
    p1 = multiprocessing. Process(target = write_file)
    p2 = multiprocessing. Process(target = write_file)
    p1. start()
    p2. start()
    p1. join()
    p2. join()
```

得到的 result. txt 文件内容如下。

```
0 1 2 3 4 5 6 7 8 9 10 11 12 13 14 0 15 2 16 17 3 4 18 19 5 20 6 21 22 8 9 23 10 11 25 26 12 13
27 28 14 29 15 16 17 18 19 20 21 22 23 24 25 26 27 28 29
```

由此可见，两个进程都将数据写入了同一份文件中。

我们要讨论这种情况，如果真的要在两个进程之间通信，需要什么样的解决方案？Python 模块 multiprocessing 提供 Queue（2. x 版本大写 Q，3. x 版本小写 q，此处与代码中的写法保持一致）和 Pipe 类来进行进程间的通信，当然不仅仅只有这两种方案，但是在这里我们优先介绍这两种方案。

Queue 是多进程的队列，使用 Queue 能实现多进程之间的数据传递。通过 put 方法把数据插入到队列的尾部，通过 get 方法从队列头部取出数据，且它们都有两个参数，分别为 blocked 和 timeout。当队列成员已满且 blocked 参数为 True 时，如果 timeout 为正值，则 put 方法会阻塞一定的时间，直到该队列腾出新的空间。如果超时，会抛出 Queue. Full 的异常。同理，当队列为空且 blocked 为 True 时，如果 timeout 为正值，则会等待直到有数据插入再取走。若在等待时间内没有数据插入，则会抛出 Queue. Empty 异常。

Python 编程从小白到大牛

看一个例子，我们创建两个进程，一个名叫 inputer，用于往 Queue 里写数据；一个名叫 reader，用于从 Queue 里读数据

例9-13　Queue 队列

```
from multiprocessing import Process, Queue

defaddone(q):
    q.put(1)

defaddtwo(q):
    q.put(2)

if _name_ = = '_main_':
    q = Queue()
    p1 = Process(target = addone, args = (q,))
    p2 = Process(target = addtwo, args = (q,))
    p1.start()
    p2.start()
    p1.join()
    p2.join()
    print(q.get())
    print(q.get())
```

运行结果如下。

```
1
2
```

除了 Queue 模块以外，Pipe 模块是实现进程之间通信的另一种方法。Pipe 对象分两种，一种为单向管道，一种为双向管道。通常情况下默认为双向管道，但可以通过构造方法 Pipe（duplex = False）来创建单向管道。Pipe 执行任务的方式是，一个进程从 Pipe 的一端输入对象，然后一个进程从 Pipe 的另一端接收对象，就像一个输油管道一样。单向管道只允许管道一端的进程输入，而双向管道则允许从两端输入。

例9-14　Pipe 管道

```
import random
import time
from multiprocessing import Process, Pipe, current_process
def produce(conn):
    while True:
        new = random.randint(0, 100)
        print('{} produce {}'.format(current_process().name, new))
        conn.send(new)
        time.sleep(random.random())
```

158

```
def consume(conn):
    while True:
        print('{} consume {}'.format(current_process().name, conn.recv()))
        time.sleep(random.random())
if __name__ == '__main__':
    pipe = Pipe()
    p1 = Process(target=produce, args=(pipe[0],))
    p2 = Process(target=consume, args=(pipe[1],))
    p1.start()
    p2.start()
```

结果如下。

```
Process-1 produce 24
Process-2 consume 24
Process-1 produce 95
Process-2 consume 95
Process-1 produce 100
Process-2 consume 100
Process-1 produce 28
Process-2 consume 28
Process-1 produce 62
Process-2 consume 62
Process-1 produce 92
Process-2 consume 92
```

　　总结 Queue 与 Pipe 之间的差别：Queue 使用 put 和 get 来维护队列，Pipe 使用 send recv 来维护队列；Pipe 只提供两个端点，而 Queue 没有限制。这就表示使用 Pipe 时只能同时开启两个进程，一个生产者、一个消费者，它们分别对这两个端点操作，两个端点共同维护一个队列。如果多个进程对 pipe 的同一个端点同时操作，就会发生错误，因为没有上锁。所以两个端点就相当于只提供两个进程安全的操作位置，这个机制限制了进程数量只能是 2。Queue 的封装更好，Queue 只提供一个结果，它可以被很多进程同时调用；而 Pipe 返回两个结果，要分别被两个进程调用，Queue 的实现基于 Pipe 的底层，所以 Pipe 的运行速度比 Queue 快很多。结论，当只需要两个进程时，使用 Pipe 更快；当需要多个进程同时操作队列时，推荐使用 Queue。

9.4　并行开发的高级特性

　　多线程是多个任务同时运行的一种方式，每个线程就像一个循环，现在把每个循环当成一个任务，我们希望第一次循环运行还没结束时，就可以开始第二次循环，这样就能节省时间。Python 中这种同时运行程序的目的是最大化利用 CPU 的计算能力，将很多等待时间利用起来。如果某个程序耗时的原因并不是因为等待时间，而是任务非常多，就是要计算那么久，则多线程是无法改善运行效率的。

9.4.1 GIL

我们不止一次提到过在 Python 程序运行时解释器被一个全局解释器锁 GIL 保护着，它的作用就是确保任何时候都只有一个 Python 线程执行。GIL 保证了程序运行的正确性，但也带来了某些性能问题，导致 Python 的多线程并不能充分利用多核 CPU 的优势，比如一个使用了多个线程的计算密集型程序只会在一个单 CPU 上面运行。这个先天性的弱点引起了很大的争论，促使很多人认为 Python 并不是真正的多线程编程语言。但有一点要强调的是 GIL 只会影响到那些严重依赖 CPU 的程序，比如计算密集型的程序。如果我们的程序只会影响 I/O 部分资源，比如网络交互，那么使用多线程就很合适，因为进程的大部分时间都在等待。对于依赖 CPU 的程序，需要搞清楚执行计算的特点，比如某些优化底层算法要比使用多线程运行有效得多。另外，由于 Python 是解释执行的，如果将那些位于性能瓶颈处的代码移植到一个 C 语言扩展模块中，速度大幅度提升。如果我们要操作数组，那么使用 NumPy 这样的扩展会非常高效。最后，还可以考虑下其他可选实现方案，比如 PyPy，它通过一个 JIT 编译器来优化执行效率。

有一点要注意的是，多线程不是专门用来优化性能的，尽管它确实能提升程序性能。一个 CPU 依赖型程序可能会使用线程来管理一个图形用户界面、一个网络连接或其他服务。这时候，GIL 会产生一些问题，因为如果一个线程长期持有 GIL 的话会导致其他非 CPU 型线程一直等待。事实上，在这种情况下的 C 语言扩展会导致这个问题更加严重，尽管代码的计算部分可能会比之前运行得更快些。

说了那么多，GIL 带来的问题大家也都清楚了，怎么解决这些问题？下面提供一种思路作为参考。

例 9-15　GIL 优缺点

```
#运行计算密集型程序 (CPU bound)
def some_work(args):
    ...
    return result


#一个线程调用上面的函数
def some_thread():
    while True:
        ...
        r = some_work(args)
    ...
```

计算密集型的程序通常是这种写法，下面我们修改代码，使用进程池。

```
#创建进程池
pool = None

#运行计算密集型程序 (CPU bound)
```

```
def some_work(args):
    ...
    return result

#一个线程调用上面的函数
def some_thread():
    while True:
        ...
        r = pool.apply(some_work, (args))
        ...
#初始化进程池
if _name_ = = '_main_':
    import multiprocessing
    pool = multiprocessing. Pool()
```

这里的思路是利用进程池 Pool 来解决 GIL 的问题。原理是当一个线程想要执行 CPU 密集型工作时，会将任务分发给进程池，然后进程池会在另外一个进程中启动单独的 Python 解释器来辅助工作，在线程等待结果的时候会释放 GIL。由于计算任务在单独的解释器中执行，就不会受限于 GIL 了。在一个多核系统上面，这个解决方案会很好地利用多 CPU 的优势。

很多初学者在面对线程性能问题的时候，马上就会怪罪于 GIL，把什么问题都说成是它的问题，尤其网上或某些书籍上的一些言论不够严谨。我们需要先去搞懂代码是否真的会被 GIL 影响到，要明白 GIL 大部分都与 CPU 处理相关而不是与 I/O 相关。另外一个难点是，当混合使用线程和进程池的时候会让我们很头疼。根据经验来看，如果我们要同时使用两者，最好在程序启动时，创建任何线程之前先创建一个单例的进程池，然后线程使用同样的进程池来进行它们的计算密集型工作。

9.4.2　threading 模块

在 9.1.2 小节中，我们对 threading 模块有了初步的了解，本节会对在其基础知识上做一些深度挖掘。在 Python 3. x 中的创建新线程与创建新进程的方法非常类似，多线程编程主要依靠 threading 模块，threading. Thread 方法可以接收两个参数，第一个是 target，它一般指向函数名；第二个是 args，需要向函数传递的参数；第三个就是调用 start 方法即可触发新线程的创建。

例 9-16　多线程

```
import threading
import time


def long_time_task(i):
    print('当前子线程：{}-任务{}'. format(threading. current_thread().name, i))
    time. sleep(2)
```

```
    print("结果: {}".format(8 * * 20))


if __name__ == '__main__':
    start = time.time()
    print('这是主线程:{}'.format(threading.current_thread().name))
    t1 = threading.Thread(target = long_time_task, args = (1,))
    t2 = threading.Thread(target = long_time_task, args = (2,))
    t1.start()
    t2.start()


    end = time.time()
    print("总共用时{}秒".format((end-start)))
```

输出结果如下。

```
当前子线程: Thread-1-任务 1
当前子线程: Thread-2-任务 2
总共用时 0.0017192363739013672 秒
结果: 1152921504606846976
结果: 1152921504606846976
```

为什么总耗时居然几乎是 0 秒？可以明显看到主线程和子线程其实是独立运行的，主线程根本没有等子线程完成，而是自己结束后就输出了消耗时间。主线程结束后，子线程仍在独立运行，没人知道它什么时候会结束，这个结果显然不是我们想要的。

如果要实现主线程和子线程的同步，就需要使用 join 方法。

例 9-17　主线程和子线程同步

```
import threading
import time


def long_time_task(i):
    print('当前子线程: {} 任务{}'.format(threading.current_thread().name, i))
    time.sleep(2)
    print("结果: {}".format(8 * * 20))


if __name__ == '__main__':
    start = time.time()
    print('这是主线程:{}'.format(threading.current_thread().name))
    thread_list = []
    for i in range(1, 3):
        t = threading.Thread(target = long_time_task, args = (i,))
        thread_list.append(t)
```

```
    for t in thread_list:
        t.start()

    for t in thread_list:
        t.join()

    end = time.time()
print("总共用时{}秒".format((end-start)))
```

修改代码后的输出如下。

```
这是主线程:MainThread
当前子线程: Thread-1 任务 1
当前子线程: Thread-2 任务 2
结果:1152921504606846976
结果:1152921504606846976
总共用时 2.0166890621185303 秒
```

这时我们可以看到主线程在等子线程完成后才输出总消耗时间 2 秒，这个结果符合预期。当我们设置多线程时，主线程会创建多个子线程，在 Python 中默认情况下主线程和子线程独立运行，互不干涉，如果希望让主线程等待子线程实现线程的同步，就模仿例 9-17 的方案使用 join 方法。

现在修改需求，我们希望一个主线程结束时也不再执行子线程，应该怎么办呢？使用 t.setDaemon（True）就可以达到这个效果，大家可以使用下面的代码测试一下。

例 9-18 主线程不再执行子线程

```
import threading
import time

def long_time_task():
    print('当子线程: {}'.format(threading.current_thread().name))
    time.sleep(2)
    print("结果: {}".format(8 ** 20))


if _name_ == '_main_':
    start = time.time()
    print('这是主线程:{}'.format(threading.current_thread().name))
    for i in range(5):
        t = threading.Thread(target = long_time_task, args = ())
        t.setDaemon(True)
        t.start()
```

```
end = time.time()
print("总共用时{}秒".format((end-start)))
```

注意，threading 模块支持守护线程，其工作原理是：守护线程就像是一个等待客户端请求的服务器，如果没有客户端提出请求，它就在那等着。如果设定一个线程为守护线程，就表示你在说这个线程是不重要的，在进程退出的时候，不用等待这个线程退出。整个 Python 程序会在所有的非守护线程退出后才会结束，即进程中没有非守护线程存在的时候才结束。

9.4.3　queue 模块

queue 是 Python 中的标准库，俗称队列，可以直接使用 import 引用。在 Python 2.x 中，模块名为 Queue，注意 Q 是大写，而在 Python 3.x 中变成了 queue，q 是小写，本节以 Python 3.x 写法为准。通过 9.3.3 小节的学习，我们对 queue 已经有了一定的了解，不过都是在进程通信方面的知识，本节将进一步从数据结构的角度来研究 queue 模块。

程序中多个线程之间的数据是共享的，多个线程进行数据交换的时候并不能够保证数据的安全性和一致性。为了满足多个线程进行数据交换的需求，队列就诞生了，队列可以完美解决线程间的数据交换，保证线程间数据的安全性和一致性，这就是 queue 的工作原理。

我们在第 4 章中已经掌握了栈和队列的数据结构。栈（stack）也可以说是种先行后出队列（First in Last out），这种数据结构的特点是先进后出。打个比方，我们需要把许多书放进一个刚好能容下的桶里面，后放入的书会压着先放入的书。如果我们想要从桶里面取出书籍，那么就只有把后放入的书先取出来，类似于这种先进后出的模型便是栈了。队列（queue）特点是先进先出（First in First out）。打个比方，我们去食堂排队的时候，为了达到公平的目的，总是先去排队的人能够先打到饭，后进入队列排队的人总是后打到饭。这样的先进先出、后进后出的数据类型就是队列。

现在把队列中的操作进行排序。

1）入队，把数据添加到队尾。

2）出队，从队首取出一个数据。

3）队列初始化，创建一个队列。

4）销毁一个队列，把整个队列的数据从内存中删除。

5）判断队列是否为空。

6）判断队列是否满。

7）获取队列的长度。

接下来，我们用 queue 模块来模仿队列和栈的数据结构。

例 9-19　queue 模拟队列

```
import queue
q = queue.Queue(3)               # 调用构造函数,初始化一个大小为 3 的队列
print(q.empty())                 # 判断队列是否为空,也就是队列中是否有数据
q.put(13, block = True, timeout = 5)
print(q.full())                  # 判断队列是否满了,这里我们队列初始化的大小为 3
```

```
print(q.qsize())        # 获取队列当前数据的个数

print(q.get(block = True, timeout = None))
q.put_nowait(23)        # 相当于q.put(23, block = False)
q.get_nowait()          # 相当于q.get(block = False)
```

　　block 参数既可以是 True 也可以是 False，意思是如果队列已经满了，则阻塞在这里。timeout 参数是指超时时间，如果被阻塞了，那最多会被阻塞到一定时间，如果时间超过了就会报错。

　　queue 模块有两个比较重要的函数 task_done() 和 join()，这两个方法到底怎么用呢？下面我给出两个例子。

例 9-20　阻塞代码

```
import queue

q = queue.Queue(3)
q.put(13, block = True, timeout = 5)
q.put_nowait(23)
q.task_done()
print(q.get())
q.join()
```

　　例 9-20 的代码执行完后会一直阻塞着，再看下一个示例并对比两者的差别。

例 9-21　避免阻塞示例

```
import queue

q = queue.Queue(3)
q.put(13, block = True, timeout = 5)
q.task_done()
q.put_nowait(23)
q.task_done()
print(q.get())
q.join()
```

　　task_done() 函数意味着之前入队的一个任务已经完成了，它由队列的相关线程调用，每一个 get 函数调用得到一个任务，接下来的 task_done() 的调用会通知队列所有成员该任务已经处理完毕。join() 函数会阻塞调用的线程，直到队列中的所有任务被处理掉，当数据加入到队列，未完成的任务数就会增加。如果相关线程调用 task_done() 函数意味着有线程取得任务并完成该任务，这时候未完成的任务数就会减少，当未完成的任务数降到 0，join() 函数解除阻塞。

　　总结，为了实现多线程环境下对队列的支持，当调用 put() 方法的时候，就是给这个队列增加了一个任务，只有到调用 task_done() 函数时才表示完成了一个任务，而 join() 函数表示我们所有的任务都完成后阻塞自动解除。

9.4.4 锁

本节讨论的锁（Lock）和前面介绍的 GIL 不是一类概念，具体有何区别？请大家一边阅读一边思考。举个生活中的例子，有一个古怪的房东，他家里有两个房间想要出租。这个房东很抠门，家里有两个房间，但却只有一把锁，这个古怪房东还不想另外花钱买另一把锁，也不让租客自己加锁。在如此苛刻的约束下，先租到房子的那个租客才能被分配到锁。X 先生率先租到了房子并且拿到了锁，而后来 Y 先生也租到了另外一间房子，由于锁已经被 X 先生取走了，Y 先生自己拿不到锁，也不能自己加锁，Y 先生就不愿意了，他也就不租了。这种情况下换作其他人也一样，没有人会租第二个没有锁的房间。等到 X 先生退租，把锁还给房东，就可以让其他房客来取锁，第二间房间才有可能租出去。换句话说，就是房东同时只能出租一个房间，只要有人租了一个房间，拿走了唯一的锁，就没有人再租另一间房了。

回到我们的线程中来，有两个线程 A 和 B，A 和 B 里的程序都加了同一个锁对象，当线程 A 率先执行到 lock. acquire( )函数，拿到全局唯一的锁后，线程 B 只能等到线程 A 运行 lock. release( )后释放锁或者归还锁，它才能运行 lock. acquire( )函数，拿到全局唯一的锁并执行后面的代码。

例 9-22 加锁与解锁

```python
import threading
# 创建一个锁对象
lock = threading. Lock()
# 获得锁,加锁
lock. acquire()
....
# 释放锁,解锁
lock. release()
```

需要注意的是，lock. acquire( )和 lock. release( )必须成双成对出现，否则就有可能造成死锁。我们虽然知道它们必须成对出现，还是会有粗心大意而忘记的时候。为了规避这个问题，这里推荐使用上下文管理器来加锁。

```python
import threading

lock = threading. Lock()
with lock:
    # 这里写自己的代码
    pass
```

通过 lock. acquire( )获得锁后线程将一直执行不会中断，直到该线程 lock. release( )释放锁后线程才有可能被释放。注意，锁被释放后线程并不一定会释放。

例 9-23 锁的运用

```python
import time
import threading
```

```python
# 生成一个锁对象
lock = threading.Lock()


deffunc():
    global num   # 全局变量
    # lock.acquire()   # 获得锁,加锁
    num1 = num
    time.sleep(0.1)
    num = num1-1
    # lock.release()   # 释放锁,解锁
    time.sleep(2)


num = 100
l = []


for i in range(100):   # 开启 100 个线程
    t = threading.Thread(target = func, args = ())
    t.start()
    l.append(t)


# 等待线程运行结束
for i in l:
    i.join()


print(num)
```

代码中用 # 号将 lock. acquire ( ) 和 lock. release ( ) 行注释掉表示不使用锁,取消 lock. acquire( )和 lock. release( )行的注释表示使用锁。运行结果为不使用锁程序运行输出为 99,使用锁程序运行结果为 0。

为什么会有这么大的差异?这就是有锁和无锁的差别。

锁(Lock)与 GIL 全局解释器锁存在本质的区别。我们需要知道锁的目的,它是为了保护共享的数据,同时可有且只有一个线程来修改共享的数据,而保护不同的数据需要使用不同的锁。GIL 用于限制一个进程中同一时刻只有一个线程被 CPU 调度,GIL 的级别比 Lock 高,是解释器级别的锁。

若 GIL 与 Lock 同时存在于程序中,程序执行如下。

1)同时存在两个线程:线程 A 和线程 B。

2)线程 A 抢占到 GIL 进入 CPU 执行,并加了 Lock,但为执行完毕,线程被释放。

3)线程 B 抢占到 GIL 进入 CPU 执行,执行时发现数据被线程 A 锁住,于是线程 B 被阻塞。

4)线程 B 的 GIL 被夺走,有可能线程 A 拿到 GIL,执行完操作、解锁,并释放 GIL。

5）线程 B 再次拿到 GIL，才可以正常执行。

通过上述步骤，应该能总结出 Lock 是通过牺牲执行的效率换取数据安全。

9.5 并发编程分类

通过前面章节的学习，我们已经掌握了很多并发编程的技术。所谓并发编程，就是让程序中有多个部分能够同时触发或同时执行，这么做带来的好处不言而喻，其中最关键的是提升了执行效率和改善了用户体验。

并发编程技术种类繁多，各种函数让人眼花缭乱，但是万变不离其宗，总结下来 Python 中实现并发编程的有三种方式。

第一种是多线程编程。Python 中通过 threading 模块的 Thread 类并辅以 Lock、Condition 等类来支持多线程编程。Python 解释器通过 GIL 全局解释器锁来防止多个线程同时执行本地字节码，这个锁对于 CPython 是必需的，因为 CPython 的内存管理并不是以线程安全为首要目标的。GIL 的存在导致 Python 的多线程并不能利用 CPU 的多核特性。

第二种是多进程编程。使用多进程能缓解 GIL 带来的性能瓶颈问题。注意这里是缓解，而不是彻底解决。Python 中的 multiprocessing 模块提供了 Process 类来实现多进程，其他的辅助类和 threading 模块中的类相似，由于在操作系统层面对进程的保护，进程间的内存是相互隔离的。进程间通信和共享数据必须使用管道、套接字等方式，这一点从编程人员的角度来讲是比较麻烦的。为此，Python 的 multiprocessing 模块提供了一个名为 queue 的类，它基于管道和锁机制提供了多个进程共享的队列。

例 9-24 利用多进程发掘多核 cpu 潜力

```
import concurrent.futures
import math

PRIMES = [
    1116281,
    1297337,
    104395303,
    472882027,
    533000389,
    817504243,
    982451653,
    112272535095293,
    112582705942171,
    112272535095293,
    115280095190773,
    115797848077099,
    1099726899285419
] * 5
```

```
def is_prime(num):
    """判断素数"""
    assert num > 0
    for i in range(2, int(math.sqrt(num)) +1):
        if num % i = = 0:
            return False
    return num ! = 1


def main():
    """主函数"""
    with concurrent.futures.ProcessPoolExecutor() as executor:
        for number, prime in zip(PRIMES, executor.map(is_prime, PRIMES)):
            print('%d is prime: %s' % (number, prime))


if _name_ = = '_main_':
    main()
```

运行上面的程序并查看执行时间。

```
time Python3test.py
real    0m21.357s
user    1m6.244s
sys     0m0.250s
```

使用多进程后实际执行时间为 21.357 秒，而用户的时间为 1 分 6.244 秒，约为实际执行时间的 4 倍。这就证明我们的程序通过多进程使用了 CPU 的多核特性，而且这台计算机配置了 4 核的 CPU。

第三种是异步编程，也叫作异步 I/O。所谓异步编程是通过调度程序从任务队列中挑选任务，调度程序以交叉的形式执行这些任务，我们并不能保证任务将以某种顺序去执行，因为执行顺序取决于队列中的一项任务是否愿意将 CPU 处理时间让位给另一项任务。异步编程通常通过多任务协作处理的方式来实现，由于执行时间和顺序的不确定，因此需要通过回调函数或者 Future 对象来获取任务执行的结果。目前我们使用的 Python 3.x 通过 asyncio 模块以及 await 和 async 关键字提供了对异步 I/O 的支持。

例 9-25　异步 I/O

```
import asyncio

async def fetch(host):
    """从指定的站点抓取信息（协程函数）"""
    print(f'Start fetching {host}\n')
    #跟服务器建立连接
    reader, writer = awaitasyncio.open_connection(host, 80)
    # 构造请求行和请求头
```

```
    writer.write(b'GET / HTTP/1.1\r\n')
    writer.write(f'Host: {host}\r\n'.encode())
    writer.write(b'\r\n')
    # 清空缓存区(发送请求)
    await writer.drain()
    # 接收服务器的响应(读取响应行和响应头)
    line = await reader.readline()
    while line != b'\r\n':
        print(line.decode().rstrip())
        line = await reader.readline()
    print('\n')
    writer.close()


def main():
    """主函数"""
    urls = ('www.sohu.com', 'www.douban.com', 'www.163.com')
    # 获取系统默认的事件循环
    loop = asyncio.get_event_loop()
    # 用生成式语法构造一个包含多个协程对象的列表
    tasks = [fetch(url) for url in urls]
    # 通过 asyncio 模块的 wait 函数将协程列表包装成 Task 并等待其执行完成
    # 通过事件循环的 run_until_complete 方法运行任务直到完成并返回它的结果
    loop.run_until_complete(asyncio.wait(tasks))
    loop.close()


if __name__ == '__main__':
    main()
```

如果程序不需要真正的并发性，而是依赖于异步处理和回调时，异步 I/O 就是一种很好的选择；另一方面，当程序中有大量等待与休眠进程时，也应该考虑使用异步 I/O。以读操作为例，对于一次 I/O 操作，数据会先被复制到操作系统内核的缓冲区中，然后从操作系统内核的缓冲区复制到应用程序的缓冲区，最后交给进程。所以说当一个读操作发生时会经历两个阶段：①等待数据准备就绪；②将数据从内核复制到进程中。同理，写操作与之类似。

由于存在这两个阶段，因此产生了以下几种 I/O 模式。

1）阻塞 I/O（blocking I/O）：进程发起读操作，如果内核数据尚未就绪，进程会阻塞等待数据直到内核数据就绪并复制到进程的内存中。

2）非阻塞 I/O（non-blocking I/O）：进程发起读操作，如果内核数据尚未就绪，进程不阻塞而是收到内核返回的错误信息，进程收到错误信息可以再次发起读操作，一旦内核数据准备就绪，就立即将数据复制到用户内存中，然后返回。

3）多路 I/O 复用（I/O multiplexing）：监听多个 I/O 对象，当 I/O 对象有变化（数据就绪）时就通知用户进程。多路 I/O 复用的优势并不在于单个 I/O 操作能处理得更快，而是

170

在于能处理更多的 I/O 操作。

4）异步 I/O（asynchronous I/O）：进程发起读操作后就可以去做别的事情了，内核收到异步读操作后会立即返回，所以用户进程不阻塞，当内核数据准备就绪时，内核发送一个信号给用户进程，告诉它读操作完成了。

掌握了并发处理的机制，工程师在编写一个处理用户请求的服务器程序时有以下三种方式可供选择。第 1 种是每收到一个请求，创建一个新的进程，来处理该请求。第 2 种是每收到一个请求，创建一个新的线程，来处理该请求。第 3 种是每收到一个请求，放入一个事件列表，让主进程通过非阻塞 I/O 方式来处理请求。

第 1 种方式实现比较简单，但由于创建进程开销比较大，会导致服务器性能比较差；第 2 种方式，由于牵扯到线程的同步，有可能会面临竞争、死锁等问题；第 3 种方式，就是所谓事件驱动的方式，它利用了多路 I/O 复用和异步 I/O 的优点，虽然代码逻辑比前面两种都复杂，但能达到最好的性能，这也是目前大多数网络服务器采用的方式。

9.6 【实战】手把手教你创建自己的线程池

现在需要开发一个高性能的爬虫程序，这个程序需要控制同时爬取的线程数，最大能创建 20 个线程，而同时只允许 3 个线程在运行，但是 20 个线程都需要创建和销毁。注意，这些线程的创建和销毁是需要消耗系统资源的。有没有比较理想的解决方案呢？

扫码看教学视频

其实是有的。常规状态下，系统启动一个新线程的成本是比较高的，这涉及与操作系统的交互。使用线程池可以很好地提升性能，尤其是当程序中需要创建大量生存期很短暂的线程时，更应该考虑使用线程池。线程池在系统启动时即创建大量空闲的线程，程序只要将一个函数提交给线程池，线程池就会启动一个空闲的线程来执行它。当该函数执行结束后，该线程并不会死亡，而是再次返回到线程池中变成空闲状态，等待执行下一个函数。此外，使用线程池可以有效地控制系统中并发线程的数量。当系统中包含大量的并发线程时，会导致系统性能急剧下降，甚至导致 Python 解释器崩溃，而线程池的最大线程数参数可以控制系统中并发线程的数量不超过此数。

回到那个爬虫的问题，咱们搞清楚了这个原理，其实只需要三个线程就行了，每个线程各分配一个任务，剩下的任务排队等待，当某个线程完成了任务，排队任务就可以安排给这个线程继续执行，这样就避免了反复创建和销毁线程，节省了资源。这就是线程池的思想，实际上自己编写线程池很难做到完美，需要考虑复杂情况下的线程同步，这些因素很容易引发死锁。

concurrent. futures 函数库有一个 ThreadPoolExecutor 类可以被用来完成这类线程池需求，比如构建一个简单的 TCP 服务器并使用线程池来响应客户端。

例 9-26　TCP 服务器上的线程池

```
from socket import AF_INET, SOCK_STREAM, socket
from concurrent. futures import ThreadPoolExecutor
```

```
def echo_client(sock, client_addr):
    '''
    Handle a client connection
    '''
    print('Got connection from', client_addr)
    while True:
        msg = sock.recv(65536)
        if not msg:
            break
        sock.sendall(msg)
    print('Client closed connection')
    sock.close()

def echo_server(addr):
    pool = ThreadPoolExecutor(128)
    sock = socket(AF_INET, SOCK_STREAM)
    sock.bind(addr)
    sock.listen(5)
    while True:
        client_sock, client_addr = sock.accept()
        pool.submit(echo_client, client_sock, client_addr)

echo_server(('',15000))
```

若想手动创建我们自己的线程池，通常可以使用一个 queue 来轻松实现。

例9-27 手动实现自己的线程池

```
from socket import socket, AF_INET, SOCK_STREAM
from threading import Thread
from queue import Queue

def echo_client(q):
    '''
    Handle a client connection
    '''
    sock, client_addr = q.get()
    print('Got connection from', client_addr)
    while True:
        msg = sock.recv(65536)
        if not msg:
            break
```

```
        sock. sendall(msg)
    print('Client closed connection')

    sock. close()

def echo_server(addr, nworkers):
    # Launch the client workers
    q = Queue()
    for n in range(nworkers):
        t = Thread(target = echo_client, args = (q,))
        t. daemon = True
        t. start()

    # Run the server
    sock = socket(AF_INET, SOCK_STREAM)
    sock. bind(addr)
    sock. listen(5)
    while True:
        client_sock, client_addr = sock. accept()
        q. put((client_sock, client_addr))

echo_server(('',15000), 128)
```

使用 ThreadPoolExecutor 构建线程池相对于手动实现线程池的一个好处在于，它使得任务提交者可以更便捷地从被调用函数中获取返回值。

例 9-28　使用 ThreadPoolExecutor 创建线程池

```
from concurrent. futures import ThreadPoolExecutor
import urllib. request

def fetch_url(url):
    u = urllib. request. urlopen(url)
    data = u. read()
    return data

pool = ThreadPoolExecutor(10)
# Submit work to the pool
a = pool. submit(fetch_url, 'http://www. Python. org')
b = pool. submit(fetch_url, 'http://www. pypy. org')

# Get the results back
x = a. result()
y = b. result()
```

173

返回的 handle 对象帮助处理所有的阻塞与协作，然后从工作线程中返回数据给我们。函数 a. result( )操作被阻塞的进程直到对应的函数执行完成并返回一个结果。通常来讲，我们应该避免编写线程数量可以无限制增长的线程池。

下面举个例子来证明无限增长的线程池有多糟糕。

例 9-29　无限制增长的线程池

```
from threading import Thread
from socket import socket, AF_INET, SOCK_STREAM
def echo_client(sock, client_addr):
    '''
    Handle a client connection
    '''
    print('Got connection from', client_addr)
    while True:
        msg = sock. recv(65536)
        if not msg:
            break
        sock. sendall(msg)
    print('Client closed connection')
    sock. close()


def echo_server(addr, nworkers):
    # Run the server
    sock = socket(AF_INET, SOCK_STREAM)
    sock. bind(addr)
    sock. listen(5)
    while True:
        client_sock, client_addr = sock. accept()
        t = Thread(target = echo_client, args = (client_sock, client_addr))
        t. daemon = True
        t. start()


echo_server(('',15000))
```

尽管这个线程池也可以工作，但是它不能抵御某些试图通过创建大量线程让服务器资源枯竭而崩溃的攻击行为。通过使用预先初始化的线程池，可以设置同时运行线程的上限数量。现代操作系统可以很轻松地创建几千个线程的线程池，甚至几千个线程等待工作并不会对其他代码产生性能影响。若所有线程同时被唤醒并立即在 CPU 上执行，那就不同了——特别是有了全局解释器锁 GIL。

创建大的线程池还需要关注的问题是内存的使用。例如，如果我们在 OS X 系统上创建 2000 个线程，系统显示 Python 进程使用了超过 9GB 的虚拟内存。不过，这个计算通常不是精确的。创建一个线程时，操作系统会预留一个虚拟内存区域来放置线程的执行栈，通常是

8MB 大小。但是这个内存只有一小片段被实际映射到真实内存中。因此，Python 进程使用到的真实内存其实很小，根据一般经验来说，对于 2000 个线程来讲，大概只使用到了 70MB 的真实内存，而不 9GB。如果担心虚拟内存大小，还可以使用 threading. stack_ size( ) 函数来修改它。

```
import threading
threading. stack_size(65536)
```

使用 threading. stack_ size( ) 并进行 2000 左右的有线程试验，就会发现 Python 进程只使用到了大约 210MB 的虚拟内存，而真实内存使用量没有变化。

9.7　【大牛讲坛】实现消息发布/订阅模型

实现发布/订阅的消息通信模式，要引入一个单独的"交换机"或"网关"对象作为所有消息的中介。也就是说，不直接将消息从一个任务发送到另一个，而是将其发送给交换机，然后通过交换机这个中介将它发送给一个或多个被关联任务。

例 9-30　简单的交换机实现

```
from collections import defaultdict

class Exchange:
    def _init_(self):
        self. _subscribers = set()

    def attach(self, task):
        self. _subscribers. add(task)

    def detach(self, task):
        self. _subscribers. remove(task)

    def send(self, msg):
        for subscriber in self. _subscribers:
            subscriber. send(msg)

#创建交换的对象
_exchanges = defaultdict(Exchange)

def get_exchange(name):
    return _exchanges[name]
```

一个交换机就是一个普通对象，负责维护一个活跃的任务集合，并为绑定、解绑和发送消息提供相应的方法。每个交换机通过一个名称定位，get_ exchange( ) 函数通过给定一个名称返回相应的 Exchange 实例。

175

例 9-31　使用交换机

```
#任务案例
class Task:
    ...
    def send(self, msg):
        ...
task_a = Task()
task_b = Task()

#交换实例
exc = get_exchange('name')

#分发任务
exc.attach(task_a)
exc.attach(task_b)

#发送信息
exc.send('msg1')
exc.send('msg2')

exc.detach(task_a)
exc.detach(task_b)
```

尽管对于这个问题有很多的变化，不过万变不离其宗，消息总会被发送给一个交换机，然后交换机总会将它们发送给被绑定的订阅者。通过队列发送消息的任务或线程的模式很容易被实现并且也非常普遍。不过，使用发布/订阅模式也有自身的优点。

首先，使用一个交换机可以简化大部分与线程通信相关的工作，不用去考虑通过多进程模块来操作多个线程，只要使用这个交换机来连接它们就可以了。某种程度上，这个就跟日志模块的工作原理类似，它可以轻松地解耦程序中的多个任务。

其次，交换机广播消息给多个订阅者的此类方式带来了一个全新的通信模型。例如，我们可以使用多任务系统广播；还可以通过以普通订阅者身份绑定来构建调试和诊断工具。

例 9-32　简单的诊断类，可以显示被发送的消息

```
class DisplayMessages:
    def _init_(self):
        self.count = 0
    def send(self, msg):
        self.count += 1
        print('msg[{}]: {!r}'.format(self.count, msg))

exc = get_exchange('name')
```

```
d = DisplayMessages()
exc.attach(d)
```

最后，该实例的一个重要特点是它能兼容多个任务对象。

关于交换机的一个可能问题是对于订阅者的正确绑定和解绑。为了正确地管理资源，每一个绑定的订阅者必须最终要解除绑定。在代码中通常会是下面这样的写法。

```
exc = get_exchange('name')
exc.attach(some_task)
try:
    ...
finally:
    exc.detach(some_task)
```

某种意义上，这个和使用文件、锁和类似对象很像，通常很容易会忘记最后的 detach( ) 步骤。要牢记这一点，绑定和解绑是成对出现的。

本章总结了多进程和多线程的概念和区别，并详细介绍如何使用 Python 的 multiprocess 和 threading 模块进行多线程和多进程编程。我们还介绍了不同进程和线程间的通信和数据共享。

第 10 章
网络编程

计算机网络是多台独立计算机互联而成的系统总称，最初建立计算机网络的目的是实现信息传递和资源共享。如今计算机网络中的设备和计算机网络的用户已经多得不可计数，没人清楚世界上有多少台计算机连接在互联网上，计算机网络也变成了一个"复杂巨系统"。对于这样的系统，我们不可能用一两章内容就把它讲清楚，这里只介绍一些基础知识，为后面的 Python 编程打下基础。Python 语言也提供了强大的网络编程支持，有很多库实现了常见的网络协议以及基于这些协议的抽象层功能，让程序员能够专注于程序的逻辑，而不需要用太多精力去关心底层网络协议的问题。

扫码获取本章代码

10.1 【小白也要懂】网络基础

网络是一种能够将双方或者多方连接在一起的工具。当我国的家用电话刚刚普及的阶段，如果在异地求学或打工的时候想家了，但是又不能立马回去，那只能借助电话来缓解思家之情。电话让我们感觉到家就在身边，这就是一种连接工具。网络也是如此，而且比电话的功能更多，如现在的游戏分为单机游戏和网络游戏。单机游戏，整个游戏里只有玩家一个人，其他都是 NPC，NPC 不会和我们吹牛聊天嬉闹，而网络游戏则不同，游戏里不仅有NPC（非玩家角色）还有许多现实世界的人们，他们可以和我们一起聊天吹牛，其互动性远不是单机游戏所能比拟的。

两台主机之间要实现通信，需要物理层面的网络通信，网络通信就像寄信件一样是信息的交换。在现实生活中寄信件，信件没有办法从我们手里瞬间送到收件人手里，每一次寄送邮件都会经历这样几个固定流程：写信、装信封、投送邮箱、邮局取件、运输到目的地邮局、目的地邮局根据详细地址派送、收件人收件、拆信封、读信。网络通信也是同样的道理，数据的传输遵循一定的流程：发送端程序将数据打包，给数据包印上目标地址，将数据包交给网关，通过路由转发到达目的网络，目的网络网关根据详细地址分发，目的主机接收数据、拆包、读数据。

10.1.1 TCP/IP

咱们还拿写信来比喻，写信就是古人的通信方式，写信人必须和收信人协商好，大家使用的文字必须一致，不然一个写文言文一个写阿拉伯文，那就是鸡同鸭讲。网络编程就是通过网络让不同计算机上运行的程序可以进行通信，不同的计算机设备也需要一种固定的协议，让所有的设备用同一种"语言"。这种计算机之间的通用"语言"是什么呢？答案就是TCP/IP 协议。

很久以前，为了把全世界所有不同类型的计算机都连接起来，就必须规定一套全球通用的协议，为了实现互联网这个目标，诞生了很多通用协议标准。因为互联网协议包含了上百种协议标准，但是最重要的两个协议是 TCP 协议和 IP 协议，所以，大家把互联网的协议简称 TCP/IP 协议。需要注意是 TCP/IP 并不只是一个协议，它是由许多协议组成的，也称为TCP/IP 协议族。另外，所谓 TCP/IP 协议族也是一系列协议及其构成的通信模型，我们通常也把这套东西称为 TCP/IP 模型。与国际标准化组织发布的 OSI/RM 这个七层模型不同，TCP/IP 是一个四层模型，也就是说，该模型将我们使用的网络从逻辑上分解为四个层次，自底向上依次是：网络接口层、网络层、传输层和应用层。

先来说说 IP 协议，也通常被翻译为网际协议，服务于网络层，主要实现了寻址和路由的功能。接入网络的每一台计算机都需要有自己的 IP 地址，IP 地址就是主机在计算机网络上的身份标识，由一连串数字构成，分为 IPv4 和 IPv6 两个地址版本。由于 IPv4 地址的匮乏，我们平常在家里、办公室以及其他可以接入网络的公共区域上网时获得的 IP 地址并不是全球唯一的 IP 地址，而是一个局域网（LAN）中的内部 IP 地址，通过网络地址转换（NAT）服务也可以实现对外部网络的访问。计算机网络上有大量被称为路由器的网络中继设备，路由器会存储转发用户发送到网络上的数据分组，让从源头发出的数据最终能够找到传送到目的地通路，这项功能就是所谓的路由。

TCP 全称传输控制协议，它是基于 IP 协议提供的寻址和路由服务而建立起来的负责实现端到端可靠传输的协议，将 TCP 称为可靠的传输协议是因为 TCP 向使用者保证了如下三件事情。

1）数据不丢失、不传错，利用握手、校验和重传机制可以实现。

2）流量控制，通过滑动窗口匹配数据发送者和接收者之间的传输速度。

3）拥塞控制，通过 RTT 时间以及对滑动窗口的控制缓解网络拥堵。

IP 协议层既不保证数据流一定被正确地递交到接收方，又不指示数据流的发送速度有多快。TCP 负责既要足够快地发送数据报又不能引起网络拥塞。而且 TCP 超时后会触发重新传送没有递交的数据，这期间肯定会有错误的数据，纠正数据也是 TCP 的责任，它必须把接收到的数据包重新装配成正确的顺序。简而言之，TCP 必须提供可靠的良好性能，这正是大多数用户所期望而 IP 又没有提供的功能。

10.1.2　端口

在第 9 章进程和线程中，已经介绍了每一个进程都有一个 pid 用来唯一标识，其实端口的作用也是类似的。将进程比喻成一个房间，数据就好比人，数据要从进程 A 到进程 B，就好比人从房间 A 走到房间 B，那必须先得出进程 A 这个房间，怎么出去呢？肯定是要通过门。那么谁来标识这个门的位置呢？那就是端口了。进程之间需要通信，必然就有一个端口来让数据出来和进去，Linux 中端口可以有 2 的 16 次方（即 65536）个，范围为 0～65535。

端口的分类标准有很多，这里介绍两种我们常遇到的。知名端口，也就是这些端口已经约定俗成的给某些应用使用了，尽量不去使用它。比如 80 端口用于 http 服务；21 端口用于 FTP 服务。动态端口号，一般不固定分配某种服务，进行动态分配，范围为 1024～65535。动态分配是指当一个系统进程或应用程序进程需要网络通信时，它向主机申请一个端口，主机从可用的端口号中分配一个供它使用。当这个进程关闭时，同时也就释放了所占用的端口号。

UNIX 和 Linux 查看端口的命令如下。

```
netstat-an
```

端口号不能够重复，就像进程中的 pid 一样，端口重复了就无法判断我们到底标识的是哪个进程，更无法对它操作，否则会出现混乱而抛出异常。在 Python 编程中需要对端口进行绑定进程，如果不绑定进程，就无法正常通信了。

10.1.3　IP 地址

IP 地址可不是 IP 协议。互联网上的用户非常多，网络通信的范围也是非常得广，人多地方大，找人或找地方就特别麻烦。如果不将某台计算机用某个符号指定一下，谁能知道如何把数据送到指定的计算机上呢？这个所谓的"符号"就是 IP 地址，用一串数字来表示，这样一串数字是由网络号以及主机号两部分组成。整个 IP 地址是用 4×8 个二进制表示，换成十进制显示出来，如 192.168.1.1 就是一个 IP 地址。同样的，在一个区域内 IP 地址是唯一的，不然也会出现混乱，在大学的机房经常出现相同 IP 的两台机器无法正常上网以及无法正常的数据通信。总结端口和 IP 的关系，IP 地址用来标识计算机，端口用来标识计算机上的进程。

10.1.4　UDP 协议

用户数据报协议 UDP 是一个无连接的、简单的、面向数据的运输层协议。和 TCP 协议不同的是，UDP 不提供可靠性，它只是把应用程序传给 IP 的数据包发送出去。由于 UDP 在传输数据报前不用在客户和服务器之间建立一个连接，且没有超时重发等机制，故而传输速度很快。UDP 是一种面向无连接的协议，每个数据报都是一个独立的信息，包括完整的源地址或目的地址，它在网络上以任何可能的路径传往目的地，因此能否到达目的地、到达目的地的时间以及内容的正确性都是不能被保证的。UDP 是面向无连接的通信协议，UDP 数据包括目的端口号和源端口号信息，可以实现广播发送。UDP 传输数据时有大小限制，每个被传输的数据包必须限定在 64KB 之内。

10.2　socket 网络编程

网络编程就是编写程序使两台联网的计算机相互交换数据。这就是全部内容了吗？是的！其实网络编程要比想象中简单许多。那么，这两台计算机之间用什么传输数据呢？首先需要物理连接，如今大部分计算机都已经连接到互联网，因此不用担心这一点。在此基础上，只需要考虑如何编写数据传输程序，但实际上这点也不用愁，因为操作系统已经提供了 socket。socket 的英文翻译为"插座"，在 IT 领域 socket 为套接字，它是计算机之间进行通信的特殊约定。通过 socket 这种约定，一台计算机既可以接收来自其他计算机的数据，也可以向其他计算机发送数据。即使对网络数据传输原理不太熟悉的程序员，也能通过 socket 来编程。我们把插头插到插座上就能从电网获得交流电，同理，为了与计算机进行资源交换则需要连接到因特网（Internet），而 socket 就是用来连接到因特网的"插座"。

10.2.1　socket 模块简介

socket 是应用层与 TCP/IP 协议族之间通信的中间软件抽象层，也是一组接口，醉心于设计模式的人认为 socket 就是一个门面模式，它把复杂的 TCP/IP 协议族隐藏在简单的 socket 接口后面；站在用户的角度来看 socket 就是一组简单的接口，就是全部让 socket 去组织数据以便符合指定的相关协议；站在程序员的角度上看，socket 就是一个模块，通过调用模块中已知的方法来建立两个进程之间的连接；站在运维工程师的角度来看，socket 就是 IP 地址 + port 端口，因为 IP 是用来标识互联网中的一台主机的位置，而 port 是用来标识这台机器上的一个应用程序，所我们只要确定了 IP 和 port 就能找到一个应用程序，并且使用 socket 模块来与之通信。

Python 中的某些类能够很容易地调用底层的 socket 函数，其中有很多函数实现了相对高级的网络协议，如 HTTP 协议和 SMTP 协议等。socket 是建立在 TCP 和 UDP 协议上面的，TCP 协议保证数据的完整性和有序性，而 UDP 协议无法保证。

TCP 中的 socket 有两个优点：第一是可靠，网络传输中丢失的数据包会被检测到且重新发送，直到目标端接收成功为止；第二是有序传送，数据按发送者写入的顺序被读取。与 TCP Socket 协议不同，使用 socket.SOCK_DGRAM 创建 UDP 的 socket 往往是不可靠的，数据的读取写发送也是无序的。为什么呢？因为网络虽然会尽最大的努力去传输完整的数据，但结果往往不尽人意，网络实在太复杂，没有能预测网络上的各种状况，自然也没法保证我们的数据一定能被安全、完整地送到目的地，也没有办法保证一定能完整且安全地接收到别人发送给我们的数据。TCP 消除了我们对于丢包、乱序及网络通信中通常出现的各种问题的顾虑。

10.2.2　客户端/服务器编码

了解基本的 socket 定义与客户端和服务器的通信原理后，下面让我们来创建一个客户端和服务器之间的通信模拟。

例 10-1　服务器端编码 echo-server. py

```
#! /usr/bin/env Python3
import socket
HOST = '127.0.0.1' # 标准的回环地址 (localhost)
PORT = 65432 # 监听的端口 (非系统级的端口:大于 1023)
with socket.socket(socket.AF_INET, socket.SOCK_STREAM) as s:
    s.bind((HOST, PORT))
    s.listen()
```

```
conn,addr = s. accept()
with conn:
    print('Connected by', addr)
    while True:
        data = conn. recv(1024)
        if not data:
    break
    conn. sendall(data)
```

socket. socket()方法创建了一个 socket 对象，并且支持上下文管理器。这里建议使用 with 语句，这样我们就不用再手动调用 s. close 来关闭 socket 了。

```
with socket. socket(socket. AF_INET, socket. SOCK_STREAM) as s:
pass #不用手动调用 s. close 来关闭 socket
```

调用 socket()方法时，传入的 socket 地址族参数 socket. AF_ INET 表示因特网 IPv4 地址，SOCK_ STREAM 表示使用 TCP 的 socket 类型。bind()用来关联从 socket 到指定服务器的 IP 地址和端口号。

```
HOST = '127. 0. 0. 1'
PORT = 65432
#...
s. bind((HOST, PORT))
```

bind()方法的输入参数取决于 socket 的地址族，在这里我们使用了 socket. AF_INET (IPv4)，将返回两个元素的元组（host，port）。

host 参数的数值可以是主机名称、IP 地址，甚至可以是空字符串。如果使用 IP 地址，host 就应该是 IPv4 格式的字符串，127. 0. 0. 1 是标准的 IPv4 回环地址，只有主机上的进程可以连接到服务器，如果我们传了空字符串，服务器将接受本机所有可用的 IPv4 地址。端口号应该是 1~65535 之间的整数，这个整数就是用来接受客户端链接的 TCP 端口号，如果端口号小于 1024，有的操作系统会要求管理员权限。注意，使用 bind()传参的时候，如果我们将 host 的部分主机名称作为 IPv4/v6 的地址，程序可能会产生不确定的行为，因为根据 DNS 解析的结果或者 host 配置，socket 地址将会以不同方式解析为实际的 IPv4/v6 地址。所以要想得到确定的结果，建议使用数字格式的地址。

目前来说当使用主机名时，我们将会因为 DNS 解析的原因得到不同结果，这个结果可能是任何地址，比如第一次运行程序时是 10. 1. 2. 3、第二次是 192. 168. 0. 1 或第三次是 172. 16. 7. 8 等。

listen()方法的调用可以使服务器可以接受连接请求，这使它成为一个监听中的 socket。

```
s. listen()
conn,addr = s. accept()
```

listen()的参数 backlog 是个可选参数。如果不指定 backlog 的参数，Python 将取一个默认值，这时如果我们的服务器需要同时接收很多连接请求，增加 backlog 参数的值可以加大等待链接请求队列的长度，最大长度参数值取决于操作系统。

accept()方法是用来阻塞并等待传入连接。当一个客户端发起连接请求时，它将返回一个新的 socket 对象，对象中有表示当前连接的 socket 对象 conn 和一个由主机、端口号组成的 IPv4/v6 连接的元组。这里必须要明白，我们通过调用 accept()方法拥有了一个新的 socket 对象。这非常重要，因为我们将用这个 socket 对象和客户端进行通信，去监听一个 socket。

例 10-2　accept()方法调用 socket 对象

```
conn,addr = s.accept()
with conn:
    print('Connected by',addr)
    while True:
        data = conn.recv(1024)
        if not data:
            break
        conn.sendall(data)
```

从 accept()获取客户端 socket 连接对象 conn 后，建议使用无限 while 循环来阻塞调用 conn.recv()函数，无论客户端传过来的数据是什么类型，都可以使用 conn.sendall()打印出来。如果 conn.recv()方法返回的结果是一个空 byte 对象，那么客户端就会关闭连接，导致循环结束。这里建议 with 语句和 conn 放在一起使用，这样通信结束的时候 Python 会自动关闭 socket 链接。

编写完服务器端的程序，下面我们来看一下客户端的程序。

例 10-3　客户端程序 echo-client.py

```
#! /usr/bin/env Python3
import socket
HOST = '127.0.0.1' # 服务器的主机名或者 IP 地址
PORT = 65432 # 服务器使用的端口
with socket.socket(socket.AF_INET, socket.SOCK_STREAM) as s:
    s.connect((HOST, PORT))
    s.sendall(b'Hello, world')
    data = s.recv(1024)
print('Received',repr(data))
```

与服务器程序相比，客户端程序要相对简单。这里创建了一个 socket 对象，连接到服务器并且调用 s.sendall()方法从客户端发送消息到服务器端，然后再调用 s.recv()方法读取服务器返回的结果并将其打印出来。

打开 Linux Shell，切换到我们的代码所在的目录，运行程序的服务端代码。

```
$ ./echo-server.py
```

这个命令行将被挂起，因为程序有一个阻塞调用。

```
conn,addr = s.accept()
```

服务器端的程序将等待客户端的连接请求，所以现在再打开一个 Linux Shell 终端来运行程序的客户端代码。

```
$ ./echo-client.py
Received b'Hello, world'
```

在服务端的窗口我们将看见如下代码。

```
$ ./echo-server.py
Connected by ('127.0.0.1', 64623)
```

上面的输出中，服务端打印出了 s. accept( ) 返回的 addr 元组（'127.0.0.1'，64623），这就是客户端的 IP 地址和 TCP 端口号。示例中的端口号是 64623，这个数字不是固定的，在不同的机器上有不同的结果。在服务器端代码 echo-server. py 运行的时候，想查看服务器上 Socket 的状态，请使用 netstat 命令。

下面就是启动服务后，netstat 命令的输出结果。

```
$ netstat-an
Active Internet connections (including servers)
ProtoRecv-Q Send-Q Local Address Foreign Address (state)
tcp4 0 0 127.0.0.1.65432 *.* LISTEN
```

注意本地地址是 127.0.0.1.65432，如果 echo-server. py 文件中 HOST 设置成空字符串' '的话，netstat 命令将显示如下。

```
$ netstat-an
Active Internet connections (including servers)
ProtoRecv-Q Send-Q Local Address Foreign Address (state)
tcp4 0 0 *.65432 *.* LISTEN
```

本地地址是 *.65432，* 号通常表示任意元素，这里表示的意思是所有主机支持的 IP 地址都可以传入连接请求。在调用 socket( ) 时传入的参数 socket. AF_ INET，表示使用了 IPv4 的 TCP socket，我们可以在输出结果中的 Proto 列中看到 tcp4。需要注意的是 Proto、Local Address 和 state 列，分别表示 TCP 的 Socket 类型、本地地址端口、当前状态。另外一个查看这些信息的方法是使用 lsof 命令，这个命令在 macOS 上是默认安装的，Linux 上需要我们手动安装。

```
$ lsof-i-n
COMMAND PID USER FD TYPE DEVICE SIZE/OFF NODE NAME
Python 67982 nathan 3u IPv4 0xecf272 0t0 TCP *:65432 (LISTEN)
```

isof 使用-i 参数可以查看打开的 socket 连接，包括 PID（process id）和 USER（user id）。最后需要注意一点，我们通常会犯的错误是在没有监听 socket 端口的情况下尝试连接。

```
$ ./echo-client.py
Traceback (most recent call last):
File "./echo-client.py", line 9, in <module>
s. connect((HOST, PORT))
ConnectionRefusedError: [Errno 61] Connection refused
```

当然也有可能是端口号出错、服务端没启动或者有防火墙阻止了连接等原因，这些都是 Linux 的运维基础知识，需要慢慢积累经验才能找到解决思路。

10.2.3　基于 TCP/IP 传输层协议的 socket 套接字编程

socket 套接字对很多不了解网络编程的初学者来说显得非常高端晦涩，其实说得通俗点，套接字就是一套用 C 语言写成的应用程序开发库，主要用于实现进程间通信和网络编程，在网络应用开发中被广泛使用。在 Python 中也可以基于套接字来使用传输层提供的传输服务，并基于此服务开发自己的网络应用。开发中使用的套接字分为三类：流套接字（TCP 套接字）、数据报套接字和原始套接字。

所谓流套接字（TCP 套接字）就是使用 TCP 协议提供的传输服务为基础来实现网络通信的编程接口。Python 中可以通过创建 socket 对象并指定 type 属性为 SOCK_STREAM 来使用 TCP 套接字。由于一台主机可能拥有多个 IP 地址，而且很有可能会配置多个不同的服务和端口，所以作为服务器端的程序，有必要在创建套接字对象后将其绑定到指定的 IP 地址和端口上。这里的端口是对 IP 地址的扩展，用于区分不同的服务，例如我们通常将 HTTP 服务和 80 端口绑定，而 MySQL 数据库服务默认绑定在 3306 端口上，这样当服务器收到用户请求时就可以根据端口号来确定到底用户请求的是 HTTP 服务器还是数据库服务器提供的服务。端口的取值范围是 0～65535，而 1024 以下的端口我们通常称之为众所周知的端口，像 FTP、HTTP、SMTP 等众所周知的服务而使用的端口，自定义的服务通常不使用这些端口。

例 10-4　基于提供时间和日期的服务器

```python
from socket import socket, SOCK_STREAM, AF_INET
from datetime import datetime


def main():
    # 1. 创建套接字对象并指定使用哪种传输服务
    # family = AF_INET-IPv4 地址
    # family = AF_INET6-IPv6 地址
    # type = SOCK_STREAM-TCP 套接字
    # type = SOCK_DGRAM-UDP 套接字
    # type = SOCK_RAW-原始套接字
    server = socket(family = AF_INET, type = SOCK_STREAM)
    # 2. 绑定 IP 地址和端口(端口用于区分不同的服务)
    # 同一时间在同一个端口上只能绑定一个服务否则报错
    server.bind(('192.168.1.2', 6789))
    # 3. 开启监听-监听客户端连接到服务器
    # 参数 512 可以理解为连接队列的大小
    server.listen(512)
    print('服务器启动开始监听...')
    while True:
        # 4. 通过循环接收客户端的连接并作出相应的处理(提供服务)
```

```
    # accept 方法是一个阻塞方法如果没有客户端连接到服务器代码不会向下执行
    # accept 方法返回一个元组其中的第一个元素是客户端对象
    # 第二个元素是连接到服务器的客户端的地址(由 IP 和端口两部分构成)
    client,addr = server.accept()
    print(str(addr) + '连接到了服务器.')
    # 5. 发送数据
    client.send(str(datetime.now()).encode('utf-8'))
    # 6. 断开连接
    client.close()

if _name_ == '_main_':
    main()
```

运行服务器端程序后，我们可以通过 Windows 系统的 telnet 来访问该服务器，结果如下。

```
telnet 192.168.1.2 6789
```

相对于服务器端程序，TCP 的 Socket 客户端的功能实现就很简单了。

例 10-5　TCP 客户端程序

```
from socket import socket

def main():
    # 1. 创建套接字对象默认使用 IPv4 和 TCP 协议
    client = socket()
    # 2. 连接到服务器(需要指定 IP 地址和端口)
    client.connect(('192.168.1.2', 6789))
    # 3. 从服务器接收数据
    print(client.recv(1024).decode('utf-8'))
    client.close()

if _name_ == '_main_':
    main()
```

需要强调的是上面的服务器并没有使用多线程或者异步 I/O 的处理方式，这也就意味着当服务器与一个客户端处于通信状态时，其他的客户端只能排队等待，因此，这种通信方式是有缺陷的。

10.2.4　多个客户端连接通信

服务器与客户端通信程序中存在多个客户端排队等待的情况，很显然，这样的服务器并不能满足并发需求，我们需要的是能够同时接纳和处理多个用户请求的功能。所以下面来设计一个使用多线程技术处理多个用户请求的服务器程序，该服务器端程序会向连接到服务器的客户端发送一张图片。

例 10-6　多个用户请求的服务器端

```python
from socket import socket, SOCK_STREAM, AF_INET
from base64 import b64encode
from json import dumps
from threading import Thread


def main():

    # 自定义线程类
    class FileTransferHandler(Thread):

        def _init_(self,cclient):
            super()._init_()
            self.cclient = cclient

        def run(self):
            my_dict = {}
            my_dict['filename'] = 'guido.jpg'
            # json 是纯文本不能携带二进制数据
            # 所以图片的二进制数据要处理成 base64 编码
            my_dict['filedata'] = data
            # 通过 dumps 函数将字典处理成 json 字符串
            json_str = dumps(my_dict)
            # 发送 json 字符串
            self.cclient.send(json_str.encode('utf-8'))
            self.cclient.close()


    # 1. 创建套接字对象并指定使用哪种传输服务
    server = socket()
    # 2. 绑定 IP 地址和端口 (区分不同的服务)
    server.bind(('192.168.1.2', 5566))
    # 3. 开启监听-监听客户端连接到服务器
    server.listen(512)
    print('服务器启动开始监听 ... ')
    with open('guido.jpg', 'rb') as f:
        # 将二进制数据处理成 base64 再解码成字符串
        data = b64encode(f.read()).decode('utf-8')
    while True:
        client,addr = server.accept()
        # 启动一个线程来处理客户端的请求
```

```
        FileTransferHandler(client).start()

if _name_ = = '_main_':
    main()
```

我们要绑定监听的地址和端口，可以绑定到某块网卡的 IP 地址上，也可以用 0.0.0.0 绑定到所有的网络地址，还可以用 127.0.0.1 绑定到本机地址。127.0.0.1 是一个特殊的 IP 地址，表示本机地址，如果绑定到这个地址，客户端程序必须同时在服务器端运行才能连接，也就是说，外部的计算机无法连接进来，只能服务器端自己连接自己。端口号需要预先指定，因为我们写的这个服务不是标准服务，所以用 5566 这个端口号。紧接着，调用 listen (512) 方法开始监听端口，传入的参数 512 是指等待连接的最大数量。服务器程序通过一个循环语句来接受来自客户端的连接请求，server.accept() 函数会等待客户端的连接。每个连接都必须创建新线程或进程来处理，因为单线程在处理连接的过程中，服务器端无法接受其他客户端的连接，我们在上一章节的程序案例中遇到过类似的问题。

例 10-7　多个用户请求的客户端代码

```
from socket import socket
fromjson import loads
from base64 import b64decode


def main():
    client = socket()
    client.connect(('192.168.1.2', 5566))
    # 定义一个保存二进制数据的对象
    in_data = bytes()
    # 由于不知道服务器发送的数据有多大每次接收 1024 字节
    data = client.recv(1024)
    while data:
        # 将收到的数据拼接起来
        in_data + = data
        data = client.recv(1024)
    # 将收到的二进制数据解码成 json 字符串并转换成字典
    # loads 函数的作用就是将 json 字符串转成字典对象
    my_dict = loads(in_data.decode('utf-8'))
    filename = my_dict['filename']
    filedata = my_dict['filedata'].encode('utf-8')
    with open('/Users/Hao/' + filename, 'wb') as f:
        # 将 base64 格式的数据解码成二进制数据并写入文件
        f.write(b64decode(filedata))
    print('图片已保存.')


if _name_ = = '_main_':
    main()
```

用 TCP 协议进行 socket 编程在 Python 中十分简单，对于客户端，要主动连接服务器的 IP 和指定端口；对于服务器，要首先监听指定端口，然后对每一个新的连接创建一个线程或进程来处理。通常在没有外力干涉的情况下，服务器程序会无限运行下去。

在这个案例中，我们使用了 json 作为数据传输的格式，通过 json 格式对传输的数据进行了序列化和反序列化的操作，但是 json 并不能携带二进制数据，因此对图片的二进制数据进行了 Base64 编码处理。Base64 是一种用 64 个字符表示所有二进制数据的编码方式，通过将二进制数据每 6 位一组的方式重新组织，刚好可以使用 0~9 的数字、大小写字母、+ 和/等，总共 64 个字符表示从 000000 到 111111 的 64 种状态。

10.2.5　UDP 通信

传输层除了有可靠的传输协议 TCP 之外，还有一种非常轻便的传输协议：用户数据报协议，简称 UDP。TCP 和 UDP 都是提供端到端传输服务的协议，二者的差别就如同打电话和发短信的区别，后者不对传输的可靠性和可达性做出任何承诺，从而避免了 TCP 中握手和重传的开销，所以在强调性能和不是数据完整性的场景中，UDP 可能是更好的选择，例如传输网络音视频数据。大家会注意到一个现象，就是在观看网络视频时，有时会出现卡顿或者花屏，这无非就是部分数据传送和丢失造成的。

UDP 服务器通过使用 socketserver 模块来创建。

例 10-8　UDP 通信服务器端

```
from socketserver import BaseRequestHandler, UDPServer
import time

class TimeHandler(BaseRequestHandler):
    def handle(self):
        print('Got connection from', self.client_address)
        # Get message and client socket
        msg, sock = self.request
        resp = time.ctime()
        sock.sendto(resp.encode('ascii'), self.client_address)

if _name_ = = '_main_':
    serv = UDPServer(('', 20000), TimeHandler)
    serv.serve_forever()
```

先定义一个实现 handle 方法的类，它为客户端连接服务器。这个类的 request 属性是一个包含了数据报和底层 socket 对象的元组。现在来测试一下这个服务器，首先运行它，然后打开另外一个终端窗口模拟进程向服务器发送消息。

```
> > > from socket import socket,AF_INET,SOCK_DGRAM
> > > s = socket(AF_INET, SOCK_DGRAM)
> > > s.sendto(b'', ('localhost', 20000))
```

```
0
> > > s. recvfrom(8192)
(b'Fri Mar  6 15:53:45 2020', ('127.0.0.1', 20000))
```

　　UDP 服务器接收到达的数据报文和客户端地址，如果服务器需要做回应，就要给客户端回发一个数据报文。数据的传送应该使用 socket 的 sendto( ) 和 recvfrom( ) 方法。尽管传统的 send( ) 和 recv( ) 也可以达到同样的效果，但是前面的两个方法在 UDP 的连接方面更为普遍。由于没有底层连接的原因，UDP 服务器相对于 TCP 服务器来讲实现起来更加简单。但众所周知，UDP 是不稳定的，因为通信没有建立连接导致消息可能丢失，需要由我们自己来决定该怎样处理丢失的消息。本书并不会延伸这个话题，可以稍微提一下，如果可靠性对于我们的程序很重要，需要借助于序列号、重试、超时以及一些其他方法来保证数据传输的正确性。所以 UDP 通常被用在那些对于可靠传输要求不是很高的场合。例如，在实时应用如多媒体流以及游戏领域，这些领域不需要返回或恢复丢失的数据包，程序只需简单地忽略它并继续向前运行。

10.3　【实战】用 Python 发送短信和邮件

　　即便是在即时通信软件如此发达的今天，电子邮件依旧保持着旺盛的生命力，仍然是互联网上使用最为广泛的应用之一。公司向应聘者发出录用通知、网站向用户发送一个激活账号的链接、银行向客户推广理财产品等，这些操作几乎都是通过电子邮件来完成的，而这些任务应该都是由程序自动完成的。

扫码看教学视频

　　发送邮件要使用简单邮件传输协议 SMTP，SMTP 也是一个建立在 TCP 提供的可靠数据传输服务基础上的应用级协议，它规范了邮件的发送者如何跟发送邮件的服务器进行通信的具体细节，Python 中的 smtplib 模块将这些操作简化成了几个简单的函数，提高了开发效率。

　　下面我们来演示一下如何在 Python 中发送邮件。

　　例 10-9　邮件服务编码

```
from smtplib import SMTP
from email. header import Header
from email. mime. text import MIMEText

def main():
    #邮件发送者和接收者需要修改
    sender = 'sender_address@163.com'
    receivers = ['receiver_addres@qq.com','receiver_addres@163.com']
    message = MIMEText('用 Python 发送邮件的示例代码.', 'plain', 'utf-8')
    message['From'] = Header('钢铁侠', 'utf-8')
    message['To'] = Header('美国队长', 'utf-8')
    message['Subject'] = Header('复仇者联盟', 'utf-8')
```

```
    smtper = SMTP('smtp.163.com')
    #登录口令
    smtper.login(sender, 'secretpass')
    smtper.sendmail(sender, receivers, message.as_string())
    print('邮件发送完成！')


if _name_ == '_main_':
    main()
```

如果要发送带有附件的邮件，可以按照下面的方式进行操作。

例 10-10　发送带有附件的邮件

```python
from smtplib import SMTP
from email.header import Header
from email.mime.text import MIMEText
from email.mime.image import MIMEImage
from email.mime.multipart import MIMEMultipart
import urllib


def main():
    # 创建一个带附件的邮件消息对象
    message = MIMEMultipart()

    # 创建文本内容
    text_content = MIMEText('附件中有本月数据请查收', 'plain', 'utf-8')
    message['Subject'] = Header('本月数据', 'utf-8')
    # 将文本内容添加到邮件消息对象中
    message.attach(text_content)

    # 读取文件并将文件作为附件添加到邮件消息对象中
    with open('/Users/Hao/Desktop/hello.txt', 'rb') as f:
        txt = MIMEText(f.read(), 'base64', 'utf-8')
        txt['Content-Type'] = 'text/plain'
        txt['Content-Disposition'] = 'attachment; filename=hello.txt'
        message.attach(txt)
    # 读取文件并将文件作为附件添加到邮件消息对象中
    with open('/Users/Hao/Desktop/汇总数据.xlsx', 'rb') as f:
        xls = MIMEText(f.read(), 'base64', 'utf-8')
        xls['Content-Type'] = 'application/vnd.ms-excel'
        xls['Content-Disposition'] = 'attachment; filename=month-data.xlsx'
        message.attach(xls)
```

```
    # 创建 SMTP 对象
    smtper = SMTP(abc.163.com')
    # 开启安全连接
    #smtper.starttls()
    sender = 'sender_adress@163.com'
    receivers = ['receiver_address@qq.com']
    # 登录到 SMTP 服务器
    # 请注意此处不是使用密码而是邮件客户端授权码进行登录
    # 对此有疑问的读者可以联系自己使用的邮件服务器客服
    smtper.login(sender, 'secretpass')
    # 发送邮件
    smtper.sendmail(sender, receivers, message.as_string())
    # 与邮件服务器断开连接
    smtper.quit()
    print('发送完成！')
if __name__ == '__main__':
    main()
```

除了发送电子邮件之外，发送短信也是项目中常见的功能，网站的注册码、验证码、营销信息等，基本上都是通过短信来发送给用户的。一般类似的服务需要短信服务运营商来提供 API 接口实现发送短信的服务。国内的短信平台很多，基本上都是收费的，初学者可以根据自己的需要进行选择，如果需要在商业项目中使用短信服务，建议购买短信平台提供的套餐服务。

例 10-11　短信服务编码

```
import urllib.parse
import http.client
import json

def main():
    host   = "106.ihuyi.com"
    sms_send_uri = "/webservice/sms.php?method=Submit"
    # 下面的参数需要填入自己注册的账号和对应的密码
    params = urllib.parse.urlencode({'account':'平台的账号', 'password' : '密码',
'content': '您的验证码是:123456。请不要把验证码泄露给其他人。', 'mobile': '接收者的手机
号', 'format':'json' })
    print(params)
    headers = {'Content-type': 'application/x-www-form-urlencoded', 'Accept': '
text/plain'}
    conn = http.client.HTTPConnection(host, port=80, timeout=30)
    conn.request('POST', sms_send_uri,params, headers)
    response = conn.getresponse()
```

```
        response_str = response.read()
        jsonstr = response_str.decode('utf-8')
        print(json.loads(jsonstr))
        conn.close()

if _name_ = = '_main_':
    main()
```

很多项目都是用阿里云的短信服务满足常见的应用场景的需求，比如用户的密码找回或短信验证码等通常网站都需要的服务。而事实上，比较多的网站也是用阿里云的短信服务来支撑短信业务的，所以使用阿里云的短信服务可以完全满足个人和企业的使用。

使用阿里云短信服务需要导入一些模块。

```
from aliyunsdkdysmsapi.request.v2020xxxxx import SendSmsRequest
from aliyunsdkdysmsapi.request.v2020xxxxx import QuerySendDetailsRequest
from aliyunsdkcore.client import AcsClient
```

v2020xxxxx 表示的是模块的不同版本号，虽然这个模块是不停迭代的，但每个版本变化不大。

10.4 【大牛讲坛】谈谈 REST 和 RESTful

短信服务开发都是基于大型软件平台提供的 REST API 端口服务，下面我们就详细介绍一下到底什么是 API？其实，拥有大量用户的软件或者大平台都会提供对外接口，个人开发者或者一些其他的小公司可以编写软件去跟这个接口进行交互，从而获取相关的数据或者服务。举个例子，日常生活中我们经常会用各种类型的 APP 分享内容到微信朋友圈或者新浪微博，这些 APP 软件就是与微信和微博的 API 进行了交互。理解了 API 的作用，就比较容易理解 REST 了。REST 其实是一种架构风格，腾讯、新浪或其他公司建立对外 API 时要遵守这种公认的规则和风格，当大家都遵循这种规范和风格时，能有效地解决兼容性问题。当然也还有其他规则可以使用。REST 一般用于 Web 类的平台或者软件。这里又多了一个新名词 Web，通俗点讲，Web 就是网站或者类似网站结构的平台。

注意，REST 不是 rest 这个单词，而是 Resource Representational State Transfer 的缩写。这段英文翻译过来就是"资源在网络中以某种表现形式进行状态转移"。听起来是很学术化的语言，通俗点讲，它描述的是在网络中服务器端 Server 和客户端 Client 的一种交互形式。对于 REST 风格的网络接口，资源就是 REST 架构或者说整个网络处理的核心，资源的表现形式是用 json、XML 传输文本，或者用 JPG、WebP 传输图片等。它用 HTTP 协议来实现资源的添加、修改。

RESTful 就是遵守了 REST 风格的 Web 服务，是由 RESTful 派生出来的。RESTful API 用 HTTP Status Code 传递 Server 的状态信息，比如最常见的 200 表示成功、500 表示 Server 内部错误等。Web 端和 Server 使用 API 来传递数据和改变数据状态，格式一般是 json。对于资源的具体操作类型，由 HTTP 动词表示。

常用的 HTTP 动词有下面五个。

1）GET：从服务器获取资源。

2）POST：在服务器新建一个资源。

3）PUT：在服务器更新资源，客户端提供改变后的完整资源。

4）PATCH：在服务器更新资源，客户端提供改变的属性。

5）DELETE：从服务器删除资源。

现在我们已经对 REST 这种设计有了初步的了解，接着让我们思考得更深刻些，为什么软件工程上要用这种类型的设计呢？

很久以前 Web 网页是前端、后端融在一起的，那个时代可没有专门的前端工程师，没有所谓的前端、后端之分。这种设计架构的性能在桌面 PC 时代问题不大，但近年来移动互联网的飞速发展、各种类型的客户端层出不穷，RESTful 可以通过一套统一的接口为 Web 网站、iOS 应用、Android 应用提供服务。另外对于大平台来说，比如 Facebook、微博开放平台或微信公共平台等，它们不需要有显式的前端，只需要一套提供服务的接口标准，这就导致了 RESTful API 的出现。

RESTful API 的优点很多，总结起来有以下几点。

1）客户-服务器（Client-Server）：客户端和服务器分离提高用户界面的便携性，操作简单，通过简化服务器提高可伸缩性，允许组件分别优化，从而可以让服务端和客户端分别进行改进和优化。

2）无状态（Stateless）：从客户端的每个请求要包含服务器所需要的所有信息优点，提高可见性和可靠性，更容易从局部故障中修复，提高可扩展性，降低了服务器资源使用。

3）缓存（Cachable）：服务器返回信息必须被标记是否可以缓存，如果缓存，客户端可能会重用之前的信息发送请求。优点是减少交互次数，减少交互的平均延迟。

4）分层系统（LayeredSystem）：系统组件不需要知道与其交流组件之外的事情。封装服务，引入中间层。优点是限制了系统的复杂性，提高可扩展性。

5）统一接口（UniformInterface）：提高交互的可见性，鼓励单独改善组件。

6）支持按需代码（Code-On-Demand）：提高可扩展性。

REST 是面向资源的，这个概念非常重要，而资源是通过 URI 进行暴露。URI 的设计只要负责把资源通过合理的方式暴露出来就可以了，对资源的操作与它无关，操作是通过 HTTP 动词来体现，所以 REST 通过 URI 暴露资源时，会强调不要在 URI 中出现动词。

REST 很好地利用了 HTTP 本身就有的一些特征，如 HTTP 动词、HTTP 状态码、HTTP 报头等，REST API 是基于 HTTP 的，所以开发 API 时应该使用 HTTP 的一些标准。这样所有的 HTTP 客户端才能够直接理解 API，当然还有其他好处，如利于缓存等。REST 实际上也非常强调应该利用好 HTTP 本来就有的特征，而不是只把 HTTP 当成一个传输层这么简单。

第11章
Python 数据处理和数据库编程

最早提出大数据时代到来的是全球知名咨询公司麦肯锡，数据，已经渗透到当今每一个行业和业务职能领域，成为重要的生产要素。人们对于海量数据的挖掘和运用，预示着新一波生产率增长和消费者盈余浪潮的到来。大数据在物理学、生物学、环境生态学等领域以及军事、金融、通讯等行业存在已有时日，并不是一个新东西，却因为近年来互联网和信息行业的发展而引起人们广泛的关注。

扫码获取本章代码

11.1 【小白要也要懂】大数据时代 Python 的优势

如果说几年前局面尚且不够清晰的时候，MATLAB、Scala、R 和 Java 在数据领域还各有机会，那么如今，趋势已经非常清楚了，特别是 Facebook 开源了 PyTorch 之后，Python 作为大数据和 AI 时代的头牌语言位置基本确立，未来的悬念仅仅是谁能坐稳第二把交椅。对于希望加入到 AI 和大数据行业的开发人员来说，把鸡蛋放在 Python 这个篮子里不但是安全的，也是明智的。

当然，Python 也存在它独有的问题和缺点，建议应该有另外一种甚至几种语言与 Python 形成搭配，混合使用。Python 将坐稳大数据分析和 AI 第一语言的位置，这一点毫无疑问。现在甚至可以反过来想，正是由于 Python 坐稳了第一这个位置，反而促进了大数据和 AI 的发展，这个行业未来需要大批的从业者。Python 正在迅速成为全球大学、中学、小学编程入门课程的首选教学语言，这种开源动态脚本语言有很大机会在不久的将来成为第一种真正意义上的编程世界语言。请设想一下，如果 15 年之后，所有 40 岁以下的知识工作者，无分中外，从医生到建筑工程师，从办公室秘书到电影导演，从作曲家到销售，都能使用同一种编程语言进行基本的数据处理，调用云上的人工智能 API，操纵智能机器人，进而相互沟通想法，那么这种普遍编程的协作网络，其意义将远远超越任何编程语言之争。目前看来，Python 最有希望担任这个角色。

Python 的胜出既在情理之中，又在意料之外。Python 语法上自成一派，让很多老手感到不习惯。"裸" Python 的速度很慢，在不同的任务上比 C 语言大约慢数十倍到数千倍不等，由于全局解释器锁（GIL）的限制，单个 Python 程序无法在多核上并发执行。Python 2. x 和

Python 3. x 两个版本长期并行，很多模块需要同时维护两个不同的版本，给开发者选择带来了很多不必要的混乱和麻烦。由于不受任何一家公司的控制，一直以来也没有一个技术巨头肯孤注一掷支持 Python。相对于 Python 的应用之广泛，其核心基础设施所得到的投入和支持其实是非常薄弱的。直到今天，Python 都还没有一个官方标配的 JIT 编译器。大部分同学可能对 JIT 编译器没有概念，举个反例，相比之下的 Java 语言在其发布之后三年内就获得了标配 JIT。另一个事情更能够说明问题，Python 的 GIL 核心代码 1992 年由该语言创造者 Guido-van Rossum 编写，此后十八年时间内没有一个人对这段至关重要的代码改动过一个字节。直到 2010 年，Antoine Pitrou 才对 GIL 进行了近二十年来的第一次改进，而且还仅在 Python 3. x 版本中使用。也就是说今天使用 Python 2. 7 的开发者，他们所写的每一段程序仍然被二十多年前的一段代码牢牢制约着。

　　Python 就是这样一个带着各种"毛病"冲到第一方阵的赛车手，即便到了几年前，也没有多少人愿意相信它有机会摘取桂冠，很多人认为 Java 的位置不可动摇，甚至还有人说一切程序都将被 JavaScript 重写。但今天我们再回过头来看看，Python 已经是数据分析和 AI 的第一语言、网络攻防的第一黑客语言、正在成为编程入门教学的第一语言、云计算系统管理第一语言。Python 也早就成为 Web 开发、游戏脚本、计算机视觉、物联网管理和机器人开发的主流语言之一，随着 Python 用户指数级的增长，它还有机会在更多的领域里夺魁。而且不要忘了，未来绝大多数的 Python 用户并不是专业的程序员，而是今天还在使用 Excel、PowePoint、SAS、Matlab 和视频编辑器的那些编程门外汉。就拿 AI 来说，我们首先要问一下，AI 的主力人群在哪里？如果我们今天从静态的角度来谈这个话题，可能会认为 AI 的主力是研究机构里的 AI 科学家、拥有博士学位的深度学习专家和算法专家。这其实是以一种刻舟求剑的角度来看待 AI 发展，只要稍微把眼光放长远一点，往后看五至十年，我们会看到整个 AI 产业的从业人口将逐渐形成一个巨大的金字塔结构。上述的 AI 科学家仅仅是顶端的那么一点点，剩下 95% 甚至更多的 AI 技术人员，都将是 AI 工程师、应用工程师和 AI 工具用户。我们完全有理由相信这些人有可能会被 Python 一网打尽，成为支持 Python 阵营的庞大后备军。

　　让我们来挖掘结果背后的原因，为什么 Python 能够后来居上呢？

　　如果泛泛而论，大家都可以列举出 Python 的一些众所周知的优点，比如语言设计简洁优雅、对程序员友好、开发效率高。但我认为这些都不是根本原因，因为其他语言在这方面表现得并不差。还有人认为 Python 的优势在于资源丰富，拥有坚实的数值算法、图标和数据处理基础设施，建立了非常良好的生态环境，吸引了大批科学家以及各领域的专家使用，从而把雪球越滚越大。但我觉得这是因果倒置了。为什么偏偏是 Python 能够吸引人们使用，建立起这么好的基础设施呢？为什么世界上最好的语言 PHP 里头就没有 NumPy、NLTK、sk-Learn、Pandas 和 PyTorch 这样级别的库呢？为什么 JavaScript 极度繁荣之后就搞得各种程序库参差不齐、一地鸡毛，而 Python 的各种程序库既繁荣又有序，能够保持较高的水准呢？根本的原因有且只有一点：Python 是众多主流语言中唯一一个战略定位明确，而且始终坚持原有战略定位不动摇的语言。相比之下，太多的语言不停地使用战术上无原则的勤奋去侵蚀和模糊自己的战略定位，最终只能退而求其次。

　　Python 的战略定位是什么？其实很简单，就是要做一种简单、易用，但专业、严谨的通用组合语言，或者叫胶水语言，让普通人也能够很容易入门，把各种基本程序元件拼装在一起，协调运作。正是因为坚持这个定位，Python 社区的开发者始终把语言本身的优美一致放在奇淫巧技前面；始终把开发者效率放在 CPU 效率前面；始终把横向扩张能力放在纵向深潜能力之前。长期坚持这些战略选择，为 Python 带来了其他语言望尘莫及的丰富生态。比如说，任何一个人，只要愿意学习，都可以在几天的时间里学会 Python 的基础部分，然后干很多很多事情，这种投入产出比可能是其他任何语言都无法相比的。再比如说，正是由于 Python 语言本身慢，所以大家在开发被频繁使用的核心程序库时，大量使用 C 语言跟它配合，结果用 Python 开发的真实程序跑起来非常快，因为很有可能超过 80% 的时间系统执行的代码是 C 写的。相反，如果 Python 不服气，非要在速度上较劲，那么结果很可能是裸速提高个几倍，但这样就没人有动力为它开发 C 模块了，最后的速度远不如混合模式，而且很可能语言因此会变得更复杂，最终变成一个又慢又丑陋的语言。更重要的是，Python 的包装能力、可组合性、可嵌入性都很好，可以把各种复杂性包装在 Python 模块里，只暴露出漂亮的接口。

Python 之所以在战略定位上如此清晰，战略坚持上如此坚定，归根结底是因为其社区构建了一个堪称典范的决策和治理机制。这个机制以 Guidovan Rossum、David Beazley 和 Raymond Hettinger 等人为核心，以 PEP 为组织平台，民主而有序，集中而开明。只要这个机制本身得以维系，Python 在可见的未来里仍将一路平稳上行。最有可能向 Python 发起挑战的，当然是 Java。Java 的用户存量大，它本身也是一种战略定位清晰而且非常坚定的语言，但它本质上是为构造大型复杂系统而设计的。

Python 现已逐步在网络爬虫、数据分析、AI、机器学习、Web 开发、金融、运维、检验等多个领域扎根。随着它的被认可程度逐步提高，学习并把握这门言语的人群份额越来越大，许多公司也将为抢占该领域高精尖人才做着激烈斗争！现在可以说：未来谁具有大数据和人工智能领域的技术权威，谁将会具有新时代互联网最高话语权。

11.2　数据编码和处理

大数据的基础就是数据的编码和处理，所以这一章主要讨论使用 Python 处理各种不同方式编码的数据，比如 CSV 文件、json、XML 和二进制包装记录。本章和第 2 章介绍数据类型的内容不同，这里不会讨论特殊的算法问题，而是关注于怎样获取和存储这些格式的数据。

11.2.1　读写 CSV 数据

Excel 是主流的数据表格工具，基本是各大公司制作财务报表首选或者唯一选项，其文件的保存格式是 CSV 文件。对于大多数 CSV 格式的数据读写问题，Python 可以使用专门的 csv 库。例如，假设我们在一个名叫 stocks.csv 文件中有一些股票市场数据。

```
Symbol,Price,Date,Time,Change,Volume
"AA",39.48,"6/11/2007","9:36am",-0.18,181800
"AIG",71.38,"6/11/2007","9:36am",-0.15,195500
"AXP",62.58,"6/11/2007","9:36am",-0.46,935000
```

```
"BA",98.31,"6/11/2007","9:36am",+0.12,104800
"C",53.08,"6/11/2007","9:36am",-0.25,360900
"CAT",78.29,"6/11/2007","9:36am",-0.23,225400
```

下面将展示如何将这些数据读取为一个元组的序列。

例 11-1　读取元组的序列

```
import csv
with open('stocks.csv') as f:
    f_csv = csv.reader(f)
    headers = next(f_csv)
    for row in f_csv:
        #逻辑代码
        ...
```

for 循环中的 row 是一个列表。因此，为了访问某个字段，我们需要使用下标，如 row [0] 来访问列 Symbol 中的数据，row [4] 访问 Change 列中的数据。这种通过下标来访问数据的方式通常会引起混淆，我们可以考虑使用命名元组。

例 11-2　使用命名元组

```
from collections import namedtuple
with open('stock.csv') as f:
    f_csv = csv.reader(f)
    headings = next(f_csv)
    Row = namedtuple('Row', headings)
    for r in f_csv:
        row = Row(*r)
        #逻辑代码
        ...
```

它允许我们使用列名，如 row.Symbol 和 row.Change 代替下标访问。需要注意的是，这个只有在列名是合法的 Python 标识符的时候才会生效，如果不是合法字段的话，我们可能需要修改原始的列名，如将非标识符字符替换成下画线之类的合法字符。

除了这种读取方法外，还有一个选择就是将数据读取到一个字典序列中去。

例 11-3　使用字典序列

```
import csv
with open('stocks.csv') as f:
    f_csv = csv.DictReader(f)
    for row in f_csv:
        #逻辑代码
        ...
        ...
```

可以使用列名去访问每一行的数据，比如 row ['Symbol'] 或者 row ['Change']。

说完 CSV 数据文件的读取方法，再来谈谈文件的写入方法，为了写入 CSV 数据，我们仍然可以使用 csv 模块，不过这时候需要先创建一个 writer 对象。

例 11-4   使用列名访问数据

```
headers = ['Symbol','Price','Date','Time','Change','Volume']
rows = [ ('AA', 39.48, '6/11/2007', '9:36am', -0.18, 181800),
         ('AIG', 71.38, '6/11/2007', '9:36am', -0.15, 195500),
         ('AXP', 62.58, '6/11/2007', '9:36am', -0.46, 935000),
       ]

with open('stocks.csv','w') as f:
    f_csv = csv.writer(f)
    f_csv.writerow(headers)
    f_csv.writerows(rows)
```

优先选择 csv 模块分割或解析 CSV 数据。

例 11-5   解析 CSV 数据

```
with open('stocks.csv') as f:
for line in f:
    row = line.split(',')
    #逻辑代码
    ...
```

使用这种方式的一个缺点就是需要去处理一些棘手的细节问题。比如，如果某些字段值被引号括起来，我们不得不去除这些引号。另外，如果一个被引号包围的字段碰巧含有一个逗号，那么程序就会因此产生一个错误的行。

默认情况下，csv 库可识别 Microsoft Excel 所使用的编码规则。这种格式也是最常见的形式，并且也会给我们带来良好的兼容性。然而，如果我们查看 csv 的文档，就会发现有很多种方法将它应用到其他编码格式上，如修改分割字符等。

例 11-6   读取用 tab 分割的数据

```
# tab 分割的数据
with open('stock.tsv') as f:
    f_tsv = csv.reader(f, delimiter = '\t')
    for row in f_tsv:
        # 逻辑代码
        ...
```

如果我们正在读取 CSV 数据并将它们转换为命名元组，需要注意对列名进行合法性认证。例如，一个 CSV 格式文件有一个包含非法标识符的列头行，这样最终会导致在创建一个命名元组时产生一个 ValueError 异常而失败。为了解决此类问题，我们可能不得不先去修正列标题。

例 11-7　修改非法标识符

```
import re
with open('stock.csv') as f:
    f_csv = csv.reader(f)
    headers = [ re.sub('[^a-zA-Z_]', '_', h) for h in next(f_csv) ]
    Row = namedtuple('Row', headers)
    for r in f_csv:
        row = Row(*r)
        #逻辑代码
        ...
```

还有一点需要强调的是，csv 模块产生的数据都是字符串类型的，它不会自动做任何其他类型的转换。如果我们需要做这样的类型转换，必须自己手动去实现。

例 11-8　在 CSV 数据上执行其他类型转换

```
col_types = [str, float, str, str, float, int]
        #对 row 进行转换
        row = tuple(convert(value) for convert, value in zip(col_types, row))
        ...
```

下面是一个转换字典中特定字段的例子。

例 11-9　转化字典特定字段

```
print('读取字典的特定字段')
field_types = [ ('Price', float),
        row.update((key, conversion(row[key]))
                for key, conversion in field_types)
        print(row)
```

我们可能并不想浪费过多精力去考虑这些转换问题，然而在实际应用中，CSV 文件都或多或少有些缺失的数据，它经常因为损坏的数据导致转换失败。因此，除非我们的数据确实有保障是准确无误的，否则必须考虑这些问题，甚至在必要时需要增加合适的错误处理机制。

如果读取 CSV 数据的目的是做数据分析和统计，我们可能需要看一看 Pandas 包。Pandas 包含了一个非常方便的函数叫作 pandas.read_csv()，它可以加载 CSV 数据到一个 DataFrame 对象中去，利用这个对象我们就可以生成各种形式的统计、过滤数据以及执行其他高级操作了。后面的章节中会详细介绍 Pandas 模块。

11.2.2　读写 json 数据

通过第 9 章的学习，我们已经初步了解了 API 服务，API 服务提供的交互形式是使用 json 格式的数据流，这表明 json 是一种重要的数据组成形式。在 json 模块中提供了一种很简单的方式来编码和解码 json 数据，其中两个主要的函数是 json.dumps() 和 json.loads()。这两个函数要比其他序列化函数库的接口少得多，使用起来也更简单。

例 11-10　将 Python 数据结构转化为 json

```
import json

data = {
    'name' : 'ACME',
    'shares' : 100,
    'price' : 542.23
}
json_str = json.dumps(data)
```

还可以将一个 json 编码的字符串转换回一个 Python 数据结构。

```
data = json.loads(json_str)
```

如果我们要处理的是文件而不是字符串，可以使用 json.dump() 和 json.load() 来编码和解码文件。

例 11-11　解析 json 数据

```
#写入 json 数据

with open('data.json', 'r') as f:
    data = json.load(f)
```

json 编码支持的基本数据类型为空值、布尔、整数、浮点和字符串，以及包含这些类型数据的列表、元组和字典。对于字典，键需要是字符串类型，字典中任何非字符串类型的键在编码时都要先转换为字符串，然后才能使用。为了遵循 json 规范，我们应该尽量只编码 Python 的列表和字典，而且在 Web 应用程序中，顶层对象被编码为一个字典是一个标准做法。

json 有自己独特的编码格式，它和 Python 的语法几乎是完全一样的，但是还是会有一些微小的差异，比如，True 会被映射为 true，False 被映射为 false，而 None 会被映射为 null。

例 11-12　编码后的字符串效果

```
>>>json.dumps(False)
'false'
>>> d = {'a': True,
...     'b': 'Hello',
...     'c': None}
>>>json.dumps(d)
'{"b": "Hello", "c": null, "a": true}'
```

如果想要检查 json 解码后的数据，通常很难通过简单的打印来确定它的结构，特别是当数据的嵌套结构层次很深或者包含大量的字段时。为了解决这个问题，可以考虑使用 pprint 模块的 pprint() 函数来代替普通的 print() 函数，它会按照键值的字母顺序并以一种更加美观的方式输出。

例 11-13　输出百度百科上的搜索结果

```
> > > from urllib. request import urlopen
> > > import json
> > > u =urlopen('http://search. twitter. com/search. json? q = Python&rpp =5')
> > > resp = json. loads(u. read(). decode('utf-8'))
> > > frompprint import pprint
> > >pprint(resp)
```

{'abstract': 'Python 是一种跨平台的计算机程序设计语言。'

'是一个高层次的结合了解释性、编译性、互动性和面向对象的脚本语言。最初被设计用于编写自动化脚本(shell),随着不断更新版本和添加语言新功能,越多被用于独立的、大型项目的开发。',

```
'card': [{'format': ['蟒蛇'],
          'key': 'm25_nameC',
          'name': '中文名',
          'value': ['蟒蛇']},
         {'format': ['Python'],
          'key': 'm25_nameE',
          'name': '外文名',
          'value': ['Python']},
         {'format': ['Head First Python; Automate the Boring Stuff with '
                     'Python'],
          'key': 'm25_ext_0',
          'name': '经典教材',
          'value': ['Head First Python; Automate the Boring Stuff with '
                    'Python']},
         {'format': ['1991 年'],
          'key': 'm25_ext_1',
          'name': '发行时间',
          'value': ['1991 年']},
         {'format': ['Guido van Rossum'],
          'key': 'm25_ext_2',
          'name': '设计者',
          'value': ['Guido van Rossum']},
         {'format': ['稳定:3x:3. 8. 2  2x:2. 7. 18;测试:3. 9. 0a6  '
                     '2. x:2. 7. 18rc1 < sup >1 </sup > < a name = "ref_1" > </a >'],
          'key': 'm25_ext_3',
          'name': '最新版本',
          'value': ['稳定:3x:3. 8. 2  2x:2. 7. 18;测试:3. 9. 0a6  '
                    '2. x:2. 7. 18rc1 < sup >1 </sup > < a name = "ref_1" > </a >']},
         {'format': ['2017 年度编程语言'],
          'key': 'm25_ext_4',
          ......
```

如果程序需要存储一些结构复杂的数据,建议考虑使用 json 格式。对比自定义格式的文本文件或者 CSV 文件,json 提供了更加结构化的可递归的存储格式。同时,Python 自带的 json 模块已经提供了可以将 json 数据导入或导出应用时所需的所有解析库。因此,我们不需要针对 json 自行编写代码进行解析,而其他的开发人员在与这个应用进行数据交互时也不需要解析新的数据格式。大家都使用统一的标准规范,兼容性自然会很好,正是这个原因,json 在数据交换时被广泛地采用。

11.2.3　解析简单的 XML 数据

可扩展标记语言(Extensible Markup Language,XML),用于标记电子文件,使其具有结构性的标记语言,可以用来标记数据、定义数据类型,是一种允许用户对自己的标记语言进行定义的源语言。XML 使用 DTD(document type definition)文档类型定义来组织数据,其格式统一且跨平台和语言,早已成为业界公认的标准。XML 是非常适合 Web 传输。XML 提供统一的方法来描述和交换独立于应用程序或供应商的结构化数据。

XML 具备以下特点。

1)可扩展标记语言是一种很像超文本标记语言的标记语言。

2)它的设计宗旨是传输数据,而不是显示数据。

3)它的标签没有被预定义,需要自行定义标签。

4)它被设计为具有自我描述性。

5)它是 W3C 的推荐标准。

上面所说的超文本标记语言就是指 HTML。HTML 文件由多个标记组成,这些标记也称为标签。这些标签通常是成对出现,即一个开始标记对应一个结束标记。XML 和 HTML 非常相像,它的标记也是成对出现。和 HTML 不同的是,HTML 中的标记名称都是固定的,而 XML 中的标记名称是需要自定义的。两者最大区别是,XML 的目的是传输信息,而 HTML 的目的是显示信息。

XML 在 Internet 上已经被广泛应用于数据交换,同时它也是一种存储应用程序数据的常用格式,如字处理、音乐库等。在很多情况下,当使用 XML 来仅仅存储数据的时候,对应的文档结构非常紧凑并且直观。举个例子,我们可以使用 xml.etree.ElementTree 模块从简单的 XML 文档中提取数据。

为了演示案例,先假设需要解析某个网站上的数据源。

例 11-14　从 xml 中提取 RSS 源(RSS 源就是 XML 格式的)

```
from urllib.request import urlopen
from xml.etree.ElementTree import parse


#提取 RSS 并解析
u = urlopen('http://planet.Python.org/rss20.xml')
doc = parse(u)

    print(date)
```

```
print(link)
print()
```

xml. etree. ElementTree. parse( )函数会先解析整个 XML 文档并将其转换成一个文档对象。然后，我们就能使用 find( )、iterfind( )和 findtext( )等方法来搜索特定的 XML 元素了。这些函数的参数就是某个指定的标签名，例如 channel/item 或 title。每次指定某个标签时，需要遍历整个文档结构中的所有元素，每次搜索操作都会从一个起始元素开始进行。同样，每次操作所指定的标签名也是起始元素的相对路径。例如，执行 doc. iterfind（'channel/item'）来搜索所有在 channel 元素下面的 item 元素，接下来的调用 item. findtext( )会从已找到的item 元素位置开始搜索。

ElementTree 模块中的每个元素都有一些重要的属性和方法，在解析的时候非常有用。如 tag 属性包含了标签的名字，text 属性包含了内部的文本，而 get( )方法能获取属性值。

例 11-15　ElementTree 模块

```
> > > doc
< xml. etree. ElementTree. ElementTree object at 0x101339510 >
> > > e = doc. find('channel/title')
> > > e
< Element 'title' at 0x10135b310 >
> > > e. tag
'title'
> > > e. text
'Planet Python'
> > > e. get('some_attribute')
```

有一点要强调的是，xml. etree. ElementTree 并不是 XML 解析的唯一方法。对于更高级的应用程序，我们需要考虑使用 lxml，它使用了和 ElementTree 同样的编程接口，因此上面的例子同样也适用于 lxml，只需要将刚开始的 import 语句换成 fromlxml. etreeimport parse 就行了。lxml 完全遵循 XML 标准，并且速度也非常快，同时还支持验证等特性。

例 11-16　lxml 模块

```
> > > from lxml import etree
> > > root = etree. Element('root');
> > > print root. tag
root
#为 root 节点添加子节点:
> > > child1 = etree. SubElement(root,'child1')
> > > print root
< Element root at 0x2246760 >
> > > printetree. tostring(root)
< root > < child1/ > < /root >
```

简单地说，XML 的设计目标是标记文档。这和 json 的设计目标完全不同，建议只要用得到 XML 的地方就放心地使用。它使用树形的结构和包含语义的文本来表达混合内容以实现这一目标。在 XML 中可以表示数据的结构，但这并不是它的长处。json 的目标是用于数据交换的一种结构化表示，它直接使用对象、数组、数字、字符串、布尔值等元素来达成这一目标，这完全不同于文档标记语言。

11.2.4　读写二进制数据

互联网上很多文件都是二进制的文件，比如视频文件、音乐文件，甚至任何文件最后都会被计算机翻译成二进制的文件，只是用户看不到这个过程罢了。所以我们经常会碰到类似的需求，读写一个二进制数组的结构化数据到 Python 元组中，这里就是 Struct 模块大展身手的时候。

下面有个需求，将一个 Python 元组列表写入一个二进制文件，并使用 Struct 将每个元组编码为一个结构体。

例 11-17　Python 列表写入二进制文件

```
from struct import Struct
def write_records(records, format, f):
    '''
    把元组中的数据写入文件
    '''
    record_struct = Struct(format)
    for r in records:
        f.write(record_struct.pack(*r))


#举例
if _name_ = = '_main_':
    records = [ (1, 2.3, 4.5),
                (6, 7.8, 9.0),
                (12, 13.4, 56.7) ]
    with open('data.b', 'wb') as f:
        write_records(records, '<idd', f)
```

首先，如果我们想以块的形式增量读取文件。

例 11-18　以块的形式增量读取文件

```
from struct import Struct


def read_records(format, f):
    record_struct = Struct(format)
    chunks = iter(lambda: f.read(record_struct.size), b'')
    return (record_struct.unpack(chunk) for chunk in chunks)


# Example
```

```
if _name_ = = '_main_':
    with open('data.b','rb') as f:
        for rec in read_records('<idd', f):
            #逻辑代码
            ...
```

其次，如果我们想将整个文件一次性读取到一个字节字符串中，然后再分片解析。

例 11-19   分片读取解析文件

```
from struct import Struct

def unpack_records(format, data):
    record_struct = Struct(format)
    return (record_struct.unpack_from(data, offset)
            for offset in range(0, len(data), record_struct.size))


# Example
if _name_ = = '_main_':
    with open('data.b', 'rb') as f:
        data = f.read()
    for rec in unpack_records('<idd', data):
        #逻辑代码
        ...
```

两种情况下的结果都是返回一个可用来创建该文件的原始元组的可迭代对象。

对于需要编码和解码二进制数据的程序而言，通常会使用 Struct 模块。为了声明一个新的结构体 Struct，只需要创建一个 Struct 实例即可。

```
record_struct = Struct('<idd')
```

结构体 Struct 通常会使用一些结构码值 i、d、f 等，这些代码分别代表某个特定的二进制数据类型，如 32 位整数、64 位浮点数、32 位浮点数等。

```
> > > from struct import Struct
> > > record_struct = Struct('<idd')
> > > record_struct.size
20
> > > record_struct.pack(1, 2.0, 3.0)
b'\x01\x00\x00\x00\x00\x00\x00\x00\x00\x00\x00@\x00\x00\x00\x00\x00\x00\x08@'
> > > record_struct.unpack(_)
(1, 2.0, 3.0)
```

Struct 实例有很多属性和方法用来操作相应类型的结构，比如 pack( ) 和 unpack( ) 方法被用来打包和解包数据，size 属性包含了结构的字节数等，这在 I/O 操作时非常有用。

11.3　关系型数据库

数据的历史源远流长，甚至比计算机的历史还要长，它分为三个阶段：人工管理阶段、文件系统阶段、数据库系统阶段。

人工管理阶段是指计算机诞生的初期（即 20 世纪 50 年代后期之前），这个时期的计算机主要用于科学计算。从硬件看，没有磁盘等直接存取的存储设备；从软件看，没有操作系统和管理数据的软件，数据处理方式是批处理。

文件系统阶段是指计算机不仅用于科学计算，而且还大量用于管理数据的阶段。到 20 世纪 60 年代中期，在硬件方面外存储器有了磁盘、磁鼓等直接存取的存储设备；在软件方面操作系统中已经有了专门用于管理数据的软件，称为文件系统。

数据库系统阶段是从 20 世纪 60 年代后期开始的。在这一阶段中，数据库中的数据不再是面向某个应用或某个程序，而是面向整个企业组织或整个应用的。

11.3.1　关系型数据库入门

计算机其实就是存储/IO/CPU 三大件，而计算说穿了就是两个东西：数据与算法（状态与转移函数）。常见的软件应用，除了各种模拟仿真、模型训练、视频游戏这些属于计算密集型应用外，绝大多数都属于数据密集型应用。从最抽象的意义上讲，这些应用干的事儿就是把数据拿进来，存进数据库，需要的时候再拿出来。

抽象是应对复杂度的最强武器。操作系统提供了对存储的基本抽象：内存寻址空间与磁盘逻辑块号。文件系统在此基础上提供了文件名到地址空间的 KV 存储抽象。而数据库则在其基础上提供了对应用通用存储需求的高级抽象。

互联网应用大多属于数据密集型应用，对于真实世界的数据密集型应用而言，除非用户准备从基础组件的轮子造起，不然根本没那么多机会去摆弄花哨的数据结构和算法。甚至写代码的本事可能也没那么重要：可能只会有那么一两个 Ad Hoc 算法需要在应用层实现，大部分需求都有现成的轮子可以使用，主要的创造性工作往往在数据模型与数据流设计上。实际生产中，数据表就是数据结构，索引与查询就是算法。而应用代码往往扮演的是胶水的角色，处理 IO 与业务逻辑，其他大部分工作都是在数据系统之间搬运数据。

在最宽泛的意义上，有状态的地方就有数据库。它无所不在，网站的背后、应用的内部、单机软件、区块链里，甚至在离数据库最远的 Web 浏览器中，也逐渐出现了其雏形：各类状态管理框架与本地存储。"数据库"可以简单地只是内存中的哈希表或磁盘上的日志，也可以复杂到由多种数据系统集成而来。

数据库技术从诞生到现在，在不到半个世纪的时间里，形成了坚实的理论基础、成熟的商业产品和广泛的应用领域，吸引了越来越多的研究者加入。数据库的诞生和发展给计算机信息管理带来了一场巨大的革命。几十年来，国内外已经开发建设了成千上万个数据库，它已成为企业、部门乃至个人日常工作、生产和生活的基础设施。数据库技术经历了网状数据库，层次数据库，我们现在广泛使用的关系数据库是 20 世纪 70 年代基于关系模型的基础上诞生的。关系型数据库，是指采用了关系模型来组织数据的数据库，简单来说，关系模型指的就是二维表格模型，而一个关系型数据库就是由二维表及其之间的联系所组成的一个数据组织。这样设计的优点有三个。

1）容易理解：二维表结构是非常贴近逻辑世界的一个概念，关系模型相对网状、层次等其他模型来说更容易理解。

2）使用方便：通用的 SQL 语言使得操作关系型数据库非常方便。

3）易于维护：丰富的完整性（实体完整性、参照完整性和用户定义的完整性）大大减低了数据冗余和数据不一致的概率。

因为关系型数据库拥有这些优点，所以在事务性应用领域它是当仁不让的主角，即使在大数据时代，主流的关系型数据依然占领很大的市场份额。下面介绍几个主流的关系型数据库系统。

1）Oracle 是目前世界上使用最为广泛的数据库管理系统，作为一个通用的数据库系统，它具有完整的数据管理功能；作为一个关系数据库，它是一个完备关系的产品；作为分布式数据库，它实现了分布式处理的功能。在 Oracle 的 12c 版本中，还引入了多承租方架构，使用该架构可轻松部署和管理数据库云。

2）DB2 是 IBM 公司开发的、主要运行于 UNIX（包括 IBM 自家的 AIX）、Linux 以及 Windows 服务器版等系统的关系数据库产品。DB2 历史悠久且被认为是最早使用 SQL 的数据库产品，它拥有较为强大的商业智能功能。

3）SQL Server 是由 Microsoft 开发和推广的关系型数据库产品，最初适用于中小企业的数据管理，但是近年来它的应用范围有所扩展，部分大企业甚至是跨国公司也开始基于它来构建自己的数据管理系统。

4）MySQL 是开放源代码的，任何人都可以在 GPL（General Public License）的许可下下载并根据个性化的需要对其进行修改。MySQL 因为其速度、可靠性和适应性而备受关注。

5）PostgreSQL 是在 BSD 许可证下发行的开放源代码的关系数据库产品。

其实，关系型数据库只是数据系统的冰山一角，又或者说这是冰山之巅，产业界存在着各种各样的数据系统组件。这里我们重点介绍关系型数据库系统，它是目前所有数据系统中使用最广泛的组件，可以说是程序员"吃饭"的主要工具，重要性不言而喻。

11.3.2　基本的数据库 SQL 操作

为了学习 SQL，首先要知道什么是 SQL？SQL（Structured Query Language）结构化查询语言，是一种用于存取数据以及查询数据库内存储信息所使用的语言。

数据库是用于存放数据的处所，相当于家里存放食物的冰箱，当用户需要的时候可以直接通过数据库存取。肯定有人想，既然是用来放数据的地方，那我用 Excel 不就好了？Excel 与数据库的最大不同在于，数据库能存放更多的数据，也能让更多的人同时进行访问，就拿冰箱来说，Excel 就好比是家用冰箱，一个人在里面拿东西非常方便快捷，但是假如是一个为 1000 人提供饭菜的食堂，那么一个家用冰箱就肯定不够了。这时就需要一个冷库，可以存放大量食物以及供多个厨师同时存取食物，对数据来说，这个冷库就是数据库。

有了这个冷库以后，这么多东西需要如何管理？这时候就需要一个仓库管理员了，需要存放新的材料或者丢掉过期的材料直接和管理员说就可以了，对数据库来说，这个角色就是由数据库管理程序来实现的，我们这里可以用图形界面工具来充当这个管理员。当我们要存放新的东西时，可以选择和管理员说我要添加一个新的品类，然后管理员替我完成这一操作，这就相当于图形界面工具的基本操作，当然我也可以推着小车亲自去仓库里把想要的东西拿出来，而这一过程就相当于我使用 SQL 从数据库中存取资料，所以 SQL 才是操作数据库的基本命令。

我们通常可以将 SQL 分为三类：DDL 数据定义语言、DML 数据操作语言和 DCL 数据控制语言。DDL 主要用于创建（create）、删除（drop）、修改（alter）数据库中的对象，比如创建、删除和修改二维表；DML 主要负责对数据进行插入（insert）、删除（delete）、更新（update）和查询（select）等操作；DCL 通常用于授予（grant）和召回（revoke）权限。

DDL 数据定义语言。

例 11-20　如果存在名为 school 的数据库就删除它

```
drop database if exists school;
```

例 11-21　创建名为 school 的数据库并设置默认的字符集

```
create database school default charset utf8;
```

例 11-22　切换到 school 数据库上下文环境

```
use school;
```

例 11-23　创建学院信息表

```
create table tb_college
(
collid int auto_increment comment '编号',
collname varchar(50) not null comment '名称',
collintro varchar(500) default '' comment '介绍',
primary key (collid)
);
```

例 11-24　创建学生信息表

```
create table tb_student
(
stuid int not null comment '学号',
stuname varchar(20) not null comment '姓名',
stusex boolean default 1 comment '性别',
stubirth date not null comment '出生日期',
stuaddr varchar(255) default '' comment '籍贯',
collid int not null comment '所属学院',
primary key (stuid),
foreign key (collid) references tb_college (collid)
);
```

例 11-25   创建教师信息表

```
create table tb_teacher
(
teaid int not null comment '工号',
teaname varchar(20) not null comment '姓名',
teatitle varchar(10) default '助教' comment '职称',
collid int not null comment '所属学院',
primary key (teaid),
foreign key (collid) references tb_college (collid)
);
```

例 11-26   创建课程表

```
create table tb_course
(
couid int not null comment '编号',
couname varchar(50) not null comment '名称',
coucredit int not null comment '学分',
teaid int not null comment '授课老师',
primary key (couid),
foreign key (teaid) references tb_teacher (teaid)
);
```

例 11-27   创建选课记录表

```
create table tb_record
(
recid int auto_increment comment '选课记录编号',
sid int not null comment '选课学生',
cid int not null comment '所选课程',
seldate datetime default now() comment '选课时间日期',
score decimal(4,1) comment '考试成绩',
primary key (recid),
foreign key (sid) references tb_student (stuid),
foreign key (cid) references tb_course (couid),
unique (sid, cid)
);
```

创建数据库时，通过 default charset utf8 指定了数据库默认使用的字符集，我们推荐使用该字符集，因为 utf8 能够支持国际化编码。如果将来数据库中用到的字符可能包括类似于 Emoji 这样的图片字符，也可以将默认字符集设定为 utf8mb4（最大 4 字节的 utf-8 编码）。大部分主流数据都遵循 SQL92 标准，除了 SQL 标准之外，大部分数据库程序也都拥有其自身的私有扩展。

11.4　访问关系型数据库

前面介绍了各种关系型数据库以及关系型数据库的 DML 基本操作，本节列举一些主流数据库的访问方法。

11.4.1　使用 SQLite

SQLite 本身是用 C 编写的，而且体积很小，经常被集成到各种应用程序中，甚至在 iOS 和 Android 的 APP 中都可以集成。SQLite 是一个小型的关系型数据库，它最大的特点在于不需要服务器和零配置。在前面的两个服务器，不管是 Oracle 还是 MySQL，都需要安装，安装之后，它运行起来，其实是已经有一个相应的服务器在跑着呢。而 SQLite 不需要这样，首先 Python 已经将相应的驱动模块作为标准库一部分了，只要安装了 Python，就可以使用；另外，它也不需要服务器，可以类似操作普通文件那样来操作 SQLite 数据库文件。

在使用 SQLite 前，我们先要搞清楚几个概念：表是数据库中存放关系数据的集合，一个数据库里面通常都包含多个表，比如学生信息表、班级信息表、学校信息表等。表和表之间通过外键关联。要操作关系数据库，首先需要连接到数据库，一个数据库连接称为 Connection；连接到数据库后，需要打开游标，称之为 Cursor，通过 Cursor 执行 SQL 语句，然后，获得执行结果。Python 定义了一套操作数据库的 API 接口，任何数据库要连接到 Python，只需要提供符合 Python 标准的数据库驱动即可。由于 SQLite 的驱动内置在 Python 标准库中，所以我们可以直接来操作 SQLite 数据库。

例 11-28　在 Python 中操作 SQLite 数据库

```
# 导入 SQLite 驱动:
>>> import sqlite3
# 连接到 SQLite 数据库
# 数据库文件是 test.db
# 如果文件不存在,会自动在当前目录创建:
>>> conn = sqlite3.connect('test.db')
# 创建一个 Cursor:
>>> cursor = conn.cursor()
# 执行一条 SQL 语句,创建 user 表:
>>> cursor.execute('create table user (idvarchar(20) primary key, name varchar(20))')
<sqlite3.Cursor object at 0x10f8aa260>
# 继续执行一条 SQL 语句,插入一条记录:
>>> cursor.execute('insert into user (id, name) values (\'1\', \'Michael\')')
<sqlite3.Cursor object at 0x10f8aa260>
# 通过 rowcount 获得插入的行数:
>>> cursor.rowcount
1
```

```
# 关闭 Cursor:
> > > cursor.close()
# 提交事务:
> > > conn.commit()
# 关闭 Connection:
> > > conn.close()
```

例 11-29　查询 SQLite 数据库

```
> > > conn = sqlite3.connect('test.db')
> > > cursor = conn.cursor()
# 执行查询语句:
> > > cursor.execute('select * from user where id =? ', ('1',))
< sqlite3.Cursor object at 0x10f8aa340 >
# 获得查询结果集:
> > > values = cursor.fetchall()
> > > values
[('1', 'Michael')]
> > > cursor.close()
> > > conn.close()
```

Cursor 对象执行 insert、update、delete 语句时，执行结果由 rowcount 返回影响的行数，就可以得到执行结果。Cursor 对象执行 select 语句时，通过 featchall( )可以拿到结果集。结果集是一个列表，每个元素都是一个元组对应一行记录。

SQLite 支持常见的标准 SQL 语句以及几种常见的数据类型。如果 SQL 语句带有参数，那么需要把参数按照位置传递给 execute( )方法，有几个问号？占位符就必须对应几个参数。

```
cursor.execute('select * from user where name =? and pwd =? ', ('abc', 'password'))
```

在 Python 中操作数据库时，需要先导入数据库对应的模块，通过 Connection 对象和 Cursor 对象操作数据，要确保打开的 Connection 对象和 Cursor 对象都正确地被关闭，否则，就会发生资源泄露，引起严重的性能问题。

11.4.2　使用 MySQL

MySQL 是 Web 世界中使用最广泛的数据库系统，SQLite 的特点是轻量级、可嵌入，但不能承受高并发访问，适合桌面和移动应用；而 MySQL 是为服务器端设计的数据库，能承受高并发访问，同时占用的内存也远远大于 SQLite。

MySQL 内部有多种数据库引擎，最常用的引擎是支持数据库事务的 InnoDB。

例 11-30　访问 MySQL 数据库

```
# 导入 MySQL 驱动:
> > > import mysql.connector
```

```
# 注意把 password 设为我们的 root 口令:
>>> conn = mysql. connector. connect (user = 'root', password = 'password', data-
base = 'test')
>>> cursor = conn. cursor ()
# 创建 user 表:
>>> cursor. execute ('create table user (idvarchar (20) primary key, name varchar
(20))')
# 插入一行记录,注意 MySQL 的占位符是% s:
>>> cursor. execute ('insert into user (id, name) values (% s, % s)', ['1', 'Mi-
chael'])
>>> cursor. rowcount
1
# 提交事务:
>>> conn. commit ()
>>> cursor. close ()
# 运行查询:
>>> cursor = conn. cursor ()
>>> cursor. execute ('select * from user where id =% s', ('1',))
>>> values = cursor. fetchall ()
>>> values
[('1', 'Michael')]
# 关闭 Cursor 和 Connection:
>>> cursor. close ()
True
>>> conn. close ()
```

Python 建立了与数据库的连接,其实是建立了一个 conn 的实例对象,或者泛泛地称之为连接对象,Python 就是通过连接对象和数据库对话。

- conn. commit() 表示如果数据库表进行了修改,提交保存当前的数据。当然,如果此用户没有权限就作罢了,什么也不会发生。
- cursor() 表示返回连接的游标对象,通过游标执行 SQL 查询并返回结果。游标比连接支持更多的方法,而且可能在程序中更灵活。用 cursor. execute() 从数据库查询出来的东西,被保存在 cursor 所能找到的某个地方,要找出这些被保存的东西,需要调用方法 cursor. fetchall(),找出来之后就作为对象而存在。从上面的实验测试发现,被保存的对象其实是一个元组中,里面的每个元素,都是一个一个的元组。
- close() 表示关闭连接。此后,连接对象和游标都不再可用了。

Python 和数据之间的连接建立起来之后,要操作数据库,就需要让 Python 对数据库执行 SQL 语句。Python 是通过游标执行 SQL 语句的。所以,连接建立之后,就要利用连接对象得到游标对象。

11.5　对象关系映射

对象关系映射（ORM），又称对象关系管理器，究竟是什么？回答这个问题之前，首先让我们回顾一下，一个关系数据库中都有什么？没错，简单来说，就是一张张二维表。二维表中又有什么？行和列，一行就是一条记录，一列就代表着一条记录的某个属性。

举例来说，一个学籍数据库可能包含一张学生信息表，表中每行记录着一个学生的信息，由很多列组成，每一列表示学生的一个属性，比如姓名、年龄、入学时间等。有没有觉得和 Python 中的类、实例对象以及成员属性的概念有某种映射关系呢？没错，ORM 其实就是把表映射成了类，它包含一些成员属性，相当于一个模板，通过这个模板，我们给相应的属性填上一个值，可以创建一个实例对象，也就是一条记录。然后把常用的一些 SQL 操作封装成对应的方法，比如 select 封装为 get 方法，这样就实现了一个 ORM。

比如用 ORM 表示一个包含 id 和 name 的 user 表，如下。

```
[
    ('1', 'Michael'),
    ('2', 'Bob'),
    ('3', 'Adam')
]
```

Python 返回的数据结构就是像上面这样表示的，用元组表示一行是很难看出表的结构。如果把一个元组用 class 实例来表示，就可以更容易地看出表的结构来。

```
class User(object):
    def _init_(self, id, name):
        self.id = id
        self.name = name
[
    User('1', 'Michael'),
    User('2', 'Bob'),
    User('3', 'Adam')
]
```

这就是传说中的 ORM 技术（Object-Relational Mapping），把关系数据库的表结构映射到对象上。是不是很简单？ORM 作为一种框架技术，Python 拥有很多第三方的 ORM 框架，其中最有名的框架是 SQLAlchemy。

让我们来看看 SQLAlchemy 的用法，首先通过 pip 安装 SQLAlchemy。

```
pip install sqlalchemy
```

利用 11.4.2 节的示例 11-30，在 MySQL 的数据库中创建一张叫 user 的表，现在我们用 SQLAlchemy 来测试这张表。

例 11-31　导入 SQLAlchemy 并初始化 DBSession

```
# 导入：
from sqlalchemy import Column, String, create_engine
```

```
from sqlalchemy.orm import sessionmaker
from sqlalchemy.ext.declarative import declarative_base
# 创建对象的基类：
Base = declarative_base()
# 定义 User 对象：
class User(Base):
  # 表的名字：
  _tablename_ = 'user'
    # 表的结构：
    id = Column(String(20), primary_key = True)
    name = Column(String(20))


# 初始化数据库连接：
engine = create_engine('mysql + mysqlconnector://root:password@ localhost:3306/
test')
# 创建 DBSession 类型：
DBSession = sessionmaker(bind = engine)
```

以上代码完成 SQLAlchemy 的初始化和具体每个表的 class 定义。如果有多个表，就继续定义其他 class，例如 school。

```
class School(Base):
    _tablename_ = 'school'
    id =...
    name =...
```

首先，create_ engine()用来初始化数据库连接，用一个字符串表示连接信息：'数据库类型 + 数据库驱动名称：//用户名：口令@ 机器地址：端口号/数据库名'。只需要替换掉用户名、口令等信息即可。然后，向数据库表中添加一行记录。我们向数据库表中添加一行记录，可以视为添加一个 User 对象。

例 11-32　ORM 添加记录

```
# 创建 session 对象：
session = DBSession()
# 创建新 User 对象：
new_user = User(id = '5', name = 'Bob')
# 添加到 session：
session.add(new_user)
# 提交即保存到数据库：
session.commit()
# 关闭 session：
session.close()
```

由此可见，最关键的一步是获取 session，然后把对象添加到 session 中，最后提交并关闭。DBSession 对象可视为当前数据库连接。连接完毕后如何从数据库表中查询数据呢？有了 ORM，查询出来的可以不再是元组，而是 User 对象。

例 11-33　SQLAlchemy 提供的查询接口

```
# 创建 Session:
session = DBSession()
# 创建 Query 查询, filter 是 where 条件, 最后调用 one() 返回唯一一行, 如果调用 all() 则返回所有行:
user = session. query(User). filter(User. id = = '5'). one()
# 打印类型和对象的 name 属性:
print('type:', type(user))
print('name:', user. name)
# 关闭 Session:
session. close()
```

由此可见，ORM 就是把数据库表的行与相对应的对象建立关联，互相转换。关系数据库的多个表还可以用外键实现一对多、多对多等关联，相应地，ORM 框架也可以提供两个对象之间的一对多、多对多等功能。

11.6　【实战】Python 操作常用数据库实践

数据库博大精深，想要变成数据库方面的专家非一朝一夕之功。虽然说数据库的知识需要积累，但是对于绝大多数的开发人员而言，并不需要掌握所有知识。尤其是刚入门的初学者，掌握一种"套路"能够起到事半功倍的效果。本节我们用一些 Python 操作常用数据库的案例来演示在 Python 中如何操作 MySQL 数据库的各种"套路"。

扫码看教学视频

例 11-34　创建实战用的数据库

```
drop database if exists hrs;
create database hrs default charset utf8;

use hrs;

drop table if exists tb_emp;
drop table if exists tb_dept;

create table tb_dept
(
dno   int not null comment '编号',
dname varchar(10) not null comment '名称',
dloc  varchar(20) not null comment '所在地',
```

```
primary key (dno)
);

insert into tb_dept values
    (10, '会计部', '北京'),
    (20, '研发部', '成都'),
    (30, '销售部', '重庆'),
    (40, '运维部', '深圳');

create table tb_emp
(
eno   int not null comment '员工编号',
ename varchar(20) not null comment '员工姓名',
jobvarchar(20) not null comment '员工职位',
mgr   int comment '主管编号',
sal   int not null comment '员工月薪',
comm  int comment '每月补贴',
dno   int comment '所在部门编号',
primary key (eno)
);

alter table tb_emp add constraint fk_emp_dno foreign key (dno) references tb_dept
(dno);

insert into tb_emp values
    (7800, '张三丰', '总裁', null, 9000, 1200, 20),
    (2056, '乔峰', '分析师', 7800, 5000, 1500, 20),
    (3088, '李莫愁', '设计师', 2056, 3500, 800, 20),
    (3211, '张无忌', '程序员', 2056, 3200, null, 20),
    (3233, '丘处机', '程序员', 2056, 3400, null, 20),
    (3251, '张翠山', '程序员', 2056, 4000, null, 20),
    (5566, '宋远桥', '会计师', 7800, 4000, 1000, 10),
    (5234, '郭靖', '出纳', 5566, 2000, null, 10),
    (3344, '黄蓉', '销售主管', 7800, 3000, 800, 30),
    (1359, '胡一刀', '销售员', 3344, 1800, 200, 30),
    (4466, '苗人凤', '销售员', 3344, 2500, null, 30),
    (3244, '欧阳锋', '程序员', 3088, 3200, null, 20),
    (3577, '杨过', '会计', 5566, 2200, null, 10),
    (3588, '朱九真', '会计', 5566, 2500, null, 10);
```

通常使用 Python 的三方库 PyMySQL 来访问 MySQL 数据库，它是目前 Python 操作 MySQL
数据库的主流选择。

Python 编程从小白到大牛

例 11-35　添加一个部门

```python
import pymysql


def main():
    no = int(input('编号: '))
    name = input('名字: ')
    loc = input('所在地: ')
    # 1. 创建数据库连接对象
    con = pymysql.connect(host = 'localhost', port = 3306,
                          database = 'hrs', charset = 'utf8',
                          user = 'yourname', password = 'yourpass')
    try:
        # 2. 通过连接对象获取游标
        with con.cursor() as cursor:
            # 3. 通过游标执行 SQL 并获得执行结果
            result = cursor.execute(
                'insert into tb_dept values (% s, % s, % s)',
                (no, name, loc)
            )
            if result == 1:
                print('添加成功! ')
            # 4. 操作成功提交事务
            con.commit()
    finally:
        # 5. 关闭连接释放资源
        con.close()


if _name_ == '_main_':
    main()
```

例 11-36　删除一个部门

```python
import pymysql


def main():
    no = int(input('编号: '))
    con = pymysql.connect(host = 'localhost', port = 3306,
                          database = 'hrs', charset = 'utf8',
                          user = 'yourname', password = 'yourpass',
                          autocommit = True)

    try:
```

218

```python
        with con.cursor() as cursor:
            result = cursor.execute(
                'delete from tb_dept wheredno = % s',
                (no,)
            )
            if result == 1:
                print('删除成功！')
    finally:
        con.close()


if _name_ == '_main_':
    main()
```

　　如果不希望每次 SQL 操作之后都手动提交或回滚事务，则可以像上面的代码那样，在创建连接的时候多加一个名为 autocommit 的参数，并将它的值设置为 True，表示每次执行 SQL 之后自动提交。如果程序中不需要使用隔离性较高的事务环境，又或者不希望手动提交或回滚事物就可以这么做。

例 11-37　更新一个部门

```python
import pymysql


def main():
    no = int(input('编号: '))
    name = input('名字: ')
    loc = input('所在地: ')
    con = pymysql.connect(host = 'localhost', port = 3306,
                          database = 'hrs', charset = 'utf8',
                          user = 'yourname', password = 'yourpass',
                          autocommit = True)
    try:
        with con.cursor() as cursor:
            result = cursor.execute(
                'update tb_dept setdname = % s, dloc = % s where dno = % s',
                (name, loc, no)
            )
            if result == 1:
                print('更新成功！')
    finally:
        con.close()
if _name_ == '_main_':
    main()
```

例 11-38　查询所有部门

```
import pymysql
frompymysql. cursors import DictCursor

def main():
    con = pymysql. connect(host = 'localhost', port = 3306,
                          database = 'hrs', charset = 'utf8',
                          user = 'yourname', password = 'yourpass')
    try:
        with con. cursor(cursor = DictCursor) as cursor:
            cursor. execute('selectdno as no, dname as name, dloc as loc from tb_dept')
            results = cursor. fetchall()
            print(results)
            print('编号 \t 名称 \t \t 所在地')
            for dept in results:
                print(dept['no'], end = '\t')
                print(dept['name'], end = '\t')
                print(dept['loc'])
    finally:
        con. close()

if _name_ = = '_main_':
    main()
```

例 11-39　分页查询员工信息

```
import pymysql
from pymysql. cursors import DictCursor

class Emp(object):

    def _init_(self, no, name, job, sal):
        self. no = no
        self. name = name
        self. job = job
        self. sal = sal

    def _str_(self):
        return f' \n 编号：{self. no} \n 姓名：{self. name} \n 职位：{self. job} \n 月薪：
{self. sal} \n'

    def main():
```

```
        page = int(input('页码: '))
        size = int(input('大小: '))
        con  = pymysql.connect(host = 'localhost', port = 3306,
                               database = 'hrs', charset = 'utf8',
                               user = 'yourname', password = 'yourpass')
        try:
            with con.cursor() as cursor:
                cursor.execute(
                    'selecteno as no, ename as name, job, sal from tb_emp limit %s,%s',
                    ((page-1) * size, size)
                )
                for emp_tuple in cursor.fetchall():
                    emp = Emp(* emp_tuple)
                    print(emp)
        finally:
            con.close()

if _name_ = = '_main_':
    main()
```

以上案例基本上涉及开发过程中大部分的数据库操作，也就是所谓的"套路"。介绍了增、删、改、查、分页等5种操作，这些代码基本上概括了项目流程中数据库开发的大部分内容。但是对于任何有志于在 Python 这条路上发展的朋友，都不应该满足表面的数据库操作。因为无论对于哪个大型系统，数据库方面的设计和开发，绝对都是核心中的核心。只有掌握了更高深的数据库知识，才有可能在系统架构上做到从"上帝视角"来看待开发问题。

11.7 【大牛讲坛】常用数据库优缺点分析

截止至今天，商品化的数据库管理系统基本以关系型数据库为主导产品，国内外的主导关系型数据库管理系统有 Oracle、Sybase、MySQL 和 DB2。这些产品都支持多平台，如 UNIX、VMS、Windows，但支持的程度不一样。

1. MySQL

MySQL 是最受欢迎的开源 SQL 数据库管理系统之一，由 MySQL AB 开发、发布和支持。MySQL AB 是一家基于 MySQL 开发人员的商业公司，也是一家使用了一种成功的商业模式来结合开源价值和方法论的第二代开源公司。MySQL 是 MySQL AB 的注册商标。MySQL 是一个快速、多线程、多用户和健壮的 SQL 数据库服务器。它支持关键任务、重负载生产系统的使用，也可以将它嵌入到一个大配置（mass-deployed）的软件中去。

2. SQL Server

SQL Server 是由微软开发的数据库管理系统，是 Windows 上最流行的用于存储数据的数据库之一，它已广泛用于电子商务、银行、保险、电力等与数据库有关的行业。目前主流版本是 SQL Server 2005，它只能在 Windows 上运行，操作系统的系统稳定性对数据库十分重要。并行实施和共存模型并不成熟，很难处理日益增多的用户数和数据卷，伸缩性有限。

SQL Server 提供了众多的 Web 和电子商务功能，如对 XML 和 Internet 标准的丰富支持，通过 Web 对数据进行轻松安全的访问，具有强大的、灵活的、基于 Web 的和安全的应用程序管理等。而且，由于其易操作性和友好的操作界面，深受广大用户的喜爱。

3. Oracle

提起数据库，第一个想到的公司一般都会是 Oracle（甲骨文）。该公司成立于 1977 年，最初是一家专门开发数据库的公司。Oracle 在数据库领域一直处于领先地位。1984 年，首先将关系数据库转到了桌面计算机上。然后，Oracle 5 率先推出了分布式数据库、客户/服务器结构等崭新的概念。Oracle 6 首创行锁定模式以及对称多处理计算机的支持。目前，Oracle 产品覆盖了大、中、小型机等几十种机型，Oracle 数据库成为世界上使用最广泛的关系数据系统之一。

Oracle 数据库产品具有以下优良特性。

- 兼容性：Oracle 产品采用标准 SQL，并经过美国国家标准技术所（NIST）测试，与 IBM SQL/DS、DB2、MySQL、IDMS/R 等兼容。
- 可移植性：Oracle 的产品可运行于很宽范围的硬件与操作系统平台上。可以安装在 70 种以上不同的大、中、小型机上；可在 VMS、DOS、UNIX、Windows 等多种操作系统下工作。
- 可联结性：Oracle 支持各种协议，TCP/IP、DECnet、LU 6.2 等。
- 高生产率：Oracle 产品提供了多种开发工具，能极大地方便用户进行进一步的开发。
- 开放性：Oracle 良好的兼容性、可移植性、可连接性和高生产率使 Oracle RDBMS 具有良好的开放性。

4. Sybase

1984 年，Mark B. Hiffman 和 Robert Epstern 创建了 Sybase 公司，并在 1987 年推出了 Sybase 数据库产品。Sybase 主要有三种版本：一是 UNIX 操作系统下运行的版本；二是 Novell Netware 环境下运行的版本；三是 Windows NT 环境下运行的版本。对 UNIX 操作系统，目前应用最广泛的是 SYBASE 10 及 SYABSE 11 for SCO UNIX。

5. DB2

DB2 是内嵌于 IBM 的 AS/400 系统上的数据库管理系统，直接由硬件支持。它支持标准的 SQL 语言，具有与异种数据库相连的 GATEWAY（网关），因此具有速度快、可靠性好的优点。但是，只有硬件平台选择了 IBM 的 AS/400，才能选择使用 DB2 数据库管理系统。DB2 能在所有主流平台上运行（包括 Windows），适用于海量数据。DB2 在企业级的应用最为广泛，在全球的 500 家大型的企业中，几乎 85% 以上都用 DB2 数据库服务器，而国内到 1997 年约占 5%。

除此之外，还有微软的 Access 数据库、FoxPro 数据库等。既然现在有这么多的数据库系统，那么在当前大热的游戏编程领域应该选择什么样的数据库呢？首要的原则就是根据实际需要，另一方面还要考虑游戏开发预算。现在常用的数据库有：SQL Server、My SQL、Oracle、DB2。其中 MySQL 是一个完全免费的数据库系统，其功能也具备了标准数据库的功能，因此，在独立制作时，建议使用。Oracle 虽然功能强劲，但它毕竟是为商业用途而存在的，目前很少在游戏中使用到。

应 用 篇

应用篇主要展示了 Python 适用的各种工业领域场景：网站、游戏开发、绘图、数据分析、人工智能、大数据或云计算等方面，都可以用到 Python。

建议熟练掌握基础篇和进阶篇的知识点后，再继续阅读应用篇的内容。读者在阅读本篇章内容时，不必在某个框架的函数或者接口上花费太多时间，要把时间和精力用在思考框架的设计理念上。因为框架的技术迭代十分迅速，但是框架的设计理念和原理却没有很大的变化，千万不要舍本逐末。

最后强调一下，应用篇的每个章节都是一个独立的技术方向。通过阅读应用篇的章节，读者能够看到 Python 在工业界的项目落地，让自己在未来的职业生涯中少走很多弯路。

第 12 章
Web 开发应用领域

本章是有关 Web 编程的介绍，学习本章节，不仅可以了解如何用 Python 去建立一个网站，还可以帮助我们对因特网上的各种基础应用有个大概的了解。

扫码获取本章代码

12.1 Web 应用工作原理

Web 应用遵循客户端/服务器架构，这种架构在第 10 章网络编程中反复提到，忘记的朋友可以去回顾一下。Web 的客户端是浏览器，应用程序允许用户在互联网上查询文档。这些服务器等待客户和文档请求；Web 服务器端的进程运行在服务提供商的主机上，服务器端进行相应的处理，返回相关的数据到客户端。正如大多数客户端/服务器的服务器端一样，Web 服务器端被设置为"永远"运行。一个用户执行一个像浏览器这类客户端程序与服务器取得连接，就可以在因特网上任何地方获得数据。客户端能向服务器端发出各种请求，这些请求包括获得一个网页视图或者提交一个包含数据的表单。请求经过服务器端的处理，然后会以特定的格式（HTML 等）返回给客户端浏览。

Web 客户端和服务器端交互需要一套规定好的协议，Web 交互的标准协议是 HTTP 超文本传输协议。HTTP 协议是 TCP/IP 协议的上层协议，这意味着 HTTP 协议依靠 TCP/IP 协议来进行低层的交流工作。它的职责不是路由或者传递消息，而是通过发送、接收 HTTP 消息来处理客户端的请求。HTTP 协议属于无状态协议，它不会跟踪从一个客户端到另一个客户端的请求信息，这点和我们现今使用的客户端/服务器端架构很像。由于每个请求缺乏上下文背景，我们可以注意到有些 URL 会有很多的变量和值作为请求的一部分，以便提供一些状态信息。另外一个选项是 cookie——保存在客户端的客户状态信息。

因特网是一个连接全球客户端和服务器端的变幻莫测的"迷雾"。客户端最终连接到服务器的通路，实际包含了不定节点的连通。作为一个客户端用户，所有这些实现细节都会被隐藏起来。抽象成从客户端到所访问的服务器端的直接连接。被隐藏起来的 HTTP、TCP/IP 协议将会处理所有的繁重工作。中间的环节信息用户并不关心，所以将这些执行过程隐藏起来是有好处的。有一点需要记清楚，Web 应用是网络应用的一种最普遍形式，但不是唯一也不是最古老的一种形式。因特网的出现早于 Web 近 30 年。在 Web 出现之前，因特网主要用于教学和科研目的。

由于 Python 最初的偏重就是网络编程，我们可以找到前面提及的所有协议，后面延伸出 Web 编程，最后区分为网络编程和 Web 编程，后者仅包括针对 Web 的应用程序开发，也就是说 Web 客户端和服务器是本章的焦点。

12.2　Web 客户端

浏览器只是 Web 客户端的一种，任何一个通过向服务器端发送请求来获得数据的应用程序都可以被认为是"客户端"。其他类型的客户端也能从因特网上检索出文档和数据，它不仅可以下载数据，同时也可以存储、操作数据，甚至可以将其传送到另外一个地方或者传给另外一个应用。一个使用 urllib 模块下载或者访问 Web 上的信息的应用程序都能被认为是简单的 Web 客户端，而我们所要做的就是提供一个有效的 Web 地址。

Web 应用需要被称为 URL（统一资源定位器，Uniform Resource Locator）的 Web 地址。这个地址用来在 Web 上定位一个文档，或者调用一个程序来为我们的客户端产生一个文档。如街道地址一样，Web 地址也有一些结构。中国的街道地址通常格式为"中国江苏省南京市三牌楼 102 号"。URL 使用这种格式：https：//www. Python. org/或者 user：passwd@ host：port。host 主机名是最重要的。端口号只有在 Web 服务器运行其他非默认端口上时才会被使用。用户名和密码部分只有在使用 FTP 连接时才有可能用到，因为即使是使用 FTP，大多数的连接都是使用"匿名"，这时是不需要用户名和密码的。

Python 支持两种不同的模块，分别以不同的功能和兼容性来处理 URL。一种是 urlparse，还有一种是 urllib。

12.2.1　urlparse 模块

urlparse 模块是很传统的模块，适用于 Python 2. x 版本。目前在 Python 3. x 版本中已经和 urllib2、urlparse 并入了 urllib 模块中，所以本节的代码都是用过 Python 2.7 环境来运行的。urlparse 模块主要是 URL 的分解和拼接，分析出 URL 中的各项参数，可以被其他的 URL 使用。urlparse 将地址解析成 6 个部分，并返回一个元组，包括协议、基地址、相对地址等。

例 12-1　urlstring 的组成部分

```
> > > import urlparse
> > >parsed_tuple = urlparse. urlparse ("http://www. google. com/search? hl = en&q
=urlparse&btnG = Google + Search")
> > > print parsed_tuple
ParseResult(scheme = 'http', netloc = 'www. google. com', path = '/search', params = '
', query = 'hl = en&q = urlparse&btnG = Google + Search', fragment = '')
```

有了 urlparse()，就有它的对立方法 urlunparse()方法，它接受的参数是一个不可迭代的对象，但是它的长度必须是 6，否则就会显示参数不够或者参数过多的问题信息。

例 12-2 重组成新的 URL

```
> > > import urlparse
> > >parsed_tuple = urlparse. urlparse ("http://www. google. com/search? hl = en&q
= urlparse&btnG = Google + Search")
> > > print parsed_tuple
ParseResult(scheme = 'http', netloc = 'www. google. com', path = '/search', params = '
', query = 'hl = en&q = urlparse&btnG = Google + Search', fragment = '')
> > > url =urlparse. urlunparse(parsed_tuple)
> > > print url
http://www. google. com/search? hl = en&q = urlparse&btnG = Google + Search
```

分析 URL，返回一个包含 5 个字符串项目的元组：协议、位置、路径、查询、片段。allow_ fragments 为 False 时，该元组的组后一个参数 fragment 总是为空，不管 URL 有没有片段，省略项目的也是空。

例 12-3 分析 urlstring

```
> > >split_tuple = urlparse. urlsplit ("http://www. google. com/search? hl = en&q =
urlparse&btnG = Google + Search")
> > > print split_tuple
SplitResult(scheme = 'http',netloc = 'www. google. com',path = '/search',query = 'hl
= en&q = urlparse&btnG = Google + Search', fragment = '')
> > >parsed_tuple = urlparse. urlparse ("http://www. google. com/search? hl = en&q
= urlparse&btnG = Google + Search")
> > > print parsed_tuple
ParseResult(scheme = 'http', netloc = 'www. google. com', path = '/search', params = '
', query = 'hl = en&q = urlparse&btnG = Google + Search', fragment = '')
```

urlsplit( )和 urlparse( )的用法差不多。

例 12-4 使用 urlsplit( )返回的值组合成一个 url

```
> > >split_tuple = urlparse. urlsplit ("http://www. google. com/search? hl = en&q =
urlparse&btnG = Google + Search")
> > > print split_tuple
SplitResult(scheme = 'http',netloc = 'www. google. com',path = '/search',query = 'hl
= en&q = urlparse&btnG = Google + Search', fragment = '')
> > > url =urlparse. urlunsplit(split_tuple)
> > > print url
http://www. google. com/search? hl = en&q = urlparse&btnG = Google + Search
```

例 12-5 拼接字符串

```
> > > import urlparse
> > >urlparse. urljoin('http://www. google. com/search? ','hl = en&q = urlparse')
'http://www. google. com/hl = en&q = urlparse'
```

```
>>>urlparse.urljoin('http://www.google.com/search?/','hl=en&q=urlparse')
'http://www.google.com/hl=en&q=urlparse'
>>>urlparse.urljoin('http://www.google.com/search/','hl=en&q=urlparse')
'http://www.google.com/search/hl=en&q=urlparse'
parse_qs(qs, keep_blank_values=False, strict_parsing=False, encoding='utf-8',
errors='replace')
```

urljoin 主要功能是拼接地址。

例 12-6　解析 query，返回词典格式数据

```
>>> import urlparse
>>>parsed_tuple = urlparse.urlparse("http://www.google.com/search?hl=en&q
=urlparse&btnG=")
>>> print parsed_tuple
ParseResult(scheme='http', netloc='www.google.com', path='/search', params='
', query='hl=en&q=urlparse&btnG=', fragment='')
>>>urlparse.parse_qs(parsed_tuple.query)
{'q':['urlparse'], 'hl':['en']}
>>>urlparse.parse_qs(parsed_tuple.query, True)
{'q':['urlparse'], 'btnG':[''], 'hl':['en']}
```

解析 parsed_tuple.query 返回词典格式数据，词典的键值是 query 中变量名字，数值是 query 对应的值。参数 keep_ blank_ value 标识空值是否识别为一个空字符串，这里 True 表示把空值当作一个空字符串，False 表示不把空值当作字符串。

12.2.2　urllib 模块

urllib 模块是 Python 内置的 HTTP 请求库，也就是说我们不需要额外安装即可使用。urllib 支持 Python 3.x 版本，它提供了一个高级的 Web 交流库，支持 Web 协议、HTTP、FTP 和 Gopher 协议，同时也支持对本地文件的访问，它利用上述协议从因特网、局域网、主机上下载数据。

我们接下来要谈的功能包括 urlopen( )、urlretrieve( )、quote( )、unquote( )、quote_plus( )、unquote_plus( )和 urlencode( )等方法。

首先，我们使用 urlopen( )方法返回文件类型对象。urlopen( )打开一个指定 URL 字符串与 Web 连接，并返回了文件类的对象，语法结构如下。

```
urlopen(urlstr,postQueryData=None)
```

urlopen( )打开 urlstr 所指定的 URL，如果没有给定协议或者下载规划，或者文件规划早已传入，urlopen( )则会打开一个本地的文件。对于所有的 HTTP 请求，常见的请求类型是 GET。在这些情况中，向 Web 服务器发送的请求字符串应该是 urlstr 的一部分。如果要求使用 POST 方法，请求的字符串应该被放到 postQueryData 变量中。GET 和 POST 请求是向 Web 服务器上传数据的两种方法。一旦连接成功，urlopen( )将会返回一个文件类型对象，就像在目标路径下打开了一个可读文件。

Python 编程从小白到大牛

urllib. request 模块提供了最基本的构造 HTTP 请求的方法，利用它可以模拟浏览器的一个请求发起过程，同时它还带有处理 authenticaton（授权验证）、redirections（重定向）、cookies 等内容。下面就来感受一下它的强大之处，以 Python 官网为例，我们把这个网页抓下来。

例 12-7 对 Python 官网进行抓取

```
import urllib. request
response = urllib. request. urlopen('https://www. Python. org')
print(response. read(). decode('utf-8'))
> > > print(type(response))
<class 'http. client. HTTPResponse'>
```

通过输出结果可以发现它是一个 HTTPResposne 类型的对象，主要包含 read( )、readinto( )、getheader（name）、getheaders( )、fileno( )等方法和 msg、version、status、reason、debuglevel、closed 等属性。我们把这个对象赋值为 response 变量，然后就可以调用这些方法和属性。例如调用 read( )方法可以得到返回的网页内容，调用 status 属性就可以得到返回结果的状态码，如 200 代表请求成功、404 代表网页未找到等。

例 12-8 获取响应的状态码

```
> > > import urllib. request
> > > response = urllib. request. urlopen('https://www. Python. org')
> > > print(response. status)
200
> > > print(response. getheaders())
[('Server', 'nginx'), ('Content-Type', 'text/html; charset = utf-8'), ('X-Frame-Op-
tions', 'DENY'), ('Via', '1.1 vegur'), ('Via', '1.1 varnish'), ('Content-Length', '
48782'), ('Accept-Ranges', 'bytes'), ('Date', 'Wed, 05 Feb 2020 08:34:01 GMT'), ('Via',
'1.1 varnish'), ('Age', '1268'), ('Connection', 'close'), ('X-Served-By', 'cache-
iad2130-IAD, cache-hnd18734-HND'), ('X-Cache', 'HIT, HIT'), ('X-Cache-Hits', '1, 2791'), ('X-
Timer', 'S1580891641. 270202,VS0,VE0'), ('Vary', 'Cookie'), ('Strict-Transport-Security', '
max-age = 63072000; includeSubDomains')]
> > > print(response. getheader('Server'))
nginx
```

由此可见，分别输出了响应的状态码、响应的头信息以及通过调用 getheader( )方法并传递一个参数 Server 获取了 headers 中的 Server 值，结果是 nginx，意思就是服务器是 nginx。利用 urlopen( )方法，我们可以完成最基本的简单网页的 GET 请求抓取。但是如果我们想通过链接来传递一些参数，那又该怎么实现呢？下面看一下 urlopen( )函数的用法。

```
urllib. request. urlopen(url,data = None,[timeout,] *, cafile = None, capath = None,
cadefault = False, context = None),
```

除了第一个参数可以传递 URL 之外，我们还可以传递其他形式的信息，比如附加数据 data、超时时间 timeout 等。补充一点，data 参数是可选的，如果要添加 data，则必须是字节流编码格式的内容，即 bytes 类型，通过 bytes( )方法可以进行转化。如果传递了这个 data 参

228

数，它的请求方式就不再是 GET 方式请求，而是 POST。

例 12-9　可选的 data 参数

```
>>>import urllib. parse
>>>import urllib. request
>>>data =bytes(urllib. parse. urlencode({'word': 'hello'}),encoding ='utf8')
>>>response =urllib. request. urlopen('http://httpbin. org/post',data =data)
>>> print(response. read())
b'{\n  "args": {}, \n  "data": "", \n  "files": {}, \n  "form": {\n    "word": "
hello"\n  }, \n  "headers": {\n    "Accept-Encoding": "identity", \n    "Content-
Length": "10", \n    "Content-Type": "application/x-www-form-urlencoded", \n    "
Host": "httpbin. org", \n    "User-Agent": "Python-urllib/3. 7", \n    "X-Amzn-Trace-
Id": "Root =1-5ec1ee2b-b1653104eb1fe5629f36b58c"\n  }, \n  "json": null, \n  "ori-
gin": "49. 81. 199. 105", \n  "url": "http://httpbin. org/post"\n}\n'
```

代码中传递了一个参数 word，值是 hello，它需要被转码成 bytes 类型。第一个参数需要是字符串类型，要用 urllib. parse 模块里的 urlencode( )方法来将参数字典转化为字符串。第二个参数指定编码格式，在这里指定为 utf8。

timeout 参数可以设置超时时间，单位为秒，意思就是如果请求超出了设置的这个时间还没有得到响应，就会抛出异常，如果不指定，就会使用全局默认时间。它支持 HTTP、HTTPS、FTP 请求。我们可以通过设置这个超时时间来控制一个网页如果长时间未响应就跳过它的抓取，利用 try…except 语句就可以实现这样的操作。

例 12-10　跳过长时间未响应的网页

```
>>>import socket
>>>import urllib. request
>>>import urllib. error
>>>try:
        response =urllib. request. urlopen('http://httpbin. org/get', timeout =0. 1)
    except urllib. error. URLError as e:
        if isinstance(e. reason, socket. timeout):
print('TIME OUT')
```

利用 urlopen( )方法可以实现最基本请求的发起，但这几个简单的参数并不足以构建一个完整的请求，如果请求中需要加入 Headers 等信息，就需要使用更强大的 Request 类来构建一个请求。

例 12-11　使用 urlopen 方法发起请求

```
>>> import urllib. request
>>> request =urllib. request. Request('https://Python. org')
>>> response =urllib. request. urlopen(request)
>>> print(response. read(). decode('utf-8'))
```

可以发现，我们依然是用 urlopen( )方法来发送这个请求，只不过这次 urlopen( )方法的参数不再是一个 URL，而是一个 Request 类型的对象，这样一方面我们可以将请求独立成一个对象，另一方面可使配置参数更加丰富和灵活。

下面我们看一下 Request 都可以通过怎样的参数来构造，它的构造方法如下。

```
class urllib. request. Request (url, data = None, headers = { }, origin_req_host =
None, unverifiable = False, method = None)
```

第一个 url 参数是请求网络的连接地址，这个是必选参数，其他的都是可选参数。

第二个 data 参数必须用 bytes 类型，如果是一个字典，可以先用 urllib. parse 模块里的 urlencode( )编码。

第三个 headers 参数是一个字典，这个就是 Request Headers 了，我们可以在构造 Request 时通过 headers 参数直接构造，也可以通过调用 Request 实例的 add_ header( )方法来添加。 Request Headers 最常用的用法就是通过修改 User-Agent 来伪装浏览器，默认的 User-Agent 是 Python-urllib，我们可以通过修改它来伪装浏览器。

第四个 origin_req_host 参数指的是请求方的 host 名称或者 IP 地址。

第五个 unverifiable 参数指的是这个请求是否是无法验证的，默认是 False，意思就是说用户没有足够权限来选择接收这个请求的结果。例如，我们请求一个 HTML 文档中的图片， 但是没有自动抓取图像的权限，这时 unverifiable 的值就是 True。

第六个 method 参数是一个字符串，它用来指示请求使用的方法，比如 GET、POST 或 PUT 等。

例 12-12 使用 6 个参数构造 request

```
from urllib import request, parse

url = 'http://httpbin. org/post'
headers = {
    'User-Agent': 'Mozilla/4. 0 (compatible; MSIE 5. 5; Windows NT)',
    'Host': 'httpbin. org'
}
dict = {
    'name': 'Germey'
}
data = bytes(parse. urlencode(dict), encoding = 'utf8')
req = request. Request(url = url, data = data, headers = headers, method = 'POST')
response = request. urlopen(req)
print(response. read(). decode('utf-8'))
```

在这里我们通过四个参数构造了一个 request，url 即请求地址，在 headers 中指定了 User-Agent 和 Host，传递的参数 data 用了 urlencode( )和 bytes( )方法来转成字节流，另外指定了请求方式为 POST。通过观察结果可以发现，我们成功设置了 data、headers 以及 method。 另外 headers 也可以用 add_ header( )方法来添加。

```
req = request. Request(url = url, data = data, method = 'POST')
req. add_header('User-Agent', 'Mozilla/4. 0 (compatible; MSIE 5. 5; Windows NT)')
```

如此一来，我们就可以更加方便地构造一个 request，实现请求的发送了。

在 request 的发送过程中网络情况不好，出现了异常怎么办呢？这时如果我们不处理这些异常，程序很可能报错而终止运行，所以异常处理还是十分有必要的。Urllib 的 error 模块定义了由 request 模块产生的异常。如果出现了问题，request 模块便会抛出 error 模块中定义的异常。

主要有这两个处理异常类，即 URLError 和 HTTPError

例 12-13　错误捕获

```
> > > from urllib import request, error
> > > try:
    response = request. urlopen ('http://cuiqingcai.com/index. htm')
except error. URLError as e:
    print (e. reason)

Not Found
```

打开一个不存在的页面，照理来说应该会报错，但是这时我们捕获了 URLError 这个异常，运行结果为：Not Found。

这样我们就可以做到先捕获 HTTPError，获取它的错误状态码、原因、Headers 等详细信息。如果非 HTTPError，再捕获 URLError 异常，输出错误原因。最后用 else 来处理正常的逻辑，这是一个较好的异常处理写法。

12.3　CGI 介绍

Web 开发的最初目的是在全球范围内对文档进行存储和归档，大多是教学和科研目的的。这些零碎的信息通常产生于静态的文本或 HTML。HTML 是一个文本格式而算不上是一种语言，它包括改变字体的类型、大小、风格。HTML 的主要特性在于对超文本的兼容性，文本以某种高亮的形式指向另外一个相关文档，可以通过鼠标单击或者其他用户的选择机制来访问这类文档。这些静态的 HTML 文档在 Web 服务器上，有请求时，就被送到客户端。随着因特网和 Web 服务器的形成，产生了处理用户输入的需求。网店需要能够单独订货，网上银行和搜索引擎需要为用户分别建立账号，在客户提交了特定数据后，就要求立即生成 HTML 页面。

这整个过程开始于 Web 服务器从客户端接到了请求，GET 或者 POST，并调用合适的程序，然后开始等待 HTML 页面。与此同时，客户端也在等待，一旦程序完成，会将生成的动态 HTML 页面返回到服务器端，然后服务器端再将这个最终结果返回给用户。服务器接到表单反馈，与外部应用程序交互，收到并返回新生成的 HTML 页面都发生在一个称为 Web 服务器 CGI（标准网关接口，Common Gateway Interface）的接口上。

客户端输入给 Web 服务器端的表单可能包括处理过程和一些存储在后台数据库中的表单。在任何时候都可能有任何一个用户去填写这个字段，或者单击提交按钮或图片，这更像激活了某种 CGI 活动。创建 HTML 的 CGI 应用程序通常是用高级编程语言来实现的，可以接受、处理数据，或向服务器端返回 HTML 页面。目前使用的编程语言有 Perl、PHP、C/C ++ 或

Python.

在我们研究 CGI 之前，必须声明目前最新的大型 Web 应用产品已经不再使用 CGI 了。由于其词义的局限性和允许 Web 服务器处理大量模拟客户端数据能力的局限性，CGI 几乎绝迹。如今的 Web 服务器典型的部件有 Aphache 和集成的数据库部件、Java、PHP 和各种 Perl 模块、Python 模块，以及 SSL/security。然而，如果我们工作在私人小型的或者小组织的 Web 网站上，就没有必要使用这种强大而复杂的 Web 服务器，CGI 是一个适用于小型 Web 网站开发的工具。更进一步来说，有很多 Web 应用程序开发框架和内容管理系统，这些都弥补了过去 CGI 的不足。然而，在这些浓缩和升华下，它们仍旧遵循 CGI 最初提供的模式，可以允许用户输入，根据输入执行复制，并提供了一个有效的 HTML 作为最终的客户端输出。因此，为了开发更加高效的 Web 服务，有必要理解 CGI 实现的基本原理。

CGI 脚本位于服务器专门的 cgi-bin 目录下。HTTP 服务器在脚本的 shell 环境中放置了请求相关的信息，比如客户端的 hostname、请求的 url、请求的字符串以及其他东西。服务器执行脚本，并把输出返回给客户端。脚本的输入也和客户端相连，有时表单数据是通过这种方式读取的。其他时候，表单数据是通过 URL 的 query 字符串传递的。这个模块用于处理不同的情况，提供一个简单的接口。同时提供了一些功能，帮助调试脚本。最近添加的功能是通过表单上传文件。CGI 脚本的输出由两部分组成，由一个空行分割。第一部分包含一些头部，告诉客户接下来返回的是什么数据。

```
print("Content-Type: text/html")        # 接下来返回的是 html
print()                                  # 空白行,头部结束
```

12.3.1　CGI 模块

CGI 脚本由 HTTP 服务器启动，通常用来处理用户通过表单提交的数据。当我们写一个新的脚本时，添加下面这两行：

```
import cgitb
cigtb.enable()
```

这将会激活一个异常处理器，如果发生了错误，它就会把错误返回给浏览器。如果我们不想让用户看到，也可以指定输出目录。

```
import cgitb
cgitb.enable(display = 0, logdir = '/path/to/logdir')
```

POST 提交数据的方式有两种：application/x-www-form-urlencoded 和 multipart/form-data。前者形如 MyVariableOne = ValueOne&MyVariableTwo = ValueTwo，使用% HH 的形式编码，不接受重复键值；后者接受重复键值和二进制文件等。

FieldStorage 类可以获取提交的表单数据，如果含有非 ASCIII 码，使用 encoding 参数。FieldStorage 实例与 Python 的字典数据结构相似，可以使用 in 来遍历检测内容，keys、len 接口也都可以使用。FieldStorage 的每个值也是一个 FieldStorage 或者 MiniFieldStorage 实例。表单可能存在重复的项目名，但可以使用 getlist()方法来区分，getlist（key_name）方法会返回所有 key 为 key_name 的值。如果上传的表单中存在文件，可以调用值的 read()函数或者

readline()函数。如果是通过 application/x-www-form-urlencoded 发送的数据, 则没有 list、file 和 filename 接口。

FieldStorage 类可以高效处理文件上传, 而且不用担心是否有几个值共享一个名字。

例 12-14　类型检查

```
form = cgi. FieldStorage()
item = form. getvalue("item")
ifisinstance(item, list):
    # handle the list
    pass
else:
    # handle the single value
    pass
```

注意, 进行类型检查是必要条件, 因为会有用户输入重复的键名。

12. 3. 2　CGI 配置和环境变量

在进行 CGI 编程前, 确保 Web 服务器支持 CGI 及已经配置了 CGI 的处理程序。Apache 支持 CGI 配置, Linux 服务器设置好的 CGI 目录如下。

```
ScriptAlias /cgi-bin/ /var/www/cgi-bin/
```

所有的 HTTP 服务器执行 CGI 程序都保存在一个预先配置的目录, 这个目录称为 CGI 目录, 并按照惯例, 它被命名为/var/www/cgi-bin 目录。CGI 文件的扩展名为 . cgi, Python 也可以使用 . py 扩展名。默认情况下, Linux 服务器配置运行的 cgi-bin 目录中为/var/www。如果我们想指定其他运行 CGI 脚本的目录, 可以修改 httpd. conf 配置文件。

```
< Directory "/var/www/cgi-bin" >  AllowOverride None  Options + ExecCGI  Order
allow,deny  Allow from all </Directory >
```

在 AddHandler 中添加 . py 后缀后, 我们就可以访问 . py 结尾的 Python 脚本文件:

```
AddHandler cgi-script . cgi . pl . py
```

除了配置文件以外, 所有的 CGI 程序都接收以下的环境变量, 这些变量在 CGI 程序中发挥了重要的作用。

12. 3. 3　CGI 脚本的使用和调试

我们已经了解到 CGI 脚本的安装位置一般是在服务器的/var/www/cgi-bin 目录下, 为了确保脚本可被其他程序读取和执行, 需要在 Linux/UNIX 操作系统中把脚本文件的权限属性设置为 755 的权限, 这样可以使用命令 chmod 755 filename 来赋予权限。

有些情况下, 当我们从命令行尝试 CGI 脚本时, 它很有可能会出现异常。但我们仍然应该先执行一下脚本, 这样可以检查一下是否有语法错误。如果脚本没有语法错误, 也没有权限错误, 但是它就是不工作, 这个时候就需要耐心地进行调试。首先检查一下琐碎的语法错误和安装错误, 节约时间。如果想确定是否正确安装了 CGI 模块, 可以先把模块文件

cgi. py 安装到 cgi 脚本目录下，启动这个脚本，将它的环境和内容以 HTML 格式输出。假设它安装在 cgi-bin 目录下，可以在浏览器内输入地址 url：http：//yourhostname/cgi-bin/cgi. py。如果返回 404 错误，则说明服务器没有找到这个脚本。如果反馈别的错误，则说明有配置问题，应该首先解决这些配置问题，再做别的调试。如果它给出了非常整洁的环境变量和表单内容输出，就说明成功安装了 cgi. py。

当普通的 Python 脚本抛出了一个未处理的异常时，Python 解释器会把 traceback 打印出来并退出程序。当 CGI 脚本抛出异常时，Python 解释器也会这么做，但是这些 traceback 一般会保存在我们的 HTTP 服务器日志文件里，或者被丢弃了。幸运的是，如果脚本执行了某些代码，可以通过启用 cgitb 模块，把 traceback 的内容发送到浏览器中，例如把下面两行代码加到我们脚本的顶部。

```
import cgitb
cgitb. enable()
```

如果我们怀疑 cgitb 模块有问题，可以使用一个更稳妥的方法，只调用内置模块，具体如下。

例 12-15　调试 CGI 脚本

```
import sys
sys. stderr = sys. stdout
print("Content-Type: text/plain")
print()
```

上述代码依赖 Python 解释器输出 traceback，输出内容的格式被指定为纯文本，去除了 HTML 化的过程。如果脚本正常工作，客户端会显示纯 HTML 格式页面；如果抛出了异常，则 traceback 会被打印出来。

最后，总结一些工作中常用的调试经验。

1）大多数 HTTP 服务器将 CGI 脚本的输出放入缓冲区直至脚本完成，这意味着脚本还在执行时，不可能在客户端展示进度。

2）监控日志文件能够快速定位错误。

3）先检查语法错误，能够节省大量时间。

4）如果没有语法错误，建议在脚本顶部添加 import cgitb; cgitb. enable()。

5）当启动外部程序时，确保他们能够被找到，通常这意味着绝对路径名，在 CGI 脚本中 PATH 总是被设置为一个没啥用的值。

6）当脚本读写外部文件是，确保执行 CGI 的 userid 能够读写这些文件，一般来说是运行服务器程序的 userid，或者是服务器上运行 suexec 的 userid。

12. 4　【小白也要懂】Web 前端简介

说完了后端，再来介绍一下前端吧。

前端就是网页？网页就是 HTML？这么理解大致上是没错的，但是还有一些细节需要补充。因为网页中不但包含文字，还有图片、视频、Flash 小游戏，以及复杂的排版和动画效果等。HTML 定义了一套语法规则，来指挥浏览器如何把一个丰富多彩的页面显示出来。

HTML 长什么样？老规矩，通过显示"Hello world"来展示 HTML 的语法规则。

例 12-16　简单的 HTML 案例

```
< html >
< head >
  < title > Hello < /title >
< /head >
< body >
  < h1 > Hello, world!  < /h1 >
< /body >
< /html >
```

用文本编辑器编写 HTML，然后保存为 hello. html，双击或者把文件拖到浏览器中，就可以看到图 12-1 的效果。

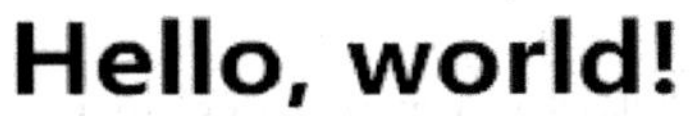

Hello, world!

图 12-1　HTML 语言输出效果

其实 HTML 文档就是由一系列的 Tag 组成，最外层的 Tag 是 < html > 标签。规范的 HT-ML 也包含 < head >... < /head > 和 < body >... < /body >，注意不要和 HTTP 协议的 Header、Body 搞混了。由于 HTML 是文档模型，所以还有一系列的 Tag 用来表示链接、图片、表格或表单等。既然提到了 HTML，就不能不说 CSS。CSS 是 Cascading Style Sheets（层叠样式表）的简称，CSS 用来控制 HTML 里所有元素是如何展现，比如给标题元素 < h1 > 加一个样式，变成 48 号字体、灰色、带阴影。

例 12-17　CSS 示例

```
< html >
< head >
  < title > Hello < /title >
  < style >
   h1 {
      color: #333333;
      font-size: 48px;
      text-shadow: 3px 3px 3px #666666;
   }
  < /style >
< /head >
< body >
  < h1 > Hello, world!  < /h1 >
< /body >
< /html >
```

经过 CSS 的设置，字体明显加粗了，效果如图 12-2 所示。

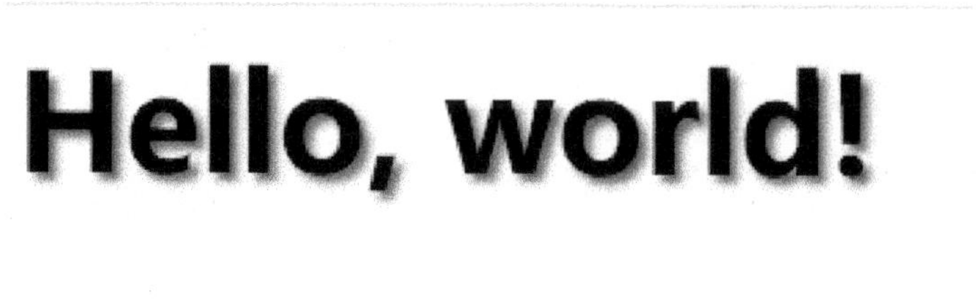

Hello, world!

图 12-2　CSS 设置后的效果

除了 HTML 以外，还要介绍一下 JavaScript，虽然名称里有个 Java，但它和 Java 一点关系没有。JavaScript 是为了让 HTML 具有交互性而作为脚本语言添加的，JavaScript 既可以内嵌到 HTML 中，也可以从外部链接到 HTML 中。如果我们希望用户点击标题时把标题变成红色，就必须通过 JavaScript 来实现。

如果要学习 Web 前端开发，首先要对 HTML、CSS 和 JavaScript 的基础有一定地了解。HTML 用于定义页面的内容，CSS 用来控制页面元素的样式，而 JavaScript 负责页面的交互逻辑控制。详细介绍 HTML、CSS 和 JavaScript 就可以写 3 本书，这里就不再一一赘述。对于优秀的 Web 开发人员来说，精通 HTML、CSS 和 JavaScript 是必要条件。

12.5　Tornado 框架

在过去的几年里，Web 开发人员的可用工具实现了跨越式增长。当技术专家不断推动 Web 应用的发展时，大多数开发者也不得不升级自己的工具、创建框架以保证构建更好、更强大的应用。很多新工具，方便我们写出更加整洁、可维护的代码，使部署到世界各地的应用拥有高效的可扩展性。既然谈论到了框架工具，就不得不提一下 Tornado，其选择。因为 Tornado 的速度、简单和可扩展性令人印象深刻，我曾经在一些个人项目中尝试使用它，随后将其运用到日常工作中。我已经看到，Tornado 在很多大型或小型的项目中提升了开发者的速度。

本节的目的是对 Tornado Web 服务器进行一个概述，通过框架基础和真实世界使用的最佳实践来引导初学者，将使用示例来详细讲解 Tornado 如何工作、我们可以用它做什么，以及在构建自己第一个应用时要避免什么类型的错误。

12.5.1　Tornado 是什么

Tornado 是使用 Python 编写的一个强大的、可扩展的 Web 服务器。它在处理高并发的网络流量时表现得足够稳定，在创建和编码时有着足够的轻量级，并能够用在大量的应用和工具中。

Tornado 其实是基于 Bret Taylor 和其他人员为公司 FriendFeed 所开发的网络服务框架，当 FriendFeed 被大名鼎鼎的 Facebook 收购后得以开源。不同于那些最多只能达到 10000 个并发连接的传统网络服务器，Tornado 在设计之初就考虑到了性能因素，这样的设计使其成为一个拥有非常高性能的框架。此外，它还拥有处理安全性、用户验证、社交网络以及与外部服务进行异步交互的工具。

这里稍微展开一点，基于线程的服务器，如 Apache，为了维护传入的连接，创建了一个操作系统的线程池。Apache 会为每个 HTTP 连接分配线程池中的一个线程，如果所有的线程都处于被占用状态并且尚有内存可用时，则生成一个新的线程。尽管不同的操作系统会有不同的设置，大多数 Linux 服务器都是默认线程堆内存大小为 8MB。Apache 的架构在大负载下变得不可预测，线程池等待数据极易耗光服务器的内存资源。

大多数社交网络应用都会展示实时更新来提醒新消息、状态变化以及用户通知，这就要求客户端需要保持一个打开的连接来等待服务器端的任何响应。这些长连接或推送请求使得 Apache 的最大线程池迅速饱和。一旦线程池的资源耗尽，服务器将不能再响应新的请求。

异步服务器正是被设计用来减轻基于线程的服务器的负载。当负载增加时，诸如 Tornado 这样的服务器使用协作的多任务方式进行优雅地扩展。也就是说，如果当前请求正在等待来自其他资源的数据（比如数据库查询或 HTTP 请求）时，一个异步服务器可以控制或挂起请求。异步服务器用来恢复暂停操作的一个常见模式是当合适的数据准备好时调用回调函数，这也是 Tornado 比较先进的地方。

自从 2009 年 9 月 10 日发布以来，Tornado 已经获得了很多社区的支持，并且在一系列不同的场合得到应用。除 FriendFeed 和 Facebook 外，还有很多公司在生产上转向 Tornado，包括 Quora、Turntable.fm、Bit.ly、Hipmunk 以及 MyYearbook 等。国内也有公司开始使用，比如知乎。

12.5.2　Tornado 安装

在大部分 UNIX/Linux 系统中安装 Tornado 非常容易，既可以使用 easy_ install 或 pip 安装，也可以从 Github 上下载源码编译安装。

例 12-18　Tornado 安装

```
$ curl-L-O https://github.com/facebook/tornado/archive/v3.1.0.tar.gz
$ tarxvzf v3.1.0.tar.gz
$ cd tornado-3.1.0
$ Python setup.py build
$ sudo Python setup.py install
```

Tornado 官方并不支持 Windows，但我们可以通过 ActivePython 的 PyPM 包管理器进行安装，如下所示。

```
C:\>pypm install tornado
```

一旦 Tornado 在我们的机器上安装好，就可以开始编码了。压缩包中包含很多 demo，比如建立博客、整合 Facebook、运行聊天服务等示例代码。我们稍后会通过一些示例应用逐步讲解，不过如果读者有时间也应该看看这些官方 demo。

12.5.3　Hello Tornado

现在打开编码用的编辑器，先不要管代码的含义，把下面的代码一字不差地录入进去，并命名保存为 hello. py。

例 12-19　Hello Tornado 示例

```
#! /usr/bin/env Python
#coding:utf-8

import tornado. httpserver
import tornado. ioloop
import tornado. options
import tornado. web

from tornado. options import define, options
define("port", default = 8000, help = "run on the given port", type = int)

classIndexHandler(tornado. web. RequestHandler):
    def get(self):
        greeting = self. get_argument('greeting', 'Hello')
        self. write(greeting + ', welcome you to read: www. Python. org')

if _name_ = = "_main_":
    tornado. options. parse_command_line()
    app = tornado. web. Application(handlers = [ (r"/", IndexHandler)])
    http_server = tornado. httpserver. HTTPServer(app)
    http_server. listen(options. port)
    tornado. ioloop. IOLoop. instance(). start()
```

进入到保存 hello. py 文件的目录，执行以下代码。

```
$ Python hello. py
```

当用 Python 运行这个文件时，系统其实就已经发布了一个网站，只不过这个网站很简单，就一行文字。打开浏览器，在浏览器中输入：http：//localhost：8000，将得到图 12-3 所示的界面。

图 12-3　Hello Tornado 的运行结果

在 Shell 中还可以用下面命令运行。

```
$ curl http://localhost:8000/
Hello, welcome you to read: www. Python. org
$ curl http://localhost:8000/? greeting = Qiwsir
Qiwsir, welcome you to read: www. Python. org
```

恭喜，迈出了决定性一步，现在已经可以用 Tornado 发布网站了。在这里似乎没有做什么部署，只是安装了 Tornado。是的，不需要多做什么，因为 Tornado 就是一个很好的服务，同时它也是一个开发框架。

把这段代码分成小块，逐步分析它们。

```
import tornado. httpserver
import tornado. ioloop
import tornado. options
import tornado. web
```

在程序的顶部导入了一些模块，在这个例子中必须至少包含这四个模块。这四个模块在常规的网站开发中经常用到。

1）tornado. httpserver：这个模块是用来解决 Web 服务器的 http 协议问题，它提供了不少属性方法，实现客户端和服务器端的互通。Tornado 的非阻塞、单线程的特点在这个模块中充分体现。

2）tornado. ioloop：此模块也非常重要，它能够实现非阻塞 socket 循环。

3）tornado. options：为命令行解析模块，也经常用到。

4）tornado. web：为必不可少的模块，它提供了一个简单的 Web 框架与异步功能，使其成为理想的长轮询。

解析模块 tornado. options 从命令行中读取设置并监听 HTTP 请求的端口。我们允许一个整数的 port 参数作为 options. port 来访问程序。如果用户没有指定值，则默认为 8000。通俗来说，这就是命令行解析模块的用途了，在这里通过 tornado. options. define( )定义了访问本服务器的端口，当在浏览器地址栏中输入 http：localhost：8000 时，才能访问本网站，因为 http 协议默认的端口是 80，为了区分，我在这里设置为 8000。为什么要区分呢？因为我的计算机可能已经部署了别的服务（Nginx、Apache），它的端口是 80，所以要区分开，并且后面我们还会将 tornado 和 Nginx 联合起来工作，这样两个服务器在同一台计算机上，所以就需要分开。

有些初学者看到这里可能有点糊涂，对一些函数和属性不理解。没关系，我们可以先不用管它，一定要硬着头皮一字一句地读下去，随着学习和实践的深入，现在不理解的内容以后就会逐渐领悟。

我们接着往下分析。

```
class IndexHandler(tornado. web. RequestHandler):
    def get(self):
        greeting = self. get_argument('greeting', 'Hello')
        self. write(greeting + ', welcome you to read: www. Python. org')
```

当系统收到一个 HTTP 请求时，Tornado 就会将这个类实例化，并调用与 HTTP 请求所对

239

应的方法。这里定义了一个 get 方法，也就是说这个处理函数将对 HTTP 的 GET 请求反馈响应。通俗地讲，所谓"请求处理"程序类，就是要定义一个类，专门应付客户端向服务器提出的请求，这个请求也许是要读取某个网页，也许是要将某些信息存到服务器上，服务器要有相应的程序来接收并处理这个请求，针对请求反馈所要的信息或者返回其他的错误信息。于是，我们就定义了一个类 IndexHandler，当然名字可以自定义，但是按照习惯，类名字中的单词首字母都是大写的，并且如果这个类是请求处理程序类，那么就最好用 Handler 结尾，这样在名称上很明确是干什么的。类 IndexHandler 继承 tornado. web. RequestHandler，其中再定义 get( ) 和 post( ) 两个在 Web 中应用最多的方法的内容。

```
greeting = self. get_argument ('greeting', 'Hello')
```

Tornado 的 RequestHandler 类有一系列有用的内建函数，其中就包括 get_ argument。在这里从一个字符串中取得参数 greeting 的值。

```
self. write (greeting + ', friendly user! ')
```

RequestHandler 的另一个有用的函数是 write，它以字符串作为函数的参数，并将其写入到 HTTP 响应中。在这里，我们使用请求中提供的值插入到 greeting 中，并写回到响应中。

```
if _name_ = = "_main_":
    tornado. options. parse_command_line ()
    app = tornado. web. Application (handlers = [ (r"/", IndexHandler)])
```

这才是真正使 Tornado 运转起来的语句。首先，我们使用 Tornado 的 options 模块来解析命令行，然后创建了一个 Tornado 的 Application 类的实例。传递给 Application 类_ init_ 方法的最重要参数是 handlers。它告诉 Tornado 应该用哪个类来响应请求。

```
http_server = tornado. httpserver. HTTPServer (app)
http_server. listen (options. port)
tornado. ioloop. IOLoop. instance (). start ()
```

一旦 Application 对象被创建，就可以将其传递给 Tornado 的 HTTPServer 对象，然后使用我们在命令行指定的端口进行监听。最后，在程序准备好接收 HTTP 请求后，我们创建一个 Tornado 的 IOLoop 实例，IOLoop 是 Tornado 的事件循环，也是 Tornado 的核心。实例化之后，Application 对象就可以被另外一个类 HTTPServer 引用。

```
http_server = tornado. httpserver. HTTPServer (app)
```

HTTPServer 是一个单线程非阻塞 HTTP 服务，执行 HTTPServer 一般要回调 Application 对象，并提供发送响应的接口。

```
http_server. listen (options. port)
```

这种方法，就建立了单进程的 http 服务。

```
tornado. ioloop. IOLoop. instance (). start ()
```

这句话，总是在主函数的最后一句，表示可以接收来自 HTTP 的请求了。以上就是一个简单的 Web 程序剖析，想必读者对 Tornado 编写网站的基本操作方法已经掌握了。

12.6　Tornaado 架构

图 12-4 是一个网站的基本架构，包括数据库、后端程序和前端程序三部分。数据库是读写数据的核心；后端程序是处理功能逻辑的中转站；前端是页面展示的视觉平台。

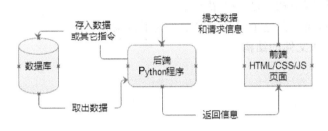

图 12-4　网站的基本架构

在网站中，所谓前端就是指用浏览器打开之后看到的那部分，它是呈现网站传过来的信息的界面，也是用户和网站之间进行信息交互的界面。编写前端一般使用 HTML/CSS/JavaScripts，当然，非要用 Python 也不是不可以，但这势必造成以后的维护困难。

MVC 模式是一个非常好的软件架构模式，在网站开发中也常常要求遵守这个模式。

小白逆袭：MVC 模式

MVC 模式最早由 Trygve Reenskaug 在 1978 年提出，是施乐帕罗奥多研究中心（Xerox PARC）在 20 世纪 80 年代为程序语言 Smalltalk 发明的一种软件设计模式。MVC 模式的目的是实现一种动态的程式设计，使后续对程序的修改和扩展简化，并且使程序某一部分的重复利用成为可能。除此之外，此模式通过对复杂度的简化，使程序结构更加直观。软件系统通过对自身基本部分分离的同时也赋予了各基本部分应有的功能。

所谓"前端"，就对大概对应着 View 部分，之所以说是大概，因为 MVC 是站在一个软件系统的角度进行划分的，上图中的前后端，与其说是系统部分的划分，不如说是系统功能的划分。呈现内容是前端所要实现的主要功能。这些内容是根据 url，由后端从数据库中提取出来的。前端将其按照一定的样式呈现出来。另外，有一些内容，不是后端数据库提供的，是写在前端的，比如用户登录。当用户在指定的输入框中输入信息后，该信息就是被前端提交给后端，后端对这个信息进行处理之后，一般情况下都要再反馈给前端一个处理结果，然后前端呈现给用户。

这里所说的后端，对应着 MVC 中的 Controller 和 Model 的部分或者全部功能，因为在我们的图中，后端是一个狭隘的概念，没有把数据库放在其中。后端就是用 Python 写的程序，主要任务是根据需要处理由前端发过来的各种请求，根据请求的处理结果，一方面操作数据库，对数据库进行增删改查；另外一方面把请求的处理结果反馈给前端。

最后是数据库，工作比较单一，就是存储各种核心数据，通过后端的 Python 程序把处理过的数据输入或输出。虽然数据库的功能看起来简单，但却是系统最重要且核心的部分。

12.6.1　Web 的基本框架

本节终于开始讨论框架了，之前的案例显示的是一个只能显示一行字的网站，这个网站由于功能太单一，把所有的东西都写到一个文件中。在真正的工程开发中，如果这么做，虽然不是不可以，但开发过程和后期维护会遇到麻烦，特别是不便于多人合作。所以，需要做一个基本框架，以后网站就在这个框架中开发。

首先建立一个目录，在这个目录中建立一些子目录和文件。

例 12-20　目录和文件的结构

```
/.
|
handlers
|
methods
|
statics
|
templates
|
application.py
|
server.py
|
url.py
```

这个文件结构建立好，就摆开了一个做网站的框架。有了这个框架，后面的事情就是在这个基础上添加具体内容了。当然还可以用另外一个更好听的名字，称之为设计。

下面依次说明上面框架中每个目录和文件的作用。

- handlers 目录：在这个文件夹中放前面所说的后端 Python 程序，主要处理来自前端的请求，并且操作数据库。
- methods 目录：这里准备放一些函数或者类，比如常用的读写数据库的函数，这些函数被 handlers 里面的程序使用。
- statics 目录：这个目录准备放一些静态文件，比如图片、CSS 和 JavasCript 文件等。
- templates 目录：这里放模板文件，都是以 html 为扩展名的，它们将直接面对用户。

另外，还有三个 Python 文件，依次写下面 3 个例子的内容，并对这些内容的功能进行分门别类，首先是 url.py 文件。

例 12-21　url.py 文件

```
#! /usr/bin/env Python
# coding = utf-8
```

```
import sys       #utf-8,兼容汉字
reload(sys)
sys. setdefaultencoding("utf-8")

from handlers. index import IndexHandler      #假设 handlers 文件夹里存在有 index. py

url = [
    (r'/',IndexHandler),
]
```

url. py 文件主要是设置网站的目录结构。from handlers. index import IndexHandler，虽然在 handlers 文件夹中还没有什么东西，但为了演示如何建立网站的目录结构，我们就假设在 handlers 文件夹里面已经有了一个文件 index. py，它里面还有一个类 IndexHandler。在 url. py 文件中，将其引用过来。变量 url 指向一个列表，在列表中列出所有目录和对应的处理类，比如（r'/'，IndexHandler）。就是约定网站根目录的处理类是 IndexHandler，即来自这个目录的 get( )或者 post( )请求，均由 IndexHandler 类中相应的方法来处理。

例 12-22　application. py 文件

```
#! /usr/bin/env Python
# coding = utf-8

from url import url

import tornado. web
import os

settings = dict(
    template_path = os. path. join(os. path. dirname (_file_), "templates"),
    static_path = os. path. join(os. path. dirname (_file_), "statics")
    )

application = tornado. web. Application(
    handlers = url,
    * * settings
    )
```

这个文件完成了对网站系统的基本配置，建立网站的请求处理集合。from url import url 将 url. py 中设定的目录引用过来。setting 引用了一个字典对象，里面约定了模板和静态文件的路径，即声明已经建立的文件夹 templates 和 statics 分别为模板目录和静态文件目录。

请注意 tornado. web. Application( )的参数设置，具体如下。

```
tornado. web. Application(handlers = None, default_host = '', transforms = None, * *
settings)
```

settings 的设置有很多，比如填上 debug = True 就表示出于调试模式。调试模式的好处在于有利于开发调试，但在正式部署时，最好不要用调试模式。

例 12-23　server. py 文件

```
#! /usr/bin/env Python
# coding = utf-8
import tornado. ioloop
import tornado. options
import tornado. httpserver
from application import application
from tornado. options import define, options
define("port", default = 8000, help = "run on the given port", type = int)


def main():
    tornado. options. parse_command_line()
    http_server = tornado. httpserver. HTTPServer(application)
    http_server. listen(options. port)
    print "Development server is running at http://127. 0. 0. 1:%s" % options. port
    print "Quit the server with Control-C"
    tornado. ioloop. IOLoop. instance(). start()


if _name_ = = "_main_":
    main()
```

此文件的作用是将 Tornado 服务器运行起来，并且囊括前面两个文件中的对象属性设置。这样就完成了网站框架的搭建，后面要做的是向框架内添加内容。

12. 6. 2　与数据库的连接

对于网站而言，数据库并不是必需的基础软件，但如果要做一个功能强大的网站，数据库是必不可少的。所以接下来的这个网站，暂且采用 MySQL 数据库。

例 12-24　分别建立起连接对象和游标对象

```
#! /usr/bin/env Python
# coding = utf-8
import MySQLdb
conn = MySQLdb. connect(host = "localhost", user = "root", passwd = "123123", db = "qiw-
sirtest", port = 3306, charset = "utf8")    #连接对象
cur = conn. cursor()    #游标对象
```

几乎所有的网站都有用户登录功能，咱们在这里也做一个简单的登录功能。图 12-5 描述的功能为：当用户输入网址，呈现在眼前的是一个登录界面。在"用户名"和"密码"两个输入框中分别输入正确的用户名和密码之后，单击"登录"按钮登录网站，显示对该用户的欢迎信息。

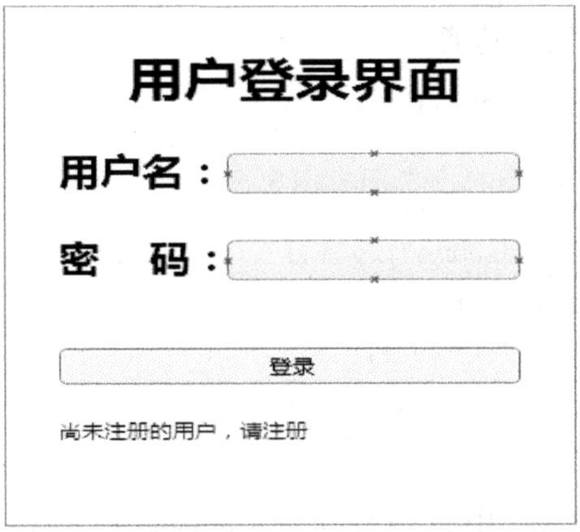

图 12-5　登录界面

首先用 HTML 写好第一个界面，即进入到 templates 文件夹，建立名为 index. html 的文件。

例 12-25　html 登录界面

```
< ! DOCTYPE html >
< head >
    < meta charset = "UTF-8" >
    < meta name = "viewport" content = "width = device-width, initial-scale = 1" / >
    < title > Learning Python < /title >
< /head >
< body >
    < h2 > Login < /h2 >
    < form method = "POST" >
        < p > < span > UserName: < /span > < input type = "text" id = "username"/ > < /p >
        < p > < span > Password: < /span > < input type = "password" id = "password" / > < /p >
        < p > < input type = "BUTTON" value = "LOGIN" id = "login" / > < /p >
    < /form >
< /body >
```

这是一个很简单的前端界面。注意 < meta name = " viewport" content = " width = device-width, initial-scale = 1"/ > ，其目的在将网页的默认宽度 viewport 设置为设备的屏幕宽度 width = device-width，并且原始缩放比例为 initial-scale = 1，即网页初始大小占屏幕面积的100%。这样做的目的是让在计算机、手机等不同大小的屏幕上，都能正确地显示。这种样式的网页，就是"自适应页面"。当然，自适应页面绝非是仅仅有这样一行代码就可以完全解决的。要设计自适应页面，也就是要进行响应式设计，需要对 CSS、JS、表格、图片等进行设计，或者使用一些响应式设计的框架。

虽然完成了视觉上的设计，但是在单击 login 按钮时，页面没有任何反应。因为它还仅仅是一个孤立的页面，这时候需要一个前端交互利器 JavaScripts。

用编辑器打开 statics/js/script. js 文件，如果没有就新建，输入代码如下。

例 12-26　JavaScripts 登录功能

```
$ (document). ready(function(){
    alert("good");
    $ ("#login"). click(function(){
        var user = $ ("#username"). val();
        var pwd = $ ("#password"). val();
        alert("username: " + user);
    });
});
```

上面代码主要实现获取表单中 id 值分别为 username 和 password 所输入的值，alert 函数的功能是把数据以弹出菜单的方式显示出来。由于本书不是专门讲授 JavasCript 的，所以在 js 代码部分，就一带而过不进行详细解释。

不知道大家是否还记得前面在 url. py 文件中有这么一段代码。

```
from handlers. index import IndexHandler        #假设已经有了 handlers 文件夹

url = [
    (r'/',IndexHandler),
]
```

现在就去把那个文件建立起来，即在 handlers 文件夹里面建立 index. py 文件，并写入如下代码。

```
#! /usr/bin/env Python
# coding = utf-8
import tornado. web

classIndexHandler(tornado. web. RequestHandler):
    def get(self):
        self. render("index. html")
```

当访问根目录的时候，不论输入 localhost：8000，还是 http：//127. 0. 0. 1：8000 或者网站域名，将相应的请求交给了 handlers 目录的 index. py 文件中的 IndexHandler 类的 get()方法来处理，它的处理结果是呈现 index. html 模板内容。另外，render()函数的功能在于向请求者反馈网页模板，并且可以向模板中传递数值。

文件保存之后，回到 handlers 目录。因为这里面的文件要在别处被当作模块引用，所以需要建立一个空文件，命名为_ init_ . py。注意，这个文件非常重要。在编写模块一节中，介绍了引用模块的方法，但是那些方法有一个弊端，就是如果某个目录中有多个文件，就显得麻烦了。其实 Python 已经想到这点了，于是就提供了_ init_ . py 文件，只要在该目录中加入了这个文件，该目录中其他 . py 文件就可以作为模块被 Python 引入了。

至此，一个带有表单的 Tornado 网站就建立起来了。我们可以回到上一级目录中，找到

server. py 文件并运行它，具体如下。

```
$ Python server. py
Development server is running at http://127.0.0.1:8000
Quit the server with Control-C
```

打开浏览器，输入 http：//localhost：8000 或者 http：//127.0.0.1：8000，就可以看到结果了。

12.6.3　表单

在前面章节中，我们学习了使用 Tornado 创建一个 Web 应用的流程，包括处理函数、HTTP 方法以及 Tornado 框架的总体结构。在本节中，我们将学习在创建 Web 应用时经常会用到的实用技巧。和大多数 Web 框架一样，Tornado 的一个重要目标就是帮助我们更快地编写程序，尽可能整洁地复用更多的代码。由于 Tornado 足够灵活，可以使用大部分 Python 支持的模板语言，Tornado 自身也提供了一个轻量级、快速并且灵活的模板语言在 torna-do. template 模块中。

下面以一个叫作 Poem. py 的简单例子开始。Poem 这个 Web 应用有一个让用户填写的 HTML 表单，然后处理表单的内容并返回结果。

首先生成 3 个文件。

例 12-27　poem. py 主文件

```
import os. path
import tornado. httpserver
import tornado. ioloop
import tornado. options
import tornado. web
from tornado. options import define, options
define("port", default =8000, help = "run on the given port", type = int)


classIndexHandler(tornado. web. RequestHandler):
    def get(self):
        self. render('index. html')
classPoemPageHandler(tornado. web. RequestHandler):
    def post(self):
        noun1 = self. get_argument('noun1')
        noun2 = self. get_argument('noun2')
        verb = self. get_argument('verb')
        noun3 = self. get_argument('noun3')
        self. render('poem. html', roads =noun1, wood =noun2, made =verb,
                difference =noun3)
if _name_ = = '_main_':
    tornado. options. parse_command_line()
```

```
app = tornado. web. Application(
    handlers = [ (r'/', IndexHandler), (r'/poem', PoemPageHandler)],
    template_path = os. path. join(os. path. dirname(_file_), "templates")
)
http_server = tornado. httpserver. HTTPServer(app)
http_server. listen(options. port)
tornado. ioloop. IOLoop. instance(). start()
```

接着创建一个空的文件夹 templates，然后在此文件夹下面创建两个 html 文件。

例 12-28　index. html 文件

```
< ! DOCTYPE html >
< html >
    < head > < title > Poem Maker Pro < /title > < /head >
    < body >
        < h1 > Enter terms below. < /h1 >
        < form method = "post" action = "/poem" >
        < p > text1 < br > < input type = "text" name = "noun1" > < /p >
        < p > text2 < br > < input type = "text" name = "noun2" > < /p >
        < p > text3 < br > < input type = "text" name = "verb" > < /p >
        < p > text4 < br > < input type = "text" name = "noun3" > < /p >
        < input type = "submit" >
        < /form >
    < /body >
< /html >
```

例 12-29　poem. html 文件

```
< ! DOCTYPE html >
< html >
    < head > < title > Poem Maker Pro < /title > < /head >
    < body >
        < h1 > 将进酒 < /h1 >
        < p > 君不见{{roads}}之水天上来　奔流到{{wood}}不复回。 < br >
君不见明镜{{made}}悲白发,朝如青丝暮成雪 < br >
人生得意须尽欢,莫使金樽空对 {{difference}}. < /p >
    < /body >
< /html >
```

启动服务。

```
C: \Users \cccheng \AppData \Local \Programs \Python \Python37-32 \tornado-3. 1. 0 \webapp
> Python poem. py
    [ I 200206 15:52:57 web:2162] 200 GET / (::1) 4. 98ms
    [ I 200206 15:52:58 web:2162] 304 GET / (::1) 1. 03ms
```

现在，在浏览器中打开 http：//localhost：8000，得到图 12-6 所示的界面。当浏览器请求根目录时，Tornado 程序将渲染 index. html 并处理简单的 HTML 表单。这个表单包括多个文本域，命名为 text1、text2 等，其中的内容将在用户单击"提交"按钮时以 POST 请求的方式送到/poem。

现在往里面填写东西，然后单击"提交"按钮吧。

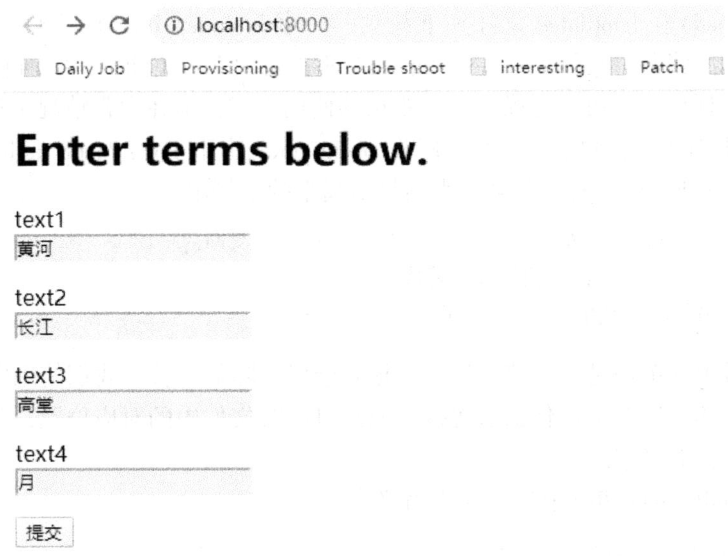

图 12-6　表单内容

为了响应这个 POST 请求，Tornado 应用跳转到 poem. html 页面，插入我们在表单中填写的值。图 12-7 反馈的结果是李白的诗《将进酒》的修改版本。

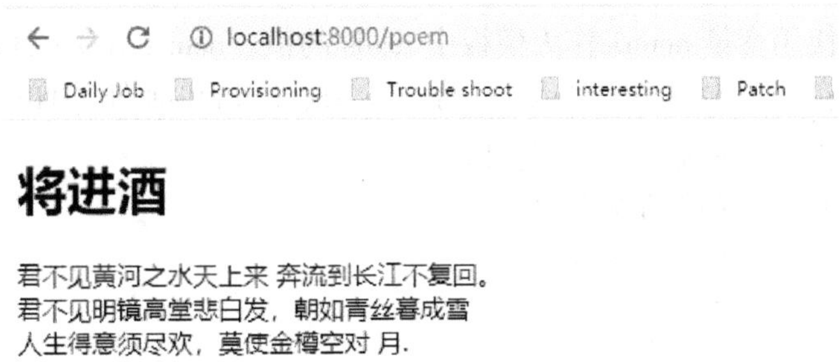

图 12-7　提交后的结果

首先，我们向 Application 对象的_init_方法传递了一个 template_ path 参数。

```
template_path = os. path. join(os. path. dirname(_file_), "templates")
```

template_ path 参数告诉 Tornado 在哪里寻找模板文件，它的基本要点是：模板是一个允

249

许我们嵌入 Python 代码片段的 HTML 文件。上面的代码告诉 Python：在当前 Tornado 应用文件同目录下的 templates 文件夹中寻找模板文件。一旦告诉 Tornado 在哪里找到模板，就可以使用 RequestHandler 类的 render 方法来告诉 Tornado 读入模板文件，插入模版代码，并返回结果给浏览器。在 IndexHandler 中，可以看到这段代码。

```
self.render('index.html')
```

它告诉 Tornado 在 templates 文件夹下找到一个名为 index.html 的文件，读取其中的内容，并且发送给浏览器。实际上 index.html 完全不能称之为 "模板"，它所包含的完全是已编写好的 HTML 标记。这可以是模板一个不错的使用方式，但在通常情况下我们希望 HTML 输出可以结合程序传入给模板的值。模板 poem.html 使用 PoemPageHandler 渲染。在 poem.html 中可以看到模板中有一些被双大括号括起来的字符串。

```
<p>君不见{{roads}}之水天上来  奔流到{{wood}}不复回。<br>
君不见明镜{{made}}悲白发,朝如青丝暮成雪<br>
人生得意须尽欢,莫使金樽空对 {{difference}}.</p>
```

在双大括号中的单词是占位符，渲染模板时会以实际值代替。我们使用向 render 函数中传递关键字参数的方法来指定什么值将被填充到 HTML 文件中的对应位置，其中关键字对应模板文件中占位符的名字。

下面是 PoemPageHandler 中相应的代码部分。

```
noun1 = self.get_argument('noun1')
noun2 = self.get_argument('noun2')
verb = self.get_argument('verb')
noun3 = self.get_argument('noun3')
self.render('poem.html', roads = noun1, wood = noun2, made = verb, difference =
noun3)
```

这里告诉模板使用变量 noun1 作为模板中 roads 的值，noun2 作为模板中 wood 的值，依此类推。假设用户在表单中按顺序键入了北京、上海、广州和深圳，HTML 的结果如下。

```
君不见北京之水天上来 奔流到上海不复回。
君不见明镜广州悲白发,朝如青丝暮成雪
人生得意须尽欢,莫使金樽空对深圳.
```

12.6.4　模板

在 Tornado 应用之外使用 Python 解释器导入模板模块尝试模板系统，此时结果会被直接输出。

例 12-30　render 传送 html 给浏览器

```
>>> from tornado.template import Template
>>> content = Template("<html><body><h1>{{ header }}</h1></body></html>")
```

```
>>> print content.generate(header = "Welcome!")
<html><body><h1>Welcome!</h1></body></html>
```

这里演示了填充变量的值映射到模板的双大括号中的使用。实际上，我们可以将任何 Python 表达式放在双大括号中，Tornado 将插入一个包含任何表达式计算结果值的字符串到输出中。

例 12-31　将计算结果传到输出中

```
>>> from tornado.template import Template
>>> print Template("{{ 1+1 }}").generate()
2
>>> print Template("{{ 'scrambled eggs'[-4:] }}").generate()
eggs
>>> print Template("{{ ','.join([str(x*x) for x in range(10)]) }}").generate()
0, 1, 4, 9, 16, 25, 36, 49, 64, 81
```

此外，同样可以在 Tornado 模板中使用 Python 条件和循环语句。控制语句被 {% 和%} 包围，并以类似下面的形式被使用。

```
{% if page is None %}
或
{% if len(entries) == 3 %}
```

也就是说，控制语句的大部分就像普通的 Python 语句一样工作，支持 if、for、while 和 try。在这些情况下，语句块以 {%开始，并以%} 结束。

例 12-32　使用流程控制语句

```
<html>
    <head>
        <title>{{ title }}</title>
    </head>
    <body>
        <h1>{{ header }}</h1>
        <ul>
            {% for book in books %}
                <li>{{ book }}</li>
            {% end %}
        </ul>
    </body>
</html>
```

当被下面这个处理函数调用时。

```
classBookHandler(tornado.web.RequestHandler):
    def get(self):
```

```
        self.render(
            "book.html",
            title = "Home Page",
            header = "Books that are great",
            books = [
                "Learning Python",
                "Programming Collective Intelligence",
                "Restful Web Services"
            ]
        )
```

将会渲染得到下面的输出。

```
<html>
    <head>
        <title>Home Page</title>
    </head>
    <body>
        <h1>Books that are great</h1>
        <ul>
            <li>Learning Python</li>
            <li>Programming Collective Intelligence</li>
            <li>Restful Web Services</li>
        </ul>
    </body>
</html>
```

和许多其他的 Python 模板系统不同，Tornado 模板语言的一个实用的功能是在 if 和 for 语句块中可以使用的表达式而没有任何限制。因此，可以在模板中执行所有的 Python 代码，也可以在我们的控制语句块中间使用 {% set foo = 'bar' %} 来设置变量。还有很多可以在控制语句块中做的事情，但是在大多数情况下，最好使用 UI 模块来做更复杂的划分。

在模板中使用一个我们自己编写的函数也是很简单的，只需要将函数名作为模板的参数传递即可，就像其他变量一样。

例 12-33 在模板中使用函数

```
>>> from tornado.template import Template
>>> def disemvowel(s):
...     return ''.join([x for x in s if x not in 'aeiou'])
...
>>> disemvowel("george")
'grg'
>>> print Template("my name is {{d('mortimer')}}").generate(d=disemvowel)
my name ismrtmr
```

12.7　大用户量访问的秘密

学到这里，我们所掌握的知识已经能够做一个网站了，但仅是一个小网站。选择 Tornado 的原因，就是因为它能够解决 C10K 问题，即能够实现大用户量访问。要实现大用户量访问，必须要做的就是：异步。除非用昂贵的硬件来掩盖软件的不足，当然这种方式不可取。

下面介绍一下同步和异步的概念。所谓同步，就是在发出一个"调用"时，在没有得到结果之前，该"调用"不返回。但是一旦调用返回，就得到返回值。换句话说，就是由"调用者"主动等待这个"调用"的结果。而异步则相反，"调用"在发出之后，这个调用就直接返回了，所以没有返回结果。换句话说，当一个异步过程调用发出后，调用者不会立刻得到结果。而是在"调用"发出后，"被调用者"通过状态、通知来通知调用者，或通过回调函数处理这个调用。

小白逆袭："阻塞和非阻塞"与"同步和异步"的区别

"阻塞和非阻塞"与"同步和异步"常常被混为一谈，其实它们之间还是有差别的。阻塞和非阻塞关注的是程序在等待调用结果（消息、返回值）时的状态。阻塞调用是指调用结果返回之前，当前线程会被挂起，调用线程只有在得到结果之后才会返回；非阻塞调用指在不能立刻得到结果之前，该调用不会阻塞当前线程。如果按照"差不多"先生的思维方式，我们也可以不那么深究它们之间学理上的差距，反正在我们的程序中，会使用就可以了。

包括之前的例子，大部分 Web 应用都是阻塞性质的，也就是说当一个请求被处理时，这个进程就会被挂起直至请求完成。在大多数情况下，Tornado 处理的 Web 请求完成得足够快，使得这个问题并不需要被特别关注，然而，对于那些需要一些时间来完成的操作，像大数据库的请求或外部 API，就意味着应用程序被锁定直至处理结束，很明显这在可扩展性上出现了问题。不过，Tornado 给了我们更好的方法来处理这种情况，即应用程序在等待第一个处理完成的过程中，让 I/O 循环打开以便服务于其他客户端，直到处理完成时启动一个请求并给予反馈，而不再是等待请求完成的过程中挂起进程。

12.7.1　Tornado 同步

在 Tornado 上已经完成的 Web 都是同步、阻塞的。为了更明显地感受这点，我们不妨用下面的例子试一试。

例 12-34　建立一个 sleep. py 文件

```
#! /usr/bin/env Python
# coding = utf-8
from base import BaseHandler
import time
classSleepHandler(BaseHandler):
```

```
    def get(self):
        time.sleep(17)
        self.render("sleep.html")

classSeeHandler(BaseHandler):
    def get(self):
        self.render("see.html")
```

这里依然用 12.6.1 小节中的框架，sleep.html 和 see.html 是两个简单的模板，内容可以自己随便写，但别忘记修改 url.py 中的目录。测试操作可以稍微复杂一点，打开浏览器之后，新建两个标签，分别在两个标签中输入 localhost：8000/sleep（记为标签 1）和 localhost：8000/see（记为标签 2），注意用的是 8000 端口。输入之后先不要按下回车键进行访问。做好准备，切换标签可以用 Ctrl + Tab 组合键。

先执行标签 1，让它访问网站。马上切换到标签 2，访问网址。注意观察，两个标签页面，是不是都显示正在访问，请等待。当标签 1 不呈现等待提示，比如一个正在转的圆圈，标签 2 的表现如何？几乎同时也访问成功了。

建议读者修改 sleep.py 中的 time.sleep（17）值，多试试，很有意思吧。当然，这是比较笨拙的方法，本来是可以通过测试工具完成上述操作比较的。但是要用到 QA 的工具，还要进行介绍，又多了一个分散精力的东西，故用如此笨拙的方法，权当有一个体会。

12.7.2 Tornado 异步

Tornado 本来就是一个异步的服务框架，体现在 Tornado 服务器和客户端网络交互的异步上，发挥作用的是 tornado.ioloop.IOLoop。如果客户端请求服务器之后，在执行某个方法时，比如上面代码中执行 get()方法时，遇到了 time.sleep（17）这个需要执行时间比较长的操作，耗费时间，就会使整个 Tornado 服务器性能受限，最后导致系统服务宕机。

为了解决这个问题，Tornado 提供了一套异步机制，就是异步装饰器。

例 12-35　异步装饰器

```
@tornado.web.asynchronous：
#! /usr/bin/env Python
# coding = utf-8

import tornado.web
from base import BaseHandler
import time
classSleepHandler(BaseHandler):
    @tornado.web.asynchronous
    def get(self):
        tornado.ioloop.IOLoop.instance().add_timeout(time.time() + 17, callback
= self.on_response)
```

```
    def on_response(self):
        self.render("sleep.html")
        self.finish()
```

get()方法前面增加了装饰器@ tornado. web. asynchronous，作用是将 Tornado 服务器默认的设置_ auto_ fininsh 设为 False。如果不用这个装饰器，客户端访问服务器的 get()方法并得到返回值后，连接就断开了。但是用@ tornado. web. asynchronous 后，连接就不会关闭，直到执行 self. finish()后才关闭这个连接。tornado. ioloop. IOLoop. instance(). add_ timeout()也是一个实现异步的函数，time. time() + 17 是给前面函数提供一个参数，这样实现了相当于 time. sleep（17）的功能，当这个操作完成之后，就执行回调函数 on_ response()中的 self. render("sleep. html")，并关闭连接 self. finish()。

所谓异步，就是要解决原来的 time. sleep（17）造成的服务器处理时间长、性能下降的问题。解决方法如上描述。我们看这段代码，或许感觉有点不是很舒服。如果有这么一点感觉，是正常的。因为它里面除了装饰器之外，还用到了一个回调函数，让代码的逻辑不是平铺下去，而是被分割为两段。

- 第一段 tornado. ioloop. IOLoop. instance(). add_timeout （time. time() + 17, callback = self. on_response），用 callback = self. on_response 来使用回调函数，并没有如同改造之前直接 self. render("sleep. html")；
- 第二段是回调函数 on_ response （self），要在这个函数里面执行 self. render （"sleep. html"），并且以 self. finish()结尾以关闭连接。

以上执行的代码逻辑是很简单的，如果逻辑复杂，就要不断地进行回调，无法让逻辑顺利延续。这种现象被业界称为代码逻辑拆分，打破了原有逻辑的顺序性。为了让代码逻辑不至于被拆分的七零八落，于是就出现了这种常用的方法。

例 12-36   @ tornado. gen. coroutine 装饰器

```
#! /usr/bin/env Python
# coding = utf-8

import tornado. web
import tornado. gen
from base import BaseHandler

import time

classSleepHandler(tornado. web. RequestHandler):
    @ tornado. gen. coroutine
    def get(self):
        yield tornado. gen. Task(tornado. ioloop. IOLoop. instance(). add_timeout,
time. time() + 17)
        #yield tornado. gen. sleep(17)
        self. render("sleep. html")
```

255

从整体上看，这段代码避免了回调函数，看着流畅多了。再看细节部分，首先使用的是 @ tornado. gen. coroutine 装饰器，所以前面要有 import tornado. gen。跟这个装饰器类似的是@ tornado. gen. engine 装饰器，两者功能类似，有一点细微差别。@ tornado. gen. engine 是老版本用的，现在我们都使用@ tornado. gen. corroutine 了，这个是在 Tornado 3.0 以后开始。在比较旧的资料中，会遇到一些使用@ tornado. gen. engine 的情况，但是在我们使用或者借鉴代码的时候，果断地将其修改为@ tornado. gen. coroutine 即可。有了这个装饰器，就能够控制下面的生成器的流程了。然后就看到 get( )方法里面的 yield 了，这是一个生成器。yield tornado. gen. Task（tornado. ioloop. IOLoop. instance( ). add_timeout，time. time( ) + 17）的执行过程，应该先看括号里面，跟前面的一样，是来替代 time. sleep（17）的。然后是 tornado. gen. Task( )方法，返回后使用 yield 得到了一个生成器，先把流程挂起，等完全完毕，再唤醒继续执行。这里要注意一下，生成器都是异步的。

至此，我们基本对 tornado 的异步设置有了大致了解，不过，上面的程序在实际应用中没有什么价值。在工程中，要让 Tornado 网站真正异步起来，还要做很多事情，不仅仅是上面的设置，因为很多东西其实都不是异步的。

12.8 【实战】手把手教你创建 Web 聊天室

Tornado 的异步特性使其非常适合处理高并发的业务，同时也适合那些需要在客户端和服务器之间维持长连接的业务。传统基于 HTTP 协议的 Web 应用、服务器和客户端的通信只能由客户端发起，这种单向请求注定了如果服务器有连续的状态变化，客户端是很难得知的。

扫码看教学视频

事实上，今天的很多 Web 应用都需要服务器主动向客户端发送数据，我们将这种通信方式称之为"推送"。过去很长一段时间，程序员都是用定时轮询（Polling）或长轮询（Long Polling）等方式来实现"推送"，但是这些都不是真正意义上的"推送"，浪费资源且效率低下。在 HTML 5 时代，可以通过一种名为 WebSocket 的技术，在服务器和客户端之间维持传输数据的长连接，这种方式可以实现真正的"推送"服务。

WebSocket 协议在 2008 年诞生，2011 年成为国际标准 RFC 6455，现在的浏览器都能够支持，它可以实现浏览器和服务器之间的全双工通信。我们之前学习或了解过 Python 的 socket 编程，通过 socket 编程，可以基于 TCP 或 UDP 进行数据传输；而 WebSocket 与之类似，只不过它是基于 HTTP 来实现通信握手，使用 TCP 来进行数据传输。WebSocket 的出现打破了 HTTP 请求和响应只能一对一通信的模式，也改变了服务器只能被动接受客户端请求的状况。目前有很多 Web 应用是需要服务器主动向客户端发送信息的，例如股票信息的网站可能需要向浏览器发送股票涨停通知，社交网站可能需要向用户发送好友上线提醒或聊天信息。

WebSocket 的特点如下。

1）建立在 TCP 协议之上，服务器端的实现比较容易。

2）与 HTTP 协议有着良好的兼容性，默认端口是 80 和 443，通信握手阶段采用 HTTP

协议，能通过各种 HTTP 代理服务器，不容易被防火墙阻拦。

3）数据格式比较轻量，性能开销小，通信高效。

4）可以发送文本，也可以发送二进制数据。

5）没有同源策略的限制，客户端可以与任意服务器通信。

Tornado 框架中有一个 tornado. websocket. WebSocketHandler 类，专门用于处理来自 Web-Socket 的请求，通过继承该类并重写 open、on_message、on_close 等方法来处理 WebSocket 通信，下面我们对 WebSocketHandler 的核心方法做一个简单介绍。

- open（＊args，＊＊kwargs）方法：建立新的 WebSocket 连接后，Tornado 框架会调用该方法，参数与 RequestHandler 的 get 方法的参数类似，这也就意味着在 open 方法中可以执行获取请求参数或读取 Cookie 信息等操作。

- on_message（message）方法：建立 WebSocket 之后，当收到来自客户端的消息时，Tornado 框架会调用该方法，这样就可以对收到的消息进行对应的处理，必须重写这个方法。

- on_close（）方法：当 WebSocket 被关闭时，Tornado 框架会调用该方法，在该方法中可以通过 close_code 和 close_reason 了解关闭的原因。

- write_message（message，binary = False）方法：将指定的消息通过 WebSocket 发送给客户端，可以传递 utf-8 字符序列或者字节序列，如果 message 是一个字典，将会执行 json 序列化。正常情况下，该方法会返回一个 Future 对象；如果 WebSocket 被关闭了，将引发 WebSocketClosedError。

- set_nodelay（value）方法：默认情况下，因为 TCP 的 Nagle 算法会导致短小的消息被延迟发送，在考虑到交互性的情况下就要通过将该方法的参数设置为 True 避免延迟。

- close（code = None，reason = None）方法：主动关闭 WebSocket，可以指定状态码和原因。

前面说了这么多概念，我们依然不知道该怎么使用 WebSocket？没关系，现在手把手教你创建一个 Web 聊天室。

例 12-37　创建 handlers. py 文件

```
"""
handlers. py-用户登录和聊天的处理器
"""
import tornado. web
import tornado. websocket

nicknames = set()
connections = {}
classLoginHandler(tornado. web. RequestHandler):

    def get(self):
        self. render('login. html', hint = '')

    def post(self):
```

```
            nickname = self.get_argument('nickname')
            if nickname in nicknames:
                self.render('login.html', hint = '昵称已被使用,请更换昵称')
            self.set_secure_cookie('nickname', nickname)
            self.render('chat.html')


class ChatHandler(tornado.websocket.WebSocketHandler):
    def open(self):
        nickname = self.get_secure_cookie('nickname').decode()
        nicknames.add(nickname)
        for conn in connections.values():
            conn.write_message(f'~ ~ ~{nickname}进入了聊天室 ~ ~ ~')
        connections[nickname] = self

    def on_message(self, message):
        nickname = self.get_secure_cookie('nickname').decode()
        for conn in connections.values():
            if conn is not self:
                conn.write_message(f'{nickname}说:{message}')

    def on_close(self):
        nickname = self.get_secure_cookie('nickname').decode()
        del connections[nickname]
        nicknames.remove(nickname)
        for conn in connections.values():
            conn.write_message(f'~ ~ ~{nickname}离开了聊天室 ~ ~ ~')
```

例 12-38　创建 run_chat_server.py 文件

```
"""
run_chat_server.py-聊天服务器
"""
import os
import tornado.web
import tornado.ioloop
from handlers import LoginHandler, ChatHandler

if __name__ == '__main__':
    app = tornado.web.Application(
        handlers = [(r'/login',LoginHandler), (r'/chat', ChatHandler)],
        template_path = os.path.join(os.path.dirname(__file__), 'templates'),
        static_path = os.path.join(os.path.dirname(__file__), 'static'),
```

```
cookie_secret = 'MWM2MzEyOWFlOWRiOWM2MGMzZThhYTk0ZDNlMDA0OTU = ',
)
app. listen(8888)
tornado. ioloop. IOLoop. current(). start()
```

然后再创建 templates 文件夹，并创建两个 html 文件。

例 12-39　设置 login. html 登录页面

```html
<! --login. html-- >
<! DOCTYPE html >
<html lang = "en" >
<head >
    <meta charset = "utf-8" >
    <title >Tornado 聊天室 </title >
    <style >
        .hint { color: red; font-size: 0.8em; }
    </style >
</head >
<body >
    <div >
        <div id = "container" >
            <h1 >进入聊天室 </h1 >
            <hr >
            <p class = "hint" >{{hint}} </p >
            <form method = "post" action = "/login" >
                <label >昵称: </label >
                <input type = "text" placeholder = "请输入我们的昵称" name = "nick-name" >
                <button type = "submit" >登录 </button >
            </form >
        </div >
    </div >
</body >
</html >
```

例 12-40　设置 chat. html 聊天室页面

```html
<! --chat. html-- >
<! DOCTYPE html >
<html lang = "en" >
<head >
    <meta charset = "UTF-8" >
    <title >Tornado 聊天室 </title >
```

```
</head>
<body>
    <h1>聊天室</h1>
    <hr>
    <div>
        <textarea id="contents" rows="20" cols="120" readonly></textarea>
    </div>
    <div class="send">
        <input type="text" id="content" size="50">
        <input type="button" id="send" value="发送">
    </div>
    <p>
        <a id="quit"href="javascript:void(0);">退出聊天室</a>
    </p>
    <script src="https://cdn.bootcss.com/jquery/3.3.1/jquery.min.js"></script>
    <script>
        $(function() {
            // 将内容追加到指定的文本区
            function appendContent($ta, message) {
                var contents = $ta.val();
                contents += '\n' +message;
                $ta.val(contents);
                $ta[0].scrollTop = $ta[0].scrollHeight;
            }
            // 通过 WebSocket 发送消息
            functionsendMessage() {
                message = $('#content').val().trim();
                if (message.length > 0) {
                    ws.send(message);
                    appendContent($('#contents'), '我说:' +message);
                    $('#content').val('');
                }
            }
            // 创建 WebSocket 对象
            var ws = newWebSocket('ws://localhost:8888/chat');
            // 连接建立后执行的回调函数
            ws.onopen = function(evt) {
                $('#contents').val('~~~欢迎您进入聊天室~~~');
            };
            // 收到消息后执行的回调函数
            ws.onmessage = function(evt) {
```

260

```
        appendContent($('#contents'), evt.data);
    };
    // 为发送按钮绑定单击事件回调函数
    $('#send').on('click',sendMessage);
    // 为文本框绑定按下回车事件回调函数
    $('#content').on('keypress', function(evt) {
        keycode = evt.keyCode || evt.which;
        if (keycode == 13) {
            sendMessage();
        }
    });
    // 为退出聊天室超链接绑定单击事件回调函数
    $('#quit').on('click', function(evt) {
        ws.close();
        location.href = '/login';
    });
});
</script>
</body>
</html>
```

运行程序，然后访问 http：//localhost：8888/login。

```
C:\Users\cccheng\AppData\Local\Programs\Python\Python37-32\tornado-3.1.0\webapp
> Python.\run_chat_server.py
WARNING:tornado.access:404 GET /favicon.ico (::1) 2.99ms
```

浏览器会显示图 12-8 的登录界面。随便起一个合法的昵称，比如 java，然后单击"登录"按钮，就可以登录聊天室了。

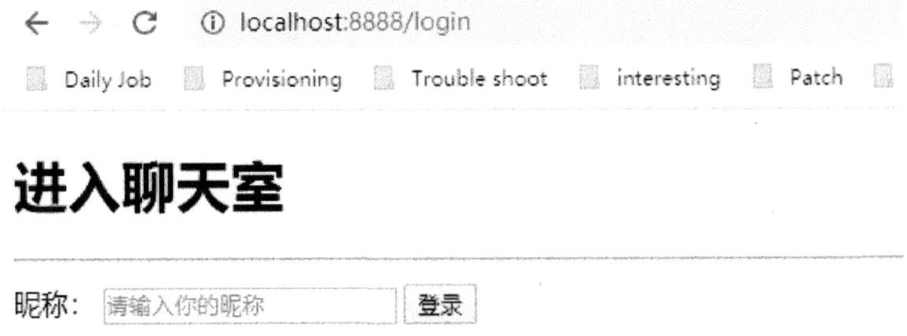

图 12-8　登录界面

为了验证聊天室支持多用户，我们打开一个新的浏览器页面，然后访问聊天室的登录界

261

面，用 python 作为新的昵称，登录系统。分别以 java 用户身份说几句话，然后再以 python 用户身份说几句话，就会得到图 12-9 所展示的效果，这就证明了聊天的多用户功能。

图 12-9　聊天室界面

这样，一个聊天室就成功创建了。这个聊天室是支持很多用户同时在线的，我们也可以多打开几个界面，或者让你的好友一起使用这个聊天室。

第13章
图形界面 GUI 和绘图应用领域

本章将对图形用户界面（Graphical User Interface，GUI）编程和绘图编程的内容进行详细介绍。不论我们是初次涉及该领域还是想学到更多知识，抑或只是想看看利用 Python 是如何实现的，都可以好好学习一下本章内容。虽然在这短短的一章里无法对 GUI 程序开发介绍得面面俱到，但我们将展示最核心的内容。

扫码获取本章代码

最早的计算机交互基本都是命令行，科学家和工程师们为了能让大部分没有计算机背景知识的人也能够轻松地使用计算机工作，才开发了各种图形界面。图形界面的出现确实大大促进了计算机的发展，在办公软件、游戏等方面广泛应用。

图形用户界面的特性是变化多端、细节复杂，需要投入大量人力完成。所以适合 GUI 的语言，必然有可以节省人力的特性。从编程语言角度，越能更快给到编程者反馈、语言写法越接近最终成品的用户界面，基本是更好的。所以对产业界的各种争论，本书作者团队只想表达下面这个观点：Python 未必是开发图形界面 GUI 最好的语言，但是 Python 可以满足绝大多数 GUI 开发的需求。

13.1 Tkinter 介绍

在编写 Python GUI 程序前，我们需要决定使用哪个 GUI 平台。什么是 GUI 平台呢？简单来说，GUI 平台是图形组件的一个特定集合，可以通过 GUI 工具包的给定模块进行访问。目前主流的 Python GUI 开发工具包有以下几个。

1）Tkinter：使用 Tk 平台，半标准。

2）wxPython：基于 wxWindows，跨平台，越来越流行。

3）PythonWin：只能在 Windows 上使用，使用了本机的 Windows GUI 功能。

4）Java Swing：只能用于 Jython，使用本机的 Java GUI。

5）PyGTK：使用 GTK 平台，在 Linux 上很流行。

6）PyQt：使用 Qt 平台，跨平台。

Python 默认的 GUI 工具集是 Tkinter，它也是最基本的 GUI 工具包。也许，Tkinter 并非最强最新的工具，也不是包含 GUI 构建模块最多的工具集，但它非常简单，并且可以开发

263

出能运行于大多数平台的 GUI 程序。一旦完成了 Tkinter 的学习，我们将掌握构建复杂应用程序的技巧，也有能力转向那些更流行的图形工具集。Python 有许多对主流工具集的绑定 Binding 或转接 Adaptor，其中不乏对商业系统的，这里就不多介绍了。

如果是初涉 GUI 编程，你会惊喜地发现图形界面编程竟如此简单。Python 搭配 Tkinter 提供了一种高效的应用程序构建方式，可以用来开发出有趣且有用的程序，而同样的程序如果使用 C/C++ 将多花很长的时间。开发者一旦设计好程序及相应的外观，接下来要做的只是用那些被称作 Tkinter 组件的基本构造块去搭建想要的模块，最终再赋予其功能，就能让一切运作起来。

如果你是个 GUI 编程老手，不论是使用过 C++ 还是 Perl，都会发现 Python 提供了一种进行编程的全新方式。Python 基于 Tkinter 提供了一种更高效的快速原型系统用以创建应用。别忘了它同时还享有系统访问、网络操作、XML、数字可视化、数据库访问以及所有其他标准库和第三方模块。

一旦我们在当前的系统中装好了 Tkinter，用不了十几分钟就可以让自己的第一个 GUI 程序运行起来！

13.2　Tkinter 基础知识

类似于线程模块，系统中的 Tkinter 未必是开启的。我们可以通过尝试导入 Tkinter 模块来判断它是否能被 Python 解释器使用。如果 Tkinter 是可用的，则不会出现任何错误。

```
> > > import Tkinter
Traceback (most recent call last):
  File " < pyshell#0 > ", line 1, in < module >
    import Tkinter
ModuleNotFoundError: No module named 'Tkinter'
> > >
> > > import tkinter
```

Tkinter 在最新版本的 Python 中已被重新命名为 tkinter，所以在 Python 2. x 中输入 import Tkinter，而在 Python 3. x 中需要输入 import tkinter。后面的例子我们用基于 Python 2. x 的代码进行举例，使用 Python 3. x 的只要注意大小写就可以了。

为了让 Tkinter 成为程序的一部分，应该怎么做呢？这并不是说我们一定要先有一个应用程序。只要我们愿意，随时可以创建一个纯粹的 GUI 程序，但如果没有让人感兴趣的功能，这个程序就没有多大价值。

要创建并运行我们的 GUI 程序，下面五步是基本的。

1）导入 Tkinter 模块（import tkinter 或者 from tkinter import ＊）。

2）创建一个顶层窗口对象，来容纳整个 GUI 程序。

3）在顶层窗口对象上创建所有的 GUI 模块。

4）把这些 GUI 模块与底层程序代码相连接。

5）进入主事件循环。

在举例之前，先从宏观上来简单展示一下 GUI 程序开发流程，这将给我们以后的学习提供一些必要的背景知识。创建 GUI 程序与画家作画有些相似，通常画家只会在一块画布上开展自己的创作，首先可能需要找来一块干净的石板，我们将在这个"顶层"窗口对象上创建所有其他模块。可以把这一步想象成一座房屋的地基或者某个画家的画架。换言之，在搭建各实物或展开画布之前，我们必须先给地基浇灌好混凝土或者架好画架。对 Tkinter 而言，这个基础被称为顶层窗口对象。

在 GUI 程序中，会有一个顶层根窗口对象，它包含着所有小窗口对象，它们共同组成一个完整的 GUI 程序。这些小窗口对象可以是文字标签、按钮或列表框等，这些独立的 GUI 构件就是所谓的组件。所以当我们说创建一个顶层窗口的时候，实际上是指需要一个放置所有组件的地方，代码如下。

```
>>> Top = tkinter.Tk()
```

tkinter.Tk() 返回的对象被称作根窗口，所以有些程序用变量 root 来表示，而非 top。顶层窗口是指那些在我们程序中独立显示的部分。我们可以在 GUI 程序中创建多个顶层窗口，但它们中只能有一个是根窗口。图 13-1 这就是一个根窗口界面，它是空白的，因为我们还没有放置任何组件。这里建议采用先完全设计好组件再添加实际功能的开发方式，也可以二者同时进行。

组件既可以是独立存在，也可以作为容器存在。如果一个组件"包含"其他组件，就被认为是这些组件的父组件。相应地，如果一个组件被"包含"在其他组件中，它就被认为是父组件的孩子，父组件则是直接包围其外的那个容器组件。通常，组件会有一些相应的行为，例如按钮被按下，或者文本框被写入。这种形式的用户行为称为事

图 13-1　根窗口

件，而 GUI 程序对事件所采取的响应动作称为回调。用户操作包括按下按钮、移动鼠标、按下 Enter 键等，所有的这些从系统角度都被看作事件。GUI 程序正是由这伴随其始末的整套事件体系所驱动的。这个过程称作事件驱动处理。

一个事件及其回调的例子是鼠标移动。假设鼠标指针停在 GUI 程序的某处，如果鼠标移到了程序的别处，一定是有什么东西引起了屏幕上指针的移动，从而表现这种位置的转移。系统必须处理这些鼠标移动事件才能展现鼠标指针在窗口上的移动。一旦释放了鼠标，就不再会有事件需要处理，相应地，屏幕上的一切又回归平静。

GUI 程序的事件驱动特性恰好体现出它的客户端/服务器架构。当我们启动一个 GUI 程序时，它必须执行一些初始化例程来为核心功能的运行做准备，正如启动一个网络服务器时必须先申请一个套接字并把它绑定在一个本地地址上一样。Tkinter 有两个坐标管理器用来协助把组件放在正确的位置上，我们将经常用到的一个称为"包"，亦即 packer，另一个坐标管理器是网格 Grid。我们可以用它来把 GUI 组件放在网格坐标系中，Grid 将依据 GUI 中的网格坐标来生成每个对象。一旦 packer 决定好所有组件的尺寸和对齐方式，它将为我们在屏幕上放置它们。当所有这些组件，包括顶层窗口，最终显示在屏幕上时，GUI 程序就会进入一个"服务器式"的无限循环。这个无限循环包括等待 GUI 事件、处理事件，然后返

回等待模式，等待下一个事件。

上述最后一步说明所有组件就绪后立即进入主循环，这正是我们提及的"服务器式"无限循环。对 Tkinter 而言，代码如下。

```
tkinter.mainloop()
```

老规矩，先来看案例。

例 13-1　Hello World 图形界面

```python
import tkinter
class Application(tk.Frame):
    def _init_(self, master=None):
        super()._init_(master)
        self.master=master
        self.pack()
        self.create_widgets()

    def create_widgets(self):
        self.hi_there=tk.Button(self)
        self.hi_there["text"]="Hello World\n(click me)"
        self.hi_there["command"]=self.say_hi
        self.hi_there.pack(side="top")
        self.quit=tk.Button(self, text="退出", fg="red",
                            command=self.master.destroy)
        self.quit.pack(side="bottom")

    def say_hi(self):
        print("hi there, everyone!")

root=tk.Tk()
app=Application(master=root)
app.mainloop()
```

创建文件 HelloTk.py，然后把上面的代码先放进去，保存后运行。

```
Python HelloTk.py
```

运行成功后，会跳出一个窗口，窗口的中间会有两个按钮，一个是 Hello World（click me），一个是"退出"，如图 13-2 所示。

这时候我们单击 Hello World 按钮，就会触发事件函数 def say_hi（self），图 13-3 显示的是单击该按钮后，命令行输出的"hi there, everyone！"文本。每单击一次，就会得到一行字符串。

这段代码的运行原理如下。

第一步是导入 Tkinter 包的所有内容。

图 13-2　HelloTk 窗口

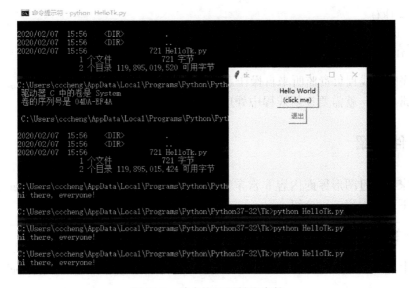

图 13-3　单击按钮后触发事件

```
import tkinter as tk
```

第二步是从 Frame 派生一个 Application 类，这是所有 Widget 的父容器。

```
class Application(tk. Frame):
    def _init_(self, master = None):
        super()._init_(master)
        self. master = master
        self. pack()
        self. create_widgets()


    def create_widgets(self):
```

```
        self. hi_there = tk. Button(self)
        self. hi_there["text"] = "Hello World \n(click me)"
        self. hi_there["command"] = self. say_hi
        self. hi_there. pack(side = "top")

        self. quit = tk. Button(self, text = "退出", fg = "red",
                                command = self. master. destroy)
        self. quit. pack(side = "bottom")
```

在 GUI 中，每个 Button、Label 或输入框等，都是一个 Widget。Frame 则是可以容纳其他 Widget 的 Widget。pack( )方法把 Widget 加入到父容器中，并实现布局。pack( )是最简单的布局，grid( )可以实现更复杂的布局。在 create_ widgets( )方法中，我们创建一个标签 Label 和一个按钮 Button，当 Button 被单击时，触发 self. quit( )，使程序退出。

第三步，实例化 Application，并启动消息循环。

```
root = tk. Tk()
app = Application(master = root)
app. mainloop()
```

GUI 程序的主线程负责监听来自操作系统的消息，并依次处理每一条消息。因此，如果消息处理非常耗时，就需要在新线程中处理。

13. 3　组件介绍

相信大家都用过图形界面内容非常丰富的 Windows 操作系统，其实 Tkinter 的组件种类也很丰富，下面给大家一一介绍。

13. 3. 1　标签

在窗体上显示文本信息时，为了让窗口更加多样化，需要添加标签（Label）显示一些信息给用户。

例 13-2　添加标签（Label）

```
from tkinter import ttk,Tk
# 创建一个窗口实例
win = Tk()
# 为窗口添加标题
win. title("Python GUI")
# 添加 Label
ttk. Label(win, text = "A Label"). grid(column = 0, row = 0)
# =====================
# 启动 GUI
# =====================
win. mainloop()
```

在图 13-4 中可以看到，根窗口的左上角有个 A Label 标志，这就是一个最简单的标签。

图 13-4　标签 Label

ttk（模板库）中存放了许多 Tkinter 的主题化的界面外观，让 GUI 看起来更符合你的操作系统，比如 Windows 风格的界面。

13.3.2　按钮

按钮是 GUI 编程中应用最多的组件之一，而且经常会遇到按钮（Button）和事件触发紧密联系的情况。下面的代码可以通过按钮改变 Label 的前景颜色。

例 13-3　按钮（Button）

```
from tkinter import ttk, Tk
# 创建一个窗口实例
win = Tk()
# 为窗口添加标题
win.title("Python GUI")
# 添加 Label
a_label = ttk.Label(win, text = "A Label")
a_label.grid(column = 0, row = 0)
# 按钮触发事件的函数
def click_me():
    action.configure(text = "＊＊已经点击了按钮＊＊")
    a_label.configure(foreground = 'red')
    a_label['text'] = 'A Red Label'
# 添加一个按钮
action = ttk.Button(win, text = "点我呀!", command = click_me)
action.grid(column = 1, row = 0)
# =====================
# 启动 GUI
# =====================
win.mainloop()
```

在图 13-5 中，A Label 标签的右侧有一个"点我呀！"按钮，当我们单击这个按钮，就会发现按钮上的文本发生了改变，变成了"已经点击了按钮"。

ttk 下的主题化的小部件均支持两种改变属性的方法。

1）使用 configure 方法，比如 action.configure（text = "＊＊已经点击了按钮＊＊"）。

269

图 13-5　单击 Button 按钮的前后对比

2）使用赋值的方式，比如 a_ label［'text'］ = 'A Red Label'。

ttk. Button 的参数 command 可以用来绑定一些事件或者行为，比如本例中改变 Label 的属性之类的行为。

13. 3. 3　文本框

文本框（Text）是一种常用的，也是比较容易掌握的组件。应用程序主要使用文本框 Text 来接收使用者输入的文字信息。暂不讨论 Text 的定义，先看下面代码。

例 13-4　文本框（Text）

```
from tkinter import ttk, Tk, StringVar
# 创建一个窗口实例
win = Tk()
# 为窗口添加标题
win. title("Python GUI")
# 添加 Label
a_label = ttk. Label(win, text = "A Label")
a_label. grid(column = 0, row = 0)
# 按钮触发事件的函数
def click_me():
    action. configure(text = '您好 ' + name. get())
# 覆盖 a_label
ttk. Label(win, text = "键入您的名字:"). grid(column = 0, row = 0)
# 加入一行文本框 Entry widget
name = StringVar()
name_entered = ttk. Entry(win, width = 12, textvariable = name)
name_entered. grid(column = 0, row = 1)
# 添加一个按钮
action = ttk. Button(win, text = "点我呀!", command = click_me)
action. grid(column = 1, row = 1)
# =====================
# 启动 GUI
# =====================
win. mainloop()
```

在图 13-6 中，我们在文本框中输入了字符串 python 后，再单击按钮，就会发现按钮上的文本变成了"您好 python"。

270

图 13-6　文本框示例

代码演示了 grid 如果设定在同一个位置，会覆盖前面的小部件；添加了字符串变量 StringVar 用于追踪小部件的字符串信息。小部件 ttk. Entry 提供用户输入一行文档字符串信息。

注意，我们可以将上述代码最后的设定部分添加 name_ entered. focus( )（鼠标指针）和 action ［'state'］＝'disabled'（禁用按钮）。

```
action['state']='disabled'
name_entered.focus()          # 进入 Entry 后,放置鼠标的指针
# 启动 GUI
win.mainloop()
```

除了单行文本框，还有一种更为复杂的滚动文本框，滚动文本小部件比简单的"条目"（ttk. Entry）小部件大得多，并且支持跨行。有点类似记事本，当文本大于 ScrollEdText 小部件的高度时，会自动启用垂直滚动条。

例 13-5　滚动文本框

```
from tkinter import ttk, Tk, IntVar
from tkinter import scrolledtext


# 创建一个窗口实例
win = Tk()


# 为窗口添加标题
win.title("Python GUI")
# Using a scrolled Text control
scrol_w  = 30
scrol_h  =  3
scr = scrolledtext.ScrolledText(win, width = scrol_w, height = scrol_h, wrap = 'word
')
scr.grid(column = 0, columnspan = 3)


# 启动 GUI
win.mainloop()
```

运行效果如图 13-7 所示，这就是滚动文本框，这种文本框可以输入多行文字。

注意，Text 控件是用来显示文本的。Tkinter 的 Text 控件很强大，也很灵活，可以实现很

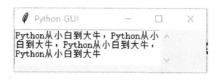

图 13-7　滚动文本框

多功能，虽然这个控件的主要用途是显示文本，但其还可以被用作简单的文本编辑器，甚至是网页浏览器。Text 控件可以显示网页链接、图片、HTML 页面，甚至 CSS 样式表。

13.3.4　下拉框

下拉框（Combobox）也称为下拉菜单、下拉式选单，就是当用户选中一个选项后，该选单会向下延伸出具有其他选项的另一个选单。下拉框通常应用于把一些具有相同分类的功能放在同一个下拉列表框中，并把其置于主选单的一个选项下。

例 13-6　下拉框（Combobox）

```python
from tkinter import ttk, Tk, StringVar
# 创建一个窗口实例
win = Tk()
# 为窗口添加标题
win.title("Python GUI")
# 按钮触发事件的函数
def click_me():
    action.configure(text=f'您好 {name.get()}, 选择了 {number_chosen.get()}')
# 覆盖 a_label
ttk.Label(win, text="键入您的名字:").grid(column=0, row=0)
# 加入一行文本框 Entry widget
name = StringVar()
name_entered = ttk.Entry(win, width=12, textvariable=name)
name_entered.grid(column=0, row=1)
# 添加一个按钮
action = ttk.Button(win, text="点我呀!", command=click_me)
action.grid(column=2, row=1)
ttk.Label(win, text="选择一个数字:").grid(column=1, row=0)
number = StringVar()
number_chosen = ttk.Combobox(
    win, width=12, textvariable=number, state='readonly')
number_chosen['values'] = (1, 2, 4, 42, 100)
number_chosen.grid(column=1, row=1)
number_chosen.current(0)     # 设置预选列表的第一个数字为初始值
name_entered.focus()         # 进入 Entry 后,放置鼠标的指针
# 启动 GUI
win.mainloop()
```

在图 13-8 中，单击下拉框，得到 1、2、4、42、100 五个数字选项，可以任选其中一个来作为返回值。我们选择数字 4 选项后，发现按钮上的文本变成了"您好，选择了 4"。

图 13-8　下拉框

在这里，下拉框 number_chosen['values'] = (1，2，4，42，100) 设置了可选择的数字，而 number_chosen. current（0）设定了初始值。

number_chosen = ttk. Combobox（win，width = 12，textvariable = number，state = 'readonly'）设定用户无法改变列表中的数字，用户为了可以自定义数字，只需要将 state 删除即可。

13. 3. 5　选择框

选择框或选择按钮也是比较常见的组件，其中包括单选按钮（Radiobutton）和复选框（Checkbutton）。先来看一下单选按钮的案例。

例 13-7　单选按钮应用示例

```
from tkinter import ttk, Tk, IntVar
# 创建一个窗口实例
win = Tk()
# 为窗口添加标题
win. title("Python GUI")
# Radiobutton 全局变量
COLOR1 = "Blue"
COLOR2 = "Gold"
COLOR3 = "Red"
# Radiobutton Callback
defradCall():
    radSel = radVar. get()
    ifradSel ==1:
        win. configure(background = COLOR1)
    elif radSel = = 2:
        win. configure(background = COLOR2)
    elif radSel = = 3:
        win. configure(background = COLOR3)
```

```
# 创建单选项
radVar = IntVar()
rad1 = ttk.Radiobutton(win, text = COLOR1, variable = radVar,
                    value = 1, command = radCall)
rad1.grid(column = 0, row = 0, sticky = 'w',columnspan = 3)
rad2 = ttk.Radiobutton(win, text = COLOR2, variable = radVar,
                    value = 2, command = radCall)
rad2.grid(column = 0, row = 1, sticky = 'w',columnspan = 3)
rad3 = ttk.Radiobutton(win, text = COLOR3, variable = radVar,
                    value = 3, command = radCall)
rad3.grid(column = 0, row = 2, sticky = 'w',columnspan = 3)
# 启动 GUI
win.mainloop()
```

在图 13-9 中，单选按钮可以选择 Red、Gold 和 Blue 三种不同的颜色。选中相应的颜色选项后，按钮就会触发事件而改变背景颜色。

图 13-9　单选按钮

除了单选按钮，还有复选框。
例 13-8　复选框应用示例

```
from tkinter import ttk, Tk, IntVar
# 创建一个窗口实例
win = Tk()
# 为窗口添加标题
win.title("Python GUI")
# 设定被勾选的而用户无法修改的选项
chVarDis = IntVar()
check1 = ttk.Checkbutton(win, text = "Disabled", variable = chVarDis, state = 'disabled')
check1.grid(column = 0, row = 4, sticky = 'w')
chVarDis.set(1) # 打勾
# 设定没有被勾选的而用户可以修改的选项
chVarUn = IntVar()
check2 = ttk.Checkbutton(win, text = "UnChecked", variable = chVarUn)
check2.grid(column = 1, row = 4, sticky = 'w')
```

```
# 设定被勾选的且用户可以修改的选项
chVarEn = IntVar()
check3 = ttk.Checkbutton(win, text = "Enabled", variable = chVarEn)
check3.grid(column = 2, row = 4, sticky = 'w')
chVarEn.set(1) ## 打勾
# 启动 GUI
win.mainloop()
```

运行效果如图 13-10 所示，我们可以看到勾选复选框后，选项前面会出现一个小小的"钩"，与单选按钮不同的是，这里我们可以同时选择三个选项。

图 13-10　复选框

选择框也是很常见的功能组件，尤其是一些答题系统或客户满意度调查系统，几乎离不开选择框功能组件。

13.3.6　菜单

菜单（Menu）的重要性不用多说，但是怎么才能把菜单做得好看且合理是一门很深的学问，需要各方面的能力，包括美工、视觉方面的知识等，也需要开发者自身的工作经验积累。本书不会过多地介绍设计方面的知识，但会有一些建议。首先，如果发现自己拥有大量菜单，例如非常长的菜单或深度嵌套的菜单，则可能需要重新考虑用户界面的组织方式。其次，许多用户使用菜单来探索程序可以做什么，尤其是当他们第一次学习该程序时，因此请尝试确保菜单可以访问，也就是健壮性。最后，编写熟悉应用程序如何使用菜单、术语或快捷方式等的完整详细信息，这是我们可能必须为每个平台自定义的区域。

菜单在 Tk 平台中作为小部件实现，就像 Button 和 Entry 一样。每个菜单小部件都包含菜单中的许多不同项目。项目既是文件菜单中的"打开 ..."命令，又是其他项之间的分隔符，这些选项会打开自己的子菜单，即所谓的级联菜单。这些菜单项中的每个菜单项还具有属性，例如要为该项显示的文本、键盘加速器和要调用的命令等。

菜单按层次结构排列，菜单栏本身就是菜单小部件。菜单栏有几个子菜单，由 File 或 Edit 等项目组成。每个菜单依次包含一个包含不同项目的菜单，其中一些菜单本身可能包含子菜单。正如我们已经在 Tk 平台中看到的，只要有子菜单，就必须将其创建为其父菜单的子菜单。在开始创建菜单之前，将以下代码放在应用程序中是很重要的。

```
root.option_add('* tearOff', False)
```

没有它，每个菜单在 Windows 中都将以虚线开始，如图 13-11 所示的 Open 上面有一条细细的虚线。

在 Tk 平台中，菜单栏与各个窗口相关联。每个顶层窗口最多可以有一个菜单栏。在 Windows 上，这在视觉上是显而易见的，因为菜单是每个窗口的一部分，位于顶部标题栏的正下方。要实际为窗口创建菜单栏，首先要创建一个菜单小部件，然后使用窗口的"菜单"配置选项将菜单小部件附加到窗口。

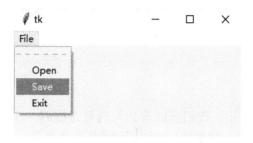

图 13-11　菜单 Menu 中的虚线

例 13-9　菜单应用示例

```
from tkinter import *
root = Tk()
def callback():
print("~被调用了~")

# 创建一个顶级菜单
menubar = Menu(root)
menubar.add_command(label = "输出", command = callback)
menubar.add_command(label = "啥也不干")
menubar.add_command(label = "退出", command = root.quit)
# 显示菜单
root.config(menu = menubar)
mainloop()
```

结果如图 13-12 所示，如果我们单击"输出"菜单，则会显示"被调用了"文本。

图 13-12　生成菜单

有了一个菜单栏，但是还没有菜单，现在我们要为将进入菜单栏的每个菜单创建一个菜单小部件，每个菜单小部件都是菜单栏的子级，然后将它们全部添加到菜单栏中。

下拉菜单大同小异，主要区别是最后需要添加到主菜单上，而不是窗口上。

例 13-10　下拉菜单应用示例

```
from tkinter import *
root = Tk()
def callback():
print(" ~ 被调用了 ~ ")


# 创建一个顶级菜单
menubar = Menu(root)
# 创建一个下拉菜单"文件",然后将它添加到顶级菜单中
filemenu = Menu(menubar, tearoff = False)
filemenu. add_command(label = "打开", command = callback)
filemenu. add_command(label = "保存", command = callback)
#生成一条分割线
filemenu. add_separator()
filemenu. add_command(label = "退出", command = root. quit)
#给顶级菜单添加文件菜单
menubar. add_cascade(label = "文件", menu = filemenu)
# 创建另一个下拉菜单"编辑",然后将它添加到顶级菜单中
editmenu = Menu(menubar, tearoff = False)
editmenu. add_command(label = "剪切", command = callback)
editmenu. add_command(label = "拷贝", command = callback)
editmenu. add_command(label = "粘贴", command = callback)
menubar. add_cascade(label = "编辑", menu = editmenu)
# 显示菜单
root. config(menu = menubar)
mainloop()
```

在图 13-13 中，单击 "文本" 菜单选项后，得到一个下拉菜单。这个菜单有三个元素，分别是打开、保存和退出。

我们用 editmenu. dd_command( )函数来添加子菜单，向菜单中添加菜单项与添加子菜单基本相同，但是要添加类型为 command 的菜单项，而不是添加 cascade 类型的菜单栏。每个菜单项都具有与小部件相同的许多配置选项，每种菜单项类型也都有不同的相关选项。比如，级联（Cascade）菜单项具有用于指定子菜单的 menu 选项，命令菜单项具有用于指定在选择该菜单项时调用的命令 command 选项，并且都具有 label 选项以指定文本显示项目。

图 13-13　下拉菜单

我们已经看到了 command 菜单项，这些菜单项是被选中时将调用命令的常见菜单项。我们还看到了 cascade 菜单项的使用，用于将菜单添加到菜单栏。如果想向现有菜单添加子菜单，则也可以使用 cascade 菜单项，其方式完全相同。菜单项的第三种类型是 separator，它会产生在不同菜单项集之间看到的分隔线。最后，还有 checkbutton 和 radiobutton 菜单项，

其行为类似于 checkbutton 和 radiobutton 小部件。这些菜单项具有与之关联的变量，并且取决于该变量的值，将在该菜单项的标签旁边显示一个指示符，即选中标记或选定的单选按钮。

13.4 事件

日常的很多操作，比如单击了一下鼠标，这就是一个事件，而操作系统会根据相应的事件产生相应的消息，操作系统把消息传递给应用程序，然后应用程序会根据操作系统传入的数据执行相应的命令。事件是用户触发的，消息是操作系统根据事件产生的，通常对于消息并不多关注，重视的是事件。应用程序大部分事件都在事件循环中，事件会有多个源头，比如用户键盘的输入和鼠标操作，大多数情况下是不准许用户直接调用的。tkinter 提供强大的机制处理事件，每个组件都可以用各种事件绑定函数 widget. bind（event，handler），原理是组件中发生了与 event 描述匹配的事，将调用 handler 指定的处理程序。用户通过鼠标、键盘、游戏控制设备在与图形界面交互时，就会触发事件。

事件的绑定函数 bind 的语法为窗体对象 . bind（事件类型，回调函数）。所谓的回调函数，就是这个函数平时不用去调用它，当相应的事件发生时，它会自动调用。比如当按钮被按下时，与按钮相关的回调函数会被自动调用。

事件也分为很多种，比如鼠标事件、键盘事件、窗口事件或响应事件等，不同的事件处理方式也不尽相同。

例 13-11　鼠标单击事件

```
from tkinter import *
myWindow = Tk()
myWindow. title("事件关联例子")
#点击鼠标左键,输出单击的位置坐标
def callback(event):
    print("clicked at", event. x, event. y)
frame = Frame(myWindow, width = 380, height = 300)
frame. bind("<Button-1>", callback)
frame. pack()
myWindow. mainloop()
```

在图 13-14 中，在根窗体中的任意一点单击一下，后台命令行就会显示出单击的坐标，每次单击不同位置，输出的坐标值也不一样。

这个功能非常有用，现实中很多具有地图功能的软件就用了类似的方法。

例 13-12　获取键盘事件

```
import tkinter as tk
root = tk. Tk()
def callback(event):
        print("点击的键盘字符为:", event. char)
```

```
frame = tk. Frame(root, width = 200, height = 200)
frame. bind(" < Key > ", callback)
frame. focus_set()
frame. pack()
root. mainloop()
```

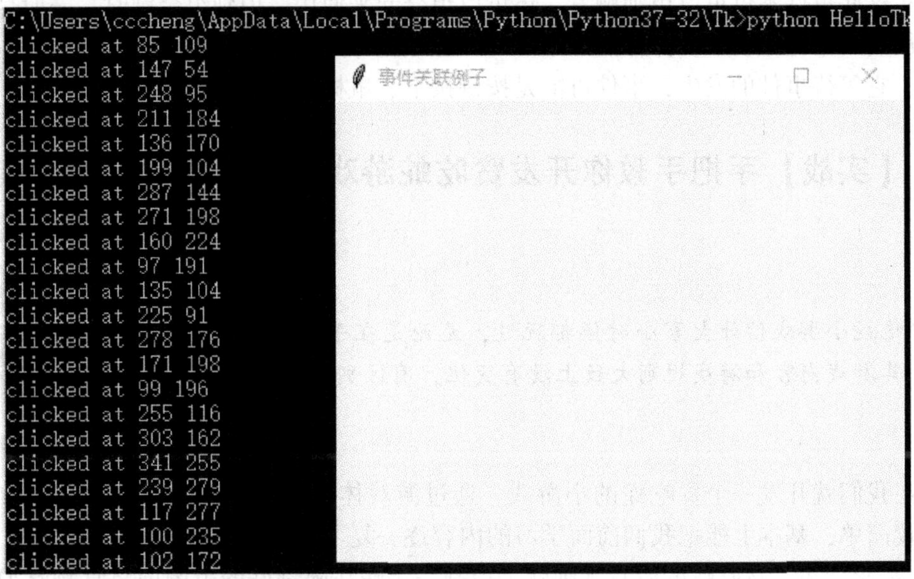

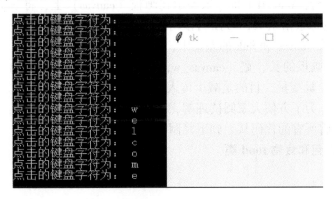

图 13-14　鼠标单击

现在输入文本 welcome，效果如图 13-15 所示。每次输入一个字母，后台的程序就会捕捉到所输入的字符，然后呈现在命令行中。

图 13-15　键盘响应

例 13-13　捕获鼠标在组件上的运动轨迹

```
import tkinter as tk
root = tk. Tk()
def callback(event):
```

```
    print("当前坐标为:", event.x, event.y)
frame = tk.Frame(root, width = 200, height = 200)
frame.bind("<Motion>", callback)
frame.pack()
root.mainloop()
```

其实这些事件不仅可以单独触发，还可以组合起来使用，识别组合键时，一般是按下组合键的最后一个键才会触发操作。一个 tkinter 应用生命周期中的大部分时间都处在一个消息循环中，它等待事件的发生，事件可能是按键按下、鼠标单击或鼠标移动等。

13.5 【实战】手把手教你开发贪吃蛇游戏

贪吃蛇小游戏估计大家小时候都玩过，无论是在手机上，还是在计算机上，其游戏内容和游戏规则大致上没有变化，有区别的是画面质量。

扫码看教学视频

现在我们就开发一个贪吃蛇的小游戏，通过游戏体会 GUI 编程的乐趣。这个游戏开发起来比较简单，基本上能把我们前面学习的内容逐一复习，做到融会贯通。

1）需求分析：贪吃蛇的游戏规则就是控制一条蛇在限制好的范围内将食物吃掉，而且每次吃掉食物后，蛇的身体就会变长一点，直到蛇头碰到墙壁或者蛇身，游戏结束。

2）设计参数：运行窗口变量为 Win，需要展现的蛇变量为 Snk，被吃的食物变量为 Food。

3）具体对象分析：Win 用于将效果展示在画板（canvas）上，将 canvas 分成若干个像素格。Snk 由连续的像素格组成，可控制移动，可自动移动，可吃食物（Food），每次移动一个像素格。Food 在 canvas 和 Snk 的差集中，随机生产一个像素格。

4）设计思路：画板的长、宽（canvas_w，canvas_h）和像素点集合（canvas_set），像素大小（px）作为全局变量，目的是减少传入参数的个数。

这段代码很长，为了方便大家阅读理解，现将其分为多段短小代码，并逐一解释功能。测试的时候，可以将所有的代码从上到下复制到文本里就可以运行了。

例 13-14　导入包和食物 food 类

```
import tkinter
import random
class Food():
    def _init_(self,Snk_list):
        '''
        需要接收的信息:Snk 的像素点(Snk_list)
        '''
        self.Snk_list = Snk_list
```

```
        s1 = set(self.Snk_list)
        s = canvas_set.difference(s1)
        self.Food_list = list(s)
        self.Food_point = random.choice(self.Food_list)    # 随机生成 Food 点
        self.make_point()
    def make_point(self):   # 注意:_init_() 貌似返回不了数据类型的值
        return self.Food_point
```

调用一次函数则自动生成一个像素格坐标，并返回坐标点。函数需要接受 Snk 的像素点信息，这里 Snk 的像素点信息可以用一个 list 参数来储存。

例 13-15　Snk( )类

```
classSnk():
    def _init_(self,Snk_list, Food_point, move_x = 0, move_y = 0):
        self.Snk_list = Snk_list
        self.Food_point = Food_point
        self.move_x = move_x
        self.move_y = move_y
        # 求出将要移动到达的点位
        l = len(self.Snk_list)
        self.move_pointx = self.Snk_list[l-1][0] + (self.move_x * px)
        self.move_pointy = self.Snk_list[l-1][1] + (self.move_y * px)
        self.move_point = (self.move_pointx, self.move_pointy)
        # 注意:坐标点以元组的方式保存


    defSnk_isover(self):
        # 进行撞墙和撞自己的判断
        if self.move_pointx < 0 or self.move_pointx > = canvas_w:
            return True
        elif self.move_pointy < 0 or self.move_pointy > = canvas_h:
            return True
        elif self.move_point in self.Snk_list:
            # 注意没有移动指令的时候,移动点是一直在顶端的
            if self.move_x ! = 0 or self.move_y ! = 0:
                return True
            else:
                return False
        else:
            return False


    defSnk_move(self):   # 此函数必须要返回 Food_point 和 Snk_list
        if self.move_point = = self.Food_point:
```

```
            self. Snk_list. append(self. move_point)
            i = Food(self. Snk_list)
            self. Food_point = i. make_point()
            return self. Food_point, self. Snk_list
        else:
            if self. move_x ! = 0 or self. move_y ! = 0:
                # 有移动指令才执行
                self. Snk_list. remove(self. Snk_list[0])
                self. Snk_list. append(self. move_point)
                return self. Food_point, self. Snk_list
            else:
                return self. Food_point, self. Snk_list
```

　　类 Snk()需要完成的功能是：控制移动；吃食物 Food；判断是否撞墙和撞自己，如是则提示结束游戏。它需要接收的信息：Snk_list、Food_point，移动指令（move_x，move_y 默认值为 0）。

例 13-16　窗体类 Win

```
class Win(tkinter. Tk):
    def _init_(self, a = 500, b = 600, c = 20):
        # 先对画板长宽像素数据进行处理
        global px
        px = int(c)
        w = int(a)
        h = int(b)
        w = w // px
        h = h // px
        global canvas_w
        canvas_w = w * px
        global canvas_h
        canvas_h = h * px
        # 像素点的集合
        canvas_list = list()
        for i in range(1, w):
            for j in range(1, h):    # 注意:点坐标必须要元组,不然无法转集合
                canvas_list. append((i * px, j * px))
        global canvas_set
        canvas_set = set(canvas_list)
        # 创建画板
    tkinter. Tk. _init_(self)
        self. canvas = tkinter. Canvas(self, width = canvas_w, height = canvas_h, bg
= 'gray')
```

```
        self. canvas. grid(row = 2)
        # 创建初始 Snk
        self. Snk_list = list()
        # 点 1
        x1 = (w // 2) * px
        y1 = (h // 2) * px
        p1 = (x1, y1)
        # 点 2
        x2 = (w // 2) * px + px
        y2 = (h // 2) * px
        p2 = (x2, y2)
        # 点 3
        x3 = (w // 2) * px + px * 2
        y3 = (h // 2) * px
        p3 = (x3, y3)
        self. Snk_list. append(p1)
        self. Snk_list. append(p2)
        self. Snk_list. append(p3)
        self. Snk = self. canvas. create_line(self. Snk_list, fill = 'green', width =
px)
        # 创建初始 Food
        i = Food(self. Snk_list)
        self. Food_point = i. make_point()
        self. Food = self. canvas. create_rectangle(self. Food_point[0]-px // 2,
self. Food_point[1]-px // 2,
                    self. Food_point[0] + px // 2, self. Food_point[1] + px // 2,
                    fill = 'red', outline = 'green')
        # 初始跑动
        self. run()
        self. automatic_run()
        # 接收移动指令
        self. bind(' < Key-Up > ', self. move_up)
        self. bind(' < Key-Down > ', self. move_down)
        self. bind(' < Key-Left > ', self. move_left)
        self. bind(' < Key-Right > ', self. move_right)
        self. mainloop()

    def run(self, move_x = 0, move_y = 0):  # 主运行程序
        i = Snk(self. Snk_list, self. Food_point, move_x, move_y)
    isover = i. Snk_isover()
        self. Food_point, self. Snk_list = i. Snk_move()
```

```python
        # 进行判断
        ifisover = = False:    # 删除原来的 Snk 和 Food，生成新的 Snk 和 Food
            self. canvas. delete(self. Snk)
             self. Snk = self. canvas. create_line(self. Snk_list, fill = ' green ',
width = px)

            self. canvas. delete(self. Food)
             self. Food = self. canvas. create_rectangle(self. Food_point[0]-px // 2,
self. Food_point[1]-px // 2,
                                                  self. Food_point[0] + px // 2,
self. Food_point[1] + px // 2,
                                                  fill = 'red', outline = 'green')
        else:
            self. game_over()
    # 移动指令的执行
    def move_up(self, event):
        ls = len(self. Snk_list)
        if self. Snk_list[ls-1][1] = = self. Snk_list[ls-2][1]:
            self. run(0,-1)
        else:
            if self. Snk_list[ls-1][1] < self. Snk_list[ls-2][1]:
                self. run(0,-1)
            else:
                self. run(0, 0)
    def move_down(self, event):
        ls = len(self. Snk_list)
        if self. Snk_list[ls-1][1] = = self. Snk_list[ls-2][1]:
            self. run(0, 1)
        else:
            if self. Snk_list[ls-1][1] > self. Snk_list[ls-2][1]:
                self. run(0, 1)
            else:
                self. run(0, 0)
    def move_left(self, event):
        ls = len(self. Snk_list)
        if self. Snk_list[ls-1][0] = = self. Snk_list[ls-2][0]:
            self. run(-1, 0)
        else:
            if self. Snk_list[ls-1][0] < self. Snk_list[ls-2][0]:
                self. run(-1, 0)
            else:
```

```
                    self.run(0, 0)
        def move_right(self, event):
            ls = len(self.Snk_list)
            if self.Snk_list[ls-1][0] == self.Snk_list[ls-2][0]:
                self.run(1, 0)
            else:
                if self.Snk_list[ls-1][0] > self.Snk_list[ls-2][0]:
                    self.run(1, 0)
                else:
                    self.run(0, 0)


        # 自动跑动程序
        def automatic_run(self):
            ls = len(self.Snk_list)
            if self.Snk_list[ls-1][0] == self.Snk_list[ls-2][0]:
                if self.Snk_list[ls-1][1] > self.Snk_list[ls-2][1]:
                    self.run(0, 1)
                else:
                    self.run(0,-1)
            else:
                if self.Snk_list[ls-1][0] > self.Snk_list[ls-2][0]:
                    self.run(1, 0)
                else:
                    self.run(-1, 0)

            self.canvas.after(500, self.automatic_run)


        # 提示结束
        def game_over(self):
            self.canvas.create_text((canvas_w // 2), (canvas_h // 2), text = 'Game Over
', font = 70)
            qb = tkinter.Button(self, text = 'Quit', font = 50, command = self.destroy)
            qb.grid(row = 0)
            rb = tkinter.Button(self, text = 'Again', font = 50, command = self.again)
            rb.grid(row = 1)


        # 重新开始
        def again(self):
            self.destroy()
            self._init_()
```

上面代码完成的功能是先创建一个画布，并展示 Snk 和 Food。然后向 Snk 发出移动指令（可自动可手动），并接收返回值。接着在画布中展示 Snk 移动和吃 Food 的效果。最后 game_over 时给出提示，并执行重新开始或退出。

不要忘了主程序入口。

```
if _name_ = = '_main_':
    win = Win(500, 600, 20)
```

13.6 Python 绘图领域应用

matplotlib 是 Python 2D 绘图领域的模块，它能让使用者很轻松地将数据图形化，并且提供多样化的输出格式。matplotlib 在数据分析和科学计算领域应用得很广泛，其用法和 GUI 的开发很相似，容易理解。

安装 matplotlib 非常简单，直接用 pip 就可以。

```
Python-m pip install-U pip setuptools
Python-m pip install matplotlib
```

13.6.1 初级绘图

matplotlib 是受 MATLAB 启发构建的。MATLAB 是数据绘图领域广泛使用的语言和工具，它可以轻松地使用命令来绘制直线，然后利用一系列的函数调整结果。如果你没有用过 MATLAB 也没有关系，初学者了解了一定的 matplotlib 开发规范，便可以生成绘图，直方图、功率谱、条形图、错误图或散点图等。下面我们先尝试用默认配置在同一张图上绘制正弦和余弦函数图像，然后逐渐修改美化图形。

先取得正弦函数和余弦函数的值，具体如下。

```
from pylab import *
X = np. linspace (-np. pi,np. pi 256,endpoint = True)
C,S = np. cos(X),np. sin(X)
```

X 是一个 NumPy 数组，包含了从 $-\pi$ 到 $+\pi$ 等间隔的 256 个值。C 和 S 则分别是这 256 个值对应的余弦和正弦函数值组成的数组。Matplotlib 的默认配置都允许用户自定义，可以调整大多数的默认配置：图片大小和分辨率（dpi）、线宽、颜色、风格、坐标轴、坐标轴以及网格的属性、文字与字体属性等。不过，matplotlib 的默认配置在大多数情况下已经做得足够好，只在很少的情况下才会需要更改这些默认配置。

例 13-17 余弦函数图和正弦函数图

```
from pylab import *
X = np. linspace (-np. pi, np. pi, 256,endpoint = True)
C,S = np. cos(X), np. sin(X)
plot(X,C)
plot(X,S)
show()
```

运行后的效果如图 13-16 所示，程序生成两条正弦曲线，一条为蓝色，一条为橘黄色。

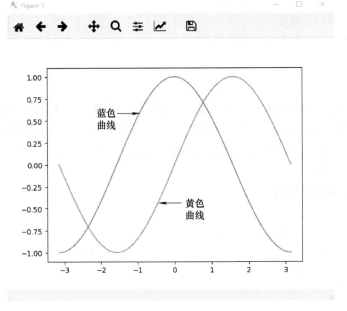

图 13-16　正弦图和余弦图

接着展示 matplotlib 默认配置参数以及相关图像。

例 13-18　matplotlib 的默认配置

```
# 导入 matplotlib 的所有内容(NymPy 可以用 np 这个名字来使用)
frompylab import *
# 创建一个 8 * 6 点(point)的图,并设置分辨率为 80
figure(figsize = (8,6), dpi = 80)
# 创建一个新的 1 * 1 的子图,接下来的图样绘制在其中的第 1 块(也是唯一的一块)
subplot(1,1,1)
X = np. linspace(-np. pi, np. pi, 256,endpoint = True)
C,S = np. cos(X), np. sin(X)
# 绘制余弦曲线,使用蓝色的、连续的、宽度为 1 (像素)的线条
plot(X, C, color = "blue", linewidth =1. 0,linestyle = "-")
# 绘制正弦曲线,使用绿色的、连续的、宽度为 1 (像素)的线条
plot(X, S, color = "green", linewidth =1. 0,linestyle = "-")
# 设置横轴的上下限
xlim( - 4. 0,4. 0)
# 设置横轴记号
xticks(np. linspace( - 4,4,9,endpoint = True))
# 设置纵轴的上下限
ylim( - 1. 0,1. 0)
# 设置纵轴记号
```

```
yticks(np.linspace(-1,1,5,endpoint=True))
# 以分辨率 72 来保存图片
savefig("exercice_2.png",dpi=72)
# 在屏幕上显示
show()
```

这段代码展现了 matplotlib 的默认配置并辅以注释说明，这部分配置包含了有关绘图样式的所有配置。代码中的配置与默认配置完全相同，可以在交互模式中修改其中的值来观察效果。首先，以蓝色和红色分别表示余弦和正弦函数，而后将线条变粗一点。接下来，在水平方向拉伸一下正弦图。

例 13-19 改变线条颜色

```
...
figure(figsize=(10,6), dpi=80)
plot(X, C, color="blue", linewidth=2.5,linestyle="-")
plot(X, S, color="red",  linewidth=2.5,linestyle="-")
...
```

"…" 表示其他的与例 13-18 中的大部分代码是一样的，只有三行代码有所区别，而这三行代码中也只有 color 属性有所改变，其他一样。在图 13-17 中，color = "blue" 显示了蓝色的曲线，color = "red" 显示了红色的曲线。

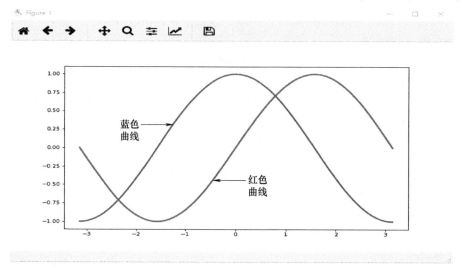

图 13-17 修改线条颜色

讨论正弦和余弦函数时，通常希望知道函数在 ±π 和 ±π 的值。这样看来，当前的设置就不那么理想了。

例 13-20 修改横轴度量单位

```
# 导入 matplotlib 的所有内容(NymPy 可以用 np 这个名字来使用)
frompylab import *
```

```
figure(figsize = (8,6), dpi =80)
subplot(1,1,1)
X = np. linspace(-np. pi, np. pi, 256,endpoint = True)
C,S = np. cos(X), np. sin(X)
plot(X, C, color = "blue", linewidth =1.0,linestyle = "-")
plot(X, S, color = "green", linewidth =1.0,linestyle = "-")
...
```

效果如图 13-18 所示，横轴的度量单位变成了更精确的 3.142、1.157 等小数，而不再是以前的-1、0、1、2 等整数。

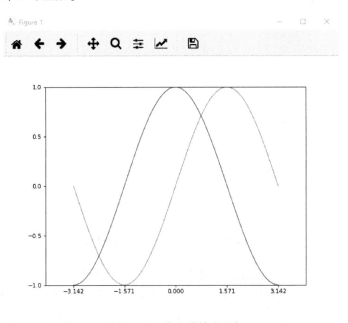

图 13-18　修改横轴度量

仔细观察图 13-18 时，发现标签不大符合期望，可以把 3.142 当作是 π，但毕竟不够精确。当设置记号的时候，可以同时设置记号的标签。注意这里使用 LaTeX（一种排版格式）。

例 13-21　修改横轴度量单位

```
...
xticks([-np. pi,-np. pi/2, 0, np. pi/2, np. pi],
    [r'$-\pi $', r'$-\pi/2 $', r'$ 0 $', r'$ + \pi/2 $', r'$ + \pi $'])
yticks([-1, 0, +1],
    [r'$-1 $', r'$ 0 $', r'$ +1 $'])

...
```

效果如图 13-19 所示，横轴的度量变成了 π 和 π/2 等单位。数学中的正弦曲线就是以 π 为单位的。

坐标轴线和上面的记号连在一起就形成了脊柱 Spines，一条线段上有一系列的凸起，是

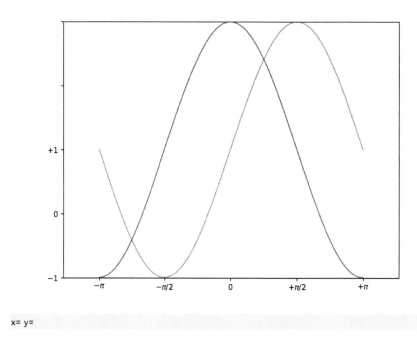

图 13-19　把横轴度量单位修改为 π

不是很像脊柱骨？脊柱记录了数据区域的范围，它们可以放在任意位置，不过至今为止，我们都把它放在图的四边。实际上每幅图有上下左右四条脊柱，为了将脊柱放在图的中间，必须将其中的上和右两条设置为无色，然后调整剩下的两条到合适的位置——数据空间的 0 点。

例 13-22　移动 Y 轴

```
# 导入 matplotlib 的所有内容(NymPy 可以用 np 这个名字来使用)
...
ax = gca()
ax. spines['right']. set_color('none')
ax. spines['top']. set_color('none')
ax. xaxis. set_ticks_position('bottom')
ax. spines['bottom']. set_position(('data',0))
ax. yaxis. set_ticks_position('left')
ax. spines['left']. set_position(('data',0))
...
```

效果如图 13-20，对 Y 轴进行了调整，两条曲线往下移动了一些，最低点从 0 移动到了 −1。

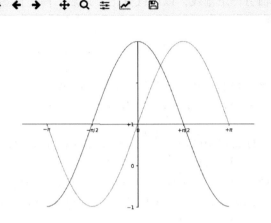

图 13-20　Y 轴移动

　　现在需要在图的左上角添加一个图例，为此必须在 plot 函数里以键-值的形式增加一个参数。

例 13-23　添加图例

```
...
plot(X, C, color = "blue", linewidth = 2.5,linestyle = "-", label = "cosine")
plot(X, S, color = "red",  linewidth = 2.5,linestyle = "-", label = "sine")
legend(loc = 'upper left')
...
```

　　此时两条曲线的左上角多了两个图形的示例，一个是 cos 示例，一个是 sin 示例，如图 13-21 所示。

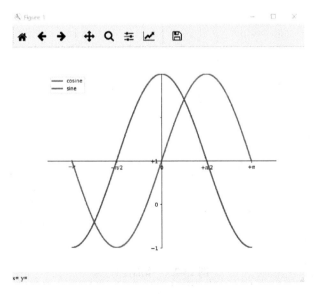

图 13-21　添加左上角图例

291

Python 编程从小白到大牛

如果希望在 $2\pi/3$ 的位置给两条函数曲线加上一个注释，则首先在对应的函数图像位置上画一个点；然后向横轴引一条垂线，以虚线标记；最后，写上标签。

例 12-24　添加注释

```
...
t = 2 * np.pi/3
plot([t,t],[0,np.cos(t)], color = 'blue', linewidth = 2.5,linestyle = "--")
scatter([t,],[np.cos(t),], 50, color = 'blue')

annotate(r'$ \sin(\frac{2 \pi}{3}) = \frac{ \sqrt{3}}{2} $',
        xy = (t, np.sin(t)),xycoords = 'data',
        xytext = (+10, +30), textcoords = 'offset points', fontsize = 16,
        arrowprops = dict(arrowstyle = "- >", connectionstyle = "arc3,rad =.2"))

plot([t,t],[0,np.sin(t)], color = 'red', linewidth = 2.5,linestyle = "--")
scatter([t,],[np.sin(t),], 50, color = 'red')

annotate(r'$ \cos(\frac{2 \pi}{3}) = -\frac{1}{2} $',
        xy = (t, np.cos(t)),xycoords = 'data',
        xytext = (-90, -50), textcoords = 'offset points', fontsize = 16,
        arrowprops = dict(arrowstyle = "- >", connectionstyle = "arc3,rad =.2"))
...
```

即可在 $2\pi/3$ 这个点加了一些 $\sin(2\pi/3)$ 的注释，如图 13-22 所示。

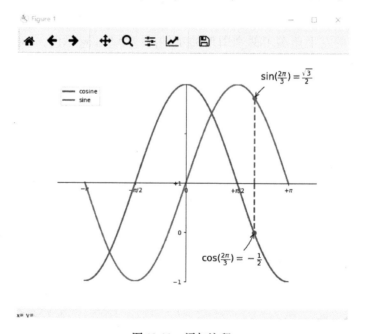

图 13-22　添加注释

matplotlib 具备功能强大的绘图功能，其基础是数据，如果没有精确且丰富的数据作为基础，matplotlib 所制作的图形肯定会有很大的误差。

13.6.2　图像、子图、坐标轴和记号

到目前为止，我们都是用隐式的方法来绘制图像和坐标轴，在快速绘图中这样是很方便的。当然我们也可以显式地控制图像、子图和坐标轴。matplotlib 中的图像指的是用户界面看到的整个窗口内容。在图像里面有所谓子图。子图的位置是由坐标网格确定的，而坐标轴却不受此限制，可以放在图像的任意位置。我们已经隐式地使用过图像和子图，当调用 plot 函数的时候，matplotlib 会调用 gca( ) 函数以及 gcf( ) 函数来获取当前的坐标轴和图像；如果无法获取图像，则会调用 figure( ) 函数来创建一个——严格地说，是用 subplot（1，1，1）创建一个只有一个子图的图像。所谓"图像"就是 GUI 里以"Figure#"为标题的那些窗口。图像编号从 1 开始，与 MATLAB 的风格一致，而与 Python 中从 0 开始编号的风格不同。

通常情况下，在图形界面中可以单击右上角的关闭按钮来就可以关闭窗口，matplotlib 也提供了名为 close 的函数来关闭这个窗口，close 函数的具体行为取决于提供的参数：如果不传递参数，则关闭当前窗口；如果传递窗口编号或窗口实例 instance 作为参数，则关闭指定的窗口；如果为 all，则关闭所有窗口。其次可以用子图来将图样 plot 放在均匀的坐标网格中。用 subplot 函数的时候，需要指明网格的行列数量，以及希望将图样放在哪一个网格区域中。

例 13-25　多子图示例

```
from matplotlib import pyplot as plt
import numpy as np
x = np. linspace (1, 100, num = 25, endpoint = True)


def y_subplot(x,i):
    return np. cos (i * np.pi * x)


#使用 subplots 画图
f, ax = plt. subplots (2,2)
#type(f) #matplotlib. figure. Figure
style_list = ["g+-", "r*-", "b.-", "yo-"]
ax[0][0]. plot (x, y_subplot(x, 1), style_list[0])
ax[0][1]. plot (x, y_subplot(x, 2), style_list[1])
ax[1][0]. plot (x, y_subplot(x, 3), style_list[2])
ax[1][1]. plot (x, y_subplot(x, 4), style_list[3])
plt. show ()
```

使用 subplots 会返回两个元素，一个是 matplotlib. figure. Figure，也就是 f；另一个是 Axes object or array of Axes objects，也就是代码中的 ax。我们可以把 f 理解为大图，把 ax 理解为包含很多小图对象的 array（数组），所以下面的代码就使用 ax [0] [0] 这种从 ax 中取出实际要画图的小图对象。

在图 13-23 中，四幅不同颜色的小图组合在一起，变成了一幅大图。这样的优点就是方

便了对不同图形或曲线进行对比。

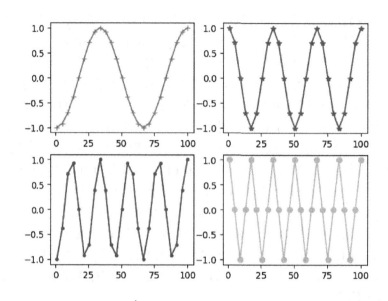

图 13-23　多子图

　　这种子图是非常对称的，但是现实生活中的子图多种多样，非对称的很多。我们可以使用 GridSpec 来自定义子图位置，从而创建出非对称的子图。

　　我们可以显式创建 GridSpec 并用它们创建子图。

```
ax =plt. subplot2grid((2,2),(0, 0))
```

　　等价于如下代码。

```
import matplotlib. gridspec as gridspec
gs =gridspec.GridSpec(2, 2)
ax =plt. subplot(gs[0, 0])
```

　　gridspec 示例提供类似数组的索引，并返回 SubplotSpec 实例。例如，使用切片来返回跨越多个格子的 SubplotSpec 实例。

　　例 13-26　GridSpec 自定义非对称子图

```
from matplotlib import pyplot as plt
import numpy as np
ax =plt. subplot2grid((2,2),(0, 0))
ax1 =plt. subplot2grid((3,3), (0,0), colspan =3)
ax2 =plt. subplot2grid((3,3), (1,0), colspan =2)
ax3 =plt. subplot2grid((3,3), (1, 2), rowspan =2)
ax4 =plt. subplot2grid((3,3), (2, 0))
```

```
ax5 =plt.subplot2grid((3,3), (2,1))
plt.show()
```

效果如图 13-24 所示，可以看到我们把 1 份大图分割成了 5 份小图，而且这 5 份小图大小是不同的。

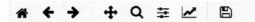

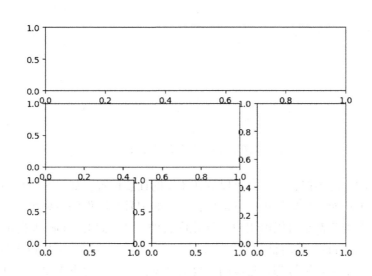

图 13-24　自定义子图

在显式使用 GridSpec 的时候，可以调整子图的布局参数，子图由 gridspec 创建。

```
gs1 =gridspec.GridSpec(3, 3)
gs1.update(left =0.05, right =0.48,wspace =0.05)
```

这类似于 subplots_ adjust，但是它只影响从给定 GridSpec 创建的子图。

例 13-27　自定义非对称图

```
gs1 =gridspec.GridSpec(3, 3)
gs1.update(left =0.05, right =0.48,wspace =0.05)
ax1 =plt.subplot(gs1[:-1, :])
ax2 =plt.subplot(gs1[-1, :-1])
ax3 =plt.subplot(gs1[-1, -1])


gs2 =gridspec.GridSpec(3, 3)
gs2.update(left =0.55, right =0.98,hspace =0.05)
ax4 =plt.subplot(gs2[:, :-1])
ax5 =plt.subplot(gs2[:-1, -1])
ax6 =plt.subplot(gs2[-1, -1])
```

调整了不同子图的尺寸和形状后，效果如图 13-25 所示。

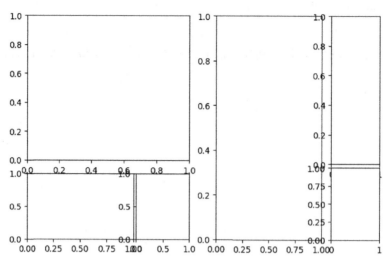

图 13-25　调整布局参数

坐标轴和子图功能类似，不过它可以放在图像的任意位置，如果希望在图中绘制一个小图，就可以用这个功能。最后提示一下记号，良好的记号是图像的重要组成部分。matplotlib 记号系统里的各个细节都是可以由用户个性化配置的，用 TickLocators 来指定在哪些位置放置记号，用 TickFormatters 来调整记号的样式，主要和次要的记号可以以不同的方式呈现。默认情况下，每一个次记号都是隐藏的，也就是说，默认情况下次要记号列表是空的——NullLocator。

13.7 【实战】手把手教你画图

接下来这一节的内容是具体的实践，我们将运用学到的知识，从提供的代码开始，实现不同的画图效果。

扫码看教学视频

例 13-28　波浪图

```
import numpy as np
import matplotlib.pyplot as plt
n = 256
X = np.linspace(-np.pi, np.pi, n, endpoint=True)
Y = np.sin(2 * X)

plt.axes([0.025, 0.025, 0.95, 0.95])
```

```
plt.plot (X, Y + 1, color = 'blue', alpha = 1.00)
plt.fill_between(X, 1, Y + 1, color = 'blue', alpha =.25)

plt.plot (X, Y - 1, color = 'blue', alpha = 1.00)
plt.fill_between(X, -1, Y - 1, (Y - 1) > -1, color = 'blue', alpha =.25)
plt.fill_between(X, -1, Y - 1, (Y - 1) < -1, color = 'red',  alpha =.25)

plt.xlim(-np.pi,np.pi), plt.xticks([])
plt.ylim(-2.5,2.5), plt.yticks([])
#savefig('../figures/plot_ex.png',dpi = 48)
plt.show()
```

运行效果如图 13-26 所示，这些波浪图其实是正弦曲线和余弦曲线，我们用不同的颜色进行填充。

例 13-29　散点图

```
import numpy as np
import matplotlib.pyplot as plt


n = 1024
X = np.random.normal(0,1,n)
Y = np.random.normal(0,1,n)
T = np.arctan2(Y,X)

plt.axes([0.025,0.025,0.95,0.95])
plt.scatter(X,Y, s = 75, c = T, alpha =.5)

plt.xlim(-1.5,1.5), plt.xticks([])
plt.ylim(-1.5,1.5), plt.yticks([])
#savefig('../figures/scatter_ex.png',dpi = 48)
plt.show()
```

效果如图 13-27 所示，图形就像是斑点一样，布满了整个窗体，这些斑点在不同的区域以不同的颜色来区分。

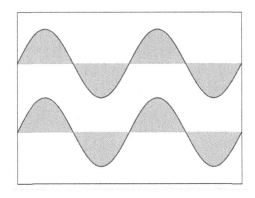

图 13-26　波浪图

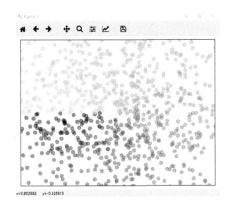

例 13-27　散点图

297

例 13-30　条形图

```
import numpy as np
import matplotlib.pyplot as plt

n = 12
X = np.arange(n)
Y1 = (1-X/float(n)) * np.random.uniform(0.5,1.0,n)
Y2 = (1-X/float(n)) * np.random.uniform(0.5,1.0,n)
plt.axes([0.025,0.025,0.95,0.95])
plt.bar(X, +Y1, facecolor='#9999ff', edgecolor='white')
plt.bar(X,-Y2, facecolor='#ff9999', edgecolor='white')

for x,y in zip(X,Y1):
plt.text(x+0.4, y+0.05, '%.2f' % y, ha='center', va='bottom')
for x,y in zip(X,Y2):
plt.text(x+0.4,-y-0.05, '%.2f' % y, ha='center', va='top')
plt.xlim(-.5,n), plt.xticks([])
plt.ylim(-1.25,+1.25), plt.yticks([])

#savefig('../figures/bar_ex.png', dpi=48)
plt.show()
```

效果如图 13-28 所示。条形图可以把数据量化成长方体，现实生活中，各种统计报表用得最多的就是条形图。比如总结一个事物的发展趋势，使用条形图有着突出的优势。

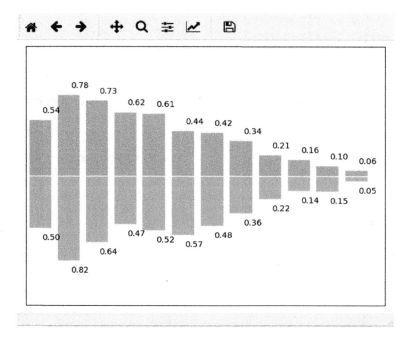

图 13-28　条形图

例 13-31 等高线图

```
import numpy as np
import matplotlib.pyplot as plt

def f(x,y):
    return (1 - x/2 + x ** 5 + y ** 3) * np.exp( - x ** 2 - y ** 2)

n = 256
x = np.linspace( - 3,3,n)
y = np.linspace( - 3,3,n)
X,Y = np.meshgrid(x,y)
plt.axes([0.025,0.025,0.95,0.95])
plt.contourf(X, Y, f(X,Y), 8, alpha =.75, cmap = plt.cm.hot)
C = plt.contour(X, Y, f(X,Y), 8, colors = 'black', linewidth =.5)
plt.clabel(C, inline = 1, fontsize = 10)

plt.xticks([]), plt.yticks([])
plt.show()
```

根据不同的地理高度，用不同的颜色加以区分，效果如图 13-29 所示。这种图形很适合 GIS（地理信息系统）之类的软件。

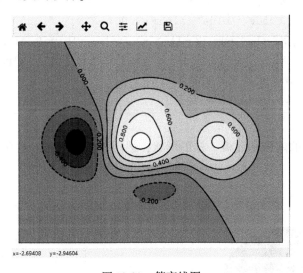

图 13-29 等高线图

例 13-32 饼状图

```
import numpy as np
import matplotlib.pyplot as plt

n = 20
Z = np.ones(n)
```

```
Z[-1] *= 2
plt.axes([0.025,0.025,0.95,0.95])
plt.pie(Z, explode = Z*.05, colors = ['%f' % (i/float(n)) for i in range(n)])
plt.gca().set_aspect('equal')
plt.xticks([]), plt.yticks([])
plt.show()
```

饼状图可以区分不同的元素或者原料，以及展示在总体中占用的比例，运行效果如图 13-30 所示。

例 13-33 极轴图

```
import numpy as np
import matplotlib.pyplot as plt

n = 256
X = np.linspace(-np.pi,np.pi,n,endpoint = True)
Y = np.sin(2*X)

plt.axes([0.025,0.025,0.95,0.95])
plt.plot (X, Y+1, color = 'blue', alpha = 1.00)
plt.fill_between(X, 1, Y+1, color = 'blue', alpha = .25)
plt.plot (X, Y-1, color = 'blue', alpha = 1.00)
plt.fill_between(X, -1, Y-1, (Y-1) > -1, color = 'blue', alpha = .25)
plt.fill_between(X, -1, Y-1, (Y-1) < -1, color = 'red',  alpha = .25)
plt.xlim(-np.pi,np.pi), plt.xticks([])
plt.ylim(-2.5,2.5), plt.yticks([])
plt.show()
```

极轴图就像地球的南极和北极一样的形状，适用于归纳不同元素在事物中的比例，运行效果如图 13-31 所示。

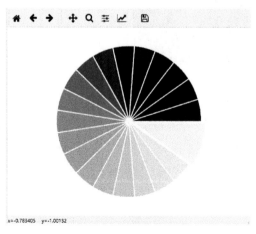

图 13-30 饼状图

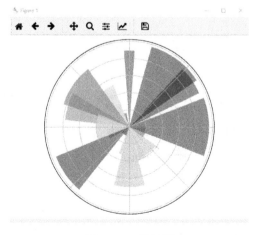

图 13-31 极轴图

例 13-34　3D 图形

```
from pylab import *
from mpl_toolkits.mplot3d import Axes3D

fig = figure()
ax = Axes3D(fig)
X = np.arange(-4, 4, 0.25)
Y = np.arange(-4, 4, 0.25)
X, Y = np.meshgrid(X, Y)
R = np.sqrt(X**2 + Y**2)
Z = np.sin(R)
ax.plot_surface(X, Y, Z, rstride=1, cstride=1, cmap='hot')
show()
```

运行上述代码，效果如图 13-32 所示。

我们已经大致上了解 matplotlib 常用的图形案例，对于 matplotlib 而言，与 Pandas、NumPy 等模块配合使用才能最大程度发挥其潜力。matplotlib 涉及的内容很多，也没有必要全部记住，绘图时可以根据需要找一些别人已经写好的绘图代码，然后进行修改即可，当然前提是能选择恰当的图，然后看懂别人的代码以及根据自己的数据进行代码修改，所以需要掌握绘图的一些基本知识，这里只总结图像的最基本元素及实现绘制的最基础操作，万变不离其宗，掌握这些操作，然后磨炼自己的绘图技巧。

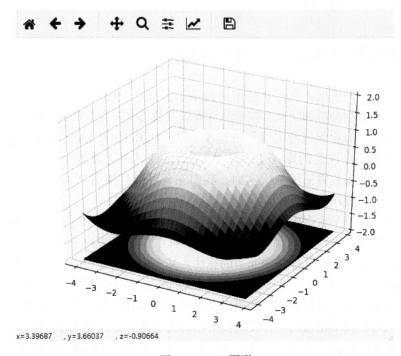

图 13-32　3D 图形

301

第 14 章
科学计算与数据分析应用领域

在众多解释型语言中，由于各种历史和文化的原因，Python 发展出了一个巨大而活跃的科学计算（Scientific Computing）社区。在过去十几年中，其从一个边缘或"自担风险"的科学计算语言，成为了数据科学、机器学习、学界和工业界软件开发最重要的语言之一。

在数据分析、交互式计算以及数据可视化方面，Python 将不可避免地与其他开源和商业领域的特定编程语言/工具进行对比，如 R、MATLAB、SAS、Stata 等。近年来，Python 不断地自我改良，使其成为数据分析任务的一个优选方案。结合其在通用编程方面的强大功能，完全可以只使用该语言构建以数据为中心的应用。

扫码获取本章代码

14.1 为什么用 Python 进行数据分析

随着社区和技术的发展，在行业应用和科学学术研究中采用 Python 进行科学计算的势头越来越猛。而在数据分析和交互、探索性计算以及数据可视化等方面，Python 将不可避免地接近于其他开源和商业领域特定编程语言或工具，如 R、MATLAB、SAS、Stata 等。近年来，由于 Python 有不断改良的库（主要是 Pandas），使其成为数据处理任务的一大替代方案，再结合其在通用编程方面的强大实力，我们完全可以只使用 Python 这一种语言去构建以数据为中心的应用程序。

作为一个科学计算平台，Python 的成功部分源于其能够轻松地集成 C、C++ 以及 Fortran 代码。大部分现代计算环境都利用了一些 Fortran 和 C 的第三方库来实现线性代数、优选、积分、快速傅里叶变换以及其他诸如此类的算法，甚至许多企业和国家实验室也利用 Python 来"黏合"那些已经用了 10～20 多年的遗留软件系统。这些软件都是由两部分代码组成的：少量需要占用大部分执行时间的代码以及大量不经常执行的"黏合剂代码"。黏合剂代码的执行时间通常是微不足道的。开发人员的精力几乎都是花在优化计算瓶颈上面，有时更是直接转用更低级的语言，比如 C。最近这几年，Cython 项目已经成为 Python 领域中创建编译型扩展以及对接 C/C 代码的一大途径。

Python 还可以解决"两种语言"问题。很多企业通常都会用一种类似于领域特定的计算语言（如 MATLAB 和 R）对新的想法进行研究、原型构建和测试，然后再将这些想法移植到某个更大的生产系统中，这个系统可能是用 Java、C#或 C 编写的。后来人们逐渐意识到，Python 不仅适用于研究和原型构建，同时也适用于构建生产系统。相信越来越多的企业也会这样看，因为研究人员和工程技术人员使用同一种编程工具将会给企业带来非常显著的组织效益。Python 对于经典的数学方法及基本的方法有丰富的现成工具，我们不需要重新编写程序去画出曲线、傅立叶变换或者拟合算法。计算机科学不是大多数人的工作和教育背景。大多数人想要在几分钟内画出曲线，平滑一个信号或者做傅立叶变换，而不需要花太多时间去学习编程语言的特性。因此，这种语言应该包含尽可能少的语法符号或者不必要的常规规定，使来自数学等科学领域的读者愉悦地理解这些代码。

难道 Python 就没有缺点吗？当然会有。由于 Python 是一种解释型编程语言，因此大部分 Python 代码都要比用编译型语言（比如 Java 和 C）编写的代码运行慢得多。由于程序员的时间通常都比 CPU 时间值钱，因此许多人也愿意在这里做一些权衡。但是，在那些要求延迟非常小的应用程序中，例如高频交易系统，为了尽最大可能地优化性能，耗费时间使用诸如 C 这样更低级、更低生产率的语言进行编程也是值得的。

对于高并发、多线程的应用程序而言，尤其是拥有许多计算密集型线程的应用程序，Python 并不是一种理想的编程语言。这是因为 Python 有全局解释器锁（GlobalInterpreterLock，GIL）的东西，这是一种防止解释器同时执行多条 Python 字节码指令的机制。有关"为什么会存在 GIL"的技术性原因没必要深究，但是就目前来看，GIL 并不会在短时间内消失。虽然很多大数据处理应用程序为了能在较短的时间内完成数据集的处理工作，都需要运行在计算机集群上，但是仍然有一些情况需要用单进程多线程系统来解决。这并不是说 Python 不能执行真正的多线程并行代码，只不过这些代码不能在单个 Python 进程中执行而已。比如说，Cython 项目可以集成 OpenMP 以实现并行处理循环，进而大幅度提高数值算法的速度。

14.2　利器 Anaconda

工欲善其事必先利其器！在学习科学计算和数据分析之前，咱们先了解一个非常强大的工具 Anaconda。简单来说，Anaconda 是包管理器和环境管理器，其中有个工具 Jupyter notebook 可以将数据分析的代码、图像和文档全部组合到一个 Web 文档中。

在开始介绍前需要强调下，下面的步骤需要亲自跟着敲一遍并在自己的计算机上实践。虽然会遇到很多陌生的命令，换了谁都记不住的，但是别怕，也别中途放弃，因为没必要记住命令，当在后面学习数据分析时经常使用，自然就记住了。记不住也没关系，学会在哪里查找就可以了。只需要跟着下面步骤操作下，并理解了每一步是干什么的就可以了。后面遇到要做的事情，忘记了则回头翻阅本书即可。

已经安装了 Python 的环境仍然需要安装 Anaconda，因为它附带了 Conda、Python 和 150 多个科学包及其依赖项。有了这些科学包，我们就可以立即开始处理数据。在数据分析中，你会用到很多第三方的包，而 Conda（包管理器）可以帮助你在计算机上安装和管理这些包，包括安装、卸载和更新包。为什么需要管理这些包呢？比如你在 A 项目中用了 Python 2.x，而新的项目 B 公司要求使用 Python 3.x，同时安装两个 Python 版本可能会造成许多混乱和错误。这时候 Conda 就可以帮助你为不同的项目建立不同的运行环境。还有很多项目使用的包版本不同，比如不同的 Pandas 版本，不可能同时安装两个 NumPy 版本，我们要做的应该是，为每个 NumPy 版本创建一个环境，然后在项目的对应环境中工作。Anaconda 可用于多个平台，如 Windows、Mac OS X 和 Linux。根据你的操作系统是 32 位还是 64 位选择对应的版本下载。注意，Anaconda 已经不支持 Windows XP 了，还要查看一下自己的计算机是 32 位还是 64 位，不要装错了。

官网地址：https：//www.continuum.io/downloads。

Anaconda 的下载文件比较大，约 500 MB，主要是那些常用的数据科学包占用了大量空间。如果计算机上已经安装了 Python，Anaconda 的安装不会对原来的环境有任何影响。如果计算机上没有 Python 环境，安装完 Anaconda 后就已经自带安装好了 Python，不需要再安装 Python 了。Anaconda 安装过程很简单，在安装向导中依次单击"下一步"就行了，所以就不多做介绍。这里重点要介绍的是 Jupyter Notebook。

Jupyter Notebook 是 Jupyter 项目的重要组件之一，它是一个代码、文本、数据可视化等的交互式文档。Jupyter Notebook 需要与内核互动，内核是 Jupyter 与编程语言的交互编程协议。Python 的 Jupyter 内核是使用 IPython。要启动 Jupyter，则在命令行中输入 jupyter notebook。

```
$ jupyter notebook
[I 15:20:52.739 NotebookApp] Serving notebooks from local directory:
/home/wesm/code/pydata-book
[I 15:20:52.739 NotebookApp] 0 active kernels
[I 15:20:52.739 NotebookApp] TheJupyter Notebook is running at:
http://localhost:8888/
[I 15:20:52.740 NotebookApp] Use Control-C to stop this server and shut down
all kernels (twice to skip confirmation).
Created new window in existing browser session.
```

在多数平台上，Jupyter 会自动打开默认的浏览器，除非指定了--no-browser 参数。或者，可以在启动 notebook 之后，手动打开网页 http：//localhost：8888/。图 14-1 为打开 Jupyter 的界面，它包括很多子文件，甚至还有一些资料。

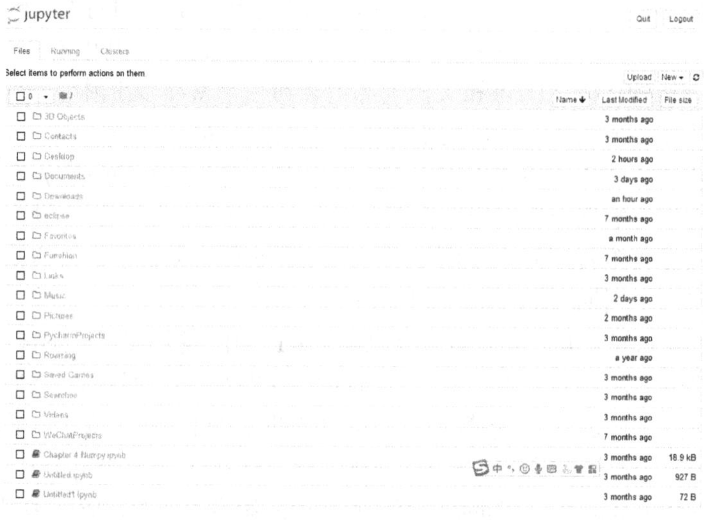

图 14-1　Jupyter Notebook 界面

要新建一个 notebook，则单击 New 按钮，选择 Python 3 或 "conda［默认项］" 选项。如果是第一次，如图 14-2 所示，按下空格键，输入一行 Python 代码，然后按 Shift + Enter 组合键执行。

```
In [1]: print ("Hello Jupyter")
        Hello Jupyter

In [ ]:
```

图 14-2　运行效果图

保存 notebook 时，单击 File 目录下的 Save and Checkpoint，会创建一个扩展名为 . ipynb 的文件。这是一个自包含文件格式，包含当前笔记本中的所有内容，包括所有已评估的代码输出，它可以被 Jupyter 用户加载和编辑。要加载存在的 notebook，把它放到启动 notebook 进程的相同目录内。

虽然 Jupyter notebook 和 IPython shell 使用起来不同，不过本章中大部分的命令和工具都可以通用。

14. 3　NumPy 是什么

其实 Python 语言并不是设计为科学计算使用的语言，随着越来越多的人发现 Python 的易用性，逐渐出现了关于 Python 的大量外部扩展，NumPy（Numeric Python）就是其中之一。NumPy 提供了大量的数值编程工具，可以方便地处理向量、矩阵等运算，极大地便利了人们在科学计算方面的工作。

下面看一下如何开始导入 NumPy 模块。

```
> > > import numpy
> > > numpy. version. full_version
'1.15.1'
```

这里使用了 import 命令导入 NumPy，并使用 numpy. version. full_ version 查出当前使用的 NumPy 版本为 1. 15. 1。我们将大量使用 NumPy 中的函数，每次都添加 numpy 在函数前比较费劲，在之前的介绍中，提及了引入外部扩展模块时的小技巧，可以使用 from numpy import * 解决这一问题。

Python 的外部扩展成千上万，在使用中很可能会 import 好几个外部扩展模块，如果某个模块包含的属性和方法与另一个模块同名，就必须使用 import module 来避免名字的冲突，即所谓的名字空间（namespace）混淆了，所以这个前缀最好还是带上。那有没有更简单的办法呢？有的，我们可以在 import 扩展模块时添加模块在程序中的别名，调用时就不必写成全名了，例如，使用 np 作为别名并调用 version. full_version 函数。

```
> > > import numpy as np
> > > numpy. version. full_version
'1.15.1'
```

14.3.1　初窥 NumPy

NumPy 是 Python 中科学计算的基础包，是一个 Python 库，提供多维数组对象、各种派生对象，并用于数组快速操作的各种 API，有包括数学、逻辑、形状操作、排序、选择、输入输出、离散傅立叶变换、基本线性代数、基本统计运算和随机模拟等。

NumPy 中的基本对象是同类型的多维数组，而字符型和数值型不可共存于同一个数组中。

```
>>>a = np.arange(20)
```

先生成一维数组 a，从 0 开始，步长为 1，长度为 20。注意，Python 中的计数是从 0 开始的。

例 14-1　用 print 查看 NumPy 类型

```
>>>numpy.ndarray
<class 'numpy.ndarray'>
>>>print (a)
[ 0  1  2  3  4  5  6  7  8  9 10 11 12 13 14 15 16 17 18 19]
```

函数 reshape 可以重新构造这个数组，例如，我们可以构造一个 4×5 的二维数组，其中 reshape 的参数表示各维度的大小，且按各维顺序排列。

例 14-2　4×5 的二维数组示例

```
a = a.reshape(4, 5)
print (a)

[[ 0  1  2  3  4]
 [ 5  6  7  8  9]
 [10 11 12 13 14]
 [15 16 17 18 19]]
```

例 14-3　高纬度数组示例

```
>>> a = a.reshape(2, 2, 5)
>>> print (a)
[[[ 0  1  2  3  4]
  [ 5  6  7  8  9]]
 [[10 11 12 13 14]
  [15 16 17 18 19]]]
```

既然 a 是数组 array，调用 array 的函数进一步查看 a 的相关属性：ndim 查看维度；shape 查看各维度的大小；size 查看全部的元素个数，等于各维度大小的乘积；dtype 可查看元素类型；dsize 查看元素占位（bytes）大小。

例 14-4　array 的属性

```
>>>a.ndim
3
```

```
>>>a. shape
(2, 2, 5)
>>>a. size
20
>>>a. dtype
dtype('int64')
```

14.3.2　数组

NumPy 最重要的一个特点就是其 *N* 维数组对象（即 ndarray），该对象是一个快速而灵活的大数据集容器。可以利用这种数组对整块数据执行一些数学运算，其语法跟标量元素之间的运算一样。一维数组的创建可通过转换列表实现，高维数组可通过转换嵌套列表实现。

例 14-5　数组的创建

```
>>>raw =[0,1,2,3,4]
>>>a =np. array(raw)
>>>array([0, 1, 2, 3, 4])
>>>raw =[[0,1,2,3,4],[5,6,7,8,9]]
>>>b =np. array(raw)
array([[0, 1, 2, 3, 4],
    [5, 6, 7, 8, 9]])
```

特殊的数组有特别的生成命令。

例 14-6　4 ×5 的全零矩阵

```
>>>d = (4, 5)
>>>np. zeros(d)
array([[ 0.,   0.,   0.,   0.,   0.],
    [ 0.,   0.,   0.,   0.,   0.],
    [ 0.,   0.,   0.,   0.,   0.],
    [ 0.,   0.,   0.,   0.,   0.]])
```

默认生成的类型是浮点型，可以通过指定类型修改为整型。

例 14-7　浮点型数组

```
>>>d = (4, 5)
>>>np. ones(d,dtype = int)
array([[1, 1, 1, 1, 1],
    [1, 1, 1, 1, 1],
    [1, 1, 1, 1, 1],
    [1, 1, 1, 1, 1]])
```

例 14-8　区间的随机数数组

```
>>>np. random. rand(5)
array([ 0.93807818,  0.45307847,  0.90732828,  0.36099623,  0.71981451])
```

数组也可以进行四则运算。

例 14-9　数组的四则运算

```
>>>a=np.array([[1.0,2],[2,4]])
>>>print a
[[ 1.  2.]
 [ 2.  4.]]
>>>b=np.array([[3.2,1.5],[2.5,4]])
>>>print b
[[ 3.2  1.5]
 [ 2.5  4.]]
>>>print a+b
[[ 4.2  3.5]
 [ 4.5  8.]]
```

可以发现 a 中有且仅有一个与元素是浮点数，其余均为整数，运算时 Python 会自动将整数转换为浮点数，两个二维数组相加要求各维度大小相同。当然，在 NumPy 中这些运算符也可以对标量和数组操作，结果是数组的全部元素对应这个标量进行运算，还是一个数组。

例 14-10　数组的数值类型自动转换

```
a=np.array([[1.0,2],[2,4]])
b=np.array([[3.2,1.5],[2.5,4]])
print "3 * a:"
print 3 * a
print "b+1.8:"
print b+1.8

#输出
3 * a:
[[ 3.  6.]
 [ 6.  12.]]
b+1.8:
[[ 5.  3.3]
 [ 4.3  5.8]]
```

例 14-11　开根号指数

```
a=np.array([[0.5,1],[1,2]])
print "a:"
print a
print "np.exp(a):"
print np.exp(a)
print "np.sqrt(a):"
print np.sqrt(a)
```

```
print "np. square(a):"
print np. square(a)
print "np. power(a, 3):"
print np. power(a, 3)

#输出
a:
[[ 0.5  1.]
 [ 1.   2.]]
np. exp(a):
[[ 1.64872127  2.71828183]
 [ 2.71828183  7.3890561 ]]
np. sqrt(a):
[[ 0.70710678  1.        ]
 [ 1.          1.41421356]]
np. square(a):
[[ 0.25  1.]
 [ 1.    4.]]
np. power(a, 3):
[[ 0.125  1.]
 [ 1.     8.]]
```

如果想要知道二维数组的最大值和最小值该怎么办？而若想要计算全部元素的和、按行求和、按列求和又该怎么办？for 循环吗？不，NumPy 的 ndarray 类已经准备好了相关函数。

例 14-12　数组元素求和

```
a = np. arange(20). reshape(4,5)
print "a:"
print a
print "sum of all elements in a: " + str(a. sum())
print "maximum element in a: " + str(a. max())
print "minimum element in a: " + str(a. min())
print "maximum element in each row of a: " + str(a. max(axis = 1))
print "minimum element in each column of a: " + str(a. min(axis = 0))

#输出
a:
[[ 0  1  2  3  4]
 [ 5  6  7  8  9]
 [10 11 12 13 14]
 [15 16 17 18 19]]
sum of all elements in a: 190
```

```
maximum element in a: 19
minimum element in a: 0
maximum element in each row of a: [ 4  9 14 19]
minimum element in each column of a: [0 1 2 3 4]
```

科学计算中大量使用到矩阵运算，除了数组以外，NumPy 同时提供了矩阵对象。矩阵对象和数组主要有两点差别：一是矩阵是二维的，而数组可以是任意正整数；二是矩阵的 * 操作符进行的是矩阵乘法，乘号左侧的矩阵列和乘号右侧的矩阵行要相等，而在数组中 * 操作符进行的是每一元素的对应相乘，乘号两侧的数组每一维大小需要一致。数组可以通过 asmatrix 或者 mat 转换为矩阵，或者直接生成也可以。

例 14-13　数组元素乘法运算

```
a = np. arange(20). reshape(4, 5)
a = np. asmatrix(a)
print type(a)
b = np. matrix('1.0 2.0; 3.0 4.0')
print type(b)

#输出
< class 'numpy. matrixlib. defmatrix. matrix'>
< class 'numpy. matrixlib. defmatrix. matrix'>
```

再来看一下矩阵的乘法，这里使用 arange 生成另一个矩阵 b，arange 函数还可以通过 arange（起始、终止、步长）的方式调用生成等差数列，注意含头不含尾。

例 14-14　矩阵乘法

```
b = np. arange(2, 45, 3). reshape(5, 3)
b = np. mat(b)
print b

#输出
[[ 2  5  8]
 [11 14 17]
 [20 23 26]
 [29 32 35]
 [38 41 44]]
```

有人要问了，arange 指定的是步长，如果想指定生成的一维数组的长度该怎么办？其实，linspace 就可以做到。

例 14-15　指定一维数组的长度

```
np. linspace(0, 2, 9)

array([ 0.  , 0.25, 0.5, 0.75, 1.  , 1.25, 1.5, 1.75, 2.  ])
```

回到我们的问题，对矩阵 a 和 b 进行矩阵乘法该怎么办？

例 14-16　对矩阵 a 和 b 进行矩阵乘法

```
print "matrix a:"
print a
print "matrix b:"
print b
c = a * b
print "matrix c:"
print c

#输出
matrix a:
[[ 0  1  2  3  4]
 [ 5  6  7  8  9]
 [10 11 12 13 14]
 [15 16 17 18 19]]
matrix b:
[[ 2  5  8]
 [11 14 17]
 [20 23 26]
 [29 32 35]
 [38 41 44]]
matrix c:
[[ 290  320  350]
 [ 790  895 1000]
 [1290 1470 1650]
 [1790 2045 2300]]
```

14.3.3　数组元素的访问和操作

数组和矩阵元素的访问可通过下标进行，以下以二维数组或矩阵为例。

例 14-17　数组和矩阵元素的访问

```
a = np. array([[3.2, 1.5], [2.5, 4]])
print a[0][1]
print a[0, 1]

#输出
1.5
1.5
```

我们可以通过下标访问来修改数组元素的值。

例 14-18　修改数组元素的数值

```
b = a
a[0][1] = 2.0
print "a:"
print a
print "b:"
print b

#输出
a:
[[ 3.2  2.]
 [ 2.5  4.]]
b:
[[ 3.2  2.]
 [ 2.5  4.]]
```

现在问题来了，明明改的是 a [0] [1]，怎么连 b [0] [1] 也跟着变了？其实这个 "陷阱" 在 Python 编程中很容易碰上，原因在于 Python 不是真正将 a 复制一份给 b，而是将 b 指到了 a 对应数据的内存地址上。想要真正地复制一份 a 给 b，可以使用 copy。

例 14-19　元素复制

```
a = np.array([[3.2, 1.5], [2.5, 4]])
b = a.copy()
a[0][1] = 2.0
print "a:"
print a
print "b:"
print b

#输出
a:
[[ 3.2  2.]
 [ 2.5  4.]]
b:
[[ 3.2  1.5]
 [ 2.5  4.]]
```

若对 a 重新赋值，即将 a 指到其他地址上，b 仍在原来的地址上。

例 14-20　数组的复制

```
a = np.array([[3.2, 1.5], [2.5, 4]])
b = a
a = np.array([[2, 1], [9, 3]])
```

```
print "a:"
print a
print "b:"
print b

#输出
a:
[[2 1]
 [9 3]]
b:
[[ 3.2  1.5]
 [ 2.5  4. ]]
```

注意：我们可以访问到某一维的全部数据，例如取矩阵中的指定列。

例 14-21 访问某一维度的全部数据

```
a = np. arange(20). reshape(4, 5)
print "a:"
print a
print "第二列和第四列组成的矩阵:"
print a[:,[1,3]]

#输出
a:
[[ 0  1  2  3  4]
 [ 5  6  7  8  9]
 [10 11 12 13 14]
 [15 16 17 18 19]]
第二列和第四列组成的矩阵:
[[ 1  3]
 [ 6  8]
 [11 13]
 [16 18]]
```

稍微复杂一些，我们尝试取出满足某些条件的元素，这在数据处理中十分常见，通常用在单行单列上。下面这个例子是将第一列大于 5 的元素（10 和 15）对应的第三列元素（12 和 17）取出来。

例 14-22 取出指定列的元素

```
a[:,2][a[:,0] > 5]

array([12, 17])
#可使用 where 函数查找特定值在数组中的位置:
```

```
loc = numpy. where (a = =11)
print loc
print a[loc[0][0], loc[1][0]]

(array([2]), array([1]))
11
```

学过线性代数的同学都知道，矩阵有很多特性，比如转置和求逆。从定义上来说，把矩阵 A 的行和列互相交换所产生的新矩阵称为 A 的转置矩阵 A^T，这一过程称为矩阵的转置。

矩阵的转置需满足以下运算规律。

1）$(A^T)^T = A$

2）$(\lambda a)^T = \lambda A^T$

3）$(AB)^T = B^T A^T$

例 14-23　矩阵转置示例

```
a = np. random. rand (2,4)
print "a:"
print a
a = np. transpose (a)
print "a is an array, by using transpose(a):"
print a
b = np. random. rand (2,4)
b = np. mat (b)
print "b:"
print b
print "b is a matrix, by using b. T:"
print b. T

#输出
a:
[[ 0.17571282  0.98510461  0.94864387  0.50078988]
 [ 0.09457965  0.70251658  0.07134875  0.43780173]]
a is an array, by using transpose(a):
[[ 0.17571282  0.09457965]
 [ 0.98510461  0.70251658]
 [ 0.94864387  0.07134875]
 [ 0.50078988  0.43780173]]
b:
[[ 0.09653644  0.46123468  0.50117363  0.69752578]
 [ 0.60756723  0.44492537  0.05946373  0.4858369 ]]
b is a matrix, by using b. T:
[[ 0.09653644  0.60756723]
```

```
[[ 0.46123468  0.44492537]
 [ 0.50117363  0.05946373]
 [ 0.69752578  0.4858369 ]]
```

例 14-24　矩阵求逆示例

```
import numpy. linalg as nlg
a = np. random. rand(2,2)
a = np. mat(a)
print "a:"
print a
ia = nlg. inv(a)
print "inverse of a:"
print ia
print "a * inv(a)"
print a * ia

#输出
a:
[[ 0.86211266  0.6885563 ]
 [ 0.28798536  0.70810425]]
inverse of a:
[[ 1.71798445 -1.6705577 ]
 [ -0.69870271  2.09163573]]
a * inv(a)
[[ 1.   0.]
 [ 0.   1.]]
```

得到矩阵的转置和求逆之后，就可以去求特征值和特征向量了。从数学的定义上来说，n×n 的方块矩阵 A 的一个特征值和对应特征向量是满足 Av = λv 的标量以及非零向量。其中 v 为特征向量，λ 为特征值。矩阵的特征值和特征向量可以揭示线性变换的深层特性。

例 14-25　特征值和特征向量示例

```
a = np. random. rand(3,3)
eig_value, eig_vector = nlg. eig(a)
print "eigen value:"
printeig_value
print "eigen vector:"
printeig_vector

#输出
eigen value:
[ 1.35760609  0.43205379 -0.53470662]
```

```
eigen vector:
[[ - 0. 76595379 - 0. 88231952 - 0. 07390831]
 [ - 0. 55170557   0. 21659887 - 0. 74213622]
 [ - 0. 33005418   0. 41784829   0. 66616169]]
```

例 14-26　矩阵的拼接

```
a = np. array((1,2,3))
b = np. array((2,3,4))
print np. column_stack((a,b))

[[1 2]
 [2 3]
 [3 4]]
```

在循环处理某些数据得到结果后，将结果拼接成一个矩阵是十分实用的，我们可以通过 vstack 和 hstack 函数完成。

例 14-27　矩阵的拼接

```
a = np. random. rand(2,2)
b = np. random. rand(2,2)
print "a:"
print a
print "b:"
print a
c = np. hstack([a,b])
d = np. vstack([a,b])
print "horizontal stacking a and b:"
print c
print "vertical stacking a and b:"
print d

a:
[[ 0. 6738195   0. 4944045 ]
 [ 0. 25702675   0. 15422012]]
b:
[[ 0. 6738195   0. 4944045 ]
 [ 0. 25702675   0. 15422012]]
horizontal stacking a and b:
[[ 0. 6738195   0. 4944045   0. 28058267   0. 0967197 ]
 [ 0. 25702675   0. 15422012   0. 55191041   0. 04694485]]
vertical stacking a and b:
[[ 0. 6738195   0. 4944045 ]
```

```
[ 0.25702675   0.15422012]
[ 0.28058267   0.0967197 ]
[ 0.55191041   0.04694485]]
```

NumPy 在数值计算中特别重要的原因在于它可以高效处理大数组的数据。这是因为 NumPy 是在一个连续的内存块中存储数据，独立于其他 Python 内置对象。NumPy 的 C 语言编写的算法库可以操作内存，而不必进行类型检查等前期工作。比起 Python 的内置序列，NumPy 数组使用的内存更少。NumPy 可以在整个数组上执行复杂的计算，而不需要 Python 的 for 循环。

14.4　SciPy 概述

NumPy 替我们搞定了向量和矩阵的相关操作，基本上算是一个高级的科学计算器。下面再介绍一下 SciPy，它基于 NumPy 并提供了更为丰富和高级的功能扩展，在统计、优化、插值、数值积分、时频转换等方面提供了大量的可用函数，基本覆盖了基础科学计算相关的问题。在数据分析中，运用最广泛的是统计和优化的相关技术，本节重点介绍 SciPy 中的统计和优化模块，其他模块在随后案例中用到时再做详述。

本节会涉及矩阵代数，如若感觉困难，可考虑停下来，去复习一些数学知识，不必深度学习，了解概念即可。

14.4.1　SciPy 子模块介绍

SciPy 是 Python 中科学程序的核心程序模块。这意味着它可以操作 NumPy 数组，所以，NumPy 和 SciPy 可以一起工作。在实现一个程序前，有必要确认一下需要的数据处理方式是否已经在 SciPy 中实现了。SciPy 的程序是优化并且测试过的，因此应该尽可能使用。

SciPy 是由诸多子模块组成的，常用的有 scipy. cluster 用于向量计算的模块，scipy. fftpack 用于计算傅里叶变换，scipy. io 用于控制输入和输出的模块等。SciPy 包含致力于科学计算中常见问题的各个工具子模块。表 14-1 罗列了常用到的 SciPy 子模块其不同子模块用于不同的应用，像插值、积分、优化、图像处理、统计和特殊函数等。

表 14-1　SciPy 子模块

名　　称	用　　途
scipy. cluster	向量计算 /Kmeans
scipy. constants	物理和数学常量
scipy. fftpack	傅里叶变换
scipy. integrate	积分程序
scipy. interpolate	插值
scipy. io	数据输入和输出
scipy. linalg	线性代数程序
scipy. ndimage	n 维图像包

（续）

名　称	用　途
scipy. optimize	优化
scipy. signal	信号处理
scipy. sparse	稀疏矩阵
scipy. spatial	空间数据结构和算法
scipy. stats	统计

这些模块都依赖于 NumPy，但是大多数是彼此独立的。SciPy 的模块引用与 NumPy 一样都用 import 来导入，这里使用的是 SciPy 里面的统计和优化部分。

```
import numpy as np
import scipy.stats as stats
import scipy.optimize as opt
```

1. 文件输入/输出模块 scipy. io

首先介绍一下关于文件输入/输的 scipy. io 模块。

例 14-28　scipy. io 输入/输出模块

```
import scipy.io as sio
import numpy as np

#保存文件
vect = np.arange(10)
sio.savemat('array.mat', {'vect':vect})

#装载文件
mat_file_content = sio.loadmat('array.mat')
print (mat_file_content)
#上述程序将生成以下输出
{'_header_': b'MATLAB 5.0 MAT-file Platform: nt, Created on: WedFeb 12 15:02:09
2020', '_version_': '1.0', '_globals_': [], 'vect': array([[0, 1, 2, 3, 4, 5, 6, 7, 8, 9]])}
```

运行后可以看到数组以及元信息。

2. 线性代数操作模块

SciPy 有非常强大的线性代数能力，一般情况下线性代数方程都需要一个可以转换为二维数组的对象，而这些方程的输出也是一个二维数组。

先写出方程组。

$X + 3y + 5z = 10$

$2x + 5y + z = 8$

$2x + 3y + 8z = 3$

要求解 x、y、z 值的上述方程式，可以使用矩阵求逆来求解向量。

$$\begin{bmatrix} x \\ y \\ z \end{bmatrix} = \begin{bmatrix} 1 & 3 & 5 \\ 2 & 5 & 1 \\ 2 & 3 & 8 \end{bmatrix}^{-1} \begin{bmatrix} 10 \\ 8 \\ 3 \end{bmatrix} = \frac{1}{25} \begin{bmatrix} -232 \\ 129 \\ 19 \end{bmatrix} = \begin{bmatrix} -9.28 \\ 5.16 \\ 0.76 \end{bmatrix}.$$

我们最好使用 linalg. solve 命令，该命令可以更快、更稳定。求解函数采用 a 和 b 两个输入，其中 a 表示系数，b 表示相应的右侧值并返回解矩。

让我们来看看下面这几个例子。

例14-29 求解有唯一解的线性方程组

```
from scipy import linalg
import numpy as np
a =np. array([[3, 2, 0], [1, -1, 0], [0, 5, 1]])
b =np. array([2, 4, -1])
x = linalg. solve(a, b)
print (x)


[ 2. -2.  9. ]
```

例14-30 计算矩阵行列式

```
arr =np. array([[3, 2],
              [6, 4]])
linalg. det(arr)


6. 661338147750939e-16
```

例14-31 计算矩阵求逆

```
arr =np. array([[1, 2],
              [3, 4]])
iarr = linalg. inv(arr)
iarr
array([[ -2.,   1.],
     [ 1.5, -0.5]])
```

特征值和特征向量问题是最常用的线性代数运算之一，我们可以通过考虑以下关系式来找到方阵（A）的特征值（λ）和相应的特征向量（v）。

```
Av = λv
```

scipy. linalg. eig 能从普通或广义特征值问题计算特征值，该函数返回特征值和特征向量。

例14-32 特征值和特征向量应用示例

```
from scipy import linalg
import numpy as np
A =np. array([[1,2],[3,4]])
```

```
l, v = linalg.eig(A)
print (l)
print (v)


[ - 0.37228132 + 0.j   5.37228132 + 0.j]
[[ - 0.82456484 - 0.41597356]
 [ 0.56576746 - 0.90937671]]
```

3. 傅里叶变换

大名鼎鼎的傅里叶变换在通信工程领域应用十分广泛，时域信号计算傅里叶变换以检查其在频域中的行为。傅里叶变换可用于信号和噪声处理、图像处理及音频信号处理等领域。SciPy 提供 **fftpack** 模块，可以快速计算傅立叶变换。以下是一个正弦函数的例子，它使用 **fftpack** 模块计算傅里叶变换。

例 14-33   有噪音的信号输入

```
time_step = 0.02
period = 5.
time_vec = np.arange(0, 20, time_step)
sig = np.sin(2 * np.pi / period * time_vec) + \
      0.5 * np.random.randn(time_vec.size)
```

这里并不知道信号的频率，只知道抽样时间步骤的信号 sig。假设信号来自真实的函数，则傅立叶变换将是对称的。scipy. fftpack. fftfreq( )函数将生成样本序列，从而快速计算傅立叶变换。

```
from scipy import fftpack
sample_freq = fftpack.fftfreq(sig.size, d = time_step)
sig_fft = fftpack.fft(sig)
```

因为生成的幂是对称的，寻找频率只需要使用频谱为正的部分。

```
pidxs = np.where(sample_freq > 0)
freqs = sample_freq[pidxs]
power = np.abs(sig_fft)[pidxs]
png
```

寻找信号频率。

```
freq = freqs[power.argmax()]
np.allclose(freq, 1./period)    # 检查是否找到了正确的频率
```

现在高频噪音将从傅立叶转换过的信号移除。

```
sig_fft[np.abs(sample_freq) > freq] = 0
```

生成的过滤信号可以用 scipy. fftpack. ifft( )函数。

```
main_sig = fftpack.ifft(sig_fft)
```

查看结果。

```
import matplotlib. pyplot as plt
plt. figure()
plt. plot(time_vec, sig)
plt. plot(time_vec, main_sig, linewidth = 3)
plt. xlabel('Time [s]')
plt. ylabel('Amplitude')
plt. show()
```

4. 积分

当一个函数不能被分析积分或者很难被分析积分时，通常会转向数值积分方法。SciPy 有许多用于执行数值积分的函数，它们中的大多数都在 scipy. integrate 库中。quad 函数是 SciPy 积分函数的主力。数值积分有时称为正交积分，它通常是在 a 到 b 给定的固定范围内执行函数 f（x）的单个积分的默认选择。

quad 的一般形式是 scipy. integrate. quad （f, a, b），其中 f 是要积分的函数的名称。而 a 和 b 分别是下限和上限。来看一个高斯函数的例子，它的积分范围是 0 和 1。首先需要定义这个函数，可以使用 lambda 表达式完成，然后在该函数上调用四方法。

例 14-34   高斯积分

```
import scipy. integrate
from numpy import exp
f = lambda x:exp(-x * *2)
i = scipy. integrate. quad(f, 0, 1)
print (i)
#输出
(0. 7468241328124271, 8. 291413475940725e-15)
```

四元函数返回两个值，其中第一个数值是积分值，第二个数值是积分值绝对误差的估计值。注意，由于 quad 需要函数作为第一个参数，因此不能直接将 exp 作为参数传递。quad 函数接受正和负无穷作为限制，还可以积分单个变量的标准预定义 NumPy 函数，如 exp、sin 和 cos。此外，双重和三重积分的机制已被包含到函数 dblquad、tplquad 和 nquad 中，这些函数分别积分了四个或六个参数。所有内积分的界限都需要定义为函数。dblquad 的一般形式是 scipy. integrate. dblquad （func, a, b, gfun, hfun）。其中，func 是要积分函数的名称，a 和 b 分别是 x 变量的下限和上限，而 gfun 和 hfun 是定义变量 y 的下限和上限的函数名称。

来看看一个执行双重积分方法的示例。

$$\int_0^{1/2} dy \int_0^{\sqrt{1-4y^2}} 16xy\, dx$$

例 14-35   多重积分

```
import scipy. integrate
from numpy import exp
from math import sqrt
```

```
f = lambda x, y : 16 * x * y
g = lambda x : 0
h = lambda y : sqrt (1-4 * y * * 2)
i = scipy. integrate. dblquad(f, 0, 0.5, g, h)
print (i)
#输出
(0.5, 1.7092350012594845e-14)
```

使用 lambda 表达式定义函数 f、g 和 h。即使 g 和 h 是常数，但它们可能在很多情况下必须定义为函数。scipy. integrate 还有许多其他积分的程序，其中包括执行 n 次多重积分的 nquad 以及实现各种集成算法的其他例程。但是，quad 和 dblquad 将满足对数值积分的大部分需求。

5. 统计函数

所有的统计函数都位于子模块 scipy. stats 中，并且可以使用 info（stats）函数获得这些函数的完整列表。随机变量列表也可以从 stats 子模块的 docstring 中获得，该模块包含大量的概率分布以及不断增长的统计函数库。

随机变量 x 可以取任何值的概率分布，是连续的随机变量。位置（loc）关键字指定平均值。比例（scale）关键字指定标准偏差。作为 rv_ continuous 类的一个实例，规范对象从中继承了一系列泛型方法，并通过特定于此特定分发的细节完成它们。要计算多个点的 cdf，可以传递一个列表或一个 NumPy 数组。

例 14-36　正态连续变量

```
from scipy. stats import norm
import numpy as np
cdfarr = norm. cdf(np. array([1, -1., 0, 1, 3, 4, -2, 6]))
print(cdfarr)
#输出如下
array([ 0.84134475, 0.15865525, 0.5, 0.84134475, 0.9986501,
0.99996833, 0.02275013, 1. ])
```

要查找分布的中位数，可以使用百分点函数（ppf），它是 cdf 的倒数。

例 14-37　计算分布中位数

```
from scipy. stats import norm
ppfvar = norm. ppf(0.5)
print(ppfvar)
#输出如下
0.0
```

要生成随机变量序列，应该使用 size 参数。

例 14-38　生成随机变量序列

```
from scipy. stats import norm
rvsvar = norm. rvs(size = 5)
```

```
print(rvsvar)
#输出
[-0.25993892  1.46653546 -0.53932984 -1.22796601  0.06542478]
```

注意，上述输出不可重现，要生成相同的随机数，请使用 seed( )函数。

14.4.2 统计分布

为了便于理解，本节会从统计学的角度来讲统计。现在从生成随机数开始，以方便对后面的知识进行讲解，生成 n 个随机数可用 rv_continuous. rvs（size = n）或 rv_discrete. rvs（size = n），其中 rv_continuous 表示连续型的随机分布，如均匀分布 uniform、正态分布 norm、贝塔分布 beta 等；rv_discrete 表示离散型的随机分布，如伯努利分布 bernoulli、几何分布 geom、泊松分布 poisson 等。我们生成 10 个 [0, 1] 区间上的随机数和 10 个服从参数 a = 4、b = 2 的贝塔分布随机数。

贝塔分布（Beta Distribution）是一个作为伯努利分布和二项式分布的共轭先验分布的密度函数，在机器学习和数理统计学中有重要应用。先不用管这些复杂的概率论定义，简而言之，贝塔分布可以看作是一个概率的分布，也就是说，当我们不知道一个东西的具体概率是多少时，它给出了所有概率出现的可能性大小。

例 14-39 贝塔分布随机数

```
import numpy as np
import scipy. stats as stats
import scipy. optimize as opt
rv_unif = stats. uniform. rvs(size =10)
print rv_unif
rv_beta = stats. beta. rvs(size =10, a =4, b =2)
print rv_beta
#输出
[ 0.6419336   0.48403001  0.89548809  0.73837498  0.65744886  0.41845577
  0.3823512   0.0985301   0.66785949  0.73163835]
[ 0.82164685  0.69563836  0.74207073  0.94348192  0.82979411  0.87013796
  0.78412952  0.47508183  0.29296073  0.52551156]
```

在每个随机分布的生成函数里都内置了默认的参数，如均匀分布的上下界默认是 0 和 1。可是一旦需要修改这些参数，每次生成随机都要输入这么老长一串代码有点麻烦，能不能简单点？SciPy 里头有一个 Freezing 的功能，可以提供简便版本的命令。

好了，现在我们来生成一组数据，并查看相关的统计量。

例 14-40 生成数据

```
norm_dist = stats. norm(loc =0.5, scale =2)
n =200
dat = norm_dist. rvs(size =n)
print "mean of data is: " + str(np. mean(dat))
```

```
print "median of data is: " + str(np.median(dat))
print "standard deviation of data is: " + str(np.std(dat))
#输出
mean of data is: 0.383309149888
median of data is: 0.394980561217
standard deviation of data is: 2.00589851641
```

假设这个数据是获取的现实中的某些数据，如股票日涨跌幅，我们对数据进行简单的分析。最简单的是检验这一组数据是否服从假设的分布，如正态分布。这个问题是典型的单样本假设检验问题，最为常见的解决方案是采用 K-S 检验（Kolmogorov-Smirnov test）。单样本 K-S 检验的原假设是给定的数据来自和原假设分布相同的分布，SciPy 中提供了 kstest 函数，参数分别是数据、拟检验的分布名称和对应的参数。

```
mu = np.mean(dat)
sigma = np.std(dat)
stat_val, p_val = stats.kstest(dat, 'norm', (mu, sigma))
print 'KS-statistic D = %6.3f p-value = %6.4f' % (stat_val, p_val)
KS-statistic D =   0.037 p-value = 0.9428
```

假设检验的 p-value 值很大，在原假设下 p-value 是服从 [0, 1] 区间上的均匀分布的随机变量，因此我们接受原假设，即该数据通过了正态性的检验。在正态性的前提下，我们可进一步检验这组数据的均值是不是 0。典型的方法是 t 检验，其中单样本的 t 检验函数为 ttest_1samp。

```
stat_val, p_val = stats.ttest_1samp(dat, 0)
print 'One-sample t-statistic D = %6.3f, p-value = %6.4f' % (stat_val, p_val)
One-sample t-statistic D =   2.696, p-value = 0.0076
```

可以看到 p-value < 0.05，即给定显著性水平 0.05 的前提下，我们应拒绝原假设：数据的均值为 0。

下面再生成一组数据，尝试一下双样本的 t 检验（ttest_ind）。

```
norm_dist2 = stats.norm(loc = -0.2, scale = 1.2)
dat2 = norm_dist2.rvs(size = n/2)
stat_val, p_val = stats.ttest_ind(dat, dat2, equal_var = False)
print 'Two-sample t-statistic D = %6.3f, p-value = %6.4f' % (stat_val, p_val)
Two-sample t-statistic D =   3.572, p-value = 0.0004
```

注意，这里生成的第二组数据样本大小、方差和第一组均不相等，在运用 t 检验时需要使用 Welch's t-test，即指定 ttest_ind 中的 equal_var = False。我们同样得到了比较小的 p-value，在显著性水平 0.05 的前提下拒绝原假设，即认为两组数据均值不等。

14.5 Pandas 基本数据结构

终于要介绍 Python 在数据处理方面功能实用且强大的扩展模块 Pandas 了。在处理实际的数据时，一个条数据通常包含了多种类型的数据，例如，股票的代码是字符串，收盘价是浮点型，而成交量是整型等。在 Python 中，Pandas 包含了高级的数据结构 Series 和 DataFrame，使得在 Python 中处理数据变得非常方便、快速和简单。

Pandas 不同的版本之间存在一些兼容性问题，因此我们需要清楚使用的是哪一个版本的 Pandas。

```
import pandas as pd
pd._version_
```

```
'0.14.1'
```

Pandas 主要的两个数据结构是 Series 和 DataFrame，我们先导入它们和相关模块。

```
import numpy as np
from pandas import Series,DataFrame
```

14.5.1　Series

从一般意义上来讲，Series 可以简单地被认为是一维的数组。Series 和一维数组最主要的区别在于 Series 类型具有索引 index，可以和另一个编程中常见的数据结构哈希 Hash 联系起来。创建一个 Series 的基本格式是 s = Series（data，index = index，name = name），以下给出几个创建 Series 的例子。

例 14-41　从数组创建 Series

```
a = np.random.randn(5)
print "a是array:"
print a
s = Series(a)
print "s是Series:"
print s
#输出
a是array:
[ -1.24962807 -0.85316907  0.13032511 -0.19088881  0.40475505]
s是Series:
0  -1.249628
1  -0.853169
2   0.130325
3  -0.190889
4   0.404755
dtype: float64
```

在创建 Series 时添加 index，可使用 Series.index 查看具体的 index 数值。需要注意的是，当从数组创建 Series 时，若指定 index，那么 index 长度要和 data 的长度一致。

例 14-42　添加 index

```
s = Series(np. random. randn(5), index = ['a', 'b', 'c', 'd', 'e'])
print s
s. index
#输出
a    0.509906
b   -0.764549
c    0.919338
d   -0.084712
e    1.896407
dtype: float64
Index([u'a', u'b', u'c', u'd', u'e'],dtype = 'object')
```

创建 Series 的另一个可选项是 name，可指定 Series 的名称，可用 Series. name 访问。在随后的 DataFrame 中，每一列的列名在该列被单独提取出来时就成了 Series 的名称。

例 14-43　指定 Series 的名称

```
s = Series(np. random. randn(5), index = ['a', 'b', 'c', 'd', 'e'], name = 'my_series
')
print s
print s. name
#输出
a   -1.898245
b    0.172835
c    0.779262
d    0.289468
e   -0.947995
Name: my_series,dtype: float64
my_series
```

Series 还可以从字典（dict）创建。

例 14-44　从字典创建

```
d = {'a': 0. , 'b': 1, 'c': 2}
print "d is adict:"
print d
s = Series(d)
print "s is a Series:"
print s
#输出
d is adict:
{'a': 0. 0, 'c': 2, 'b': 1}
s is a Series:
```

```
a    0
b    1
c    2
dtype: float64
```

这时我们可以观察到两点：第一点是字典创建的 Series，数据将按 index 的顺序重新排列；第二点是 index 的长度可以和字典长度不一致，如果多了的话，Pandas 将自动为多余的 index 分配 NaN，这里 NaN 是 Not a Number，这是 Pandas 中数据缺失的标准记号，当然 index 少的话就截取部分的字典内容。如果数据就是一个单一的变量，如数字 4，那么 Series 将重复这个变量。访问 Series 数据可以和数组一样使用下标，也可以像字典一样使用索引，还可以使用一些条件过滤。

例 14-45　访问矩阵元素

```
s = Series(np.random.randn(10),index =['a', 'b', 'c', 'd', 'e', 'f', 'g', 'h', 'i', 'j'])
s[0]
1.4328106520571824


s[:2]
a    1.432811
b    0.120681
dtype: float64


s[[2,0,4]]
c    0.578146
a    1.432811
e    1.327594
dtype: float64


s[['e', 'i']]
e    1.327594
i   -0.634347
dtype: float64


s[s > 0.5]
a    1.432811
c    0.578146
e    1.327594
g    1.850783
dtype: float64


'e' in s
True
```

总结，Series 类似于 Excel 中的列表，数字索引对应相应的内容类似 Excel 中的行号。任意的一维数据都可以用来构建 Series 类型。

14.5.2 DataFrame

DataFrame 是一个表格型的数据结构，它含有一组有序的列，每列可以是不同的值类型，如数值、字符串、布尔值等。DataFrame 既有行索引也有列索引，它是由 Series 组成的字典。DataFrame 中的数据是以一个或多个二维块存放的，而不是列表、字典或别的一维数据结构。虽然 DataFrame 是以二维结构保存数据的，但我们仍然可以轻松地将其表示为更高维度的数据，比如层次化索引的表格型结构。这是 Pandas 中许多高级数据处理功能的关键要素。

创建 DataFrame 的办法有很多，最常用的一种是直接传入一个由等长列表或 NumPy 数组组成的字典。

例 14-46 创建和显示 DataFrame

```
data = {'state': ['Ohio', 'Ohio', 'Ohio', 'Nevada', 'Nevada', 'Nevada'],
        'year': [2000, 2001, 2002, 2001, 2002, 2003],
        'pop': [1.5, 1.7, 3.6, 2.4, 2.9, 3.2]}
frame = pd.DataFrame(data)
frame
#输出
   pop   state  year
0  1.5    Ohio  2000
1  1.7    Ohio  2001
2  3.6    Ohio  2002
3  2.4  Nevada  2001
4  2.9  Nevada  2002
5  3.2  Nevada  2003
```

DataFrame 会自动加上索引，跟 Series 一样，且全部列会被有序排列。如果你使用的是 Jupyter notebook，Pandas DataFrame 对象会以对浏览器友好的 HTML 表格的方式呈现。

注意，本节的所有代码建议用 notebook 来运行。notebook 上会出现 In［45］和 Out［45］类似的字符，它在 Jupyter notebook 中表示为输入和输出。In［45］和 Out［45］本身并不是代码，它们只是 notebook 的标志符号，系统自带的。

对于特别复杂的 DataFrame（数据结构），head 方法会选取前五行。

例 14-47 取前五行数据

```
frame.head()
#输出
   pop  state  year
0  1.5   Ohio  2000
1  1.7   Ohio  2001
2  3.6   Ohio  2002
```

```
3  2.4  Nevada  2001
4  2.9  Nevada  2002
```

如果指定了列序列，则 DataFrame 的列就会按照指定顺序进行排列。

例 14-48 顺序排序

```
pd. DataFrame(data, columns = ['year', 'state', 'pop'])
#输出
   year  state  pop
0  2000   Ohio  1.5
1  2001   Ohio  1.7
2  2002   Ohio  3.6
3  2001 Nevada  2.4
4  2002 Nevada  2.9
5  2003 Nevada  3.2
```

如果传入的列在数据中找不到，就会在结果中产生缺失值。

例 14-49 产生缺失值

```
frame2 = pd. DataFrame(data, columns = ['year', 'state', 'pop', 'debt'],
 ....:index = ['one', 'two', 'three', 'four',
 ....:                   'five', 'six'])


frame2
#输出
      year  state  pop debt
one   2000   Ohio  1.5  NaN
two   2001   Ohio  1.7  NaN
three 2002   Ohio  3.6  NaN
four  2001 Nevada  2.4  NaN
five  2002 Nevada  2.9  NaN
six   2003 Nevada  3.2  NaN

In [50]: frame2. columns
Out[50]: Index(['year', 'state', 'pop', 'debt'],dtype = 'object')
```

通过类似字典标记或属性的方式，将 DataFrame 的列获取为一个 Series，而返回的 Series 拥有原 DataFrame 相同的索引，并且其 name 属性也已经被相应地设置好了。行也可以通过位置或名称的方式进行获取，比如用 loc 属性。

例 14-50 通过 loc 属性获取行

```
frame2. loc['three']
#输出
year    2002
state   Ohio
```

```
pop      3.6
debt     NaN
Name: three,dtype: object
```

列可以通过赋值的方式进行修改。例如，我们可以给那个空的 **debt** 列赋上一个标量值或一组值。

例 14-51　修改列值

```
frame2['debt']=16.5
rame2
#输出
      year  state   pop  debt
one   2000   Ohio   1.5  16.5
two   2001   Ohio   1.7  16.5
three 2002   Ohio   3.6  16.5
four  2001  Nevada  2.4  16.5
five  2002  Nevada  2.9  16.5
six   2003  Nevada  3.2  16.5
```

```
frame2['debt']=np.arange(6.)
frame2
#输出
      year  state   pop  debt
one   2000   Ohio   1.5  0.0
two   2001   Ohio   1.7  1.0
three 2002   Ohio   3.6  2.0
four  2001  Nevada  2.4  3.0
five  2002  Nevada  2.9  4.0
six   2003  Nevada  3.2  5.0
```

将列表或数组赋值给某个列时，其长度必须跟 DataFrame 的长度相匹配。如果赋值的是一个 Series，就会精确匹配 DataFrame 的索引，所有的空位都将被填上缺失值。

例 14-52　DataFrame 的长度匹配

```
val=pd.Series([-1.2,-1.5,-1.7],index=['two','four','five'])
frame2['debt']=val
frame2
#输出
      year  state   pop  debt
one   2000   Ohio   1.5  NaN
two   2001   Ohio   1.7  -1.2
three 2002   Ohio   3.6  NaN
four  2001  Nevada  2.4  -1.5
```

```
five   2002  Nevada  2.9  -1.7
six    2003  Nevada  3.2  NaN
```

为不存在的列赋值会创建出一个新列。关键字 del 用于删除列，为了演示 del 的示例，我先添加一个新的布尔值的列，判断 state 是否为 Ohio。

例 14-53　添加列

```
frame2['eastern'] = frame2.state = = 'Ohio'
frame2
#输出
       year  state   pop  debt  eastern
one    2000   Ohio   1.5  NaN     True
two    2001   Ohio   1.7  -1.2    True
three  2002   Ohio   3.6  NaN     True
four   2001  Nevada  2.4  -1.5    False
five   2002  Nevada  2.9  -1.7    False
six    2003  Nevada  3.2  NaN     False
```

例 14-54　del 方法可以用来删除列

```
del frame2['eastern']
frame2.columns
#输出
Index(['year', 'state', 'pop', 'debt'],dtype = 'object')
```

注意，通过索引方式返回的列只是相应数据的视图而已，并不是副本。因此，对返回的 Series 所做的任何修改全都会反映到源 DataFrame 上。通过 Series 的 copy 方法可指定复制列。

另一种常见的数据形式是嵌套字典。

例 14-55　嵌套字典

```
pop = {'Nevada': {2001: 2.4, 2002: 2.9},
....:      'Ohio': {2000: 1.5, 2001: 1.7, 2002: 3.6}}
```

如果嵌套字典传给 DataFrame，Pandas 就会被解释为外层字典的键作为列，内层键则作为行索引。

```
frame3 = pd. DataFrame(pop)

frame3
#输出
      Nevada  Ohio
2000   NaN    1.5
2001   2.4    1.7
2002   2.9    3.6
```

也可以使用类似 NumPy 数组的方法，对 DataFrame 进行转置，交换行和列。

例 14-56　对 DataFrame 进行转置

```
frame3.T
#输出
       2000  2001  2002
Nevada  NaN   2.4   2.9
Ohio    1.5   1.7   3.6
```

内层字典的键会被合并、排序，以形成最终索引。如果明确指定了索引，输出就不一样了。

例 14-57　指定索引

```
pd.DataFrame(pop, index = [2001, 2002, 2003])
#输出
      Nevada  Ohio
2001   2.4    1.7
2002   2.9    3.6
2003   NaN    NaN
```

由 Series 组成的字典差不多也是一样的用法。

例 14-58　Series 组成的字典

```
pdata = {'Ohio': frame3['Ohio'][:-1],
....:'Nevada': frame3['Nevada'][:2]}

pd.DataFrame(pdata)
#输出
      Nevada  Ohio
2000   NaN    1.5
2001   2.4    1.7
```

如果设置了 DataFrame 的 index 和 columns 的 name 属性，则这些信息也会被显示出来。

例 14-59　修改 index 和 name 属性信息

```
frame3.index.name = 'year'; frame3.columns.name = 'state'
frame3
#输出
state  Nevada  Ohio
year
2000    NaN    1.5
2001    2.4    1.7
2002    2.9    3.6
```

跟 Series 一样，values 属性也会以二维 ndarray 的形式返回 DataFrame 中的数据。

例 14-60　修改 value 属性

```
frame3.values
#输出
```

```
array([[ nan,  1.5],
       [ 2.4,  1.7],
       [ 2.9,  3.6]])
```

如果 DataFrame 各列的数据类型不同，则值数组的 dtype 就会选用能兼容所有列的数据类型。

例 14-61　dtype

```
frame2.values
#输出
array([[2000, 'Ohio', 1.5, nan],
       [2001, 'Ohio', 1.7, -1.2],
       [2002, 'Ohio', 3.6, nan],
       [2001, 'Nevada', 2.4, -1.5],
       [2002, 'Nevada', 2.9, -1.7],
       [2003, 'Nevada', 3.2, nan]],dtype=object)
```

14.5.3　数据处理

在上一节中我们介绍了如何创建并访问 Pandas 的 Series 和 DataFrame 型的数据，本节将介绍如何对 Pandas 数据进行操作，掌握这些操作就可以处理大多数的数据了。首先，导入本节中使用到的模块。

```
import numpy as np
import pandas as pd
from pandas import Series,DataFrame
```

在多数情况下，数据并不由分析数据的人员生成，而是通过数据接口、外部文件或者其他方式获取，比如，各大股票分析平台都有相关数据可供用户下载、测试。

例 14-62　生产股票数据

```
stock_list = ['000001.XSHE', '000002.XSHE', '000568.XSHE', '000625.XSHE', '000768.XSHE', '600028.XSHG', '600030.XSHG', '601111.XSHG', '601390.XSHG', '601998.XSHG']
raw_data = DataAPI.MktEqudGet(secID=stock_list, beginDate='20150101', endDate='20150131', pandas='1')
df = raw_data[['secID', 'tradeDate', 'secShortName', 'openPrice', 'highestPrice', 'lowestPrice', 'closePrice', 'turnoverVol']]
```

以上代码获取了 2015 年一月份全部交易日内 10 支股票的日行情信息，首先我们来看一下数据的大小。

```
print df.shape
(200, 8)
```

返回值看到有 200 行，表示我们获取到了 200 条记录，每条记录有 8 个字段，现在预览一下数据，dataframe. head( )和 dataframe. tail( )可以查看数据的头五行和尾五行，若需要改变行数，可在括号内指定。

例14-63　访问数据

```
print "Head of thisDataFrame:"
print df. head()
print "Tail of thisDataFrame:"
print df. tail(3)
Head of thisDataFrame:

#输出
secID    tradeDate secShortName   openPrice   highestPrice   lowestPrice   closePrice
turnoverVol
 0  000001. XSHE  2015-01-05    平安银行    15. 99      16. 28        15. 60        16. 02      286043643
 1  000001. XSHE  2015-01-06    平安银行    15. 85      16. 39        15. 55        15. 78      216642140
 2  000001. XSHE  2015-01-07    平安银行    15. 56      15. 83        15. 30        15. 48      170012067
 3  000001. XSHE  2015-01-08    平安银行    15. 50      15. 57        14. 90        14. 96      140771421
 4  000001. XSHE  2015-01-09    平安银行    14. 90      15. 87        14. 71        15. 08      250850023
Tail of thisDataFrame:
secID    tradeDate secShortName   openPrice   highestPrice   lowestPrice   closePrice
turnoverVol
197  601998. XSHG  2015-01-28    中信银行    7. 04       7. 32         6. 95         7. 15       163146128
198  601998. XSHG  2015-01-29    中信银行    6. 97       7. 05         6. 90         7. 01       93003445
199  601998. XSHG  2015-01-30    中信银行    7. 10       7. 14         6. 92         6. 95       68146718
```

dataframe. describe( )提供了 DataFrame 中纯数值数据的统计信息。

例14-64　纯数据统计信息

```
print df. describe()

       openPrice  highestPrice  lowestPrice  closePrice  turnoverVol
count  200. 00000   200. 000000   200. 00000   200. 000000  2. 000000e+02
mean    15. 17095    15. 634000    14. 86545    15. 242750  2. 384811e+08
std      7. 72807     7. 997345     7. 56136     7. 772184  2. 330510e+08
min      6. 14000     6. 170000     6. 02000     6. 030000  1. 242183e+07
25%      8. 09500     8. 250000     7. 98750     8. 127500  7. 357002e+07
50%     13. 96000    14. 335000    13. 75500    13. 925000  1. 554569e+08
75%     19. 95000    20. 500000    19. 46250    20. 012500  3. 358617e+08
max     36. 40000    37. 250000    34. 68000    36. 150000  1. 310855e+09
```

对数据进行排序有利于我们观察数据，DataFrame 提供了两种形式的排序。一种是按行列排序，即按照索引（行名）或者列名进行排序，可调用 dataframe. sort_ index，指定 axis = 0 表示按索引排序，指定 axis = 1 表示按列名排序，并可指定升序或者降序。

例 14-65　降序排列示例

```
print "Order by column names, descending:"
print df.sort_index(axis=1, ascending=False).head()
```

```
#输出
Order by column names, descending:
```

	turnoverVol	tradeDate	secShortName	secID	openPrice	lowestPrice	highestPrice	closePrice
0	286043643	2015-01-05	平安银行	000001.XSHE	15.99	15.60	16.28	16.02
1	216642140	2015-01-06	平安银行	000001.XSHE	15.85	15.55	16.39	15.78
2	170012067	2015-01-07	平安银行	000001.XSHE	15.56	15.30	15.83	15.48
3	140771421	2015-01-08	平安银行	000001.XSHE	15.50	14.90	15.57	14.96
4	250850023	2015-01-09	平安银行	000001.XSHE	14.90	14.71	15.87	15.08

第二种排序是按值排序，可指定列名和排序方式，默认的是升序排序。

例 14-66　升序排列示例

```
print "Order by column value, ascending:"
print df.sort(columns='tradeDate').head()
print "Order by multiple columns value:"
df = df.sort(columns=['tradeDate', 'secID'], ascending=[False, True])
print df.head()
```

```
#输出
Order by column value, ascending:
```

	secID	tradeDate	secShortName	openPrice	highestPrice	lowestPrice	closePrice	turnoverVol
0	000001.XSHE	2015-01-05	平安银行	15.99	16.28	15.60	16.02	286043643
20	000002.XSHE	2015-01-05	万科A	14.39	15.29	14.22	14.91	656083570
40	000568.XSHE	2015-01-05	泸州老窖	20.50	21.99	20.32	21.90	59304755
60	000625.XSHE	2015-01-05	长安汽车	16.40	18.07	16.32	18.07	82087982
80	000768.XSHE	2015-01-05	中航飞机	18.76	19.88	18.41	19.33	84199357

```
Order by multiple columns value:
```

	secID	tradeDate	secShortName	openPrice	highestPrice	lowestPrice	closePrice	turnoverVol
19	000001.XSHE	2015-01-30	平安银行	13.93	14.12	13.76	13.93	93011669
39	000002.XSHE	2015-01-30	万科A	13.09	13.49	12.80	13.12	209624706
59	000568.XSHE	2015-01-30	泸州老窖	19.15	19.51	19.11	19.12	14177179
79	000625.XSHE	2015-01-30	长安汽车	19.16	19.45	18.92	19.18	21233495
99	000768.XSHE	2015-01-30	中航飞机	25.38	25.65	24.28	24.60	59550293

Series 和 DataFrame 的类函数提供了一些函数，如 mean()、sum() 等。

例 14-67　指定 0 按行汇总

```
df = raw_data[['secID', 'tradeDate', 'secShortName', 'openPrice', 'highestPrice',
'lowestPrice', 'closePrice', 'turnoverVol']]
print df.mean(0)


#输出
openPrice          1.517095e+01
highestPrice       1.563400e+01
lowestPrice        1.486545e+01
closePrice         1.524275e+01
turnoverVol        2.384811e+08
dtype: float64
```

value_counts 函数可以方便地统计频数。

例 14-68　统计频数

```
print df['closePrice'].value_counts().head()
#输出
6.58     3
13.12    2
9.13     2
8.58     2
6.93     2
dtype: int64
```

在 Pandas 中，Series 可以调用 map 函数来对每个元素应用一个函数，DataFrame 可以调用 apply 函数对每一列（行）应用一个函数，applymap 对每个元素应用一个函数。这里面的函数可以是用户自定义的一个 lambda 函数，也可以是已有的其他函数。下面的例子展示了将收盘价调整到［0,1］区间。

例 14-69　调用 apply

```
print df[['closePrice']].apply(lambda x: (x-x.min()) / (x.max()-x.min())).head()

closePrice
0    0.331673
1    0.323705
2    0.313745
3    0.296481
4    0.300465
```

使用 append 可以在 Series 后添加元素，以及在 DataFrame 尾部添加一行。

例 14-70　利用 append 添加元素

```
dat1 = df[['secID', 'tradeDate', 'closePrice']].head()
dat2 = df[['secID', 'tradeDate', 'closePrice']].iloc[2]
print "Before appending:"
print dat1
dat = dat1.append(dat2, ignore_index = True)
print "After appending:"
print dat

#输出
Before appending:
        secID   tradeDate   closePrice
0  000001.XSHE  2015-01-05    16.02
1  000001.XSHE  2015-01-06    15.78
2  000001.XSHE  2015-01-07    15.48
3  000001.XSHE  2015-01-08    14.96
4  000001.XSHE  2015-01-09    15.08
After appending:
        secID   tradeDate   closePrice
0  000001.XSHE  2015-01-05    16.02
1  000001.XSHE  2015-01-06    15.78
2  000001.XSHE  2015-01-07    15.48
3  000001.XSHE  2015-01-08    14.96
4  000001.XSHE  2015-01-09    15.08
5  000001.XSHE  2015-01-07    15.48
```

DataFrame 可以像在 SQL 中一样进行合并，使用 merge 函数需要指定依照哪些列进行合并，例 14-71 展示了如何根据 security ID 和交易日合并数据。

例 14-71　合并数据

```
dat1 = df[['secID', 'tradeDate', 'closePrice']]
dat2 = df[['secID', 'tradeDate', 'turnoverVol']]
dat = dat1.merge(dat2, on = ['secID', 'tradeDate'])
print "The firstDataFrame:"
print dat1.head()
print "The secondDataFrame:"
print dat2.head()
print "MergedDataFrame:"
print dat.head()

#输出
The firstDataFrame:
```

```
        secID    tradeDate   closePrice
0   000001.XSHE  2015-01-05     16.02
1   000001.XSHE  2015-01-06     15.78
2   000001.XSHE  2015-01-07     15.48
3   000001.XSHE  2015-01-08     14.96
4   000001.XSHE  2015-01-09     15.08
The secondDataFrame:
        secID    tradeDate   turnoverVol
0   000001.XSHE  2015-01-05   286043643
1   000001.XSHE  2015-01-06   216642140
2   000001.XSHE  2015-01-07   170012067
3   000001.XSHE  2015-01-08   140771421
4   000001.XSHE  2015-01-09   250850023
MergedDataFrame:
        secID    tradeDate   closePrice  turnoverVol
0   000001.XSHE  2015-01-05     16.02    286043643
1   000001.XSHE  2015-01-06     15.78    216642140
2   000001.XSHE  2015-01-07     15.48    170012067
3   000001.XSHE  2015-01-08     14.96    140771421
4   000001.XSHE  2015-01-09     15.08    250850023
```

DataFrame 另一个强大的函数 groupby，可以十分方便地对数据分组处理，下面我们来对 2015 年一月内 10 支股票的开盘价、最高价、最低价、收盘价和成交量进行求平均值。

例 14-72　利用 groupby 汇总分组

```
df_grp = df.groupby('secID')
grp_mean = df_grp.mean()
printgrp_mean

#输出
          openPrice  highestPrice  lowestPrice  closePrice  turnoverVol
secID
000001.XSHE  14.6550    14.9840    14.4330    14.6650    154710615
000002.XSHE  13.3815    13.7530    13.0575    13.4100    277459431
000568.XSHE  19.7220    20.1015    19.4990    19.7935     29199107
000625.XSHE  19.4915    20.2275    19.1040    19.7170     42633332
000768.XSHE  22.4345    23.4625    21.8830    22.6905     92781199
600028.XSHG   6.6060     6.7885     6.4715     6.6240    531966632
600030.XSHG  31.1505    32.0825    30.4950    31.2325    611544509
601111.XSHG   8.4320     8.6520     8.2330     8.4505    104143358
601390.XSHG   8.4060     8.6625     8.2005     8.4100    362831455
601998.XSHG   7.4305     7.6260     7.2780     7.4345    177541066
```

总结，DataFrame 可以看成是由若干 Series 组合而成，这些 Series 共享同一 index 行索引，列索引则包含所有 Series 的列名称，行索引和列索引均有 name 属性。

14.5.4　聚合和分组

如果 Pandas 只是能把一些数据变成 dataframe 这样优美的格式，那么 Pandas 绝不会成为叱咤风云的数据分析中心组件。因为在数据分析过程中，描述数据是通过一系列的统计指标实现的，分析结果也需要由具体的分组行为，对各组横向、纵向对比。groupby 就是这样的一个实用工具。事实上，SQL 语言在 Pandas 出现的几十年前就已经是高级数据分析人员的标准工具，很大一部分原因正是因为它有标准的 SELECT xx FROM xx WHERE condition GROUP BY xx HAVING condition 范式。除了 SQL 之外，我们多了一个更灵活、适应性更强的工具，而非困在 SQL Shell 或 Python 里步履沉重。

将下面一段 SQL 语句用 Pandas 表达。

```
SQL
SELECT Column1, Column2, mean(Column3), sum(Column4)
FROMSomeTable
WHERE Condition 1
GROUP BY Column1, Column2
HAVING Condition2
```

转化成 Pandas。

```
Pandas
df [Condition1].groupby([Column1, Column2], as_index = False).agg({Column3: "mean", Column4: "sum"}).filter(Condition2)
```

groupby 可以分解为三个步骤，Split-Apply-Combine。

1）Split：把数据按主键划分为很多个小组。

2）Apply：对每个小组独立地使用函数。

3）Combine：把所得到的结果组合。

这一套行云流水的动作是如何完成的呢？在图 14-3 中我们可知，Split 由 groupby 实现，

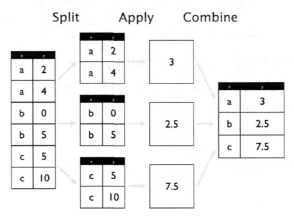

图 14-3　grouby 机制原理图

Python 编程从小白到大牛

Apply 由 agg、apply、transform、filter 实现具体的操作，Combinine 由 concat 等实现。

其中，在 apply 这一步，通常有以下四类操作。

1）Aggregation：做一些统计性的计算。

2）Apply：做一些数据转换。

3）Transformation：做一些数据处理方面的变换。

4）Filtration：做一些组级别的过滤。

注意一点，这里所讨论的 apply、agg、transform 和 filter 等方法都是限制在 pandas. core. groupby. DataFrameGroupBy 里面，不能跟 pandas. core. groupby. DataFrame 混淆。

例 14-73　创建一组数据

```
import numpy as np
import pandas as pd
import sys, traceback
fromitertools import chain
df_0 = pd. DataFrame({'A': list(chain(*[['foo', 'bar'] * 4])),
                     'B': ['one', 'one', 'two', 'three', 'two', 'two', 'one', 'three'],
                     'C': np. random. randn(8),
                     'D': np. random. randn(8)})
```

输出结果如下。

	A	B	C	D
0	foo	one	0. 857830	3. 487827
1	bar	one	0. 503879	1. 144098
2	foo	two	0. 184735	− 0. 055121
3	bar	three	0. 827210	1. 296524
4	foo	two	− 0. 945006	0. 298295
5	bar	two	1. 520279	0. 098470
6	foo	one	− 1. 180428	− 0. 674451
7	bar	three	0. 481120	0. 845786

我们创建了一组随机数据，注意，这里为了便于学习特意用表格的形式来显示输出结果。下面我们用这组随机数据来告诉大家到底什么样的 groupby 才算是好的分组。

例 14-74　好的分组和坏的分组

```
#好的分组
df_01 = df_0. copy()
df_01. groupby(["A", "B"], as_index = False, sort = False). agg({"C": "sum", "D": "mean"})
```

	A	B	C	D
0	foo	one	− 0. 322599	1. 406688
1	bar	one	0. 503879	1. 144098
2	foo	two	− 0. 760271	0. 121587
3	bar	three	1. 308330	1. 071155
4	bar	two	1. 520279	0. 098470

```
#坏的分组
df_02 = df_0.copy()
df_02.groupby(["A", "B"]).agg({"C": "sum", "D": "mean"}).reset_index()
#输出坏的 groupby
```

	A	B	C	D
0	bar	one	0. 503879	1. 144098
1	bar	three	1. 308330	1. 071155
2	bar	two	1. 520279	0. 098470
3	foo	one	− 0. 322599	1. 406688
4	foo	two	− 0. 760271	0. 121587

　　直接使用 as_index = False 参数是一个好的习惯，因为如果 DataFrame 非常巨大时，先生成一个 groupby 对象，然后再调用 reset_index( ) 会有额外的时间消耗。在任何涉及数据的操作中，排序都是非常奢侈的。如果只是单纯地分组，不关心顺序，在创建 groupby 对象的时候应当关闭排序功能，因为这个功能默认是开启的。尤其当用户在较大的大数据集上作业时更应当注意这个问题。值得注意的是，groupby 会按照数据在原始数据框内的顺序安排它们在每个新组内的顺序，这与是否指定排序无关。

例 14-75　多层分组

```
df_03 = df_0.copy()
df_03.groupby(["A", "B"]).agg({"C": "sum", "D": "mean"})
```

A	B	C	D
		C	D
bar	one	0. 503879	1. 144098
bar	three	1. 308330	1. 071155
bar	two	1. 520279	0. 098470
foo	one	− 0. 322599	1. 406688
foo	two	− 0. 760271	0. 121587

　　注意，as_index 仅用于聚合操作 aggregation 时有效，如果是面对其他操作，指定这个参数是无效的。

　　如果只是做完拆分动作，没有做后续的 apply，得到的是一个 groupby 对象。要访问拆分出来的组，主要有 groups、get_ group 和迭代遍历三种方法。

例 14-76　访问拆分后的组

```
df_2 = pd. DataFrame({'X': ['A', 'B', 'A', 'B'], 'Y': [1, 4, 3, 2]})
df_2
```

	X	Y
0	A	1
1	B	4
2	A	3
3	B	2

groups 方法和 get_group 方法可以看到所有的组。get_group 方法中，name 参数只能传递单个 str，不可以传入 list，尽管 Pandas 中的其他地方常常能看到这类传参。如果是多列做主键的拆分，可以传入 tuple。

例 14-77　显示所有的组

```
df_2. groupby("X"). groups
{'A': Int64Index([0, 2],dtype = 'int64'),
 'B': Int64Index([1, 3],dtype = 'int64')}
#使用 get_group 方法可以访问到指定的组
df_2. groupby("X", as_index = True). get_group(name = "A")
```

	X	Y
0	A	1
2	A	3

例 14-78　迭代遍历

```
for name, group in df_2. groupby("X"):
    print(name)
print(group, "\n")
#输出
A
  X Y
0 A 1
2 A 3


B
  X Y
1 B 4
3 B 2
```

这里介绍一个小技巧，如果得到一个 groupby 对象，想要将它还原成 DataFrame，有个简便的方法：gropbyed_object. apply（lambda x：x）。

拆分完成后，可以对各个组做一些操作，总体说来可以分为以下四类：aggregation、apply、transform、filter。

任何能将一个 Series 压缩成一个标量值的都是 aggregation 操作，例如求和、求均值、求极值等统计计算；对数据框或者 groupby 对象做变换，得到子集或一个新的数据框的操作是 apply 或 transform；对聚合结果按标准过滤的操作是 filter。apply 和 transform 有很多地方很相似。agg 和 apply 都可以对特定列的数据传入函数，并且依照函数进行计算。但是区别在于 agg 更加灵活高效，可以一次完成操作，而 apply 需要辗转多次才能完成相同的操作。

例 14-79　生成测试数据

```
df_3 =pd. DataFrame({"name":["Foo", "Bar", "Foo", "Bar"], "score":[80,80,95,70]})
df_3
#生成随机数据
```

	name	score
0	Foo	80
1	Bar	80
2	Foo	95
3	Bar	70

我们需要计算出每个人的总分、最高分和最低分。

例 14-80　apply 的用法

```
df_3. groupby("name", sort = False). score. apply(lambda x: x. sum())
name
Foo    175
Bar    150
Name: score,dtype: int64
```

```
df_3. groupby("name", sort = False). score. apply(lambda x: x. max())
name
Foo    95
Bar    80
Name: score,dtype: int64
```

```
df_3. groupby("name", sort = False). score. apply(lambda x: x. min())
name
Foo    80
Bar    70
Name: score,dtype: int64
```

显然，此处辗转操作了 3 次，并且还需要额外一次操作将所得到的三个值粘合起来。

例 14-81   聚合三个结果集

```
df_3.groupby("name", sort = False).agg({"score": [np.sum, np.max, np.min]})
```

name	score		
	sum	amax	amin
Foo	175	95	80
Bar	150	80	70

由此可见，agg 一次可以对多个列独立地调用不同的函数，而 apply 一次只能对多个列调用相同的一个函数。

除了 agg 和 apply，我们还需了解一下 transform。transform 作用于数据框自身，并且返回变换后的值。返回的对象和原对象拥有相同数目的行，但可以扩展列。注意返回的对象不是就地修改了原对象，而是创建了一个新对象，也就是说原对象没变。

例 14-82   创建一个数据集

```
df_4 = pd.DataFrame({'A': range(3), 'B': range(1, 4)})
df_4
```

	A	B
0	0	1
1	1	2
2	2	3

我们可以对数据框先分组，然后对各组赋予一个变换，例如元素自增 1。

例 14-83   元素自动加 1

```
df_4.transform(lambda x: x + 1)
```

	A	B
0	1	2
1	2	3
2	3	4

观察可得知，agg 方法仅返回 4 行，即压缩后的统计值，而 transform 返回一个和原数据框同样长度的新数据框。另外 transform 和 apply 也有所不同，apply 对于每个组都是同时在所有列上面调用函数，而 transform 是对每个组，依次在每一列上调用函数。这个原理决定了 apply 可以返回标量、Series 或 DataFrame，取决于你在什么上面调用 apply 方法，而 transform 只能返回一个类似于数组的序列，例如一维的 Series、array、list，并且最重要的是，要和原始组有同样的长度，否则会引发错误。

例 14-84　**通过打印对象的类型来对比两种方法的工作对象**

```
df_6 = pd.DataFrame({'State':['Texas', 'Texas', 'Florida', 'Florida'],
            'a':[4,5,1,3], 'b':[6,10,3,11]})
df_6
```

	State	a	b
0	Texas	4	6
1	Texas	5	10
2	Florida	1	3
3	Florida	3	11

```
def inspect(x):
    print(type(x))
    print(x)
df_6.groupby("State").apply(inspect)
```

```
#输出
<class 'pandas.core.frame.DataFrame'>
    State a b
2 Florida 1 3
3 Florida 3 11
<class 'pandas.core.frame.DataFrame'>
    State a b
2 Florida 1 3
3 Florida 3 11
<class 'pandas.core.frame.DataFrame'>
  State a b
0 Texas 4 6
1 Texas 5 10
```

　　从输出结果可以清晰地看到两点，首先 apply 每次作用的对象是一个 DataFrame，其次第一个组计算了两次，这是因为 Pandas 会通过这种机制来对比是否有更快的方式完成后面剩下组的计算。

例 14-85　**transform 的警示**

```
df_6.groupby("State").transform(inspect)
```

```
<class 'pandas.core.series.Series'>
2    1
3    3
Name: a,dtype: int64
<class 'pandas.core.series.Series'>
```

```
2    3
3    11
Name: b,dtype: int64
<class 'pandas. core. frame. DataFrame'>
  a  b
2  1  3
3  3  11
<class 'pandas. core. series. Series'>
0    4
1    5
Name: a,dtype: int64
<class 'pandas. core. series. Series'>
0    6
1    10
Name: b,dtype: int64
```

从输出结果我们也能清晰地看到两点：第一，transform 每次只计算一列；第二，会出现计算了一个组整体的情况。根据上面的对比，我们直接得到了一个有用的经验，不要传递一个同时涉及多列的函数给 transform 方法，那么做只会引起错误，在使用 transform 方法的时候，不要试图修改返回结果的长度，那样不仅会引发错误，而且 traceback 的信息非常隐晦，很可能需要花很长时间才能真正找出错误所在。

最后，我们通过几个示例总结一下 agg 的用法。

例 14-86　一次对所有列调用多个函数

```
df_0. groupby("A"). agg([np. sum, np. mean, np. min])
```

	C			D		
	sum	mean	amin	sum	mean	amin
A						
bar	3. 332489	0. 833122	0. 481120	3. 384879	0. 846220	0. 098470
foo	− 1. 082870	− 0. 270717	− 1. 180428	3. 056550	0. 764137	− 0. 674451

例 14-87　一次对特定列调用多个函数

```
df_0. groupby("A")["C"]. agg([np. sum, np. mean, np. min])
```

	sum	mean	amin
A			
bar	3. 332489	0. 833122	0. 481120
foo	− 1. 082870	− 0. 270717	− 1. 180428

例 14-88　对不同列调用不同的函数

```
df_0. groupby("A"). agg({"C": [np. sum, np. mean], "D": [np. max, np. min]})
```

	C		D	
	sum	mean	amax	amin
A				
bar	3.332489	0.833122	1.296524	0.098470
foo	−1.082870	−0.270717	3.487827	−0.674451

例 14-89　对同一列调用不同的函数，并且直接重命名

```
df_0.groupby("A")["C"].agg([("Largest","max"),("Smallest","min")])
```

	Largest	Smallest
A		
bar	1.520279	0.481120
foo	0.857830	−1.180428

例 14-90　对多个列调用同一个函数

```
agg_keys = {}.fromkeys(["C","D"],"sum")
df_0.groupby("A").agg(agg_keys)
```

	C	D
A		
bar	3.332489	3.384879
foo	−1.082870	3.056550

Pandas 中的 count、sum、mean、median、std、var、min 和 max 等函数都用 C 语言优化过。所以，还是那句话，如果你在大数据集上使用 aggregation，最好使用这些函数而非从 NumPy 那里借用 np.sum 等方法，一个缓慢的程序是由每一步的缓慢积累而成的。

14.6　时间序列

在实际的工作中，我们经常会碰到时间戳数据，时间维度也是数据分析中非常重要的一环，所以这节把它单独拿出来谈一谈。

时间序列（Time Series）数据是一种重要的结构化数据形式，应用于多个领域，包括金融学、经济学、生态学、神经科学、物理学等。在多个时间点观察或测量到的任何事物都可以形成一段时间序列。很多时间序列是固定频率的，也就是说，数据点是根据某种规律定期出现的，比如每 15 秒、每 5 分钟、每月出现一次。时间序列也可以是不定期的，没有固定的时间单位或单位之间的偏移量。时间序列数据的意义取决于具体的应用场景，主要有以下几种。

1）时间戳（timestamp）：特定的时刻。

2）固定时期（period）：如 2017 年 1 月或 2020 年全年。

3）时间间隔（interval）：由起始和结束时间戳表示，时期（period）可以看作时间间隔

（interval）的特例。

4）实验或过程时间：每个时间点都是相对于特定起始时间的一个度量。例如，从放入烤箱时起，每秒钟饼干的直径。

Pandas 提供了许多内置的时间序列处理工具和数据算法。因此，你可以高效地处理非常大的时间序列，轻松地进行切片/切块、聚合，或对定期/不定期的时间序列进行重采样等。有些工具特别适合金融和经济应用，当然也可以用它们来分析服务器日志数据。Python 标准库包含用于日期（date）和时间（time）数据的数据类型，而且还有日历方面的功能。我们主要会用到 datetime、time 以及 calendar 模块。datetime. datetime 是用得最多的数据类型。

例 14-91　datetime 时间模块

```
from datetime import datetime
now = datetime. now()
now
#输出
datetime. datetime(2017, 9, 25, 14, 5, 52, 72973)
```

```
now. year, now. month, now. day
#输出
 (2017, 9, 25)
```

```
delta = datetime(2011, 1, 7)-datetime(2008, 6, 24, 8, 15)
delta
#输出
datetime. timedelta(926, 56700)
```

```
delta. days
#输出
926
```

```
delta. seconds
#输出
56700
```

```
from datetime import timedelta
start = datetime(2011, 1, 7)
start + timedelta(12)
#输出
datetime. datetime(2011, 1, 19, 0, 0)
```

```
start-2 * timedelta(12)
#输出
datetime. datetime(2010, 12, 14, 0, 0)
```

datetime 以毫秒形式存储日期和时间。timedelta 表示两个 datetime 对象之间的时间差。

虽然本节主要讲的是 Pandas 数据类型和高级时间序列处理，但用户肯定会在 Python 的其他地方遇到有关 datetime 的数据类型。

例 14-92　字符串和 datetime 的相互转换

```
stamp = datetime(2011, 1, 3)
str(stamp)
#输出
'2011-01-03 00:00:00'
```

```
stamp.strftime('%Y-%m-%d')
#输出
'2011-01-03'
```

利用 str 或 strftime 方法传入一个格式化字符串，datetime 对象和 Pandas 的 Timestamp 对象可以被格式化为字符串。

例 14-93　利用 datetime.strptime 将字符串转换为日期

```
value = '2011-01-03'
datetime.strptime(value, '%Y-%m-%d')
#输出
datetime.datetime(2011, 1, 3, 0, 0)
```

```
datestrs = ['7/6/2011', '8/6/2011']
[datetime.strptime(x, '%m/%d/%Y') for x in datestrs]
#输出
[datetime.datetime(2011, 7, 6, 0, 0),
datetime.datetime(2011, 8, 6, 0, 0)]
```

datetime.strptime 是通过已知格式进行日期解析的最佳方式。但是每次都要编写格式定义是很麻烦的事情，尤其是对于一些常见的日期格式。这种情况下，建议用 dateutil 这个第三方包中的 parser.parse 方法。

例 14-94　解析日期格式

```
from dateutil.parser import parse
parse('2011-01-03')
#输出
datetime.datetime(2011, 1, 3, 0, 0)
```

```
#dateutil 可以解析几乎所有人类能够理解的日期表示形式：
parse('Jan 31, 1997 10:45 PM')
#输出
datetime.datetime(1997, 1, 31, 22, 45)
```

datatime 只是开胃菜，Pandas 的时间序列才是正餐。时间序列 Pandas 最基本的时间序列类型就是以时间戳为索引的 Series，这里的时间戳通常以 Python 字符串或 datatime 对象表示。

例 14-95　时间序列

```
from datetime import datetime
dates = [datetime(2011, 1, 2), datetime(2011, 1, 5),
         datetime(2011, 1, 7), datetime(2011, 1, 8),
         datetime(2011, 1, 10), datetime(2011, 1, 12)]
ts = pd.Series(np.random.randn(6), index = dates)
ts
#输出
2011-01-02   -0.204708
2011-01-05    0.478943
2011-01-07   -0.519439
2011-01-08   -0.555730
2011-01-10    1.965781
2011-01-12    1.393406
dtype: float64
```

这些 datetime 对象实际上是被放在一个 DatetimeIndex 中的，跟其他 Series 一样，不同索引时间序列之间的算术运算会自动按日期对齐。

例 14-96　DatetimeIndex 储存时间对象

```
ts.index
#输出
DatetimeIndex(['2011-01-02', '2011-01-05', '2011-01-07', '2011-01-08',
               '2011-01-10', '2011-01-12'],
              dtype = 'datetime64[ns]', freq = None)
```

```
ts + ts[::2]
#输出
2011-01-02   -0.409415
2011-01-05         NaN
2011-01-07   -1.038877
2011-01-08         NaN
2011-01-10    3.931561
2011-01-12         NaN
dtype: float64
```

Pandas 用 NumPy 的 datetime64 数据类型以纳秒形式存储时间戳，而 DatetimeIndex 中的各个标量值是 Pandas 的 Timestamp 对象。

例 14-97　datatime64 数据类型

```
ts.index.dtype
#输出
dtype('<M8[ns]')
```

```
stamp = ts. index[0]
stamp
#输出
Timestamp('2011-01-02 00:00:00')
```

只要有需要，Timestamp 可以随时自动转换为 datetime 对象。此外，它还可以存储频率信息，且知道如何执行时区转换以及其他操作。根据标签索引选取数据时，时间序列和其他的 pandas. Series 很像。

例 14-98　根据索引选取时间数据

```
stamp = ts. index[2]
ts[stamp]
#输出
- 0. 51943871505673811
```

还有一种更为方便的用法，即传入一个可以被解释为日期的字符串，具体如下。

```
ts['1/10/2011']
#输出
1. 9657805725027142
```

```
ts['20110110']
#输出
1. 9657805725027142
```

对于较长的时间序列，只需传入"年"或"年月"即可轻松选取数据的切片。

```
longer_ts = pd. Series(np. random. randn(1000),index = pd. date_range('1/1/2000', peri-
ods = 1000))
longer_ts


#输出
2000-01-01    0.092908
2000-01-02    0.281746
2000-01-03    0.769023
2000-01-04    1.246435
2000-01-05    1.007189
......
#中间省略若干行数据
......
2001-12-24    - 0.454869
2001-12-25    - 0.864547
2001-12-26    1.129120
2001-12-27    0.057874
2001-12-28    - 0.433739
```

```
2001-12-29    0.092698
2001-12-30   -1.397820
2001-12-31    1.457823
Freq: D, Length: 365,dtype: float64
```

例 14-99　使用 dateime 进行切片

```
ts[datetime(2011,1,7):]
#输出
2011-01-07   -0.519439
2011-01-08   -0.555730
2011-01-10    1.965781
2011-01-12    1.393406
dtype: float64
```

由于大部分时间序列数据都是按照时间先后排序的，因此用户也可以用不存在于该时间序列中的时间戳对其进行切片，也就是范围查询。

例 14-100　范围查询

```
ts
#输出
2011-01-02   -0.204708
2011-01-05    0.478943
2011-01-07   -0.519439
2011-01-08   -0.555730
2011-01-10    1.965781
2011-01-12    1.393406
dtype: float64
```

```
ts['1/6/2011':'1/11/2011']
#输出
2011-01-07   -0.519439
2011-01-08   -0.555730
2011-01-10    1.965781
dtype: float64
```

跟之前一样可以传入字符串日期、datetime 或 Timestamp。注意，这样切片所产生的是原时间序列的视图，跟 NumPy 数组的切片运算是一样的。这意味着，没有数据被复制，对切片进行修改会反映到原始数据上。

Pandas 中的原生时间序列一般被认为是不规则的，也就是说，它们没有固定的频率。对于大部分应用程序而言，这是无所谓的。但是，它常常需要以某种相对固定的频率进行分析，比如每日、每月、每 15 分钟等（这样自然会在时间序列中引入缺失值）。幸运的是，Pandas 有一整套标准时间序列频率以及用于重采样、频率推断、生成固定频率日期范围的工具。例如，我们要将之前那个时间序列转换为一个具有固定频率（每日）的时间序列时，只需调用 resample 即可。

例 14-101　固有频率采样

```
ts
resampler = ts.resample('D')
#输出
2011-01-02   -0.204708
2011-01-05    0.478943
2011-01-07   -0.519439
2011-01-08   -0.555730
2011-01-10    1.965781
2011-01-12    1.393406
dtype: float64
```

D 是每天的意思。大家都知道 range 是范围取值的意思，可以猜到 pandas.date_range 是可用于根据指定的频率生成指定长度的 DatetimeIndex。

例 14-102　取范围数值

```
index = pd.date_range('2012-04-01', '2012-06-01')


index
#输出
DatetimeIndex(['2012-04-01', '2012-04-02', '2012-04-03', '2012-04-04',
               '2012-04-05', '2012-04-06', '2012-04-07', '2012-04-08',
               '2012-04-09', '2012-04-10', '2012-04-11', '2012-04-12',
               '2012-04-13', '2012-04-14', '2012-04-15', '2012-04-16',
               '2012-04-17', '2012-04-18', '2012-04-19', '2012-04-20',
               '2012-04-21', '2012-04-22', '2012-04-23', '2012-04-24',
               '2012-04-25', '2012-04-26', '2012-04-27', '2012-04-28',
               '2012-04-29', '2012-04-30', '2012-05-01', '2012-05-02',
               '2012-05-03', '2012-05-04', '2012-05-05', '2012-05-06',
               '2012-05-07', '2012-05-08', '2012-05-09', '2012-05-10',
               '2012-05-11', '2012-05-12', '2012-05-13', '2012-05-14',
               '2012-05-15', '2012-05-16', '2012-05-17', '2012-05-18',
               '2012-05-19', '2012-05-20', '2012-05-21', '2012-05-22',
               '2012-05-23', '2012-05-24', '2012-05-25', '2012-05-26',
               '2012-05-27', '2012-05-28', '2012-05-29', '2012-05-30',
               '2012-05-31', '2012-06-01'],
              dtype = 'datetime64[ns]', freq = 'D')
```

默认情况下，date_range 会产生按天计算的时间点。如果只传入起始或结束日期，那就还得传入一个表示一段时间的数字。

例 14-103 data_range 查询方法

```
pd. date_range(start = '2012-04-01', periods = 20)
#输出
DatetimeIndex(['2012-04-01', '2012-04-02', '2012-04-03', '2012-04-04',
               '2012-04-05', '2012-04-06', '2012-04-07', '2012-04-08',
               '2012-04-09', '2012-04-10', '2012-04-11', '2012-04-12',
               '2012-04-13', '2012-04-14', '2012-04-15', '2012-04-16',
               '2012-04-17', '2012-04-18', '2012-04-19', '2012-04-20'],
              dtype = 'datetime64[ns]', freq = 'D')
```

```
pd. date_range(end = '2012-06-01', periods = 20)
#输出
DatetimeIndex(['2012-05-13', '2012-05-14', '2012-05-15', '2012-05-16',
               '2012-05-17', '2012-05-18', '2012-05-19', '2012-05-20',
               '2012-05-21', '2012-05-22', '2012-05-23', '2012-05-24',
               '2012-05-25', '2012-05-26', '2012-05-27','2012-05-28',
               '2012-05-29', '2012-05-30', '2012-05-31', '2012-06-01'],
              dtype = 'datetime64[ns]', freq = 'D')
```

起始和结束日期定义了日期索引的严格边界。例如，想要生成一个由每月最后一个工作日组成的日期索引，可以传入 BM 频率（表示 business end of month），这样就只会包含时间间隔内符合频率要求的日期。

例 14-104 输入频率参数 BM

```
pd. date_range('2000-01-01', '2000-12-01', freq = 'BM')
#输出
DatetimeIndex(['2000-01-31', '2000-02-29', '2000-03-31', '2000-04-28',
               '2000-05-31', '2000-06-30', '2000-07-31', '2000-08-31',
               '2000-09-29', '2000-10-31', '2000-11-30'],
              dtype = 'datetime64[ns]', freq = 'BM')
```

最后再说一下时区问题，时间序列处理工作中最麻烦的就是对时区的处理，许多人选择以协调世界时（UTC，它是格林尼治标准时间的接替者，目前已经是国际标准了）来处理时间序列。时区是以 UTC 偏移量的形式表示的，例如夏令时期，纽约比 UTC 慢 4 小时，而在全年其他时间则比 UTC 慢 5 小时。

在 Python 中，时区信息来自第三方库 pytz，它使 Python 可以使用 Olson 数据库。这对历史数据非常重要，因为由于各地政府的各种突发奇想，夏令时转变日期已经发生过多次改变了。就拿美国来说，DST 转变时间自 1900 年以来就改变过多次。

例 14-105 时区转化

```
import pytz
pytz. common_timezones[-5:]
#输出
['US/Eastern', 'US/Hawaii', 'US/Mountain', 'US/Pacific', 'UTC']
```

要从 pytz 中获取时区对象，使用 pytz. timezone 即可。

```
tz = pytz. timezone('America/New_York')
tz
#输出
<DstTzInfo 'America/New_York' LMT-1 day, 19:04:00 STD>
```

Pandas 中的方法既可以接受时区名也可以接受这些对象，如果两个时间序列的时区不同，在将它们合并到一起时，最终结果就会是 UTC。由于时间戳其实是以 UTC 存储的，所以这是一个很简单的运算，并不需要发生任何转换。

例 14-106 不同时区的数据合并

```
rng = pd. date_range('3/7/2012 9:30', periods = 10, freq = 'B')
ts = pd. Series(np. random. randn(len(rng)), index = rng)
ts
#输出
2012-03-07 09:30:00    0.522356
2012-03-08 09:30:00   -0.546348
2012-03-09 09:30:00   -0.733537
2012-03-12 09:30:00    1.302736
2012-03-13 09:30:00    0.022199
2012-03-14 09:30:00    0.364287
2012-03-15 09:30:00   -0.922839
2012-03-16 09:30:00    0.312656
2012-03-19 09:30:00   -1.128497
2012-03-20 09:30:00   -0.333488
Freq: B,dtype: float64
```

```
ts1 = ts[:7]. tz_localize('Europe/London')
ts2 = ts1[2:]. tz_convert('Europe/Moscow')
result = ts1 + ts2
result. index
#输出
DatetimeIndex(['2012-03-07 09:30:00 +00:00', '2012-03-08 09:30:00 +00:00',
               '2012-03-09 09:30:00 +00:00', '2012-03-12 09:30:00 +00:00',
               '2012-03-13 09:30:00 +00:00', '2012-03-14 09:30:00 +00:00',
               '2012-03-15 09:30:00 +00:00'],
              dtype = 'datetime64[ns, UTC]', freq = 'B')
```

14.7 【实战】手把手教你分析药店销售数据

到现在为止我们已经掌握了很多数据分析的基础知识和技巧，是时候把它们用起来了，下面将以具体实操案例的形式，带领大家一起完整地走一遍数据分析的流程。

扫码看教学视频

一般来说，数据分析的基本过程包括以下几个步骤：首先是提出问题，即我们想要知道的指标，像平均消费额、客户的年龄分布、营业额变化趋势等；然后是导入数据，把原始数据源导入 Jupyter Notebook 中，如网络爬虫、数据读取等；其次是数据清洗，数据清洗是指发现并纠正数据文件中可识别的错误，检查数据一致性，处理无效值和缺失值等；接着是构建模型，高级的模型构建会使用深度学习的算法；最后是数据可视化，使用 matplotib 库等绘制图形。

数据准备工作，如图 14-3 所示。原始数据是从网上下载的开源数据，读者可从随书资源中获取。

图 14-4　部分药品销售数据

现在我们想知道的信息有：月均消费额、月均消费次数、客单价和消费趋势。

14.7.1　理解数据

读取 Excel 数据时路径中最好不要有中文或者特殊符号，不然路径会提示错误或找不到，最好将文件放到一个简单的英文路径下。

例 14-107　读取数据

```
import pandas as pd
fileNameStr = 'D:\朝阳医院 2018 年销售数据.xlsx'          #读取 Ecxcel 数据
xls = pd.ExcelFile(fileNameStr, dtype = 'object')
salesDf = xls.parse('Sheet1', dtype = 'object')
salesDf.head()          #打印出前 5 行,以确保数据运行正常
```

即可获取所有数据的前五行数据，输出效果如图 14-5 所示。

	购药时间	社保卡号	商品编码	商品名称	销售数量	应收金额	实收金额
0	2018-01-01 星期五	001616528	236701	强力VC银翘片	6	82.8	69
1	2018-01-02 星期六	001616528	236701	清热解毒口服液	1	28	24.64
2	2018-01-06 星期三	0012602828	236701	感康	2	16.8	15
3	2018-01-11 星期一	0010070343428	236701	三九感冒灵	1	28	28
4	2018-01-15 星期五	00101554328	236701	三九感冒灵	8	224	208

图 14-5　前 5 行数据

这段代码是把字符串类型的数据转换成日期格式。传入的格式是原始数据的日期格式 format = '% Y – % m – % d'，固定写法：Y 表示年、m 表示月、d 表示日。errors = 'coerce' 表示如果原始数据不符合日期的格式，转换后的值为空值 NaT。因为不符合格式的日期被转变为了空值需要删除，所以转换之后还要运行一次删除空值的代码。

```
salesDf. shape              #有多少行,多少列
(6578, 7)
salesDf. dtypes             #查看每列的数据类型
购药时间      object
社保卡号      object
商品编码      object
商品名称      object
销售数量      object
应收金额      object
实收金额      object
dtype: object
```

14.7.2　数据清洗

清洗数据很重要也很繁琐，一般分两步进行，首先选择子集（由于本案例数据量少且单一，所以不做子集规划）；第二步，重新命名列名。

例 14-108　清洗数据

```
colNameDict = {'购药时间':'销售时间'}                    #将'购药时间'改为'销售时间'
salesDf. rename(columns = colNameDict,inplace = True)
salesDf. head()                                      #查看前五行
```

对存储数据集的表格进行列名修改，把购药时间改为销售时间，最后再获取前 5 行数据，如图 14-6 所示。

	销售时间	社保卡号	商品编码	商品名称	销售数量	应收金额	实收金额
0	2018-01-01 星期五	001616528	236701	强力VC银翘片	6	82.8	69
1	2018-01-02 星期六	001616528	236701	清热解毒口服液	1	28	24.64
2	2018-01-06 星期三	0012602828	236701	感康	2	16.8	15
3	2018-01-11 星期一	0010070343428	236701	三九感冒灵	1	28	28
4	2018-01-15 星期五	00101554328	236701	三九感冒灵	8	224	208

图 14-6　修改列名

这里我们要注意一个参数：inplace = False，数据框本身不会变，而会创建一个改动后新的数据框，默认的 inplace 是 False。本例为 inplace = True，数据框本身会改动。

14.7.3　缺失数据处理

Python 缺失值有 None、NA 和 NaN 3 种，Python 内置的为 None 值。在 Pandas 中，将缺失值表示为 NA，表示不可用 not available。对于数值数据，Pandas 使用浮点值 NaN（Not a Number）表示缺失数据。

如果遇到 "...foloat 错误" 的错误提示，就是有缺失值，需要处理掉。

例14-109 缺失数据处理

```
print('删除缺失值前大小',salesDf. shape)
salesDf = salesDf. dropna(subset =['销售时间','社保卡号'],how = 'any') #删除列(销售
时间,社保卡号)中为空的行
print('删除缺失后大小',salesDf. shape)
#输出结果
删除缺失值前大小 (6578,7)
删除缺失后大小 (6575,7)
```

如果缺失数据太多，我们可以建立模型，使用插入值的方法来补充数据。

14.7.4 数据类型转换

一开始导入数据时，我们是将所有数据按字符串类型进行导入的，现在需要将销售数量、应收金额和实收金额数据类型改为数值类型。

例14-110 转换数据类型

```
salesDf['销售数量'] = salesDf['销售数量'].astype('float')
salesDf['应收金额'] = salesDf['应收金额'].astype('float')
salesDf['实收金额'] = salesDf['实收金额'].astype('float')
print('转换后的数据类型:\n',salesDf.dtypes)
#输出
转换后的数据类型:
销售时间     object
社保卡号     object
商品编码     object
商品名称     object
销售数量     float64
应收金额     float64
实收金额     float64
dtype: object
```

接下来，我们再来修改日期的格式。

例14-111 修改日期格式

```
def splitSaletime(timeColSer):
    timeList =[]
    for value intimeColSer:          #例如 2018-01-01 星期五,分割后为:2018-01-01
        dateStr =value. split(' ')[0]
        timeList. append(dateStr)
    timeSer =pd. Series(timeList)     #将列表转行为一维数据 Series 类型
    return timeSer


timeSer = salesDf. loc[:,'销售时间']   #获取"销售时间"这一列
dateSer = splitSaletime(timeSer)     #对字符串进行分割,获取销售日期
```

```
salesDf.loc[:,'销售时间']=dateSer      #修改销售时间这一列的值
salesDf.head()
```

这里定义的函数 def splitSaletime 的功能是用 split( )方法和用''分割字符串。在图 14-7 中可以看到，返回列表的第一个元素统一改成年-月-日的格式，去掉星期几。结果就是输入 time-ColSer 销售时间这一列，是个 Series 数据类型输出，分割后的时间返回也是 Series 数据类型。

	销售时间	社保卡号	商品编码	商品名称	销售数量	应收金额	实收金额
0	2018-01-01	001616528	236701	强力VC银翘片	6.0	82.8	69.00
1	2018-01-02	001616528	236701	清热解毒口服液	1.0	28.0	24.64
2	2018-01-06	0012602828	236701	感康	2.0	16.8	15.00
3	2018-01-11	0010070343428	236701	三九感昌灵	1.0	28.0	28.00
4	2018-01-15	00101554328	236701	三九感昌灵	8.0	224.0	208.00

图 14-7　修改日期格式

如果运行后抛出错误信息 AttributeError：'float' object has no attribute 'split'，是因为 Excel 中空的 cell 读入 Pandas 中是空值（NaN），这个 NaN 是个浮点类型，一般当作空值处理。所以要先去除 NaN，再进行分隔字符串。

如果使用 pd. to_ datetime 方法来将字符串转换为日期格式，传入的格式是原始数据的日期格式 format = '%Y-%m-%d' 的固定写法，即 Y 表示年、m 表示月、d 表示日。

例 14-112　字符串转换成日期

```
salesDf.loc[:,'销售时间']=pd.to_datetime(salesDf.loc[:,'销售时间'],
                                        format='%Y-%m-%d',
                                        errors='coerce')
salesDf.dtypes
#输出结果
销售时间      datetime64[ns]
社保卡号              object
```

```
商品编码              object
商品名称              object
销售数量             float64
应收金额             float64
实收金额             float64
dtype: object
```

14. 7. 5　数据排序

使用 pd. sort_ values 方法对数据进行排序时，by 表示按哪几列进行排序，ascending = True 表示升序排列，ascending = False 表示降序排列

例 14-113　排序示例

```
print('排序前的数据集')
salesDf.head()
```

图 14-8 和图 14-9 为对数据集进行排序的对比效果，准确地说应该是按销售日期进行升序排列。

排序前的数据集

	销售时间	社保卡号	商品编码	商品名称	销售数量	应收金额	实收金额
0	2018-01-01	001616528	236701	强力VC银翘片	6.0	82.8	69.0
2178	2018-01-01	0012697828	861464	复方利血平片(复方降压片)	4.0	10.0	9.4
1903	2018-01-01	0010060654328	861458	复方利血平氨苯蝶啶片(北京降压0号)	1.0	10.3	9.2
2457	2018-01-01	0011811728	861492	硝苯地平缓释片(伲福达)	1.0	20.0	18.0
1476	2018-01-01	0011811728	861456	酒石酸美托洛尔片(倍他乐克)	1.0	7.0	6.3

图 14-8　排序前的数据集

```
salesDf = salesDf.sort_values(by = '销售时间',      #按销售日期进行升序排列
                              ascending = True)
print('排序后的数据集')
salesDf.head(5)
```

排序后的数据集

	销售时间	社保卡号	商品编码	商品名称	销售数量	应收金额	实收金额
0	2018-01-01	001616528	236701	强力VC银翘片	6.0	82.8	69.0
2698	2018-01-01	0013448228	861507	苯磺酸氨氯地平片(安内真)	1.0	9.5	8.5
264	2018-01-01	00101470528	236709	心痛定	4.0	179.2	159.2
6230	2018-01-01	0010015658428	861405	苯磺酸氨氯地平片(络活喜)	2.0	69.0	62.0
1475	2018-01-01	00107891628	861456	酒石酸美托洛尔片(倍他乐克)	2.0	14.0	12.6

图 14-9　排序后的数据集

排序后发现序列号乱掉了，所以接下来使用 reset_index 方法生成从 0 到 *N* 按顺序的索引值来对行号进行重命名。

例 14-114　重新设置列行号

```
salesDf = salesDf.reset_index(drop = True)
salesDf.head()
```

图 14-10 为重新设置列行号的效果，即把原来的列行号 0、2698、264、6230、1475 变成了 0、1、2、3、4。

	销售时间	社保卡号	商品编码	商品名称	销售数量	应收金额	实收金额
0	2018-01-01	001616528	236701	强力VC银翘片	6.0	82.8	69.0
1	2018-01-01	0013448228	861507	苯磺酸氨氯地平片(安内真)	1.0	9.5	8.5
2	2018-01-01	00101470528	236709	心痛定	4.0	179.2	159.2
3	2018-01-01	0010015658428	861405	苯磺酸氨氯地平片(络活喜)	2.0	69.0	62.0
4	2018-01-01	00107891628	861456	酒石酸美托洛尔片(倍他乐克)	2.0	14.0	12.6

图 14-10　重新列出行号

注意，对于小规模的数据排序是很快的，也不需要占用太多资源。但是在大规模的数据环境中，运行排序需要考虑清楚，因为海量数据排序是最消耗资源的操作。

14.7.6　异常值处理

要进行异常值的处理，首先我们用 describe( ) 方法查看数据框中所有数据每列的描述统

计信息。

例 14-115　显示统计信息

```
salesDf.describe()
```

图 14-11 显示了获取统计数据的信息，其中 count 为总数，mean 为平均数，std 为标准差，min 为最小值，25% 为下四分位数，50% 为中位数，75% 为上四分位数，max 为最大值。

	销售数量	应收金额	实收金额
count	6575.000000	6575.000000	6575.000000
mean	2.385095	50.478935	46.321582
std	2.373702	87.607883	80.987682
min	-10.000000	-374.000000	-374.000000
25%	1.000000	14.000000	12.320000
50%	2.000000	28.000000	26.600000
75%	2.000000	59.600000	53.000000
max	50.000000	2950.000000	2650.000000

图 14-11　统计信息

我们发现最小值出现了小于 0 的情况，分析应该是记录过程中出现错误所致。接下来删除异常值，通过条件判断筛选出销售数量大于 0 的数据。

例 14-116　删除异常值

```
#设置查询条件
querySer = salesDf.loc[:,'销售数量'] > 0
```

```
#应用查询条件
print('删除异常值前:',salesDf.shape)
salesDf = salesDf.loc[querySer,:]
print('删除异常值后:',salesDf.shape)
#输出参数
删除异常值前：(6575,7)
删除异常值后：(6532,7)
```

这样，就算基本完成数据清洗的步骤了。

14.7.7　构建模型

做数据分析的时候，有一个很重要的过程，就是搭建数据指标体系。对于指标体系，大部分图书中的定义是，指标体系是由一系列具有相互联系的指标所组成的整体，可以从不同的角度客观地反映现象总体或样本的数量特征。概念总是比较难以理解的，举个例子，就好比太阳系，它也是个体系，由恒星、行星、卫星等组成的整体。九大行星以太阳为核心游走于自己的轨迹，单独把地球、太阳拿出来，则不叫太阳系，随便找出几颗其他的行星，也不叫太阳系。总之，指标体系中的指标彼此间要存在逻辑关系，单独一个指标或毫无关系的指标都不能称作指标体系。

本案例的第一个指标：月均消费次数 = 总消费次数/月数。

如果同一天内、同一个人发生的所有消费算作一次消费，根据销售时间和社保卡号，如果这两个列值同时相同，则使用 drop_duplicates 将重复的数据删除，只保留 1 条。

例 14-117　总消费次数

```
kpi1_Df = salesDf.drop_duplicates(
    subset =['销售时间','社保卡号']
)
totalI = kpi1_Df.shape[0]              #总消费次数————有多少行

print('总消费次数 = ',totalI)
总消费次数 = 5363
```

计算月份数时，我们要知道最早一笔消费的时间和最晚一笔消费的时间。

例 14-118　最早一笔消费时间

```
#第 1 步:按销售时间升序排序
kpi1_Df = kpi1_Df.sort_values(by ='销售时间', ascending = True)
kpi1_Df = kpi1_Df.reset_index(drop = True)      #重命名行名(index)

#第 2 步:获取时间范围
startTime = kpi1_Df.loc[0,'销售时间']           #最小时间值
endTime = kpi1_Df.loc[totalI-1,'销售时间']      #最大时间值

#第 3 步:计算月份数

daysI = (endTime-startTime).days               #天数
monthsI = daysI//30                            #月份数:运算符"//"表示取整除,返回商的
整数部分,例如 9//2 输出结果是 4
print('月份数:',monthsI)

#输出
月份数:6
```

用天数/30 计算月份数，舍弃余数，最终计算月均消费次数 = 总消费次数/月份数。

例 14-119　月均消费次数

```
kpi1_I = totalI // monthsI
print('业务指标 1:月均消费次数 = ',kpi1_I)

#输出
业务指标 1:月均消费次数 = 890
```

第二个指标：月均消费金额 = 总消费金额/月份数，总消费金额等于实收金额取和，用 sum 函数很快就能得出。

例 14-120 月均消费金额

```
totalMoneyF = salesDf.loc[:,'实收金额'].sum()   #总消费金额
monthMoneyF = totalMoneyF / monthsI              #月均消费金额
print('业务指标2:月均消费金额 = ',monthMoneyF)
业务指标2:月均消费金额 = 50668.35166666666
```

第三个指标:客单价=平均交易金额=总消费金额/总消费次数

例 14-121 客单价

```
'''
totalMoneyF:总消费金额
totalI:总消费次数
'''
pct = totalMoneyF / totalI
print('客单价:',pct)
#输出
客单价: 56.909417821040805
```

第四个指标：消费趋势。在进行操作之前，先把数据复制到另一个数据框中，防止对之前清洗后的数据框造成影响。

例 14-122 消费趋势

```
#复制数据集
groupDf = salesDf


#第1步:重命名行名(index)为销售时间所在列的值
groupDf.index = groupDf['销售时间']

#第2步:分组
gb = groupDf.groupby(groupDf.index.month)

#第3步:应用函数,计算每个月的消费总额
mounthDf = gb.sum()


mounthDf
```

我们已经完成了多个业务指标的分析计算，到这里一个完整的数据分析流程就操作完了。本节介绍的数据分析流程包括提问、数据采集、清洗、探索、分析和结果交流，并讲解了总体和样本、相关性和因果性、调研和实验等统计学中的相关概念。

第 15 章
深度学习应用领域

人工智能毫无疑问是当前最热门的领域，这个领域又可以分成好多技术方向，而深度学习毫无疑问又是诸多方向中最引人注目的。开始学习深度学习之前让我们先说一下大数据、数据科学、深度学习和人工智能之间的联系与区别。可以这样理解，数据科学是一门侧重统计分析的学科，大数据是数据科学里最热门的一个方向，而人工智能很大程度上依赖大数据，没有数据，人工智能很多算法难以运行，而深度学习可视为人工智能的一个分支，或者说深度学习是实现人工智能的一个技术手段。

扫码获取本章代码

那么数据分析和深度学习又有什么区别呢？数据分析和深度学习就像一座山峰的两个侧面，前者侧重于使用统计分析等方法解决业务问题，为了更好地解决问题也会用到算法模型，输出一般包括分析报告、统计报表、辅助决策建议等偏重业务决策的结论和分析。后者侧重于工程和算法研究及应用，主要通过算法和模型解决面向工程和产品化应用的问题，因此输出一般不是具体的可见物，而是工程中核心、智能化的部分。

其实这几个概念是一个程度深浅的问题，数据科学和大数据是基础，是其他技术发展的燃料，没有这两者，其他的都是空中楼阁。这几项技术的发展对于整个社会来说终究是有益的，有人会怀疑人工智能的未来方向，比如人工智能对于各行业来讲，会不会消灭大量的职位，未来会不会发生机器危害人类的事件？可以确定的是，人类会竭尽全力来保证人工智能的发展对人类及环境起到有意义的促进作用。正如智能家居、路线导航、外卖服务、物流配送等，无论人类愿意与否，我们生活中的各种场景及行为正在被 AI 拆解为一个个需求模块，在重构了生产资料与劳动力之间的关系后，重新嵌入社会、经济的各个环节，人们明确感受到 AI 所带来的价值所在，这也是人工智能的价值。其实，更符合普遍意义上人类共同利益的是，只有当人工智能与普罗大众的生产生活真正建立起强关联时，才能做到真正的普惠大众、服务大众，即普惠人工智能。

15.1 谈谈数学的重要性

深度学习的特点就是以计算机为工具和平台，以数据为研究对象，以学习方法为中心，是概率论、线性代数、数值计算、信息论、最优化理论和计算机科学等多个领域的交叉学科。这是统计学、概率学、计算机科学以及算法的交叉领域，是通过从数据中的迭代学习去发现能够被用来构建智能应用的隐藏知识。尽管深度学习有着无限可能，然而为了更好地掌握算法的内部工作机理和得到较好的结果，对大多数这些技术有一个透彻的数学理解是必要的。因为我们尝试着去理解一个像深度学习一样的交叉学科时，主要问题是理解这些技术所需要的数学知识的量以及必要的水平。关于深度学习的数学公式和理论进步正在研究之中，而且一些研究者正在挖掘更加先进的技术。下面我们来说明要成为一个深度学习科学家/工程师所需要的最低的数学水平以及每个数学概念的重要性。

1. 线性代数

线性代数是 21 世纪的数学，在深度学习领域中，线性代数无处不在。主成分分析（PCA）、奇异值分解（SVD）、矩阵的特征分解、LU 分解、QR 分解、对称矩阵、正交化和正交归一化、矩阵运算、投影、特征值和特征向量、向量空间和范数（Norms）等，都是理解深度学习中所使用的优化方法所需要的。

令人惊奇的是，现在有很多关于线性代数的在线教育资源。由于大量教育资源在互联网是可以获取的，因而传统的教学方式也趋于转型。这里推荐的线性代数课程是由 MIT Courseware 提供的，公网上就有免费资源，大家可以自行下载。

2. 概率论和统计学

深度学习和统计学并不是迥然不同的领域。事实上，最近就有人将深度学习定义为"在机器上做统计"。深度学习需要的一些概率和统计理论分别是：组合、概率规则和公理、贝叶斯定理、随机变量、方差和期望、条件和联合分布、标准分布（伯努利、二项式、多项式、均匀和高斯）、矩母函数（Moment Generating Functions）、最大似然估计（MLE）、先验和后验、最大后验估计（MAP）和抽样方法。

3. 多元微积分

一些必要的主题包括微分和积分、偏微分、向量值函数、方向梯度、海森、雅可比、拉普拉斯、拉格朗日分布。

4. 算法和复杂优化

这对理解我们深度学习算法的计算效率、可扩展性以及利用我们的数据集中稀疏性很重要。需要的知识有数据结构（二叉树、散列、堆、栈等）、动态规划、随机和子线性算法、图论、梯度/随机下降和原始对偶方法。

5. 其他

这包括以上四个主要领域没有涵盖的数学主题，它们是实数和复数分析（集合和序列、拓扑学、度量空间、单值连续函数、极限）、信息论（熵和信息增益）、函数空间和流形学习。

看到上面所描述的数学知识，估计会有好多人打退堂鼓。别忙，其实需要多少数学基础，取决于你要在深度学习或 AI 领域扎根多深。如果只是应付工作，那简单了，现成就能用的东西越来越多，例如 DataBot、H2O、Scikit-learn、Keras、TensorFlow、PyTorch 等等。无论选择了哪种解决方案，采用了何种自动调整和选择的算法，都得需要一些统计数据才能说明你的模型有效果。想进一步提升自己，还可以花更多时间学习特征提取、数据工程，好好研究一下上面提到的几个工具包，特别是其中的模型。如果想研发新的技术和算法，还得统计数据。那些已经大量使用的深度学习和 AI 框架，其实只是顶着一个数学的帽子，你完全可以把它们当成可靠的黑盒系统来用，没必要理解模型的生成过程和设置。很多工具可以告诉你哪些算法对你的数据最有意义，甚至能帮你找出最有效的那种，因此现在已经不是非得有个博士学位才能干这行了。不过，即便你能干的事情跟博士、科学家差不多，也不意味着有人会雇你。雇主还是会看重数学、计算机科学或相关领域的博士学位。但这些可能更多出于其他方面因素的考量，而不是搞深度学习或 AI 的必要条件。

本书的目的是应用，而非理论研究，所以数学方面的知识够用即可，只会顺带提一提，并不会用太多篇幅讲解。

15.2 PyTorch 是什么

PyTorch 是一个非常有可能改变深度学习领域前景的 Python 框架，也是一个提供深度学习开发的平台。深度学习发展到今天，人工智能的框架之争只剩下 PyTorch 和 TensorFlow 两个实力玩家。两个框架发展到现在也越来越像了，即出现了融合的趋势，二者现在都可以在动态 eagerexecution 模式或静态图模式下运行。现在 PyTorch 已经更新到 1.4 版本，增加了不少新特性来迎合产业界，在谷歌云的 TPU 上运行起来也更加容易。在学术界，PyTorch 的社区也在不断扩大，除了最近的 OpenAI，深度学习开源框架 Chainer 的维护者也于去年底宣布，该团队今后将不再进行 Chainer 的重大升级，今后的研究方向将转向 PyTorch。与此同时 TensorFlow 2.0 也引入了不少新的特性，使得 API 更加精简，对大脑更加友好。此外，TensorFlow 还集成了 Keras 作为其前端和高级 API。与 PyTorch 相比，TensorFlow 在产品和边缘设备深度学习中仍然拥有更加丰富的功能，但是 PyTorch 中类似的功能也在逐渐完善。

PyTorch 从 2018 年全面被 TensorFlow 碾压到 2019 年两者的旗鼓相当，它的发展势头非常迅猛。在深度学习的顶级峰会上，PyTorch 的相关论文增速大幅超越 TensorFlow 的相关论文。我们已经学会了使用 Anaconda，但是 Anaconda 是不包含 PyTorch 模块的，所以需要下载和安装 PyTorch 模块，本节我们就来详细聊聊 PyTorch。

首先打开 Anaconda Prompt，然后依次输入以下命令。

例 15-1　安装 PyTorch 模块

```
( base ) C: \ Users \ cccheng > conda config--add channels https://mirrors. tuna. tsinghua. edu. cn/anaconda/pkgs/free/
( base ) C: \ Users \ cccheng > conda config--add channels https://mirrors. tuna. tsinghua. edu. cn/anaconda/pkgs/main/
(base) C: \Users \cccheng >conda config--set show_channel_urls yes
( base ) C: \ Users \ cccheng > conda config--add channels https://mirrors. tuna. tsinghua. edu. cn/anaconda/cloud/pytorch/
(base) C: \Users \cccheng >conda install pytorch torchvision
```

下载地址为 https：//mirrors. tuna. tsinghua. edu. cn/help/anaconda/，这里使用的是清华大学的资源，因为国内的资源下载速度更快。注意，PyTorch 分为 CPU 和 GPU 两个版本，这里我们使用的是 CPU 版本。

安装成功后输入 import torch 进行验证。

```
from _future_ import print_function
import torch
```

可能有人会问，既然 PyTorch 有这么多优良的特性，那为什么以前没有听说过呢？其实 PyTorch 并不是新事物，它的前辈称为 Torch，这是一个与 NumPy 类似的张量（Tensor）操作库，与 NumPy 不同的是 Torch 对 GPU 的支持很好，Lua 是 Torch 的上层包装。PyTorch 和 Torch 使用包含所有相同性能的 C 库：TH、THC、THNN 和 THCUNN，并且未来它们也将继续共享这些库。这样很明确了，PyTorch 和 Torch 使用的是相同的底层，只是使用了不同的上层包装语言。LUA 语言虽然快，但是太小众了，所以才会有 PyTorch 的出现。PyTorch 是一个基于 Torch 的 Python 开源深度学习库，用于自然语言处理等应用，主要由 Facebook 的人工智能研究小组开发，顺便说下 Uber 的 Pyro 也是使用这个库。

最后总结一下，PyTorch 就是一个 Python 包，有两个高级功能：第一，具有强大的 GPU 加速的张量计算，如 NumPy；第二，包含自动求导系统的深度神经网络。

15.3　PyTorch 基础

PyTorch 算是相当简洁、优雅且高效的框架，设计初期就追求用最少的封装，尽量避免重复制造轮子。PyTorch 本质上是 NumPy 的替代者，而且支持 GPU、带有高级功能，可以用来搭建和训练深度神经网络。如果熟悉 NumPy、Python 以及常见的深度学习概念（卷积层、循环层、SGD 等），会非常容易上手 PyTorch。

15.3.1　张量

物理学也有张量（Tensor）这个概念，但深度学习的张量和物理学上的张量讲的可不是一个概念。那到底什么是张量呢？张量是多维数组的泛概念。我们通常称一维数组为向量，二维数组为矩阵，但其实这些都是张量的一种，以此类推，也会有三维张量、四维张量以及五维张量。那么零维张量是什么呢？其实零维张量就是一个数。为了加深大家对张量概念的理解，举一个简单的例子。如用户对电影的评分可以用一个二维矩阵来表示，再把时间因素也考虑进去，就变成了一个三维数组，那么我们就称这一数组是一个三维张量。其实在某些方面，张量和多维度数据是对等的。张量非常适合去表示多维度的数据，它通过多维度数据来捕捉用户间的内在联系。

通常情况下张量是动态增长的，这种增长一般可以用三种形式来实现。第一种是维度的增长，比如只考虑用户时间、电影和评分来进行张量建模，那么这个张量只有三个维度。如果再把电影主题也加进去，那么就从一个三维张量增长成了四维张量，这就是所谓维度上的增长。第二种增长是维度中数据的增长，如现在有用户、时间和电影这三个维度，但是还会有新的用户，也会有新的电影，时间也是逐渐增长的，所以每个维度也会自然增长，但是维度个数始终是固定的，这就是第二种增长，即维度中数据的增长。最后一种增长是观测数据的增长，这个最难理解。比如说维度的个数是固定的，三个维度——用户、时间、电影，那么每个维度上的数量也是固定的，但是呢，我们可能一开始只获取了部分数据，而后面会获取越来越多的数据，就形成了一种观测数据的增长，所以这也是一种张量的增长方式。

从工程角度来讲，可简单地认为张量就是一个数组，且支持高效的科学计算。它可以是一个数（标量）、一维数组（向量）、二维数组（矩阵）和更高维的数组（高阶数据）。

例 15-2　张量的表示

```
#纯量(只有大小)
S =199c
#向量(大小和方向)
V =[1, 2, 3]
#矩阵(数据表)
N =[1, 2, 3], [4, 5, 6], [7, 8, 9]
#3 阶张量(数据立方体)
T = ([[ -0. 3720, -0. 7383, 0. 9766],
    [ -0. 5021, 1. 5921, 0. 6720],
    [ -0. 1705, 1. 5004, 0. 6331],
    [ 1. 6842, -0. 2357, 1. 0915],
    [ 1. 2650, -0. 5030, -0. 7817]])
```

张量（Tensor）是 PyTorch 中重要的数据结构，可认为它是一个高维数组。Tensor 和 NumPy 中的 ndarrays 类似，但 Tensor 可以使用 GPU 进行加速计算。创建 Tensor 的方法为 torch. Tensor（∗ sizes），它可以随机创建指定形状的 Tensor。需要注意的是，使用该方法创建 Tensor 时，系统不会马上分配空间，而是计算剩余的内存是否足够使用，使用到 Tensor 时才会分配空间。

例 15-3　创建一个未初始化的 5×3 矩阵

```
In [2]:
from _future_ import print_function
import torch
x = torch. empty(5, 3)
print(x)
#输出

tensor([[0. 0000, 0. 0000, 0. 0000],
        [0. 0000, 0. 0000, 0. 0000],
        [0. 0000, 0. 0000, 0. 0000],
        [0. 0000, 0. 0000, 0. 0000],
        [0. 0000, 0. 0000, 0. 0000]])
```

例 15-4　创建一个随机初始化的矩阵

```
In [3]:
x = torch. rand(5, 3)
print(x)
#输出
tensor([[0. 6972, 0. 0231, 0. 3087],
```

```
        [0.2083, 0.6141, 0.6896],
        [0.7228, 0.9715, 0.5304],
        [0.7727, 0.1621, 0.9777],
        [0.6526, 0.6170, 0.2605]])
```

PyTorch 定义了七种 CPU Tensor 类型和八种 GPU Tensor 类型，涉及 long 类型、半精度浮点类型、int 类型、double 类型、double 类型、float 类型、char 类型、byte 类型和 short 类型等。

例 15-5　创建数据类型为 long 的值为 0 的矩阵

```
In [4]:
x = torch.zeros(5, 3, dtype = torch.long)
print(x)
#输出
tensor([[0, 0, 0],
        [0, 0, 0],
        [0, 0, 0],
        [0, 0, 0],
        [0, 0, 0]])
```

例 15-6　创建张量且数据初始化

```
x = torch.tensor([5.5, 3])
print(x)
#输出
tensor([5.5000, 3.0000])
```

例 15-7　张量赋值

```
x = x.new_ones(5, 3, dtype = torch.double)    # new_* 方法来创建对象
print(x)
x = torch.randn_like(x, dtype = torch.float)   #覆盖 dtype!
print(x)                        #对象的 size 是相同的,只是值和类型发生了变化
#输出
tensor([[1., 1., 1.],
        [1., 1., 1.],
        [1., 1., 1.],
        [1., 1., 1.],
        [1., 1., 1.]], dtype = torch.float64)

tensor([[ 0.5691, -2.0126, -0.4064],
        [-0.0863,  0.4692, -1.1209],
        [-1.1177, -0.5764, -0.5363],
        [-0.4390,  0.6688,  0.0889],
        [ 1.3334, -1.1600,  1.8457]])
```

例 15-8　获取 Size

```
In [8]:
print(x.size())
torch.Size([5, 3])
```

size( )返回值是 tuple 类型，所以它支持 tuple 类型的所有操作。

普通数字可以做计算，张量也可以，下面我们来看一下加法运算。

例 15-9　加法

```
In [9]:
y = torch.rand(5, 3)
print(x + y)
#输出
tensor([[ 0.7808, -1.4388,  0.3151],
        [-0.0076,  1.0716, -0.8465],
        [-0.8175,  0.3625, -0.2005],
        [ 0.2435,  0.8512,  0.7142],
        [ 1.4737, -0.8545,  2.4833]])
#另外一种方式
In [10]:
print(torch.add(x, y))
#输出
tensor([[ 0.7808, -1.4388,  0.3151],
        [-0.0076,  1.0716, -0.8465],
        [-0.8175,  0.3625, -0.2005],
        [ 0.2435,  0.8512,  0.7142],
        [ 1.4737, -0.8545,  2.4833]])
```

例 15-10　使用 Tensor 作为参数

```
In [11]:
result = torch.empty(5, 3)
torch.add(x, y, out = result)
print(result)
tensor([[ 0.7808, -1.4388,  0.3151],
        [-0.0076,  1.0716, -0.8465],
        [-0.8175,  0.3625, -0.2005],
        [ 0.2435,  0.8512,  0.7142],
        [ 1.4737, -0.8545,  2.4833]])
In [12]:
# adds x to y
y.add_(x)
print(y)
```

```
tensor([[ 0.7808, -1.4388,  0.3151],
        [-0.0076,  1.0716, -0.8465],
        [-0.8175,  0.3625, -0.2005],
        [ 0.2435,  0.8512,  0.7142],
        [ 1.4737, -0.8545,  2.4833]])
```

那些能够改变 Tensor 本身的函数操作一般会用一个下画线后缀来表示。比如，torch. FloatTensor. abs_ ( )会在原地计算绝对值，并返回改变后的 Tensor，而 tensor. FloatTensor. abs ( )将会在一个新的 Tensor 中计算结果。也就是说，任何以 "_" 结尾的操作都会用结果替换原变量，例如：从 "x. copy_ （y）" 或 "x. t_ ()"，都会改变 x。

例 15-11　张量操作

```
print(x[:, 1])
tensor([-2.0126,  0.4692, -0.5764,  0.6688, -1.1600])
x = torch. randn(4, 4)
y = x. view(16)
z = x. view(-1, 8)  # size-1 从其他维度推断
print(x. size(), y. size(), z. size())
torch. Size([4, 4]) torch. Size([16]) torch. Size([2, 8])
```

torch. view 可以改变张量的维度和大小，其使用方法与 NumPy 中的 reshape 类似。此外，还可以使用与 NumPy 索引方式相同的操作对张量进行操作。Tensor 不仅支持与 numpy. ndarray 类似的索引操作，语法上也类似，而且索引出来的结果与原 Tensor 共享内存，即修改一个，另一个会跟着修改。

如果遇到只有一个元素的张量，可以使用 . item( )方法来得到 Python 数据类型的数值。

例 15-12　item 方法应用

```
x = torch. randn(1)
print(x)
print(x. item())
#输出
tensor([-0.2368])
-0.23680149018764496
```

例 15-13　使用 NumPy( )方法将 Tensor 转为 ndarray

```
a = torch. randn((3, 2))
# tensor 转化为 numpy
numpy_a = a. numpy()
print(numpy_a)
#输出
[[-0.6426085  -0.5601095 ]
 [ 0.728212    0.12606028]
 [ 0.7989762   0.05874513]]
```

Tensor 和 NumPy 对象共享内存,所以他们之间的转换很快,而且几乎不会消耗什么资源。但这也意味着,如果其中一个变了,另外一个也会随之改变。这是一个很有趣的特性,在项目中可以利用这一点来提高数据处理的性能。

15.3.2 自动求导

在学习自动求导(Autograd)之前,先来了解一个新概念——梯度。

梯度的本意是指一个向量(矢量),表示某一函数在该点处的方向导数沿着该方向取得最大值,即函数在该点处沿着该方向变化最快,变化率最大。梯度是有方向和大小的。数学家们发现了梯度,并广泛应用到计算机领域,发明了一种很有用的算法:梯度下降算法。什么是梯度下降算法呢?假设这样一个场景,一个人被困在山上,需要从山上下来,找到山的最低点也就是山谷。但不幸的是此时山上的浓雾很大,导致能见度很低。因此,下山的路径就无法确定,这个人必须利用自己周围的视野一步一步地找到下山的路。在这种不利情况下,他就可利用梯度下降算法来帮助自己走出困境。具体怎么做呢?首先,这个人应当以当前的所处位置为基准,寻找这个位置最陡峭的地方,朝着下降方向走一步,再继续以新的位置为基准,找最陡峭的地方,然后再走一步,直到最后到达最低处,也就是山谷处。这就是梯度下降算法的原理,同理上山也可以用这种方法,只不过这时候就变成梯度上升算法了。

既然已经明白了梯度下降的基本过程和下山的场景类似,下面我们就把求导的函数与梯度下降算法联系起来。首先,我们有一个可求导的函数,这个函数就代表着那座山。我们的目标是找到这个函数的最小值,也就是山底。根据之前的场景假设,最快的下山方式就是找到当前位置最陡峭的方向,然后沿着此方向向下走,映射到函数中,就是找到给定点的梯度,然后朝着梯度相反的方向,就能让函数值下降得最快,因为梯度的方向就是函数变化最快的方向。

我们明白了什么是梯度,下一步就可以开始学习如何训练神经网络。在神经网络中,科学家和工程师选择了一种聪明的方法去计算梯度,这个方法就是从后向前"反向"计算各层参数的梯度,即反向传播。反向传播(Backpropagation,BP)算法是训练神经网络最常用的算法,它的核心实际就是运用链式法则对复合函数求偏导数。这里就不详细讨论反向传播算法的原理了,简单来说这种方法利用了函数求导的链式法则,从输出层到输入层逐层计算模型参数的梯度值,只要模型中每个计算都能求导,那么这种方法就没问题,求导 Autograd 是上述所有概念的关键。

好,简单地介绍完基础概念,再回到 PyTorch 框架上。Autograd 是 PyTorch 乃至其他大部分深度学习框架中的重要组成部分,这个模块为张量上的所有操作提供了自动求导的技术支持。它是一个在运行时定义的框架,这意味着反向传播是根据代码来确定如何运行,并且每次迭代可以是不同的数值。它会有一个记录所有执行操作的记录器,之后再回放记录来计算梯度。这种技术在构建神经网络时尤其有效,因为这样可以通过计算前路参数的微分来节省时间。

举个例子,我们先创建一个张量并设置 requires_grad = True 来追踪其计算历史。

例 15-14 用 requires_grad = True 来追踪计算历史

```
import torch
x = torch.ones(2,2,requires_grad=True)
print(x)
```

```
y = x + 2
print(y)
print(y. grad_fn)
z = y * y * 3
out = z. mean()
print(z, out)

#输出
#tensor([[1., 1.],
         [1., 1.]], requires_grad = True)

tensor([[3., 3.],
        [3., 3.]], grad_fn = <AddBackward0>)

<AddBackward0 object at 0x0000022B37A54240>

tensor([[27., 27.],
        [27., 27.]], grad_fn = <MulBackward0>) tensor(27., grad_fn = <MeanBack-
ward0>)
```

　　首先创建一个张量并设置 requires_grad = True 用来追踪计算历史，然后对张量进行操作
y = x + 2。这样就计算出 y 为 3，求导 grad_fn 已经自动生成了。

例 15-15　修改 requires_grad 标志位

```
a = torch. randn(2,2)
a = ((a * 3) / (a-1))
print(a. requires_grad)
a. requires_grad_(True)
print(a. requires_grad)
b = (a * a). sum()
print(b. grad_fn)

out:
False
True
<SumBackward0 object at 0x000001EDFE054940>
```

　　. requires_grad_() 函数可以改变 Tensor 的标志位 requires_grad，但如果没有给定默认值，
则输入参数默认为 False；如果设置 . requires_grads 的参数为 True，它就会开始自动跟踪上面
的所有运算，如果做完了运算后再使用 . backward()，这些梯度就会自动运算出来，而且
Tensor 的梯度将会累加到 . grad 属性上。若要停止 Tensor 的历史记录，可以使用 . detch() 将
它从历史计算中分离出来，防止未来的计算被跟踪。此外，还有一种防止追踪历史的方法，
就是将代码块包含在 with torch. no_ grad() 中，这种方法在评估模型时很有用。

例 15-16　自动求导示例

```
x = torch. rand(5, 5, requires_grad = True)
x
#输出
tensor([[0.3812, 0.4704, 0.2005, 0.3708, 0.4034],
        [0.1323, 0.2609, 0.1776, 0.6890, 0.2543],
        [0.5157, 0.9168, 0.3924, 0.2241, 0.4638],
        [0.6728, 0.7227, 0.5614, 0.3165, 0.1671],
        [0.9130, 0.2915, 0.4395, 0.4889, 0.0919]], requires_grad = True)

y = torch. rand(5, 5, requires_grad = True)
y
#输出
tensor([[0.3125, 0.8631, 0.2622, 0.2978, 0.2544],
        [0.1728, 0.0853, 0.7316, 0.8801, 0.1254],
        [0.1362, 0.9509, 0.1288, 0.0513, 0.3183],
        [0.2026, 0.7031, 0.5312, 0.5647, 0.8096],
        [0.6335, 0.2854, 0.1182, 0.5897, 0.2294]], requires_grad = True)
z = torch. sum(x + y)
z
#输出
tensor(20.7560, grad_fn = < SumBackward0 >)
```

我们在计算导数时，可以在一个 Tensor 上调用 .backward() 方法。如果 Tensor 是一个标量，也就是只包含一个元素数据时，不需要为 backward 指明任何参数，但是拥有多个元素的情况下，需要指定一个匹配维度的 gradient 参数。

例 15-17　简单的自动求导示例

```
z. backward()
print(x. grad, y. grad)
#输出
tensor([[1., 1., 1., 1., 1.],
        [1., 1., 1., 1., 1.],
        [1., 1., 1., 1., 1.],
        [1., 1., 1., 1., 1.],
        [1., 1., 1., 1., 1.]]) tensor([[1., 1., 1., 1., 1.],
        [1., 1., 1., 1., 1.],
        [1., 1., 1., 1., 1.],
        [1., 1., 1., 1., 1.],
        [1., 1., 1., 1., 1.]])
```

以上的 z. backward() 相当于 z. backward（torch. tensor（1.））的简写，这种参数形式常出现在图像分类中的单标签分类，输出一个标量代表图像的标签。

上面展示了一些比较简单的自动求导案例，下面来一个稍微难点的案例。

例 15-18　复杂的自动求导示例

```
x = torch. rand(5, 5, requires_grad = True)
y = torch. rand(5, 5, requires_grad = True)
z = x * * 2 + y * * 3
z#输出
tensor([[0. 3311, 0. 3810, 0. 6467, 0. 9714, 0. 8057],
        [1. 1657, 0. 0275, 0. 9590, 0. 4859, 0. 6450],
        [0. 0245, 0. 0583, 0. 9115, 0. 1324, 0. 8681],
        [0. 6199, 0. 1441, 0. 8537, 0. 8089, 0. 9611],
        [0. 7719, 0. 7705, 0. 9345, 0. 4833, 0. 5733]], grad_fn = <AddBackward0 >)
```

这里的返回值不是一个标量，所以需要输入一个大小相同的张量作为参数，此时用 ones_like 函数根据 x 生成张量。

```
z. backward(torch. ones_like(x))
print(x. grad)
tensor([[0. 0578, 0. 7094, 1. 6083, 1. 8852, 1. 2974],
        [1. 2161, 0. 1408, 0. 7860, 0. 8510, 1. 6060],
        [0. 3011, 0. 4553, 1. 9085, 0. 6689, 0. 4218],
        [1. 5731, 0. 5091, 1. 1570, 1. 7987, 1. 9599],
        [1. 7546, 0. 2844, 0. 0953, 1. 3904, 1. 5140]])
```

注意 Autograd 是专门为了 BP 算法设计的，所以这个 Autograd 只对输出值为标量的有用，因为损失函数的输出是一个标量。如果 y 是一个向量，那么 backward()函数就会失效。

15. 3. 3　神经网络

人工神经网络（Neural Network）是一种应用于类似大脑神经突触连接的结构进行信息处理的数学模型，在工程与学术界也常直接简称为"神经网络"或"类神经网络"。

多层神经网络主要由三部分组成：输入层（input layer）、隐藏层（hidden layers）和输出层（output layers），每层由单元（units）组成。输入层（input layer）是由训练集的实例特征向量传入，经过连接结点的权重（weight）传入下一层，一层的输出是下一层的输入；隐藏层（hidden layers）的个数可以是任意的；输入层有一层，输出层（output layers）就有一层。每个单元（unit）也可以被称作神经结点。第一层加权的求和，然后根据非线性方程转化输出。作为多层向前神经网络，理论上，如果有足够多的隐藏层（hidden layers）和足够大的训练集，可以模拟出任何方程。经网络可以用来解决分类（classification）问题，也可以解决回归（regression）问题。

一口气说了这么概念，估计有些读者会糊涂，其实不用担心一些理论上的概念。即使我们不懂神经网络的理论概念，也可以直接使用之前的研究成果，通过调用现有的 torch. nn 模块来进行神经网络的搭建和训练。也就是说 PyTorch 中已经为用户准备了现成的神经网络模型，只要继承 nn. Module，并实现它的 forward 方法，PyTorch 会通过求导 Autograd，自动实现 backward 函数，在 forward 函数中可使用任何 Tensor 支持的函数，还可以使用 if、for 循环、print、log 等 Python 语法，写法和标准的 Python 写法一致。总体来说，神经网络模仿人脑中的神经网络，通过大量的数据来训练模型，从而得到一个可以解决实际问题的方程。

在创建网络之前，还需要了解一个新的概念，就是卷积。卷积层是用一个固定大小的矩形区（卷积核）去席卷原始数据，将原始数据分成一个个和卷积核大小相同的小块，然后将这些小块和卷积核相乘输出一个卷积值，注意这里是一个单独的值，不再是矩阵了。卷积的本质就是用卷积核的参数来提取原始数据的特征，通过矩阵点乘的运算，提取出和卷积核特征一致的值，如果卷积层有多个卷积核，则神经网络会自动学习卷积核的参数值，使得每个卷积核代表一个特征。

来，动手练一练，先搭建一个简单的网络。

例 15-19　定义一个网络

```python
# 首先要引入相关的包
import torch
# 引入 torch.nn 并指定别名
import torch.nn as nn
#打印一下版本
torch._version_
import torch.nn.functional as F


class Net(nn.Module):
    def _init_(self):
        # nn.Module 子类的函数必须在构造函数中执行父类的构造函数
        super(Net, self)._init_()

        #卷积层 '1'表示输入图片为单通道，'6'表示输出通道数,'3'表示卷积核为 3 * 3
        self.conv1 =nn.Conv2d(1, 6, 3)
        #线性层,输入 1350 个特征,输出 10 个特征
        self.fc1   =nn.Linear(1350, 10)
    #这里的 1350 是如何计算的呢？这就要看后面的 forward 函数
    #正向传播
    def forward(self, x):
        print(x.size()) # 结果:[1, 1, 32, 32]
        # 卷积- > 激活- >池化
        x = self.conv1(x)
    #根据卷积的尺寸计算公式,计算结果是 30,
        x = F.relu(x)
        print(x.size()) # 结果:[1, 6, 30, 30]
        x = F.max_pool2d(x, (2, 2)) #我们使用池化层,计算结果是 15
        x = F.relu(x)
        print(x.size()) # 结果:[1, 6, 15, 15]
        # reshape,'-1' 表示自适应
```

```
#这里做的就是压扁的操作 就是把后面的[1, 6, 15, 15]压扁,变为 [1, 1350]
    x = x. view(x. size()[0],-1)
    print(x. size()) # 这里就是 fc1 层输入 1350
    x = self. fc1(x)
    return x


net = Net()
print(net)
#网络的可学习参数通过 net. parameters()返回。
#输出
Net(
    (conv1): Conv2d(1, 6, kernel_size = (3, 3), stride = (1, 1))
    (fc1): Linear(in_features =1350, out_features =10, bias =True)
)
```

一个简单的神经网络已经搭建好了。这里的 Conv2d 是卷积的意思，kernel_ size 的卷积内核为（3.3）。in_ features 表示输入 1350 个特征，输出 10 个特征。

例 15-20　可学习参数通过 net. parameters( )返回示例

```
for parameters in net. parameters():
    print(parameters)


#输出
Parameter containing:
tensor([[[[ 0.0398, -0.0595,  0.2058],
          [ -0.2189,  0.1956,  0.0992],
          [ -0.0966,  0.0431, -0.0348]]],


        [[[ -0.0195,  0.0032,  0.2904],
          [ 0.0463,  0.2035,  0.1860],
          [ 0.0484, -0.3265,  0.2914]]],
        [[[ 0.3100,  0.1337,  0.0960],
          [ -0.2443, -0.0316,  0.2962],
          [ 0.0414, -0.1711, -0.1539]]],


        [[[ -0.2196,  0.0680,  0.2251],
          [ 0.1434, -0.3045,  0.1522],
          [ 0.1198, -0.0892, -0.1682]]],


        [[[ 0.2051,  0.1372, -0.0666],
          [ -0.2272, -0.0813,  0.1024],
          [ -0.1796, -0.1732,  0.0406]]],
```

```
    [[[ 0.0611,  0.3200, -0.2944],
      [-0.0645, -0.1541, -0.2277],
      [-0.1827,  0.0348,  0.2788]]]], requires_grad=True)
Parameter containing:
tensor([-0.0173,  0.2334, -0.3001, -0.1314, -0.0440,  0.2457],
       requires_grad=True)
Parameter containing:
tensor([[-0.0147,  0.0003, -0.0205,  ..., -0.0096, -0.0204, -0.0186],
        [ 0.0037,  0.0052, -0.0131,  ...,  0.0171,  0.0177, -0.0005],
        [ 0.0197,  0.0204,  0.0116,  ...,  0.0003, -0.0070,  0.0099],
        ...,
        [ 0.0195,  0.0075, -0.0236,  ...,  0.0150, -0.0182,  0.0059],
        [ 0.0146,  0.0189, -0.0034,  ..., -0.0182, -0.0076, -0.0200],
        [-0.0244, -0.0123, -0.0217,  ..., -0.0191, -0.0004, -0.0076]],
       requires_grad=True)
Parameter containing:
tensor([-0.0130,  0.0100,  0.0167, -0.0052,  0.0030,  0.0051,  0.0136, -0.0039,
         0.0215, -0.0125], requires_grad=True)
```

net. named_parameters 可同时返回可学习的参数及名称。

例 15-21　可学习参数应用示例

```
for name,parameters in net. named_parameters():
    print(name,':',parameters. size())
#输出
conv1. weight : torch. Size([6, 1, 3, 3])
conv1. bias : torch. Size([6])
fc1. weight : torch. Size([10, 1350])
fc1. bias : torch. Size([10])
```

前向传播 forward 函数的输入和输出都是 Tensor。

例 15-22　前向传播 forward

```
input = torch. randn(1, 1, 32, 32) # 这里的对应前面 forward 的输入是 32
out = net(input)
out. size()
torch. Size([1, 1, 32, 32])
torch. Size([1, 6, 30, 30])
torch. Size([1, 6, 15, 15])
torch. Size([1, 1350])
torch. Size([1, 10])
input. size()
#输出
torch. Size([1, 1, 32, 32])
```

在反向传播前，先要将所有参数的梯度清零。

例 15-23　反向传播

```
net.zero_grad()
out.backward(torch.ones(1,10))
```

反向传播的实现是由 PyTorch 自动实现的，只要调用这个函数 backward( ) 即可实现反向传播。注意，torch.nn 只支持 mini-batche，不支持一次只输入一个样本，一次必须是一批样本（batch）。也就是说，就算输入一个样本，也会对样本进行分批次处理。所有的输入都会增加一个维度，比如前面输入的样本，nn 中定义为三维，但是人工创建时多增加了一个维度，变为 4 维，最前面的 1 即为 batch-size。

例 15-24　损失函数

```
y = torch.arange(0,10).view(1,10).float()
criterion = nn.MSELoss()
loss = criterion(out, y)
#loss 是个 scalar,我们可以直接用 item 获取到他的 Python 类型的数值
print(loss.item())
#输出
28.24185562133789
```

在反向传播计算完所有参数的梯度后，还需要使用优化方法来更新网络的权重和参数，例如随机梯度下降法（SGD）的更新策略。

```
weight = weight-learning_rate * gradient
```

在 torch.optim 模块中，其实有很多已经实现的优化方法，如 RMSProp、Adam、SGD 等，下面使用 SGD 做个简单的示例。

例 15-25　优化器

```
import torch.optim
out = net(input) # 这里调用的时候会打印出在 forword 函数中打印的 x 的大小
criterion = nn.MSELoss()


loss = criterion(out, y)
#新建一个优化器,SGD 只需要要调整的参数和学习率
optimizer = torch.optim.SGD(net.parameters(), lr = 0.01)
#先梯度清零(与 net.zero_grad()效果一样)
optimizer.zero_grad()
loss.backward()


#更新参数
optimizer.step()
#输出
torch.Size([1, 1, 32, 32])
```

```
torch.Size([1, 6, 30, 30])
torch.Size([1, 6, 15, 15])
torch.Size([1, 1350])
```

这样，神经网络数据的一个完整的传播就已经通过 PyTorch 实现了。

15.3.4 训练分类器

当人类通过眼睛看到某一事物时，大脑会对眼前的事物进行分类，例如，这个摇尾巴的是狗，天上飞的是飞机和小鸟，四个轮子跑来跑去的是汽车等。通俗点讲，人类根据某些特征来区分事物的能力就是分类。既然神经网络是模仿人脑的模型，它当然也有类似的功能，研发这个功能的过程就是训练分类器。

分类需要数据，本节将使用大名鼎鼎的 CIFAR-10 图片数据集来训练分类器，它的图片分类包括"飞机""汽车""鸟""猫""鹿""狗""青蛙""马""船"和"卡车"等。CIFAR-10 里面的图片数据大小是 $3 \times 32 \times 32$，即三通道彩色图，图片大小是 32×32 像素。CIFAR-10 的下载地址为 http://www.cs.toronto.edu/~kriz/cifar-10-Python.tar.gz。

分类的训练步骤如下。

1）通过 torchvision 加载 CIFAR10 里面的训练和测试数据集，并对数据进行标准化。

2）定义卷积神经网络。

3）定义损失函数。

4）利用训练数据训练网络。

5）利用测试数据测试网络。

第一步，使用 torchvision 加载 CIFAR-10，这个过程非常简单。torchvision 数据集加载完的输出是范围在 [0, 1] 之间的 PILImage，其标准化范围在 [-1, 1] 之间。

例 15-26 数据预处理

```
import torch
import torchvision
import torchvision.transforms as transforms

transform = transforms.Compose(
    [transforms.ToTensor(),
     transforms.Normalize((0.5, 0.5, 0.5), (0.5, 0.5, 0.5))])

trainset = torchvision.datasets.CIFAR10(root = './data', train = True, download =
True, transform = transform)
    trainloader = torch.utils.data.DataLoader(trainset, batch_size = 4, shuffle = True,
num_workers = 2)

testset = torchvision.datasets.CIFAR10(root = './data', train = False, download =
True, transform = transform)
```

```
testloader = torch. utils. data. DataLoader (testset,batch_size = 4,shuffle = False,
num_workers = 2)


classes = ('plane', 'car', 'bird', 'cat','deer', 'dog', 'frog', 'horse', 'ship', '
truck')
#输出
Downloading https://www.cs.toronto.edu/~kriz/cifar-10-Python.tar.gz to ./data \
cifar-10-Python.tar.gz


  0% |               |434176/170498071 [04:57 <19:08:37, 2467.65it/s]
```

数据集需要时间下载，等到进度编程 100% 时再继续下面的步骤。

例 15-27　输出图片

```
import matplotlib. pyplot as plt
import numpy as np
# 输出图像的函数
def imshow(img):
    img = img / 2 + 0.5     # unnormalize
    npimg = img. numpy()
    plt. imshow(np. transpose(npimg, (1, 2, 0)))
    plt. show()
# 随机得到一些训练图片
dataiter = iter(trainloader)
images, labels = dataiter. next()
# 显示图片
imshow(torchvision. utils. make_grid(images))
# 打印图片标签
print(' '. join('%5s' % classes[labels[j]] for j in range(4)))
#输出：
horse horse horse  car
```

第二步，根据前面介绍过的神经网络定义方法来编写一个神经网络。

例 15-28　处理 3 通道图像神经网络

```
import torch. nn as nn
import torch. nn. functional as F


class Net(nn. Module):
    def _init_(self):
        super(Net, self). _init_()
        self. conv1 = nn. Conv2d(3, 6, 5)
        self. pool = nn. MaxPool2d(2, 2)
```

```
        self.conv2 = nn.Conv2d(6, 16, 5)
        self.fc1 = nn.Linear(16 * 5 * 5, 120)
        self.fc2 = nn.Linear(120, 84)
        self.fc3 = nn.Linear(84, 10)

    def forward(self, x):
        x = self.pool(F.relu(self.conv1(x)))
        x = self.pool(F.relu(self.conv2(x)))
        x = x.view(-1, 16 * 5 * 5)
        x = F.relu(self.fc1(x))
        x = F.relu(self.fc2(x))
        x = self.fc3(x)
        return x


net = Net()
```

第三步，定义损失函数和优化器。

例 15-29 优化器

```
import torch.optim as optim
criterion = nn.CrossEntropyLoss()
optimizer = optim.SGD(net.parameters(), lr=0.001, momentum=0.9)
```

第四步，需要遍历数据迭代器，并且输入数据给网络和优化函数。

例 15-30 训练网络

```
for epoch in range(2):   # loop over the dataset multiple times

    running_loss = 0.0
    for i, data in enumerate(trainloader, 0):
        # get the inputs
        inputs, labels = data

        # zero the parameter gradients
        optimizer.zero_grad()

        # forward + backward + optimize
        outputs = net(inputs)
        loss = criterion(outputs, labels)
        loss.backward()
        optimizer.step()

        # print statistics
```

```
        running_loss + = loss.item()
        if i % 2000 = = 1999:        # print every 2000 mini-batches
            print('[%d, %5d] loss: %.3f' % (epoch +1, i +1, running_loss / 2000))
            running_loss =0.0


print('Finished Training')
#输出:
[1,  2000] loss: 2.182
[1,  4000] loss: 1.819
[1,  6000] loss: 1.648
[1,  8000] loss: 1.569
[1, 10000] loss: 1.511
[1, 12000] loss: 1.473
[2,  2000] loss: 1.414
[2,  4000] loss: 1.365
[2,  6000] loss: 1.358
[2,  8000] loss: 1.322
[2, 10000] loss: 1.298
[2, 12000] loss: 1.282
Finished Training
```

第五步,使用测试数据测试网络。

前面已经在数据集上训练了两遍网络,但是谁也不知道神经网络学会了多少? 所以需要检查神经网络是否学到了一些东西。这里可以通过预测神经网络输出的标签来检查这个问题,并和正确样本进行对比。如果预测是正确的,则将样本添加到正确预测的列表中。

第一步,让我们显示测试集中的图像来熟悉一下。

例 15-31　检测神经网络的学习质量

```
dataiter = iter(testloader)
images, labels =dataiter.next()


# 输出图片
imshow(torchvision.utils.make_grid(images))
print('GroundTruth: ', ' '.join('%5s' % classes[labels[j]] for j in range(4)))
#输出结果:
GroundTruth:    cat  ship  ship plane
```

现在让我们看看神经网络返回的类别的量值。

```
outputs = net(images)
```

这里输出的是 10 个类别的量值。一个类的值越高,网络就越认为该图像属于这个特定的类。让我们得到最高量值的下标/索引。

```
predicted = torch. max (outputs, 1)
print ('Predicted: ', ' '. join ('%5s' % classes[predicted[j]] for j in range (4)))
#输出
Predicted:    dog  ship  ship plane
```

看起来结果还不错，接下来看看网络在整个数据集上表现得怎么样。

例 15-32   测试分类器的正确率

```
correct = 0
total = 0
with torch. no_grad ():
    for data intestloader:
        images, labels = data
        outputs = net (images)
        _, predicted = torch. max (outputs. data, 1)
        total + = labels. size (0)
        correct + = (predicted = = labels). sum (). item ()

print ('Accuracy of the network on the 10000 test images: %d %% ' % (
    100 * correct / total))
#输出
Accuracy of the network on the 10000 test images: 55 %
```

准确率有 55%，这比随机选取要好一些。统计学上认为随机选取的正确率是 10%，即从 10 个类中随机选择一个类，正确率是 10%。看来网络确实学到了一些知识。

例 15-33   显示全部图片分类的正确率

```
class_correct = list (0. for i in range (10))
class_total = list (0. for i in range (10))
with torch. no_grad ():
    for data intestloader:
        images, labels = data
        outputs = net (images)
        _, predicted = torch. max (outputs, 1)
        c = (predicted = = labels). squeeze ()
        for i in range (4):
            label = labels[i]
            class_correct[label] + = c[i]. item ()
            class_total[label] + = 1

for i in range (10):
    print ('Accuracy of %5s : %2d %% ' % (
        classes[i], 100 * class_correct[i] / class_total[i]))
```

```
#输出：
Accuracy of plane : 70 %
Accuracy of  car : 70 %
Accuracy of  bird : 28 %
Accuracy of  cat : 25 %
Accuracy of  deer : 37 %
Accuracy of  dog : 60 %
Accuracy of  frog : 66 %
Accuracy of horse : 62 %
Accuracy of  ship : 69 %
Accuracy of truck : 61 %
```

　　可以看到飞机和小汽车图片分类预测的准确率最高为70%，小猫的准确率最低才25%。这种小样本数据的准确率一般都不高，如果想提高神经网络的准确率，最简单的方法就是增加数据量。当数据量达到一定程度，准确率一般就不会再增加了，这时算法成为新的瓶颈，只有改进算法才能进一步改进模型。

第 16 章
云计算和自动化运维应用领域

扫码获取本章代码

> 运维一般是指对大型企业或者组织建立好的网络软硬件的维护，其中传统的运维是指信息技术运维，即 IT 运维。所谓 IT 运维管理，是指单位 IT 部门采用相关的方法、手段、技术、制度、流程和文档等，对 IT 运行环境（如软硬件环境、网络环境等）、IT 业务系统和 IT 运维人员进行的综合管理。

随着信息化进程的推进，运维管理会覆盖整个组织运行，进行支持的管理信息系统涵盖的所有内容，除了传统的 IT 运维，还拓展了业务运维和日常管理运维。业务运维面向整个组织提供各业务系统的问题受理、响应、处理和转交等方面的服务。日常管理运维面向整个组织提供针对各业务系统的运行状态、需求变化和不同的记录、跟踪、保存、分析方面的管理。随着时代的发展，运维也在与时俱进，尤其是云计算大行其道的背景下，运维有了新的定义。云计算（Cloud Computing）是基于互联网的相关服务的增加、使用和交付模式，通常涉及通过互联网来提供动态易扩展且经常是虚拟化的资源。云是网络、互联网的一种比喻说法。过去在图中往往用云来表示电信网，后来也用来表示互联网和底层基础设施的抽象。因此，云计算甚至可以让你体验每秒 10 万亿次的运算能力，拥有这么强大的计算能力可以模拟核爆炸、预测气候变化和市场发展趋势。用户通过计算机、笔记本、手机等方式接入数据中心，按自己的需求进行运算。对云计算的定义有多种说法。对于到底什么是云计算，至少可以找到 100 种解释。现阶段广为接受的是美国国家标准与技术研究院（NIST）的定义：云计算是一种按使用量付费的模式，这种模式提供可用的、便捷的、按需的网络访问，进入可配置的计算资源共享池，资源包括网络、服务器、存储、应用软件和服务等。这些资源能够被快速提供，只需投入很少的管理工作，或与服务供应商进行很少的交互。

16.1 云计算时代

科学技术的革新始终在推动时代巨轮轰鸣向前，转眼间云计算已经走过十余年的风雨历程，从 AWS（亚马逊提供的专业云计算服务）初创立时的牛刀小试，到如今成长为一个巨大的行业和生态，堪称是新世纪以来最伟大的技术进步之一。"云计算"这个术语，也早已从一个新鲜词汇，演变成妇孺皆知的流行语。任何事物的诞生和发展一定有其前提条件和土壤，云计算亦是如此。在 21 世纪初的大学课堂上，教授们颇为推崇网格计算理论，该理论事实上已经充分体现了计算资源分布式协作和统一管理的先进思想。可惜网格计算过于学术化，最终是更接地气也更宏大的云计算横空出世，震动了整个 IT 业界。

那么，云计算诞生及蓬勃发展的原因是什么呢？主要有三大因素，分别是相关软硬件技术的成熟、巨大的社会价值和伟大的商业模式。所谓软硬件技术的成熟，指的是在技术和工程层面，构建云计算平台的条件开始陆续具备，主要包括超大规模数据中心建设、高速互联网络，以及计算资源虚拟化（Hypervisor）和软件定义网络（SDN）技术的不断发展和成熟——这些基础能力构成了云计算发展的技术前提。所谓巨大的社会价值，指的是从用户角度出发，云计算采用使任意组织和个人得以站在巨人的肩膀上开展业务，避免重复造轮子，极大地提高了软件与服务构建各环节的效率，加速了各类应用的架构和落地，而云端按需启用和随意扩展的资源弹性，也能够为企业节省巨大成本。所谓伟大的商业模式，指的是云计算的产品和服务形态非常适合新时代的 B 端需要，订阅制和 Pay-as-you-go 的计费方式大幅降低了客户的进入门槛，而技术基础设施架构方面的稳定性需要又带来了较高的客户黏性，再加上多租户高密度数据中心所能带来的规模效应，这些因素使得云计算能够成为一门好的"生意"，对应着一个极佳的 B 端商业模式。这三者缺一不可，共同促成了云计算的兴起与繁荣，也吸引了不计其数的业界精英投入其中，是云计算取之不竭的动力。

当然，同任何新生事物一样，云计算行业的发展也并非一帆风顺。从早期被指责为"新瓶装旧酒"的概念炒作，到对云上数据隐私问题的担忧，再到对各类公有云线上偶发事故的讥讽和嘲笑，云计算的成长亦伴随着各种挑战和质疑。其中部分负面反馈实质上还是由于使用不当或偏离最佳实践造成，也让云计算背负了不少"冤屈"和骂名。所幸瑕不掩瑜，云计算的先进性终究让发展的主旋律盖过了干扰与杂音，配合其本身持续的改进，越来越多地得到客户的认可，市场规模也不断扩大。

目前主流的云计算服务形式有三种：公有云、私有云以及混合云。

- 公有云是部署云计算最常见的方式。公有云资源（如服务器和存储空间）由第三方云服务提供商拥有和运营，这些资源通过 Internet（因物网）提供。在公有云中，所有硬件、软件和其他支持性基础结构均为云提供商所拥有和管理。在公有云中，用户与其他组织或云"租户"共享相同的硬件、存储和网络设备。用户可以使用 Web 浏览器访问服务或管理账户。公有云部署通常用于提供基于 Web 的电子邮件、网上办公应用、存储以及测试和开发环境。

- 私有云由专供一个企业或组织使用的云计算资源构成。私有云可在物理上位于组织的现场数据中心，也可由第三方服务提供商托管。但是，在私有云中，服务和基础结构始终在私有网络上进行维护，硬件和软件专供组织使用。这样，私有云可使组织更加方便地自定义资源，从而满足特定的 IT 需求。私有云的使用对象通常为政府机构、金融机构以及其他具备业务关键性运营且希望对环境拥有更大控制权的中型到大型组织。

- 混合云通常被认为是"两全其美"的方案，它将本地基础架构或私有云与公有云相结合，组织可利用这两者的优势。在混合云中，数据和应用程序可在私有云和公有云之间移动，从而提供更大的灵活性和更多部署选项。例如，对于基于 Web 的电子邮件等大批量和低安全性需求可使用公有云，对于财务报表等敏感性和业务关键型运作可使用私有云。在混合云中，还可选择"云爆发"。应用程序或资源在私有云中运行出现需求峰值（例如网络购物或报税等季节性事件）时可选择"云爆发"，此时组织可"冲破"至公有云以使用其他计算资源。

云计算时代的运维和传统的运维到底有哪些不同？传统层面的运维人员，接触的都是硬件，如网络、服务器和其他 IT 设备，但是在云时代，运维人员已经无法见到物理的任何设备。所以从这个角度看来，云计算时代的运维手段和运维目的和传统的运维都是不一样的，因为运维人员不需要维护物理硬件的稳定和可靠性。云计算带来不同于传统运维应用层面的三个挑战：应用如何在云平台上实现快速部署、快速更新和实时监控。云计算时代要求运维人员能够自动化地部署应用程序和所有支持的软件和软件包，然后通过生命周期阶段操作维护和管理应用程序，如自动扩展事件和进行软件更新等一系列操作。面对这些挑战和变化，大部分运维人员开始了转型之路以应对时代的变化，建议运维人员在云平台阶段更多地介入软件部分，而且需要有代码基础。在云时代，即 Infrastructure As Code，通俗点说，就是所有对物理设备的操作都变成了代码。

16.2 大行其道的 DevOps

DevOps 是开发 Development 和运维 Operations 的组合名词，它是一种方法论，是一组过程、方法与系统的统称。DevOps 用于促进应用开发、运维和质量保障（QA）部门之间的沟通、协作与整合，打破传统开发和运营之间的壁垒和鸿沟。

DevOps 是一种重视软件开发人员 Dev 和 IT 运维技术人员 Ops 之间沟通合作的文化、运动或惯例。通过自动化"软件交付"和"架构变更"的流程，来使构建、测试、发布软件能够快捷、频繁和可靠，具体来说，就是在软件交付和部署过程中提高沟通与协作的效率，旨在更快、更可靠地发布更高质量的产品。DevOps 是一组过程和方法的统称，并不指代某一特定的软件工具或软件工具组合，各种工具软件或软件组合都可以实现 DevOps 的概念方法。所以千万不要以为 DevOps 指某种或某些工具集合，它的本质是一整套的方法论，与软件开发中涉及到的 OOP、AOP、IOC 等类似，是一种理论、过程或方法的抽象或代称。

在云计算时代这个大背景下，企业上云之后仍然有大量的运维需求。但此时的运维需求，与传统的运维截然不同，那么企业应该如何进行结构调整以适应上云后的新形势呢？DevOps 被推到了舞台前面。DevOps 实践的整个生命周期是从计划——编码——构建——测试——发布——部署——操作——监控，最后再回到计划，形成一个循环。其中发布、部署、操作和监控是属于运维领域的。

DevOps 实践打破了开发和运维之间的壁垒，开发人员可以直接负责运维。云上的运维已经和软件开发融为一体，强调高度的自动化，沉淀了一系列的运维工具和运维平台，并朝着 AIOps 和 NoOps 方向持续演进。而反过来，运维人员如果能掌握开发技能，结合自动化工具的使用，是否能够把运维工作做得更好？答案是肯定的。运维人员可以转型升级为兼具开发技能和运维技能的站点稳定性工程师（SRE）。Google 最早推出了 SRE 这一概念，并使得 SRE 部门成为其承担运维职责的一个研发部门。越来越多上云后的企业，开始把自己的运维部门改造升级为 SRE 部门。

企业要想实现云上运维的顺利升级，首要任务就是"自动化一切"，如果列出 Top3，应该是：监控自动化、运维操作代码化和基础设施代码化。云时代的运维工作正从手动操作过渡到代码开发，只不过这些用于运维的代码，形式不拘一格，可以是配置文件，也可以是 YAML 或者 json 模板，还可以是传统的 Javascript/Python/Go 等代码。

未来，云时代的运维会怎么发展呢？

云时代的运维发展其实很大程度上取决于云上应用和基础设施的变化。目前主流的云上应用架构是自建 API 网关 + 微服务 + 分布式 RPC + 消息队列等，这种架构需要的云上基础设施是负载均衡 + 云服务器 + 虚拟专用网络 + 云关系数据库等。未来几年比较确定的趋势是云上应用开发会越来越多地使用 Reactive 响应式编程，全异步、事件驱动，对应的基础设施则会容器化，隐藏掉服务器这一层，这预示着运维工作会越来越多地围绕容器编排，比如 Kubernetes 展开。中远期的未来，函数计算这种 Serverless 的开发模式将会流行起来，对应的基础设施则会简化到连容器都看不见了。用户不再为基础设施付费，而是为实际的计算次数付费。云服务商会利用机器学习等手段，来保证函数计算所需的基础设施是高可靠和高度灵活的。到时，运维人员已经不需要关心资源的编排了，但是函数内业务的监控和运维动作的自动化还是需要的。更长远的未来，云计算、边缘计算和本地计算，可能会统一到一起，不再区分"线上"和"线下"，取而代之的是一种无处不在、但又不被人感知的计算力。具体来说，应用开发者写完代码，保存起来，就完成了业务的更新。"基础设施"和"资源"这两个概念，将彻底消失，只留下数据本身，包括静态数据（代码 + 配置）以及动态运行时数据。而运维，并不会消失，但会从面向资源的运维，变成面向数据的运维。

16.3 CMDB 资产管理

如果 DevOps 是一个大的概念，那么持续交付是实现 DevOps 的一种必要能力，自动化交付平台是实现持续交付的核心工具之一，而本文的主角 CMDB 是支撑自动化交付平台的核心基础模块。

CMDB 的全称是 Configuration Management Database，即配置管理数据库，但这是比较陈旧的叫法了，现在主流的叫法是面向应用的 CMDB 或面向业务的 CMDB。有人会问，这到底是什么东西？做什么用的？其实我们如果以需求为导向来看，CMDB 的建设需求就是管理各种资源，并让其他的人或者自动化平台能够使用这些资源。通俗点讲，CMDB 本质上就是一个数据库，可以开放数据服务给各个系统来调用和访问的数据库；CMDB 本质上是现实世界的 IT 系统在数字世界的抽象。打个比方，我们每个人在现实世界是存在的，但是我们在公安系统中抽象出来的存在就是我们的身份证信息，这一串信息代表了我们的个人信息，以及我们和家人之间的关联关系。

我们都知道传统的软件开发有需求分析这个环节，所以 CMDB 的建设也需要做业务需求分析。这里建议把 IT 系统建设作为业务来看待，IT 业务用来支撑企业真实的业务。具体的分析思路如下。

1）分析 IT 业务和"真实业务"之间的关系，如网上银行业务和网上银行 IT 系统是非常紧密耦合的关系，IT 系统故障或使用体验不好，将会直接导致网上银行用户的不满和流失，当然也会导致企业的业务损失，这就是经济上的损失。

2）分析 IT 业务的现状和未来的发展，如果说企业的业务正在进行互联网转型，那么你的 IT 服务器规模和云计算的使用都可能是未来要考虑的。

3）分析企业对 IT 管理的需求，我们是做好基础的监管控、保障稳定即可？还是说我们对 IT 服务的质量有更高的要求？

4）分析企业对 IT 安全的需求。

5）分析企业 IT 采用的技术方向。

6）分析企业目前 IT 业务面临最大的挑战和问题。

做完需求分析后，就要考虑实施 CMDB 的人员了，那么 CMDB 建设的组织和人员到底应该如何安排？根据对 CMDB 落地比较好的企业的总结，我们推荐 CMDB 建设的发起人应该由 IT 运维总监或 IT 服务部门发起。理想情况下 CMDB 建设建议有一个人专门负责 CMDB 平台的建设及推广，并且制定 CMDB 对应的流程和规范，同时建议 CMDB 团队应该是由各领域技术团队和 CMDB 负责人组成的一个小组。CMDB 的组织和人员也需要根据 IT 业务发展的不同阶段进行动态的变化和调整。

CMDB 建设目前是由"基础 CMDB 建设""流程 CMDB 建设"和"动态 CMDB 建设"三种现状混合的状态，根据客户调研，我们认为选择"动态的 CMDB 建设"解决方案才是满足中大型企业未来业务需求的 CMDB。

1. 基础 CMDB 建设

谁说用 Excel 构建的配置信息表就不叫 CMDB？只要能满足 IT 业务的需求、维护方便、具备运维人员都遵守的流程，它就是合适的 CMDB。

2. 流程 CMDB 建设

CMDB 的建设仅仅是为了满足发布、变更等流程的需求，这样的 CMDB 建设难度是非常大的，维护准确的配置信息将会耗费运维人员很多的精力。

3. 动态 CMDB 建设

利用自动化的运维工具，构建动态的 CMDB，并且能够实现配置管理服务的提供。动态的核心是既能够自动地发现配置对象和配置信息，又能够按照用户设定的规则进行配置信息入库，并且具备很好的开放能力，把 CMDB 作为服务开放给其他系统进行使用。

CMDB 是 IT 现实世界在数字世界的抽象，通过这个抽象，我们能够基于 CMDB 构建企业 IT 运营管理的各种场景，如更高效地发布系统，甚至未来我们实施更高级的 AIOPS，CM-DB 仍然是基础。这就好像，把现实中的地理位置，抽象成为地图，我们可以结合 GPS 实现导航、送餐等便捷服务，甚至未来实现智慧城市都和电子地图有非常紧密的关系。总之，中大型企业构建一个"动态 CMDB"，一定要从自己的 IT 业务需求出发，合理地安排人员、选择技术先进的技术平台就可以实现。另外，完善的 CMDB 不是通过一个项目或 2~3 个月就构建出来的，CMDB 要具备较强的灵活性，方便管理人员进行扩展，通过持续的优化和改善才能够达到目标。CMDB 本身不具备很高的业务价值，只有它的数据被各种运维工具消费才会产生更高的业务价值。

16.4 服务器监控

大家应该都知道现代化军队作战，雷达技术是非常重要的，只有先发现敌人，才能消灭敌人。同理，一个成熟系统的监控就像军队的雷达，监控系统做得好就能及时发现系统风险，消灭潜在的故障。目前大多数企业级系统都是运行在 UNIX/Linux 上面的，所以我们以 Linux 系统为例，介绍一下各种级别的监控系统方案。

16.4.1　通过脚本监控

在 Linux 服务器中，一切皆为文件。也就是说服务器运行的各种信息，其实是可以从某些文件中查询得到。这里要特意提到/proc 的虚拟文件系统，为什么会提到这个虚拟系统呢？因为 Linux 系统为管理员提供了非常好的方法，使其可以在系统运行时更改内核，而不需要重新引导内核系统，这是通过/proc 虚拟文件系统实现的。/proc 文件虚拟系统是一种内核和内核模块用来向进程 process 发送信息的机制，所以称为"/proc"。这个伪文件系统允许与内核内部数据结构交互，获取有关进程的有用信息，通过改变内核参数在运行中改变设置。与其他文件系统不同，/proc 存在于内存而不是硬盘中。

/proc 文件系统提供的信息如下。

进程信息：系统中的任何一个进程，在/proc 的子目录中都有一个同名的进程 ID，可以找到 cmdline、mem、root、stat、statm 以及 status。某些信息只有超级用户可见，例如进程根目录。每一个单独含有现有进程信息的进程有一些可用的专门链接，系统中的任何一个进程都有一个单独的自链接指向进程信息，其用处就是从进程中获取命令行信息。

- 系统信息：如果需要了解整个系统信息，也可以从/proc/stat 中获得，其中包括 CPU 占用情况、磁盘空间、内存对换、中断等。
- CPU 信息：利用/proc/CPUinfo 文件可以获得中央处理器的当前准确信息。
- 负载信息：/proc/loadavg 文件包含系统负载信息。
- 系统内存信息：/proc/meminfo 文件包含系统内存的详细信息，其中显示物理内存的数量、可用交换空间的数量以及空闲内存的数量等。

搞清楚了服务器信息可以从哪里获取，接下来就是编写脚本读取需要获取信息的文件，从中得到服务器的运行数据。

读取/proc/meminfo 获取内存信息。

例 16-1　监控系统内存函数

```python
def memory_stat():
    mem = {}
    f = open('/proc/meminfo', 'r')
    lines = f.readlines()
    f.close()
    for line in lines:
        if len(line) < 2:
            continue
        name = line.split(':')[0]
        var = line.split(':')[1].split()[0]
        mem[name] = float(var)
    mem['MemUsed'] = mem['MemTotal']-mem['MemFree']-mem['Buffers']-mem['Cached']
```

```
#记录内存使用率 已使用 总内存和缓存大小
res = {}
res['percent'] = int(round(mem['MemUsed'] / mem['MemTotal'] * 100))
res['used'] = round(mem['MemUsed'] / (1024 * 1024), 2)
res['MemTotal'] = round(mem['MemTotal'] / (1024 * 1024), 2)
res['Buffers'] = round(mem['Buffers'] / (1024 * 1024), 2)
return res
```

读取/proc/loadavg 获取 CPU 负载信息，loadavg 文件内容如下。

```
0.00 0.01 0.05 1/128 9424
```

简单说明一下每个字段的含义，前三个参数分别为 1、5、15 分钟内 CPU 的平均负载，第四个参数为正在运行的进程数和总进程数，最后一个代表最近活跃的进程 ID。

例 16-2　监控 CPU 负载函数

```
def load_stat():
    loadavg = {}
    f = open("/proc/loadavg")
    con = f.read().split()
    f.close()
    loadavg['lavg_1'] = con[0]
    loadavg['lavg_5'] = con[1]
    loadavg['lavg_15'] = con[2]
    loadavg['nr'] = con[3]
    prosess_list = loadavg['nr'].split('/')
    loadavg['running_prosess'] = prosess_list[0]
    loadavg['total_prosess'] = prosess_list[1]
    loadavg['last_pid'] = con[4]

    returnloadavg
```

利用 Python 的 os 模块获取硬盘信息。

例 16-3　监控磁盘文件信息

```
import os
'''
os.statvfs 方法用于返回包含文件描述符 fd 的文件的文件系统的信息。
语法:os.statvfs([path])
返回值
f_bsize: 文件系统块大小
f_frsize: 分栈大小
f_blocks: 文件系统数据块总数
f_bfree: 可用块数
f_bavail:非超级用户可获取的块数
```

```
    f_files: 文件结点总数
    f_ffree: 可用文件结点数
    f_favail: 非超级用户的可用文件结点数
    f_fsid: 文件系统标识 ID
    f_flag:挂载标记
    f_namemax: 最大文件长度
    '''
def disk_stat():
    hd = {}
    disk = os.statvfs('/')
    hd['available'] = float(disk.f_bsize * disk.f_bavail)
    hd['capacity'] = float(disk.f_bsize * disk.f_blocks)
    hd['used'] = float((disk.f_blocks-disk.f_bfree) * disk.f_frsize)
    res = {}
    res['used'] = round(hd['used'] / (1024 * 1024 * 1024), 2)
    res['capacity'] = round(hd['capacity'] / (1024 * 1024 * 1024), 2)
    res['available'] = res['capacity']-res['used']
    res['percent'] = int(round(float(res['used']) / res['capacity'] * 100))
    return res
```

获取服务器的 IP 和网卡信息。在一个服务器上，可能有多块网卡，在获取网卡信息时，我们需要传入网卡的名字，具体有哪些网卡，可以使用 ifconfig 命令查看。

例16-4 IP 地址

```
""" 获取当前服务器 ip
"""
def get_ip(ifname):
    import socket
    import fcntl
    import struct
    s = socket.socket(socket.AF_INET, socket.SOCK_DGRAM)
    return socket.inet_ntoa(fcntl.ioctl(s.fileno(), 0x8915, struct.pack('256s',
ifname[:15]))[20:24])
```

我们将会从 proc/net/dev 文件中获得系统的网络接口，以及当系统重启之后通过它们进行数据发送和数据接收。/proc/net/dev 文件让这些信息可用。如果检查了这个文件的内容，我们就会注意到头一两行包含了头信息等，这个文件第一列是网络接口名，第二和第三列显示了接收和发送的字节数信息，例如总发送字节数、包数和错误等。这里我们所感兴趣的就是从不同的网络设备提取出总发送数据和接收数据。

下面的代码展示了怎么从/proc/net/dev 文件中提取这些信息。

例16-5 网卡信息

```
#! /usr/bin/env Python
from _future_ import print_function
```

```
def net_stat():
    net = {}
    f = open("/proc/net/dev")
    lines = f.readlines()
    f.close
    for line in lines[2:]:
        line = line.split(":")
        eth_name = line[0].strip()
        if eth_name != 'lo':
            net_io = {}
            net_io['receive'] = round(float(line[1].split()[0]) / (1024.0 *
1024.0),2)
            net_io['transmit'] = round(float(line[1].split()[8]) / (1024.0 *
1024.0),2)
            net[eth_name] = net_io
    return net


if _name_ == '_main_':
    netdevs = net_stat()
    print(netdevs)
```

获取中间件 apache 信息。

例 16-6 获取 apache 信息

```
#! /usr/bin/env Python
import os, sys, time

while True:
    time.sleep(4)
    try:
        ret = os.popen('ps-C apache-o pid,cmd').readlines()
        if len(ret) < 2:
            print "apache 进程异常退出，4 秒后重新启动"
            time.sleep(3)
            os.system("service apache2 restart")
    except:
        print "Error", sys.exc_info()[1]
```

把上面的代码（例 16-1 至例 16-6）拼接起来，就能形成一系列完备的监控脚本。脚本监控是比较传统的监控方式，很多企业已经从简单的脚本监控升级到多维度的分层监控，但这并不是说脚本不重要，就算是很多成熟的大型监控方案也会有死角，这时候就需要定制自己的监控脚本，并集成到监控系统中。

16.4.2　通过 Psutil 模块监控

Psutil 模块是一个开源且跨平台的库，提供了便利的函数用来获取系统的信息，比如 CPU、内存、磁盘或网络等信息。此外，Psutil 还可以用来进行进程管理，包括判断进程是否存在、获取进程列表、获取进程详细信息等。Linux 系统有很多命令，包括 ps、top、lsof、netstat、ifconfig、who、df、kill、free、nice、ionice、iostat、iotop、uptime、pidof、tty、taskset 和 pmap 等，其实这些命令也能通过 Psutil 来调用。总体来说，根据函数的功能，Psutil 主要分为 CPU、磁盘、内存、网络几类。

下面将会从 CPU、磁盘、内存和网络等几个角度来介绍 Psutil 提供的功能函数。

例 16-7　监控 CPU

```
# 查看 cpu 个数
>>> import psutil
>>> psutil.cpu_count()
2
>>> psutil.cpu_count(logical = False)
1
>>>
# 查看 cpu 利用率
>>> psutil.cpu_percent()
0.2
>>> psutil.cpu_percent(percpu = True)
[0.1, 0.2]
>>>
# 查看 cpu 时间花费
>>> psutil.cpu_times()
scputimes(user = 29.09, nice = 0.0, system = 22.62, idle = 24434.77, iowait = 1.74, irq = 0.0, softirq = 0.28, steal = 0.27, guest = 0.0, guest_nice = 0.0)
>>> psutil.cpu_times(percpu = True)
[scputimes(user = 13.64, nice = 0.0, system = 12.02, idle = 12235.5, iowait = 1.0, irq = 0.0, softirq = 0.16, steal = 0.09, guest = 0.0, guest_nice = 0.0),
scputimes(user = 15.47, nice = 0.0, system = 10.62, idle = 12229.44, iowait = 0.74, irq = 0.0, softirq = 0.12, steal = 0.17, guest = 0.0, guest_nice = 0.0)]
>>> print(cpu_time)
scputimes(user = 29.24, nice = 0.0, system = 22.76, idle = 24618.94, iowait = 1.74, irq = 0.0, softirq = 0.28, steal = 0.27, guest = 0.0, guest_nice = 0.0)
>>> cpu_time.user
29.24
```

例 16-8　监控内存 Memory

```
>>> import psutil
>>> psutil.virtual_memory()
```

```
svmem(total=8071716864, available=6532554752, percent=19.1, used=1258717184,
free=6526308352, active=1153519616, inactive=194592768, buffers=2129920, cached
=284561408, shared=9011200, slab=39006208)
>>> import psutil
>>>psutil.swap_memory()
sswap(total=17179865088, used=0, free=17179865088, percent=0.0, sin=0, sout
=0)
```

例16-9   监控磁盘 disk

```
# 查看所有已加载的磁盘
>>>psutil.disk_partitions()
[sdiskpart(device='/dev/vda3',mountpoint='/', fstype='xfs', opts='rw,rela-
time,attr2,inode64,noquota'), sdiskpart(device='/dev/vda6', mountpoint='/data1',
fstype='xfs', opts='rw,relatime,attr2,inode64,noquota'), sdiskpart(device='/
dev/vda2', mountpoint='/boot', fstype='xfs', opts='rw,relatime,attr2,inode64,no-
quota')]
# 使用列表表达式查询指定挂载点信息
>>> [device for device in psutil.disk_partitions() if device.mountpoint=='/
']
[sdiskpart(device='/dev/vda3',mountpoint='/', fstype='xfs', opts='rw,rela-
time,attr2,inode64,noquota')]
>>>
# 查看磁盘使用情况
>>>psutil.disk_usage('/')
sdiskusage(total=85857402880, used=3858100224, free=81999302656, percent=
4.5)
# 查看磁盘 io 统计汇总
>>>psutil.disk_io_counters()
sdiskio(read_count=6828, write_count=3878, read_bytes=273637888, write_bytes
=30182912, read_time=6870, write_time=2079, read_merged_count=7, write_merged_
count=126, busy_time=4841)
# 分别列出单个磁盘的统计信息
>>>psutil.disk_io_counters(perdisk=True)
{'vda': sdiskio(read_count=6828, write_count=3878, read_bytes=273637888,
write_bytes=30182912, read_time=6870, write_time=2079, read_merged_count=7,
write_merged_count=126, busy_time=4841), 'vda1': sdiskio(read_count=34, write_
count=0, read_bytes=139264, write_bytes=0, read_time=1, write_time=0, read_mer-
ged_count=0, write_merged_count=0, busy_time=1), 'vda2': sdiskio(read_count=
1934, write_count=2049, read_bytes=22754816, write_bytes=2097152, read_time=570,
write_time=801, read_merged_count=0, write_merged_count=0, busy_time=1347), '
vda3': sdiskio(read_count=4009, write_count=
```

```
1729, read_bytes = 187268608, write_bytes = 12412416, read_time = 5302, write_time =
911, read_merged_count = 4, write_merged_count = 115, busy_time = 3114), 'vda4': sdis-
kio(read_count = 6, write_count = 0, read_bytes = 18432, write_bytes = 0, read_time = 1,
write_time = 0, read_merged_count = 0, write_merged_count = 0, busy_time = 1), 'vda5':
sdiskio(read_count = 48, write_count = 0, read_bytes = 2248704, write_bytes = 0, read_
time = 13, write_time = 0, read_merged_count = 0, write_merged_count = 0, busy_time = 9),
'vda6': sdiskio(read_count = 763, write_count = 100, read_bytes = 60118528, write_bytes
= 15673344, read_time = 948, write_time = 367, read_merged_count = 3, write_merged_
count = 11, busy_time = 459), 'sr0': sdiskio(read_count = 0, write_count = 0, read_bytes
= 0, write_bytes = 0, read_time = 0, write_time = 0, read_merged_count = 0, write_merged_
count = 0, busy_time = 0)}
```

例 16-10 监控 network

```
# 查看网卡信息统计
>>> psutil.net_io_counters()
snetio(bytes_sent = 9699431, bytes_recv = 1895536, packets_sent = 8606, packets_re-
cv = 27354, errin = 0, errout = 0, dropin = 0, dropout = 0)
# 查看网卡配置信息
>>> psutil.net_if_addrs()
{'lo': [snicaddr(family = <AddressFamily. AF_INET: 2 >, address = '127.0.0.1', net-
mask = '255.0.0.0', broadcast = None, ptp = None), snicaddr(family = <AddressFamily. AF_
INET6: 10 >, address = '::1', netmask = 'ffff:ffff:ffff:ffff:ffff:ffff:ffff:ffff',
broadcast = None, ptp = None), snicaddr(family = <AddressFamily. AF_PACKET: 17 >, ad-
dress = '00:00:00:00:00:00', netmask = None, broadcast = None, ptp = None)], 'eth0':
[snicaddr(family = <AddressFamily. AF_INET: 2 >, address = '172.12.6.16', netmask = '
255.255.255.0', broadcast = '172.16.5.255', ptp = None), snicaddr(family = <Address-
Family. AF_INET6: 10 >, address = 'fe80::9700:20da:ed33:9f50% eth0', netmask = 'ffff:
ffff:ffff:ffff::', broadcast = None, ptp = None), snicaddr(family = <AddressFamily. AF
_PACKET: 17 >, address = '52:54:00:3d:ea:06', netmask = None, broadcast = 'ff:ff:ff:
ff:ff:ff', ptp = None)]}
>>> a = psutil.net_if_addrs()
>>> a['eth0']
[snicaddr(family = <AddressFamily. AF_INET: 2 >, address = '172.12.6.16', netmask
= '255.255.255.0', broadcast = '172.16.5.255', ptp = None), snicaddr(family = <Ad-
dressFamily. AF_INET6: 10 >, address = 'fe80::9700:20da:ed33:9f50% eth0', netmask = '
ffff:ffff:ffff:ffff::', broadcast = None, ptp = None), snicaddr(family = <AddressFam-
ily. AF_PACKET: 17 >, address = '52:54:00:3d:ea:06', netmask = None, broadcast = 'ff:ff:
ff:ff:ff:ff', ptp = None)]
>>> a['eth0'][0]
snicaddr(family = <AddressFamily. AF_INET: 2 >, address = '172.12.6.16', netmask =
'255.255.255.0', broadcast = '172.16.5.255', ptp = None)
```

```
>>> a['eth0'][0][1]
'172.12.6.16'
# 查看当前登录用户信息
>>> psutil.users()
[suser(name='root', terminal='pts/0', host='172.16.2.66', started=
1574151552.0, pid=1437), suser(name='root', terminal='pts/1', host='172.16.2.66
', started=1574161536.0, pid=1699)]
```

例 16-11 进程监控

```
# 以列表形式查看正在运行的进程
>>> psutil.pids()
[1, 2, 3, 5, 7, 8, 9, 10, 11, 12, 13, 14, 16, 18, 19, 20, 21, 22, 23, 24, 25, 26, 27, 32,
33, 34, 35, 43, 44, 45, 46, 47, 48, 61, 93, 99, 233, 234, 236, 237, 238, 242, 244, 245,
260, 266, 267, 268, 269, 270, 271, 272, 273, 274, 275, 276, 346, 374, 377, 378, 497, 498,
499, 500, 501, 502, 503, 506, 508, 509, 510, 511, 512, 513, 514, 515, 612, 616, 636, 638,
639, 640, 641, 643, 646, 647, 655, 658, 661, 677, 688, 689, 901, 902, 903, 912, 925, 949,
977, 981, 992, 994, 995, 997, 1001, 1002, 1003, 1004, 1255, 1536, 1840, 1842, 1844, 1861,
1862, 1863, 1864]
# 查看进程运行状态, 以布尔形式显示
>>> psutil.pid_exists(1)
True
# 迭代当前正在运行进程, 查看列表中前三个实例的信息
>>> list(psutil.process_iter())[:3]
[psutil.Process(pid=1, name='systemd', started='16:19:47'), psutil.Process
(pid=2, name='kthreadd', started='16:19:47'), psutil.Process(pid=3, name='
ksoftirqd/0', started='16:19:47')]
>>>
# 通过进程号实例化对象
>>> process=psutil.Process(1)
>>> print(process)
psutil.Process(pid=1, name='systemd', started='16:19:47')
# 获取进程的名称
>>> process.name()
'systemd'
>>> process.create_time()
1574151587.05
>>> process.num_fds()
47
>>> process.num_threads()
1
```

Psutil 使得 Python 程序获取系统信息变得轻松简单, 但无论是脚本监控还是模块监控都

是应对小型系统的解决方案，真正能应对大型系统是下一节所介绍的大型监控系统。

16.4.3　大型监控方案

不管文字描述得多么高端，运维工作里面很大一部分依然还是响应型的工作，也就是预警或者故障出现再去处理。从事前发现、预警或者故障报警，到事后提供监控现场供回溯追查，监控系统贯穿了运维整个环节。所以说监控是整个运维或者服务生命周期里面最重要的一环都不为过。正因为监控系统如此重要和通用，所以业内最成熟、最多的产品也是监控系统。商用的、开源的监控系统市场上比比皆是。开源社区一些很优秀的开源系统应用也很广泛，比如 Zabbix、Cacti、Nagios、Ganglia 等。产品多，市场大，这个时候就面临选择的问题了，使用开源系统、商业软件又或者自己定制，都是使用者自己决定的，不过这里建议有条件的企业或者个人自己开发。当业务和团队规模都不足够的时候，直接用开源的系统能解决基本问题。业务后期发展得好，系统规模迅速扩大，复杂度迅速增加的情况下，开源系统的局限性就很明显了，具体表现在时效性、扩展性、二次开发、支持的服务规模、良好的权限控制等各方面。

根据以往经验来看，监控系统不一定要完全雷同，但是有几个功能几乎是所有监控系统都必备的，比如数据采集、扩展性、告警管理、高可用、历史数据存储与展示、权限管理等几个方面。监控本质上就是对被监控对象的状态进行判断，这个对象可以是主机、交换机，也可以是主机集群，还可以是网络宽带、CPU，甚至深入到 Web 服务或数据库服务内部，监控服务内部的进程、线程、cache 命中率等。对监控对象的状态进行判定有三个要素：监控对象、状态、判定。所以优秀的监控系统必须能够兼容足够多的监控对象类型、收集并能转换为可衡量的状态值，才能支持下一步的判定动作。例如，一台主机上的 Oracles 数据库服务的连接数。这个主机上的 Oracles 数据库服务就是监控的对象，连接数就是监控对象的指标，那么状态呢？可以定义为超过 1000 就是不正常，否则是正常。从这个角度来看，监控系统的核心指标都有哪些？首先是能监控的对象范围要越多越好，也就是数据采集能力、采集的渠道、兼容的方式、采集的状态指标越多越好。此外，可伸缩性也是一种对系统处理能力的设计指标，高可伸缩性代表一种弹性。在系统扩展成长过程中，软件如何才能保证旺盛的生命力？理想情况下通过很少的改动甚至只是硬件设备的添置，就能实现整个系统能力的线性增长，实现高吞吐量和低延迟高性能，当然这只是理想情况下，现实的项目中可没有那么简单。可伸缩性和纯粹的性能调优有本质区别，千万不要混淆，这点要注意。可伸缩性是高性能、低成本和可维护性等诸多因素的综合考量和平衡，可伸缩性讲究平滑线性的性能提升，更侧重于系统的水平伸缩，通过廉价的服务器实现分布式计算。而普通性能优化只是单台机器或者集群的性能指标优化。两者共同点都是根据应用系统特点，在吞吐量和延迟之间进行一个侧重选择。

接下来分别介绍适用于中小企业监控的解决方案和适用于大型互联网监控系统解决方案。

1. 中小企业监控平台选择 Zabbix

Zabbix 是一款集成了数据收集、数据展示、数据提取、监控报警配置、用户展示等方面的综合运维监控平台。它的优点是学习入门容易，功能相对强大，是一个可以迅速用起来的监控软件，基本能够满足中小企业的监控报警需求，因此它是中小型企业运维监控的首选平台。当监控服务器数量较多时，Zabbix 就会产生很多问题，像监控数据不准确、报警超时等现象，因为其对服务器性能要求比较高，当监控的服务器超过一定数量时，其监控性能就会急剧下降，此时需要分布式监控部署并且提升监控服务器的性能。在安全性方面，如果 Zabbix 的客户端发生故障，那么客户端收集到的数据将会丢失。

2. 互联网大企业监控平台选择 Ganglia + Centreon

定制开发是中大型互联网企业构建监控平台的理想策略，对于有海量服务器、多业务系统的复杂监控，没有哪个商业软件或开源软件能独立完成企业的所有监控需求，大型互联网企业拥有技术雄厚的团队，可以针对企业需求特点研发适合自身的监控系统，但是这种系统的研发成本很高，而且会遇到各种技术问题导致项目延期。除此之外，还有其他选择吗？有的，比如多种开源监控软件组合应用配合二次开发是监控平台搭建的候选方向之一，这种解决方案成本相对低廉，也不需要庞大的团队来研发整套监控软件。这里推荐 Ganglia，其客户端软件对服务资源占用非常低，并且扩展插件非常多，监控扩展也非常容易，同时结合专业的 Web 监控平台 Centreon，可以实现在数据收集、数据展示、数据提取、监控报警配置、用户展示等方面的完美配合，所以对海量服务器进行监控推荐 Ganglia + Centreon 组合。

除了监控系统选型方面的经验介绍，此处还总结了一下不同阶段和不同机器数量，监控平台需要的构建思路和策略。

在需要监控的机器数量小于 100 台的阶段，这个时期由于机器数量很少，对监控的需求也很简单，监控的用途可能主要用于通知问题、快速定位与解决问题。此阶段监控平台的特点也很明显，首先需要部署简单，上手易用；其次需要稳定运行，不出故障；最后要求可进行报警，以邮件、短信等形式基于以上特点和需求。这种情况下使用比较流行开源的监控软件 Nagios、Cacti、Zabbix 等。这些开源产品的优点是文档很多，可快速上手，并且有大量的前人使用经验，遇到问题相对容易解决。没有最好的开源产品，只有最适合的监控系统，比如某企业最初选择了 Nagios，因为这款软件是最早流行的，后来因为主机和服务添加不方便，切换到了 Zabbix 上了，此阶段，Zabbix 应该是最好的选择。

在需要监控的机器数量达到 200 到 1000 的阶段，系统性能的需求曲线就会发生指数型的变化。这个阶段机器数量迅速变多，监控需求也开始变得复杂，不过主要功能需求还是用于通知、告警，发现问题，并避免同样的问题再次发生。由于要监控的机器很多，监控内容也随之增多，于是我们将监控根据用途不同，进行了分类，主要分为系统基础监控数据、网络监控数据和业务监控数据。必须实现全覆盖式监控，要将所有机器均纳入监控中，主要包含软件监控和硬件监控，硬件监控主要是监控硬件性能和故障，软件监控除了第一步提到的各种基础监控数据外，还增加了业务逻辑监控，尽可能地覆盖业务流程，通过大量自定义监控减少和去除重复的问题，保障业务稳定运行。最后要实现多种告警方式，确保无漏报，根据重要程度、紧急程度对告警信息进行分类，分别用邮件、微信、短信、电话等不同级别的方式进行通知，每个监控对应到不同的负责人，确保每个告警信息都有负责人处理，并且对于重要的业务采用持续通知的方式，不处理就一直通知。其实难点是对告警信息的处理，由于机器越来越多，需要监控的服务也越来越多，告警信息就出现了指数型的增长，每天收到上千封报警邮件是经常的事情。如果系统发出海量的邮件，就失去了告警的意义，我们不可能去查看每一封邮件的内容，而这么多告警邮件中，很多都是非必要告警，例如系统负载偶尔增高就发了告警邮件，类似的邮件并不是必要的。因此，这个阶段需要对监控告警策略进行配置、优化和分类，尽量过滤掉不必要的告警邮件，例如，对系统负载的监控可以选择连续几次负载超过一定的阀值才进行告警操作，这样告警信息会大幅度减少。

当机器数量超过 1000 台时，就会由量变引起质变。业务持续增长，对服务器需求像在沙漠对水的需求一样，监控也发生了变化，或者说系统会出现很多诡异的问题。比如，告警不及时，Zabbix 之类的开源软件经常罢工，监控数据不能及时显示，告警迟迟不来等。特别是告警信息延时，这个是影响最大的，线上业务 7×24 小时不能出现大的故障，虽然监控系统侦测到了异常，负责人接收到告警信息已经是 1 个或者几个小时之后了，那监控还有什么意义呢？及时响应是监控的第一要求，这是不可逃避的问题。那如何才能解决这个难题呢？除了对监控进行性能优化，例如分布式部署、搭建监控系统集群或对数据收集进行了扩展和优化，甚至可以对基础数据的收集处理进行负载分能，通过将收集数据的负载进行分担，大大减低了监控系统的负载。此外，告警系统出现故障也会引起延迟，对监控服务器进行了分布式高可用部署，能避免单点故障，同时对监控到的数据进行远程异地备份，当监控服务器故障后，会自动切换到备用监控系统上，并且监控数据自动保存同步。

运维监控平台是运维工作中不可或缺的一部分，如何构建适合自己的运维监控平台，每个公司的需求不一样，每个运维面对的痛点也不尽相同，但不管有什么需求，多少需求，万变不离其宗，有了机器上的各种监控数据，运维就能做很多事情。

16.5　配置管理工具

监控系统的作用是发现问题，但是解决问题仍然需要工程师介入。如果只有几台服务器，通过手动介入就可以了；如果有几十台服务器，就需要考虑一些定制脚本来运行命令；如果是几百台甚至几千台服务器，就需要配置管理工具来运行维护命令了。总体来说，配置管理工具可以提高应用部署和变更的效率，还可以让这些流程变得可重用、可扩展、可预测，甚至让它们维持在期望的状态，从而让 IT 资产的可控性提高。

Ansible 就是一个优秀的 IT 配置管理工具，可以配置各种系统，部署软件，还能编排一些复杂的 IT 任务，比如持续部署和不停机升级等。Ansible 追求简单易用，同时还非常注重安全性和可靠性：它尽量安排最少的部件，用 OpenSSH 来传输数据（有加速套接字模式和推送模式），还内置了一种可读性非常强的控制语言，使得对其不熟悉的人也非常容易理解，因此方便了系统审计工作。

16.5.1　Ansible 介绍

还记得编者刚参加工作的那段日子，暂且称那个时代为 IT 运维的远古时代吧。在远古时代，运维全靠人工手动操作，系统需要规范，需要统一配置管理，我们只能使用源码安装方式。这种安装方式，如果是单台还好，敲几个命令一会也就装完了。

现在开始安装 apache。

```
tar-zxvf httpd-2.4.23.tar.gz
cd httpd-2.4.23
./configure--prefix =/usr/local/apache--with-apr =/usr/local/apr--with-apr-util
=/usr/local/apr-util/--with-pcre =/usr/local/pcre--enable-module = so--enable-
```

```
mods-shared = all --enable-module = rewirte --enable-cache --enable-file-cache --ena-
ble-mem-cache --enable-disk-cache --disable-cgid --disable-cgi
    make
    make install
```

这是个简单的 shell 脚本，只是告诉大家安装 apache 的过程。很明显，如果装一台也还好，如果装 100 台服务器，那我们就要重复执行 100 次以上步骤。这还只是安装，那还要部署代码呢？修改配置文件？优化？启动？这么多工作量想想就觉得头疼。正因为存在这么多耗时且重复的工作任务，因此我们会想如果能有一个批量化操作脚本或者批量化执行命令的软件就好了。于是以 Ansible 为代表的一系列自动化运维工具应运而生，运维也从人工运维、脚本运维迈入了工具运维时代。

Ansible 是自动化统一配置管理工具，自动化主要体现在 Ansible 集成了丰富模块以及功能组件，可以通过一个命令完成一系列的操作，进而能减少重复性的工作和维护成本，提高工作效率。目前各类配置管理工具众多，为什么 Ansible 能够脱颖而出？要回答这个问题，需要我们更深入地了解它的细节，并且看一看那些使 Ansible 在行业内获得广泛认可的属性。

第一个优点就是简单。Ansible 的一个吸引人的属性是，即使你不懂任何编程语言也能使用它。所有的指令和任务都是自动化的，并以任何人都可以理解的数据格式进行文档化。第二个优点是无代理，也就是只有服务器端没有客户端。如果你看过市面上其他工具，比如 Puppet 和 Chef，就会发现一般情况下这些工具要求每个实现自动化的设备必须安装特定的软件，也就是必须在需要管理的服务器上安装代理软件。Ansible 并不需要这种设置，这就是为什么 Ansible 是实现配置自动化的最佳选择的主要原因。大家可以审视那些 IT 自动化工具，包括 Puppet、Chef、CFEngine、SaltStack、和 Ansible，配置工具最初构建是为管理和自动化配置 Linux 主机，以便跟得上业务增长的步伐。如果还要在诸多被管理的服务器上安装代理客户端，这会增加工程师的工作量并消耗被管理的服务器资源。

最后一个优点就是扩展性很好。Ansible 的可扩展性和兼容性也非常好，因为它是基于 Python 开发的工具，从研发语言到工具都是开源的。这意味着如果供应商或社区不提供一个特定的特性或功能，开源社区、终端用户、消费者、顾问，或者任何人都能够自己去扩展 Ansible 来启用一个给定的功能集，极大地提高了 Ansible 的扩展性。

16.5.2 安装和配置

默认情况下，Ansible 通过 SSH 协议来管理远端机器，安装 Ansible 是不需要安装什么数据库的，并且后台也不会运行什么守护进程。只需在一台计算机上安装 Ansible，然后就能从这一台计算机管理局域网上的服务器集群了。在 Ansible 操作被管理的机器时，是不会在被管理机器上装任何软件的，所以也不必担心迁移到 Ansible 新版本的时候如何升级代理的问题。Ansible 的 rpm 包现在已经收录在 EPEL 的 6 和 7 版本中，目前的 Fedora 里默认就有 EPEL 软件源。Ansible 可以管理安装 Python 2.4 以上版本的操作系统，也包括 RHEL 5。如果你是 RHEL 或 CentOS 用户，没有添加 EPEL 数据源的话，需要提前添加进去。

```
#CentOS,RHEL 或者 Scientific Linux 没装 EPEL 的要先装 epel-release 这个安装包
$ sudo yum installansible
```

在 Ansible 代码的根目录下使用 make rpm 命令封装 RPM 包，拿来分发给别人或者自己用它安装都可以，前提是系统中安装了 rpm-build、make 和 Python2-devel。

```
$ git clone git://github.com/ansible/ansible.git--recursive
$ cd./ansible
$ make rpm
$ sudo rpm-Uvh./rpm-build/ansible-*.noarch.rpm
```

我们也可以用 pip 来安装 Ansible，这种方法最简单。pip 的意思是"Python 包管理器"。如果尚未安装 pip，可以通过如下命令对其安装。

```
$ sudo easy_install pip
```

然后再安装 Ansible。

```
$ sudo pip installansible
```

建议在 Linux 上安装 Ansible，可以用虚拟机制作多个主机来测试其功能。安装好 Ansible 后请创建/etc/ansible/hosts 文件，此文件非常重要，把它理解成 ansible 的 CMDB，里面存放的都是被控端的域名或者 IP。主控端的公钥应该在这些被控端的 authorized_ keys 文件夹中。

```
192.168.1.50
aserver.example.org
bserver.example.org
```

这就是 inventory 文件，此外，还有一个同样重要的核心文件 ansible.cfg 配置文件，此文件主要设置一些 ansible 初始化的信息，比如日志存放路径、模块、插件等配置信息。inventory 文件和 ansible.cfg 文件都放在/etc/ansible 目录下。

我们使用 SSH 密钥来完成认证，这里需要设置 SSH。

```
$ ssh-agent bash
$ ssh-add ~/.ssh/id_rsa
```

现在让我们 ping 一下各个节点。

```
$ ansible all-m ping
```

Ansible 会用你当前的用户来连接被控端，这和 SSH 的做法是一样的。如果想指定一个登录用户，可使用-u 参数。

例 16-12　初次使用 ansible

```
# 以用户 bruce 登录
$ ansible all-m ping-u bruce
# 以用户 bruce 登录,还要 sudo 到 root
$ ansible all-m ping-u bruce--sudo
# 以用户 bruce 登录,还要 sudo 到用户 batman
$ ansible all-m ping-u bruce--sudo--sudo-user batman
```

```
# 在最新版的 Ansible 中我们不再支持'sudo'了,因此我们希望您用 become 参数
# 以用户 bruce 登录,还要 sudo 到 root
$ ansible all-m ping-u bruce-b
# 以用户 bruce 登录,还要 sudo 到用户 batman
$ ansible all-m ping-u bruce-b--become-user batman
```

现在让我们在所有被控端上运行一个实时命令。

```
$ ansible all-a "/bin/echo hello"
```

这样就成功地通过 Ansible 和所有的被控端打了声招呼。Ansible 可不只是用来跑命令的,它有强大的配置管理和部署功能。虽然要研究的还有很多,但是要用到的 Ansible 基础知识已经介绍完了。

16.5.3 Ad-hoc 命令

Ad-hoc 命令是什么呢? 通俗点比喻,它有点像 Linux 的 shell。如果我们敲入一些命令去完成一些任务,而不需要将这些执行的命令特别保存成文件,这样的命令就是 Ad-hoc 命令。Ansible 提供两种方式去完成任务,一种是 Ad-hoc 命令,另外一种就是写 Ansible playbook。前者用来解决一些简单的任务,后者用来解决较复杂的任务。那我们会在什么情境下才会去使用 Ad-hoc 命令呢? 比如说因为春节要来了,想要把所有服务器的电源关闭,我们只需要执行一行命令就可以达成这个任务,而不需要写 Playbook 来做这个任务。

首先我们创建一个 inventory 文件,然后填充需要管理机器的 IP 和用户名。

例 16-13 测试案例中 inventory 文件

```
[centos]
192.168.3.43
[centos:vars]
ansible_ssh_user = root
```

注意,方括号 [ ] 中的内容是组名,用于对主机进行定义和分类,便于对不同主机进行个性化管理,一个主机可以属于不同的组。

adhoc 命令分为许多子模块,包括 ping 模块、command 模块、shell 模块、script 模块、copy 模块、yum 模块、service 模块和 setup 模块等,这些模块不建议死记硬背,只需要理解其原理,使用的时候再查资料也来得及。

ping 模块用于测试主控端 ansible server 到 inventory 中记载的主机的连通性。

例 16-14 ping 模块

```
$ ansible-i inventory centos-m ping-u root
192.168.3.43 | SUCCESS = > {
    "changed": false,
    "ping": "pong"
}
```

command 模块为 Ansible 默认模块，不指定-m 参数时，使用的就是 command 模块。command 模块比较简单，常见的命令基本都可以使用，但其命令的执行不是通过 shell 执行的，像" <"" >"" |"" &"操作都是违法的，当然也就不支持管道。

例 16-15　在远程主机上执行命令 pwd

```
$ ansible centos-a 'pwd'
192.168.3.43 | CHANGED | rc = 0 > >
/home/michael
```

使用 shell 模块时，Ansible 会在远程服务器端通过/bin/sh 来执行命令，我们在终端输入的各种 shell 命令方式都可以使用。不过，我们自己定义在 . bashrc/. bash_ profile 中的环境变量 shell 模块是没有办法加载的，也无法识别这些环境变量。如果需要使用自定义的环境变量，就需要在最开始，执行加载自定义脚本的语句。shell 模块如果待执行的语句少，可以直接写成一条命令。

例 16-16　shell 模块

```
$ ansible all-m shell-a ". ~/. bashrc;ps-fe |grep sa_q"
192.168.3.43 | CHANGED | rc = 0 > >
root  2849  2844  2 14:58 pts/0    00:00:00 /bin/sh-c. ~/. bashrc;ps-fe |grep sa_q
root  2866  2849  0 14:58 pts/0    00:00:00 grep sa_q
```

scripts 模块就是在本地控制端写一个脚本，在远程服务器上执行，远程服务器不需要 Python 环境。

例 16-17　script 模块

```
ansible all-m script-a ". /test. sh"
```

test. sh 位于主控端当前目录下，在所有的远程服务器上执行，省略了先把文件复制过去的步骤。

copy 模块是用来复制文件的。

例 16-18　copy 模块

```
ansible centos-m copy-a "src = /test. sh dest = /tmp/ [ owner = root group = root mode =
0755]"
ansible centos-m  copy-a " src = /centos. txt dest = /tmp/centos. txt [ owner = root
group = root mode =0755]"
```

这个 copy 模块还挺智能，如果目标没有写文件名，那么传过去的文件就同名，如果自定义了文件名，就进行了重命名。

例 16-19　yum 模块

```
$ ansible centos-m yum-a "name = oracle state = latest"
192.168.3.43 | SUCCESS = > {
    "ansible_facts": {
        "pkg_mgr": "yum"
    },
```

```
    "changed": false,
    "msg":"",
    "rc": 0,
    "results": [
        "All packages providing oracle are up to date",
        ""
    ]
}
```

用 yum 模块来安装软件包时，其中 name 指定安装的软件包的名字，state 指定安装软件包时的状态，它有几个选项值，installed/present 是等价的，表示如果远程主机上有这个包则终止重新安装了，latest 意思就是会安装最新版，这个对于生产环境是很危险的，有可能因此破坏了生产的环境，慎用。

例 16-20 删除和添加 user

```
ansible centos-m user-a "name = foo password = < crypted password here >"
//移除用户
ansible all-m user-a 'name = foo state = absent'
```

例 16-21 服务模块

```
# 启动服务
ansible centos-m service-a "name = httpd state = started"
# 重启服务,效果类似 stopped + started,如果服务已经停止的,执行完,会重启
ansible centos-m service-a "name = httpd state = restarted"
# 重载服务,不会中断服务,如果服务之前未启动,那么会启动服务,如果启动了不一定会使用新的
配置文件,还是推荐重启
ansible centos-m service-a "name = httpd state = reloaded"
# 停止服务
ansible centos-m service-a "name = httpd state = stopped"
```

例 16-22 setup 模块

```
ansible all-m setup
# 通过 filter 获取某一个 fact 变量
ansible all-m setup-a 'filter = ansible_* mb'
```

归根结底 adhoc 命令只是一种临时性的指令，它并不适合庞大复杂的指令堆。如果遇到逻辑复杂的流程控制指令，还是推荐使用 Playbook 作为首选方案。

16.5.4 Playbook 用法

Playbook 是一种完全不同的流程控制方式。简单来说，Ad-hoc 命令主要是使用/usr/bin/ansible 程序执行一次性的任务，而 Playbook 更多是将任务放入到流程控制之中，推送指定的配置或是用于确认远程控制端的配置是否合法。也可以把 Playbook 看成是一种配置管理系统与多机器部署系统的规范，非常适合复杂应用的部署。在 Playbook 中可以编排有序的执行

过程，甚至可以做到在多组机器间来回有序地执行指定的步骤。

　　Playbook 的语法格式是遵循 YAML 规范，关于 YAML 语法可以去网上查一下，语法很简单，也可以跟着下面的案例一步步地学。Playbook 的语法做到最小化，意在避免成为一种编程语言或是脚本。Playbook 由一个或多个剧本（play）组成。它的内容是一个以剧本（play）为元素的列表。其中的内容被称为 tasks，即任务。在基本层次的应用中，一个任务是一个对 Ansible 模块的调用。打个比方，剧本（play）就像是音符，Playbook 好似由 play 构成的曲谱，通过 Playbook 可以编排步骤进行多机器的部署。Playbook 的自由度非常高，系统可以通过多个 play 告诉系统做不同的事情，不仅仅是定义一种特定的状态或模型，甚至可以在不同时间运行不同的 play。

　　接下来我们在指定的目标主机上执行 tasks。假设我们现在的 inventory 文件分两个组，分别是 webservers 和 dbservers。

```
[webservers]
foo.example.com
bar.example.com
[dbservers]
one.example.com
two.example.com
three.example.com
```

例 16-23　创建一个 Playbook 为 test.yml。

```
---
-hosts:webservers
  vars:
    http_port: 80
    max_clients: 200
  remote_user: root
  tasks:
  -name: ensure apache is at the latest version
    yum:pkg = httpd state = latest
  -name: write the apache config file
    template: src = /srv/httpd.j2dest = /etc/httpd.conf
    notify:
    -restart apache
  -name: ensure apache is running
    service: name = httpd state = started
  handlers:
    -name: restart apache
      service: name = httpd state = restarted
```

　　hosts 后面是主机的 IP 或者主机组名 webservers，还有一种方式就是加关键字 all 表示所有主机。remote_ user 是指以哪个用户身份执行，这里用 root 账号来执行脚本。Playbook 里面也可以定义变量，甚至有局部变量和全局变量，vars 后面就是紧跟变量名和赋值。tasks 是 Playbook 的核心，定义执行动作 action 的顺序，每个 action 可以调用一个 Ansbile module（模块），常用的 module 有 yum、copy、template 等，module 在 Ansible 的作用相当于 bash 脚本中 yum、copy 这样的命令。每一个 tasks 后面必须有名称 name，这样在运行 Playbook 时，从其输出的任务信息中能清楚分辨出是属于哪一个 tasks 的。handlers 是 Playbook 的事件 event，通常在默认情况下不会执行，在 action 里触发才会执行，多次触发只执行一次。

如果执行 Playbook 时遇到错误，可以通过一些后缀参数来调试 Playbook。

例 16-24   验证并运行脚本

```
#检查 palybook 语法
ansible-playbook-i hosts httpd. yml--syntax-check
#列出要执行的主机
ansible-playbook-i hosts httpd. yml--list-hosts
#列出要执行的任务
ansible-playbook-i hosts httpd. yml--list-tasks
#运行 playbook
ansible-playbook-i hosts test. yml
```

在一个 Playbook 文件中可以有分别针对两组 server 进行不同操作的功能，例如分别给 Web 安装 http 服务器和给 lb 安装 MySQL。

例 16-25   对不同主机组进行不同的操作

```
---
#安装 apache 的 play
-hosts:webservers
  remote_user: root
  tasks:
  -name: ensure apache is at the latest version
    yum:pkg = httpd state = latest

# 安装 mysql server 的 play
-hosts:dbservers
  remote_user: root
  tasks:
  -name: ensuremysqld is at the latest version
    yum:pkg = mariadb state = latest
```

响应事件 handlers 与任务 tasks 不要混淆，这两者是有区别的，tasks 会默认地按定义顺序执行每一个 tasks，handlers 则不会，它需要在 tasks 中被调用，才有可能被执行。可以这么理解，tasks 中的任务都是有状态的，要么是 changed 要么是 ok。在 Ansible 中只在 tasks 的执行状态为 changed 的时候，才会执行该 tasks 调用的 handlers。在所有的 tasks 列表执行之后执行，如果有多个 tasks 调用同一个 handlers，那么 handlers 也只执行一次。什么情况下使用 handlers 呢？如果先在 tasks 中修改了 apache 的配置文件，需要重启 apache。此外若安装了 apache 的插件，则还需要重起 apache。像这样的应该场景中，反复重启 apache 没有必要，重起 apache 就可以设计成一个 handlers 就够了。

例 16-26　当文件被改动时触发重启服务

```
-name: template configuration file
  template: src = template. j2dest = /etc/foo. conf
  notify:
    -restartmemcached
    -restart apache
handlers:
    -name: restartmemcached
      service:　name = memcached state = restarted
    -name: restart apache
      service: name = apache state = restarted
```

handlers 最佳的应用场景是用来重启服务，或者触发系统重启操作，除此以外很少用到。虽然 Playbook 并不是编程语言，但是它却可以像编程语言一样拥有流程控制的功能。

例 16-27　条件语句 when

```
###只有 Debian 操作系统才会执行关机
tasks:
  -name: "shutdown Debian flavored systems"
    command: /sbin/shutdown-t now
    when:ansible_os_family = = "Debian"
```

例 16-28　循环语句 with_ items

```
-name: add several users
  user: name = "{{ item }}" state = present groups = wheel
  with_items:
    -michael
    -qq
```

Ansible 虽然只是个框架工具，但是功能却十分强大，再加上出色的可移植性，极易上手的命令规范，使它在诸多配置管理工具中逐渐崭露头角。尤其是与 Ansible 和 jenkins 之类的持续部署工具配合使用时，能缩短代码从开发到部署的流程，极大地提高了工作效率。

16.6　持续交付 CD&CI

持续集成（Continuous Integration，CI）是一种软件开发流程实践，团队成员频繁集成代码成果，一般每人每天至少集成一次，也可以多次。每次集成会经过自动构建的检验，包括静态扫描、安全扫描、自动测试等过程，尽快发现集成错误。许多团队发现这种方法可以显著减少集成引起的问题，加快团队合作软件开发的速度。持续交付（Continuous Delivery，CD）是指频繁地将软件的新版本交付给 QA 团队或者用户，以供评审，如果评审通过，代码就进入生产阶段。持续部署（Continuous Deployment，CD）是持续交付的下一步，指的是代码通过评审以后，自动部署到生产环境中。

通过上面的定义我们不难发现，持续突出的就是一个"快"字，商业软件的快速上线需求推动了软件工程的发展。可持续的快速迭代的软件过程是当今主流开发思想，尤其在赢者通吃的互联网行业，快速响应即是生命线。从一个想法到产品都处在持续冲锋的过程中，机会稍纵即逝。响应用户反馈也是十分迅速，早晨的反馈在当天就会上线发布，快得让用户感觉倍受重视。"快"就是商业竞争力。这一切都要求企业具备快速响应的能力，这正是推动持续集成、持续交付、持续部署的发展动力。产品或者项目的参与者应该能够深刻体会到团队协作时，工作交接、系统集成部分最容易出问题，它会被沟通成本与时间成本拖慢进度。所以，行之有效的项目管理过程包括沟通管理、流程管理等在大型项目中效果明显。当前敏捷开发是主流，持续集成、持续交付与持续部署正好能够帮助高效地实施敏捷过程，促进开发、运维和 QA 部门之间的沟通、协作与整合。

产业界通常把开发工作过程分为编码、构建、集成、测试、交付、部署几个阶段。持续集成、持续交付、持续部署刚好覆盖这些阶段。从效率上来讲，对每个阶段的优化都可以缩短软件交付时间。持续集成、持续交付及持续部署的过程即是一个软件开发逐步优化的过程。

墨菲定律大家都不陌生，蛋糕落地总是带奶油的那部分先落地，越是担心什么就越会发生什么。在多团队协作时，比如系统对接时，我们都会担心对接是否顺利，往往也正如所担心的，时常会发生让人焦头烂额的问题。有很多团队只是担心，并没有拿出有效的措施去避免这种事情发生，以至于延长了交付时间。目前大部分企业都已经使用了版本管理工具来管理源码，比如 Git、SVN 等版本管理工具。在版本管理这一块，公司会根据自己的实际情况来制订版本管理办法。对于持续集成来说，业内建议只维护一个源码仓库，降低版本管理的复杂度。开发人员持续提交自己的代码、自动触发编译、自动集成、自动进行自动化的测试，及早反馈集成过程中的问题，就能更好地防止出现平时不集成、集成就出故障的现象。通过自动化的持续集成，让管理流程化；保证集成的有序性、可靠性；减少版本发布的不合规性。比如，开发或者测试手动打包，可能一天打多个包，更新多次，测试不充分等，保证版本可控，问题可追溯。一旦把这种持续集成的过程固定下来，形成一个自动化过程，就具备了持续集成的能力，软件交付的可靠性就大大增强了，毫无疑问这是一种竞争力。这种竞争力保证了集成的有序性、可靠性。因为再可靠的人都会出错，过程的自动化抛弃了人工，降低了出错率，提高了速度，自然会节省成本。

目前持续集成、持续交付、持续部署在开源社区都是热点，企业可以方便地利用这些开源软件来构建自己企业的持续集成、持续交付及持续部署平台。持续集成工具中以 Jenkins 使用最为广泛，由 Jenkins 来作业化持续集成过程；利用 GitLab 来管理程序版本；利用 Gerrit 来做代码审核；利用 Sonar 进行代码质量扫描；利用 JUnit 进行单元测试；利用 Docker compose 来构建镜像；利用 Docker 来部署容器；利用 Kubernetes、Rancher 等进行服务编排等。

Devops 和持续交付的关系很多时候让人分不清楚。从概念上来说，DevOps 更关注 Ops（Operations），持续交付更关注 Dev（Development）。它们的目标都是解决相同的问题，即加速软件开发，减少软件开发到交付或上线的时间，并使开发、测试、运维几个角色协作更紧密。一般情况下，可以理解为这两者是表达同一回事，它们只不过是一枚硬币的正反面而已，在概念上并没有什么争议。